国家“十二五”规划重点图书

中国地质调查局
青藏高原1:25万区域地质调查成果系列

中华人民共和国

区域地质调查报告

比例尺1:250 000

叶城县幅

(J43C003004)

项目名称: 新疆1:25万叶城县幅(J43C003004)、塔什库尔干塔吉克自治县幅(J43C003003)、克克吐鲁克幅(J43C003002)区调

项目编号: 200213000004

项目负责: 王世炎 彭松民

报告编写: 王世炎 彭松民 张彦启 吕际根 白国典 谢朝永 高廷臣 任建德 刘品德 杨俊峰 方怀宾 王洪生 李春艳 吕宪河 李香资 杨瑞西 杜凤军 庞运超 张戈红

编写单位: 河南省地质调查院

单位负责: 王建平(院长)
燕长海(总工程师)

中国地质大学出版社
ZHONGGUO DIZHI DAXUE CHUBANSHE

内容简介

本报告对项目工作、图幅地质特征及取得的新认识和新进展进行了全面论述，报告内容丰富、资料翔实。确定了区内的构造格架，建立了幅内的地层序列、侵入岩的时序和变质变形序次，提高了调查区的地质研究程度；新发现苏库罗克组与苏玛兰组之间的不整合接触关系，对元古宙地层划分和构造演化研究具有重要意义；对区内岩浆岩进行了较为详细的岩石学和地球化学研究，总结了区内岩浆岩的时空分布规律，在古元古代赫罗斯坦岩群解体出一套变质变形侵入体，为塔里木、西昆仑元古宙构造体制研究积累了资料，将侵入岩划分为3个岩浆旋回；对图区火山岩划分了喷发韵律、喷发类型；建立了图内构造岩浆岩带；总结了区内岩浆演化规律及其与造山过程的耦合关系。

图书在版编目(CIP)数据

中华人民共和国区域地质调查报告·叶城县幅(J43C003004)：比例尺1：250 000/王世炎，彭松民等著. —武汉：中国地质大学出版社，2013.9

ISBN 978-7-5625-2980-4

Ⅰ.①中…
Ⅱ.①王…②彭…
Ⅲ.①区域地质-地质调查-调查报告-中国 ②青藏高原-地质调查-调查报告-新疆
Ⅳ.①P562

中国版本图书馆CIP数据核字(2012)第236293号

中华人民共和国区域地质调查报告
叶城县幅(J43C003004)　比例尺1：250 000　　　**王世炎　彭松民 等著**

责任编辑：马新兵　刘桂涛　　　责任校对：张咏梅

出版发行：中国地质大学出版社(武汉市洪山区鲁磨路388号)　　邮政编码：430074
电　话：(027)67883511　　传真：67883580　　E-mail：cbb @ cug.edu.cn
经　销：全国新华书店　　http://www.cugp.cn

开本：880毫米×1 230毫米 1/16　　字数：408千字　印张：11.75　图版：9　附图：1　插页：2
版次：2013年9月第1版　　印次：2013年9月第1次印刷
印刷：武汉中远印务有限公司　　印数：1—1 500册

ISBN 978-7-5625-2980-4　　定价：460.00元

前　言

青藏高原包括西藏自治区、青海省及新疆维吾尔自治区南部、甘肃省南部、四川省西部和云南省西北部，面积达260万km^2，是我国藏民族聚居地区，平均海拔4 500m以上，被誉为地球第三极。青藏高原是全球最年轻、最高的高原，记录着地球演化最新历史，是研究岩石圈形成演化过程和动力学的理想区域，是“打开地球动力学大门的金钥匙”。

青藏高原蕴藏着丰富的矿产资源，是我国重要的资源后备基地。青藏高原是地球表面的一道天然屏障，影响着中国乃至全球的气候变化。青藏高原也是我国主要大江大河和一些重要国际河流的发源地，孕育着中华民族的繁生和发展。开展青藏高原地质调查与研究，对于推动地球科学研究、保障我国资源战略储备、促进边疆经济发展、维护民族团结、巩固国防建设具有非常重要的现实意义和深远的历史意义。

1999年国家启动了“新一轮国土资源大调查”专项，按照温家宝总理“新一轮国土资源大调查要围绕填补和更新一批基础地质图件”的指示精神。中国地质调查局组织开展了青藏高原空白区1∶25万区域地质调查攻坚战，历时6年多，投入3亿多，调集25个来自全国省(自治区)地质调查院、研究所、大专院校等单位组成的精干区域地质调查队伍，每年近千名地质工作者，奋战在世界屋脊，徒步遍及雪域高原，完成了全部空白区158万km^2共112个图幅的区域地质调查工作，实现了我国陆域中比例尺区域地质调查的全面覆盖，在中国地质工作历史上树立了新的丰碑。

新疆1∶25万J43C003004(叶城县幅)区域地质调查项目，由河南省地质调查院承担，工作区位于新疆维吾尔自治区西南部塔里木盆地西南缘。目的是运用造山带填图的新方法、新技术、新手段，以区域构造调查与研究为先导，合理划分测区的构造单元，对不同地质单元、不同的构造-地层单位采用不同的填图方法进行全面的区域地质调查，力争在成矿有利地段取得找矿新发现。最终通过盆地建造、岩浆作用、变质变形及山盆耦合关系研究，反演区域地质演化历史，建立测区构造模式。

J43C003004(叶城县幅)地质调查工作时间为2002—2004年，累计完成地质填图面积为14 736km^2，实测地质剖面36条共计100km。地质路线1 795km，采集样品1 031件，全面完成了设计工作量。主要成果有：通过对调查区系统的调查研究，确定了区内的构造格架，建立了图区的地层序列、侵入岩的时序和变质变形序次，初步查明了区内国土资源、环境概貌，提高了调查区的地质研究程度。将图区划分为3个不同级别的地层区，厘定和建立了各地层区的岩石地层系统，新发现了苏库罗克组与苏玛兰组之间的不整合接触关系，对元古宙地层划分和构造演化研究具有重要意义。对第四系划分了5种成因类型，按序次建立了11个非正式岩石地层单位。对区内岩浆岩进行了较为详细的岩石学和地球化学研究，总结了区内岩浆岩的时空分布规律。在古元古代赫罗斯坦岩群解体出一套变质变形侵入体，对塔里木、西昆仑元古宙构造体制研究积累了资料。将侵入岩划分为3个岩浆旋回，对图区火山岩划分了喷发韵律、喷发类型。建立了图内构造岩浆岩带。总结了区内岩浆演化规律及其与造山过程的耦合关系。对图区内变质岩进行了原岩恢复,划分了变质相带,归纳为2个变质区、4种变质作用类型。对图区矿产及其他国土资源和生态环境进行了较系统调研,新发现了一批矿(化)点,分析了成矿条件和成矿背景,划分出4个成矿预测区,指出了进一步找矿方向。编制了生态现状图、灾害现状分布图、旅游资源分布图等系列图件。

2005年3月,中国地调局西安地质矿产研究所对项目进行最终成果验收,评审认为,该项目完成了任务书和设计的各项工作任务,报告章节齐全、内容较丰富。采用了区调填图新理论、新方法,取得了较好的地质调查成果,提高了区域地质研究程度。符合《1∶25万区域地质调查技术要求(暂行)》等有关技术规定及要求,通过成果评审。成果报告综合评分84分,良好级。

参加报告编写的主要有王世炎、彭松民、张彦启、吕际根、白国典、谢朝永、高廷臣、任建德、刘品德、杨俊峰、方怀宾、王洪生、李春艳、吕宪河、李香资、杨瑞西、杜凤军、庞运超、张戈红,由王世炎、彭松民编纂定稿。地质图由刘长乐等编制,数字地质图及报告插图由刘献华、许国丽、袁桂香、晁红丽、王凌云等完成,报告打印由马伟霞等负责。

参加本次工作的人员还有马瑞申、艾永亮、卢书炜、薛承兆、彭江涛、郝遂生、叶萍等。工作中得到了中国地调局西安地调中心、北京大学、地科院地质所、陕西省地质调查院以及工作区当地政府的大力支持和帮助。工作期间,中科院肖序常院士、地科院地质所姚建新研究员、王永、迟振卿博士、北京大学张立飞教授、周辉副教授、艾永亮、李旭平博士、曲军峰硕士等多次赴测区指导或协助工作,并帮助测试样品,中国地质大学(武汉)周汉文教授在电子探针测试和温压计算方面给予了具体的帮助,通过与南京地矿所张传林博士的交流对项目工作也有很大启发,西安地调中心李荣社处长多次对项目工作给予指导,提出了许多宝贵意见和建议。在此,谨对他们的辛勤劳动和帮助表示衷心感谢。

为了充分发挥青藏高原1∶25万区域地质调查成果的作用,全面向社会提供使用,中国地质调查局组织开展了青藏高原1∶25万地质图的公开出版工作,由中国地质调查局成都地质调查中心与项目完成单位共同组织实施。出版编辑工作得到了国家测绘局孔金辉、翟义青及陈克强、王保良等一批专家的指导和帮助,在此表示诚挚的谢意。

鉴于本次区调成果出版工作时间紧、参加单位较多、项目组织协调任务重以及工作经验和水平所限,成果出版中可能存在不足与疏漏之处,敬请读者批评指正。

“青藏高原1∶25万区调成果总结”项目组

2010年9月

目　　录

第一章　绪　言

第一节　任务与要求

1∶25万叶城县幅区调是西安地质矿产研究所负责实施的《青藏高原北部空白区基础地质调查与研究》实施项目(2004年改称计划项目)的子项目(2004年改称工作项目)《新疆1∶25万叶城县幅(J43C003004)、塔什库尔干塔吉克自治县幅(J43C003003)、克克吐鲁克幅(J43C003002)区调》的一部分,中国地质调查局于2002年4月28日下达了《中国地质调查局地质调查子项目任务书》,任务书编号:基[2002]001-17,子项目编号:200213000004,由河南省地质调查院承担。项目工作性质为基础调查,工作起止年限:2002年1月—2004年12月。测区地理坐标:东经74°27′25″—75°00′00″,北纬36°55′51″—38°00′00″及东经75°00′00″—78°00′00″,北纬37°00′00″—38°00′00″。总面积为31 066km²。

根据子项目任务书,本次工作的总体目标任务是:按照《1∶25万区域地质调查技术要求(暂行)》和青藏高原艰险地区1∶25万区域地质调查技术要求(暂行)》及其他相关的规范、指南,运用造山带填图的新方法、新技术、新手段,以区域构造调查与研究为先导,合理划分测区的构造单元,对测区不同地质单元、不同的构造-地层单位采用不同的填图方法进行全面的区域地质调查,力争在成矿有利地段取得找矿新发现。最终通过盆地建造、岩浆作用、变质变形及山-盆耦合关系研究,反演区域地质演化历史,建立测区构造模式。

工作中应加强以下方面的工作:

(1)工作区位于塔里木陆块与西昆仑-喀喇昆仑造山带交接部位,地质构造复杂,成矿地质条件有利,具有良好的地质找矿前景。要加强多金属成矿带地质背景调查,为本区经济发展提供基础资料。

(2)工作区有数条重要的构造边界,著名的库地蛇绿岩带从测区通过,要加强对蛇绿构造带的构造组成与演化研究,为欧亚板块和古特提斯构造带的形成、发展演化研究提供基础地质资料依据。

第二节　位置及交通

图幅位于新疆维吾尔自治区西南部塔里木盆地西南缘,是本次联测的3个图幅中最东部的1个图幅,行政区划分属喀什地区叶城县、莎车县、泽普县、克孜勒苏柯尔克孜自治州阿克陶县及和田地区皮山县管辖,图幅东北角为塔克拉玛干沙漠,西部和南部边缘为西昆仑山脉。地理坐标:东经76°30′00″—78°00′00″,北纬37°00′00″—38°00′00″。面积为14 736km²。

测区交通相对较为方便(图1-1),新-藏公路(G219线)自叶城向南,呈近南北向贯穿图幅中部,和田-喀什公路(G315线)经叶城从图幅北部通过,各县、乡之间亦有省道或简易公路相连,如莎(车)-塔(什库尔干)公路、叶(城)-棋(盘)公路、皮(山)-克(里阳)公路等。山区往往山高路险,6—9月由于冰雪大量融化,且正值雨季,河水暴涨,公路常被冲垮或被泥石流等破坏,多不能通行,每年11月到来年3月冰雪封山时也不易通行。区内驮运小道也较多,但多由于山高谷深,并常有河水的阻隔,道路十分险恶,通行相当困难。

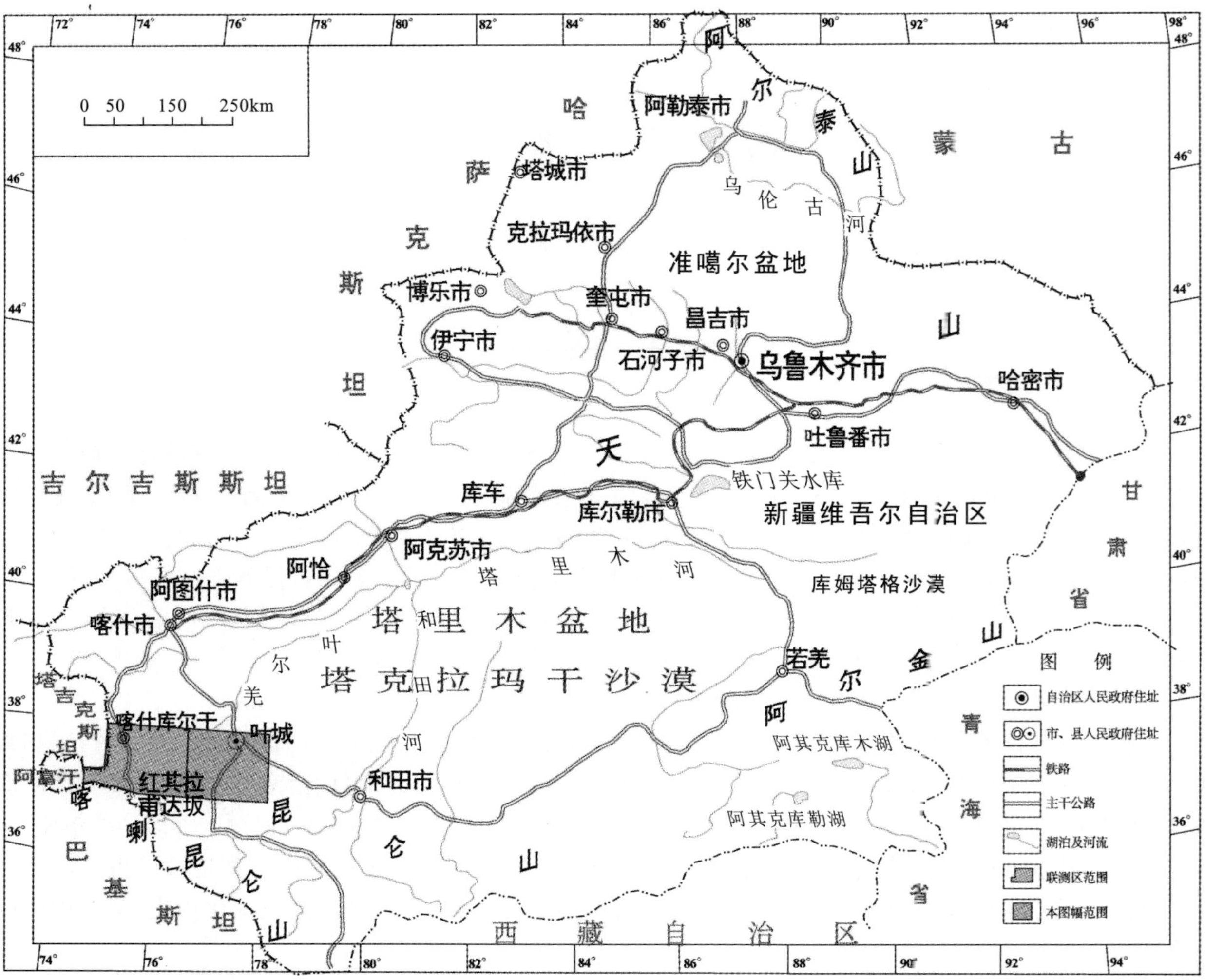

图 1-1　交通位置示意图

第三节　自然地理及经济概况

图幅跨昆仑山系西段及塔里木盆地西部和南部，总体地势西部和南部边缘高，向东北突然降低。西部和南部属中高山区，山脉走势呈北北西—北西向的弧状弯曲，山势雄伟，峰峦叠障，地形切割强烈，平均海拔 3 500m 左右，相对高差 1 500～4 000m，最高峰位于图幅南缘新-藏公路以东约 25km 处，海拔高度 5 337m；中部及东北部为中低山丘陵及盆地地区，地形切割较弱，相对高差 400～500m，最低处位于叶城附近，海拔约1 286m。

区内属内陆水系，总体构成指向塔里木盆地的向心状水系，主要河流有叶尔羌河（流经图幅西北角）及其支流提孜那甫河（哈拉斯坦河）、棋盘河等以及柯克亚吾斯塘（拜什铁热克吾斯塘）、乌鲁克吾斯塘（苏玛兰河）、克里阳塔孜洪等。高山冰雪是这些河流的主要补给水源，除叶尔羌河及其支流向北汇入塔里木河延伸较远外，其他河流均向北消失于塔克拉玛干沙漠之中。

测区气候属典型的大陆性干旱季风气候（地质部第十三大队，1958）。其特点是高山区寒冷，年平均气温约 11.4℃；盆地内光照充足，干燥少雨，年平均降雨量约 50mm，潮湿系数 0.005～0.12，蒸发量大于 1 500mm，无霜期长达 200～230 天，以温差大（昼夜温差大于 15℃）、风沙大（年大风日数达 100 余天，起沙风日数 50～110 天）为其主要特点。

测区土壤属南疆极干旱荒漠土，植被属荒漠带。土壤和植被垂直分带比较明显。一般 4 800m 以上属高山冰碛粗骨土和高山冷荒漠土，植被稀少；4 000～4 800m 属高山草甸土和泥炭质草甸土，植被矮小，草本，生长期很短；3 000～4 000m属山地草原和高山草甸栗钙土带，发育草本及木本植物，以草本为主；3 000m以下属山前荒漠草原灰钙土，植被稀疏，发育木本及草本植物，其中以木本植物为主且主要分布于居民地附近。

测区居民较少且分布极不均匀，多聚集于县城以及公路沿线，其他地区分布零星，民族以维吾尔族占绝大多数，另有少量塔吉克族、柯尔克孜族、汉族等。区内属半农半牧区，主要农作物有小麦、青稞、玉米、水稻、棉花、豆科、油料作物、瓜果等；土特产有新疆薄壳核桃、叶城石榴、黑叶杏、巴旦木、叶城羊等；野生动物有棕熊、雪豹、狐狸、野山羊、狼、野鸡、野鸭、旱獭等；野生药用植物有大叶秦艺、马先蒿、甘草、党参、红花、紫草、麻黄等；矿产资源主要有石油、煤、石膏、建材、铜、铅、锌、金、铁、硫磺等。现有工业主要有采煤、采油、发电、建筑、粮油加工、轧花、编织、印刷、食品加工等。

第四节　地质矿产研究程度

测区的地质研究工作始于20世纪早期，中华人民共和国成立之前，仅有少量零星的路线地质观察和矿产概查工作涉及测区，少部分编制有1：100万、1：50万、1：20万和1：10万的概略路线地质草图或个别矿种的概查报告，其中比较重要的成果有B·M西尼村和H·A别良耶夫斯基1940—1946年合编的《西昆仑山喀喇昆仑山塔里木盆地和邻区地质》(附1：100万地质图)及黄汲清1944—1945年所著的《中国主要地质构造单位》，对该区的区域地质调查研究做出了开拓性的贡献。

中华人民共和国成立之后，为适应我国经济建设对矿产资源的需要，测区内的地质工作得到迅速加强和展开。研究(工作)形式有区域地质调查、矿产调查、区域地球化学调查、专题研究及区域地质编图，涉及地层、岩石、构造、矿产等各个方面。

一、区域地质矿产调查

1958年地质部第十三大队完成了《棋盘幅(J-43-ⅩⅩⅢ)西昆仑托赫塔卡鲁姆山脉北坡1：20万地质测量与普查工作报告》、《昆仑山西北部(J-43-ⅩⅩⅨ、J-43-ⅩⅩⅢ)1：20万地质测量与普查工作报告》、《克里阳幅(J-43-ⅩⅩⅩ)1：20万地质测量与普查工作报告》、《西昆仑山北坡1：20万地质测量与普查工作报告》，涉及本图幅大部分基岩出露区。这是按照国家的统一部署，在区内开展的1：20万正规区域地质调查工作，是区内首次开展的面积性、综合性地质调查，对地层、岩石、构造、矿产均进行了系统的综合研究，为以后的地质矿产调查与研究奠定了基础。

1984年新疆地矿局第一区域地质调查大队完成了《西昆仑山叶尔羌河上游地区1：100万区域地质调查报告》，涉及本图幅西南部，对地层进行了比较系统的划分，初步建立了叶尔羌河上游地区的地层层序，在地层时代厘定方面获取了不少新的古生物化石依据；对岩浆岩、变质作用、地质构造及矿产也进行了较系统的研究。

1994年新疆地质矿产局第二地质大队完成了《西昆仑西部1：50万区域化探》，获取了系统的区域地球化学资料，圈定了大量地球化学异常区，为测区矿产普查提供了很多有用的信息。

二、综合研究及编图

1985年新疆地质矿产局第二地质大队编制完成了《1：50万新疆南疆西部地质图、矿产图及说明书》，详细划分了该区的地层、岩浆岩，较为详细地探讨了区内矿产分布和形成的时空规律，指出了下一步矿产工作应注意加强研究的方向，对本次工作的矿产工作有较大的指导意义。

1986年新疆地矿局第一区域地质调查大队编制完成了《新疆维吾尔自治区大地构造图(1：200万)及说明书》、《新疆维吾尔自治区变质图(1：200万)及说明书》，对新疆大地构造、变质作用及其分布进行了系统总结。

1993年新疆维吾尔自治区地质矿产局编制并公开出版了《新疆维吾尔自治区区域地质志》，对新疆1985年底之前的地质调查、研究成果进行了全面、系统的总结。

1999年新疆维吾尔自治区地质矿产局编写并公开出版了《新疆维吾尔自治区岩石地层》，对全区地层按多重划分对比进行了系统厘定。

2000年王元龙、王中刚等编写并公开出版了《昆仑-阿尔金岩浆活动及成矿作用》，对岩浆岩地质与演化特征进行了总结，指出了岩浆岩类型与成矿作用的关系，并划分出成矿远景区，对本区进一步找矿有一定的指导意义。

多年来，许多地质学家在测区及邻区进行了大量针对某些地质问题的专门研究，如程裕淇、汪玉珍、姜春发、郝诒纯、肖序常、高振家、丁道桂、何国琦、管海晏、王学佑、童晓光、梁狄刚、康玉柱、陆表、杨志荣、曾亚参、邓万明、张雯华、张志得等对元古宙、古生代、中—新生代地层、超基性岩类、中酸性岩类、大地构造及重要断裂带、库地蛇绿岩等的研究成果，在区内甚至全国产生了较大影响，大大提高了区域地质研究程度。

图幅内主要区域地质矿产研究成果见表1-1，测区地质研究程度见图1-2。

表1-1　测区主要区域地质研究成果简表

序号	工作时间	成果名称	作者	出版时间	出版单位
1	1957—1958	棋盘幅(J-43-ⅩⅩⅢ)西昆仑托赫塔卡鲁姆山脉北坡1：20万地质测量与普查工作报告	吕正等	1958	地质部第十三大队
2	1957—1958	昆仑山西北部(J-43-ⅩⅩⅨ、J-43-ⅩⅩⅢ)1：20万地质测量与普查工作报告	陈哲夫等	1958	地质部第十三大队
3	1957—1958	克里阳幅(J-43-ⅩⅩⅩ)1：20万地质测量与普查工作报告	张良臣等	1958	地质部第十三大队
4	1957—1958	西昆仑山北坡1：20万地质测量与普查工作报告	吴文奎等	1958	地质部第十三大队
5	1981—1984	西昆仑山叶尔羌河上游地区1：100万区域地质调查报告	白光群等	1984	新疆地矿局第一区域地质调查大队
6	1983—1985	1：50万新疆南疆西部地质图、矿产图及说明书	汪玉珍等	1985	新疆地质矿产局第二地质大队
7	1996—2000	昆仑-阿尔金岩浆活动及成矿作用	王元龙、王中刚等	2000	新疆三〇五项目办公室
8	1993—1994	西昆仑西部1：50万区域化探	杨万志等	1994	新疆地矿局第二地质调查大队
9	1984—1986	新疆维吾尔自治区大地构造图(1：200万)及说明书、新疆维吾尔自治区变质图(1：200万)及说明书	陈哲夫、黄河源等	1986	新疆地矿局第一区域地质调查大队
10	1991—1995	新疆维吾尔自治区岩石地层	蔡土赐等	1999	新疆维吾尔自治区地质矿产局
11	1982—1988	新疆维吾尔自治区区域地质志	陈哲夫等	1993	新疆维吾尔自治区地质矿产局

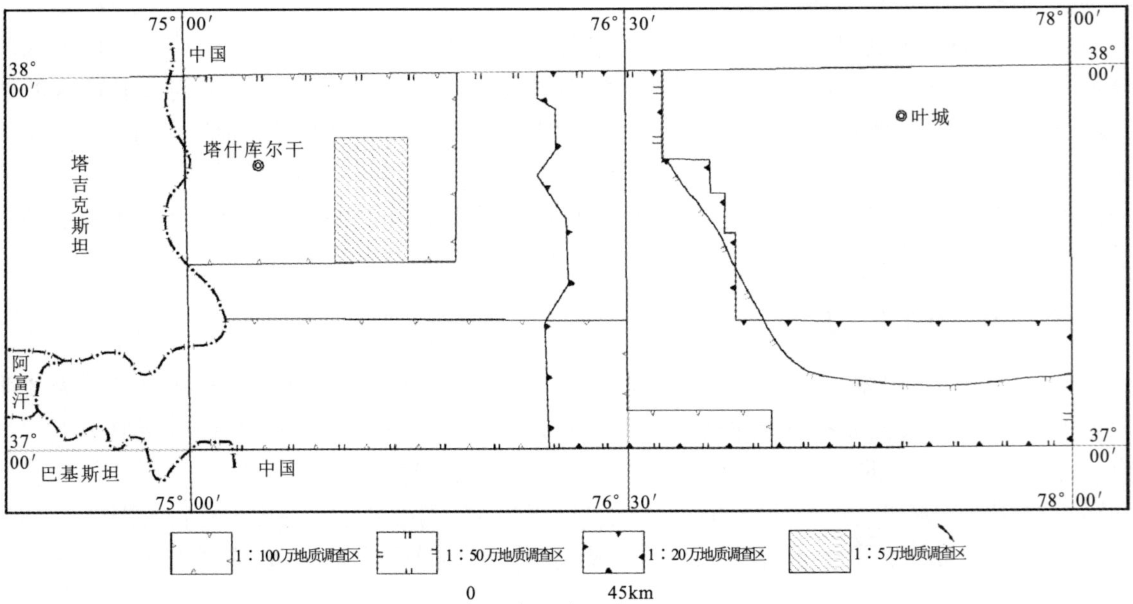

图1-2　联测图幅地质研究程度图

第五节 工作概况

一、各阶段工作情况及工作进度

本项目工作从2002年开始，大致可分为4个阶段进行。

1. 资料收集、踏勘、试填图及设计编写阶段（2002年1月—2003年2月）

2002年初对区内和邻区有关地质、矿产、科研资料进行了初步收集和分析研究，2002年5月接到项目任务书后，又对有关资料进行了补充收集和全面研究，进行了遥感影像的初步解译，制订了年度工作方案。

2002年下半年，赴测区及相邻有关地区对涉及测区的地层、侵入岩、构造、矿产进行了全面、系统的野外踏勘，共完成踏勘路线519km；在塔里木盆地边缘及西昆仑山前地带开展了野外试填图和部分剖面测制工作，完成了1∶25万地质图，填图面积9 000km^2，对遥感解译标志进行了验证、补充和修改。

2002年11月完成了项目总体设计的编制，于2002年12月中旬在西安通过中国地调局西北项目办组织的设计评审。

2003年1月得到西安地质矿产研究所的审查批准。

本阶段参加工作的主要技术人员有：王世炎、彭松民、白国典、吕际根、马瑞申、艾永亮、庞运超、张戈红。

2. 野外调查及专题研究阶段（2003年3月—2004年5月）

2003年3月下旬，开始全面的野外调查及专题研究工作。

2003年4—11月上旬，项目组分成3个填图分队、1个矿产分队自东向西全面展开路线地质调查、剖面测制、专题研究等野外作业。工作开始阶段，正值"非典"在全国肆虐时期，项目人员不仅需要克服山高路险、高寒缺氧等困难条件和山洪、泥石流、暴风雪、风沙等恶劣气候影响，更受到由于"非典"而产生的各种通行、食宿等人为条件的限制。经过全体工作人员的艰苦努力，克服了常人难以想象的困难，至2003年7月，基本完成了叶城县幅的野外调查工作。

2004年4—5月完成剩余面积的填图、剖面补测以及重点地段检查、专题研究等项工作，至此，本项目野外调查工作全面结束。

两年多来的野外工作共投入97个组月，全面完成了任务书及设计规定的各项野外任务和实物工作量。

本阶段参加工作的主要技术人员有：王世炎、彭松民、张彦启、白国典、任建德、方怀宾、高廷臣、吕际根、谢朝永、杨俊峰、刘品德、李春艳、李香资、吕宪河、杨瑞西、庞运超，杜凤军、卢书炜、薛承兆参加了部分野外工作，另外，北京大学张立飞、周辉、艾永亮、曲军峰、李旭平等参加了项目专题研究工作。

3. 年度资料整理（2002年11月—2003年3月及2003年11月—2004年3月）

对年度所取得的野外资料进行了全面的扣合，对鉴定结果进行了批注，对已工作完毕的地区进行了实际材料图的编制，对野外和室内所取得的资料，结合区域地质特征进行了综合研究，提出了阶段性初步认识，据此，对下一步工作进行了有针对性的工作布置。同时加强了技术人员的业务培训，提高其业务素质，以保证整个工作过程各个环节的质量。

4. 野外验收前资料整理及野外验收

2004年4—5月，对各类原始资料进行了全面系统的整理，在此基础上编制了地层、侵入岩、火山岩、变质岩、构造卡片和野外工作总结等。

2004年5月28日—6月4日，西安地调中心聘请有关专家在新疆叶城县和塔什库尔干县对新疆

1∶25万叶城县幅(J43C003004)、塔什库尔干塔吉克自治县幅(J43003003)、克克吐鲁克幅(J43003002)区调项目进行了野外验收。验收会议认为:"项目人员经过艰苦努力,克服高原缺氧、交通艰难、山洪、泥石流、暴风雪、风沙等恶劣气候条件以及'非典'等各种困难,圆满完成了任务书、总体设计书和项目合同书规定的各项野外调查任务和工作量,野外调查所取得的实际材料内容丰富,信息量大,质量管理体系健全,质量检查原始记录资料齐全、详实、可靠,提交野外验收的资料符合中国地质调查局区域地质调查野外验收要求。"按照中国地质调查局区域地质调查野外原始资料检查要求和野外验收评分标准,叶城县幅区调综合评分为87.7分,为良好级,塔什库尔干塔吉克自治县幅、克克吐鲁克幅区调综合评分为90.5分,为优秀级,专家组一致同意通过野外验收。

5. 最终资料整理及报告编写阶段

2004年6月开始,项目组针对野外验收提出的具体问题补做了适当野外工作,对各项资料进一步整理,对原始资料又进行了全面扣合,对区内的各类测试数据进行了系统计算、列表作图和统计,对实际材料图上地质界线、代号、有关符号逐一确定,然后分工开始报告编写。

本阶段参加工作的主要技术人员有:王世炎、彭松民、张彦启、白国典、吕际根、谢朝永、高廷臣,刘长乐、彭江涛、曲军峰、张立飞、艾永亮、郝遂生、叶萍等参加了部分室内资料整理工作和专题研究工作。

区域地质调查报告编写分工如下:第一章绪言由王世炎执笔;第二章地层由吕际根、谢朝永执笔,方怀宾、杨俊峰、张戈红、杜凤军参加;第三章岩浆岩由彭松民、白国典执笔,任建德、刘品德、李香资参加;第四章变质岩由张彦启执笔,吕宪河参加;第五章地质构造由王世炎执笔,李春艳参加;第六章矿产资源概况由高廷臣、白国典执笔,庞运超、杨瑞西参加;第七章结束语由王世炎执笔。各部分完成后由王世炎、彭松民统编定稿,地质图由刘长乐等编制,数字地质图及报告插图由刘献华、许国丽、袁桂香、晁红丽、王凌云等完成,报告打印由马伟霞等完成。

报告中各类样品测试、鉴定单位如下:岩石化学、稀土及微量元素测试由武汉综合岩矿测试中心承担;化石主要由中科院南京地质古生物研究所(以下简称南古所)鉴定,部分由地科院地质所鉴定;同位素测年样由天津地质矿产研究所测试分析;稳定同位素、包体测温、长石有序度由地科院矿产资源研究所测试分析;电子探针由中国地质大学(武汉)探针室测试;其余化学样、水系沉积物样等由河南地调院实验室完成。

二、实物工作量完成情况

对照设计书和项目合同书,项目主要实物工作量绝大部分已完成或超额完成,各主要填图单位(地层、岩体、主要断裂带等)都有剖面控制,并系统采集了薄片、岩石化学、稀土、微量元素、同位素年龄等配套样品,在沉积地层中采集到了重要古生物化石。图幅实物工作量完成情况见表1-2。

三、工作方法和精度

本项目工作类型为实测。充分利用"3S"技术,对区内不同地质单元、构造地层单位采用了不同的填图方法进行全面的区域地质调查。共完成各类地质观察路线总长度1 795km,各类地质点848个,路线间距一般4～8km,大面积第四系分布区和极难通行地区路线间距适当放宽,但最大均不超过15km,全区路线间距平均为6.5km。

野外手图、实际材料图采用中国人民解放军总参谋部1985年出版的1∶10万彩色地形图,1∶25万地质图底图根据1∶25万国家数字图库中图形数据简化而成。

野外地质点定位以GPS数据为准,辅以地形和交绘法校准。经实地验证误差小于100m。地质体、地质界线、岩性花纹、特殊地质现象(标志层、褶皱、糜棱岩带、片理化带等)、产状要素、样品、观察点、地质路线均按要求在野外手图上予以标示。填图过程中对遇到的直径大于500m、宽度大于100m的地质体及长度大于500m的断层均在图上进行了标定,对有重要意义的特殊地质体适当夸大表示。半数填图路线有信手剖面图,全部有路线小结。

表 1-2　图幅实物工作量完成情况表

项目名称	单位	完成数	备注
1∶25 万填图	km^2	14 736	
填图路线	km	1 795	
地质观察点	个	848	
实测 1∶5 000 地质剖面	km	100	36 条，含少量 1∶2 000 剖面、构造-地(岩)层剖面
1∶25 万遥感影像解译	km^2	14 736	
化学分析	件	67	
硅酸盐分析	件	19	
微量元素分析	件	19	
稀土元素分析	件	19	
岩石薄片	块	368	
标　本	块	88	
定向薄片	块	8	
长石有序度	件	5	
电子探针	点	17	
大化石	个	421	不包括未得到结果数量
微体化石	件	53	
包体测温	件	7	
锆石 U-Pb 年龄样	件	3	
$^{40}Ar-^{39}Ar$ 年龄样	件	2	
K－Ar 年龄样	件	2	
热释光	件	14	
^{14}C 年龄样	件	1	
$\delta^{18}O$	件	6	
探　槽	m^3	301	
矿点检查	处	2	

剖面对地质体的控制程度已满足设计要求，达到每个地层单元、较大侵入体、蛇绿岩带都有剖面控制，部分地质单元有两条剖面控制。剖面比例尺一般为 1∶5 000，个别地层为 1∶2 000。

遥感技术应用贯穿于区调工作的始终，遥感解译遵循初步解译-野外验证-再解译-再验证的原则，首先在踏勘和设计编写前对卫片进行了全面初步解译，参照已有地质资料，建立了全区岩性和构造解译标志，编绘了遥感地质解译草图；野外试填图过程中对初步解译建立的解译标志进行了进一步的修改、补充和完善，初步厘定了填图单位和测区地层序列，作为编制地质矿产草图(设计图)的重要基础；野外地质调查阶段对所建立的解译标志进行了不断的修改和补充，进行了系统解译，制作了遥感地质图。

根据项目任务书及总体设计，本次工作开设了两个课题进行专题研究，即：测区主要构造边界特征研究和塔里木盆地西南缘推覆构造研究。为了提高研究质量，本着产、学、研相结合的原则，项目组邀请了以北京大学张立飞教授为首的科研组参加专题研究工作，研究的重点为塔阿西-色克布拉克结合带(蛇绿混杂岩带)的特征及其大地构造意义，投入了大量野外及室内研究及测试工作，对第二个专题则重点放在野外的详细观察研究上。

项目质量管理工作严格按照《河南省地质调查院质量管理体系》运行，根据设计书和有关规范开展工作，建立了地调院、基础中心、项目部、分队和作业组五级质量检查制度，开展经常性的自检、互检工作(自检、互检率 100%)，项目负责人检查 20%，基础中心抽检 10%，地调院抽检 5%，地调院每年初对上年度原始资料和成果进行全院展评活动。2004 年 1 月在河南省地调院资料、成果展评会上，本项目由于地质找矿成果突出，被评为成果一等奖。

工作中得到了中国地调局西安地调中心、北京大学、地科院地质所、陕西省地质调查院以及工作区当地政府的大力支持和帮助。工作期间，中科院肖序常院士、地科院地质所姚建新研究员、王永、迟振卿博士、北京大学张立飞教授、周辉副教授、艾永亮、李旭平博士、曲军峰硕士等多次赴测区指导或协助工作，并帮助测试样品，中国地质大学(武汉)周汉文教授在电子探针测试和温压计算方面给予了具体的帮助，通过与南京地矿所张传林博士的交流对项目工作也有很大启发，西安地调中心李荣社处长多次对项目工作给予指导，提出了许多宝贵意见和建议。在此，谨对他们的辛勤劳动和帮助表示衷心感谢。

第二章　地层及沉积岩

图幅地跨塔里木陆块及西昆仑构造带两个大地构造单元，地层区划位于塔里木—南疆地层大区西南隅。根据地层发育情况、沉积类型和沉积建造、古地理特征、古生物特征、大地构造位置以及与构造相关的岩浆活动和变质作用等特征，以哈拉斯坦河断裂为界，将图幅划分为北东侧的塔里木地层区和南西侧的秦祁昆地层区。其中，塔里木地层区又以西昆仑山前逆冲推覆带前锋断裂为界，北东侧大面积区域划为塔里木盆地地层分区叶城小区，南西侧划为塔南地层分区铁克里克小区；秦祁昆地层区在区内为西昆仑地层分区(图 2-1)。

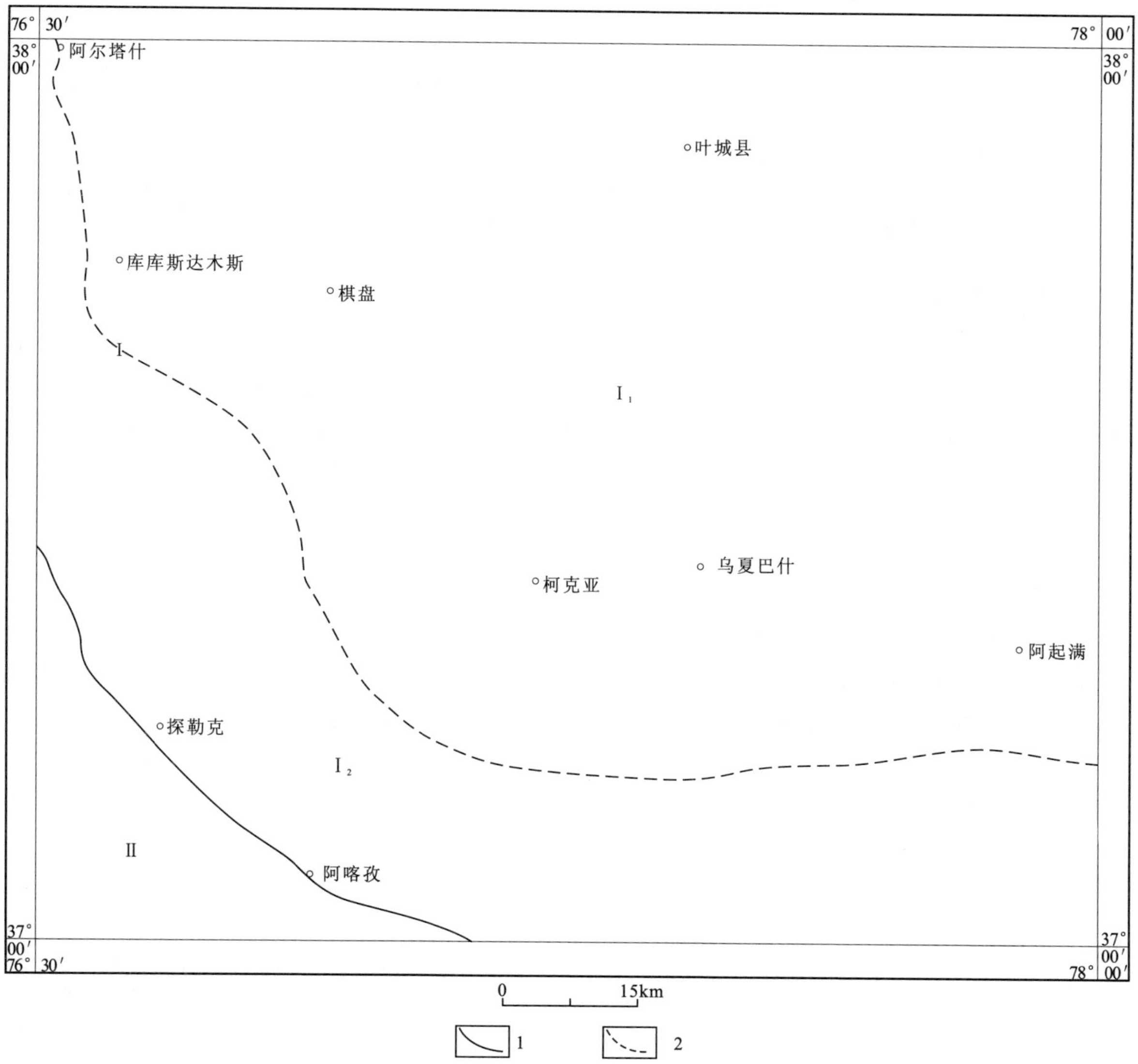

图 2-1　图幅地层区划图

Ⅰ. 塔里木地层区；Ⅰ1. 塔里木盆地地层分区(叶城小区)；Ⅰ2. 塔南地层分区(铁克里克小区)；
Ⅱ. 秦祁昆地层区(西昆仑地层分区)；1. 地层区界线；　2. 地层分区界线

塔南地层分区(铁克里克小区)区内主要由前寒武纪及古生代地层组成。古元古界构成结晶基底,主要为混合岩化的中深变质表壳岩系、变质变形侵入体以及中浅变质的碎屑岩系。中元古代及以上层位构成盖层岩系。其中,长城系为细碧-石英角斑岩系,蓟县系以碳酸盐岩建造为主,青白口系以碎屑岩建造为主,震旦系为碎屑岩夹冰碛砾岩,区内缺失下古生界,上古生界为稳定盖层沉积,泥盆系为海陆交互相碎屑岩沉积,石炭系以浅海相碳酸盐岩为主夹碎屑岩,二叠系为海陆交互相红色、杂色碎屑岩。塔里木盆地地层分区(叶城小区)仅出露中、新生代地层。侏罗系为含煤建造,白垩系下统为碎屑红层或杂色碎屑岩,上统为海相、泻湖相碎屑岩,灰岩和膏盐岩沉积,古近系为海相碳酸盐岩、碎屑岩、膏泥沉积,新近系则主要为山麓相碎屑岩。第四系在区内发育较齐全,覆盖了本区绝大部分区域,山麓冲-洪积相、风积相广泛分布。

西昆仑地层分区在区内大部分地段被岩体侵占,地层只发育中元古界变质岩、火山岩和石炭系滨-浅海碎屑岩夹碳酸盐岩。

本次工作以区调新资料为基础对地层单元进行了划分。沉积地层采用岩石地层、层序地层及生物地层为主的多重地层划分;变质地层采用构造-岩石地层划分;火山地层采用岩相-地层双重划分,重新厘定了图幅的地层系统,建立了图幅地层序列格架(表 2-1)。本报告地层单位主要采用《新疆维吾尔自治区岩石地层》(1999)建立的岩石地层单位名称。

第一节　古元古界

古元古界属图幅最古老的变质基底,包括赫罗斯坦岩群、埃连卡特岩群,仅出露于哈拉斯坦河断裂东北侧的塔南地层分区铁克里克地层小区。其划分沿革见表 2-2。

一、赫罗斯坦岩群

本报告所称赫罗斯坦岩群($Pt_1H.$)系指从前人划分的赫罗斯坦群中解体出古老变质变形侵入体后剩余的一套中—深变质表壳岩系,划分沿革见表 2-2。该岩群在图幅西南角探勒克一带呈北西向不规则面状展布,在奥吐腊格也尔西侧也见零星出露,多呈规模不等的包体形式出露于古老变质变形侵入体中,出露面积约 183km²,与周围地质体呈断层接触或被上覆地层不整合覆盖,被阿卡孜岩体、探勒克岩体、布维吐卫等岩体侵入。

1. 剖面描述

叶城县探勒克古元古界赫罗斯坦岩群($Pt_1H.$)实测剖面(图 2-2)。

剖面位于叶城县探勒克东,起点坐标:X=4 124 350,Y=13 645 935;终点坐标:X=4 124 728,Y=13 649 394。剖面方位 84°,总长度约 4.2km,与周围地层或岩体均呈断层接触。

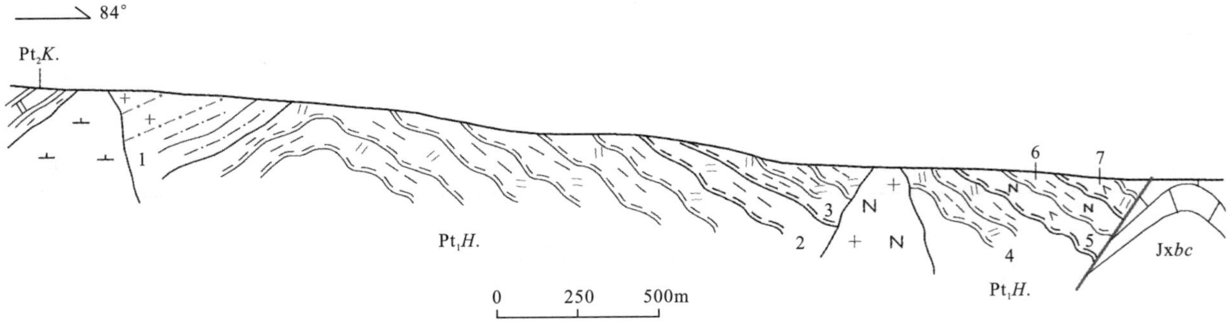

图 2-2　叶城县探勒克古元古界赫罗斯坦岩群($Pt_1H.$)实测剖面图

表 2-1　测区地层单位序列表

年代地层（界）	系	统	塔里木地层区：塔里木盆地地层分区 叶城小区	塔里木地层区：塔南地层分区 铁克里克小区	秦祁昆地层区：西昆仑地层分区
新生界	第四系	全新统	冲积层(Qh^{al})、洪冲积层(Qh^{pal})、风积层(Qh^{eol})、洞穴堆积、古文化层		
		上更新统	洪冲积层(Qh_3^{pal})、风积层(Qp_3^{eol})、冰碛层(Qp_3^{gl})		
		中更新统	洪冲积层(Qp_2^{pal})		
		下更新统	西域组(Qp_1x)		
	新近系	上新统	阿图什组(N_2a)		
		中新统	乌恰群(N_1W)		
	古近系	渐新统	喀什群(EK) 巴什布拉克组($E_{2-3}b$)		
		始新统	乌拉根组(E_2w)		
			卡拉塔尔组(E_2k)		
		古新统	齐姆根组($E_{1-2}q$)		
			阿尔塔什组(E_1a)		
中生界	白垩系	上统	英吉莎群(K_2Y)		
		下统	克孜勒苏群(K_1Kz)		
	侏罗系	上统	库孜贡苏组(J_3k)		
		中统	叶尔羌群($J_{1-2}Y$)		
		下统			
	三叠系				
上古生界	二叠系	上统		达里约尔组(P_3d)	
		中统		棋盘组(P_2q)	
		下统		塔哈奇组(C_2P_1t)	
	石炭系	上统		阿孜干组(C_2a)	库尔良群(C_2Ke)
				卡拉乌依组(C_2k)	
		下统		和什拉甫组(C_1h)	他龙群(C_1T)　依莎克群(C_1Y)
				克里塔格组(C_1k)	
	泥盆系	上统		奇自拉夫组(D_3q)	
		中统			
		下统			
下古生界	志留系	顶统			
		上统			
		中统			
		下统			
	奥陶系				
	寒武系				
新元古界	震旦系	上统		克孜苏胡木组(Z_2kz)	
				库尔卡克组(Z_2k)	
		下统		恰克马克力克组(Z_1q)	
	南华系				
	青白口系			苏库罗克组(Qbsk)	
中元古界	蓟县系			苏玛兰组(Jxsm)	
				博查特塔格组(Jxbc)	库浪那古岩群($Pt_2K.$)
	长城系			塞拉加兹塔格群(ChSl)	
古元古界				埃连卡特岩群($Pt_1A.$)	
				赫罗斯坦岩群($Pt_1H.$)	

——— 整合接触　　-------- 不整合接触　　·········· 断层接触或未见接触

表 2-2　铁克里克地层小区古—中元古界划分沿革表

<table>
<tr><td colspan="3">地质部十三大队(1957)</td><td colspan="3">新疆第二地质大队
汪玉珍等(1985)</td><td colspan="3">新疆地矿局蔡土赐等(1999)</td><td colspan="3">本报告(2004)</td></tr>
<tr><td>中—上奥陶统</td><td colspan="2">苏玛兰岩系</td><td>蓟县系</td><td colspan="2">苏玛兰组</td><td>青白口系</td><td colspan="2">苏玛兰组</td><td>蓟县系</td><td colspan="2">苏玛兰组</td></tr>
<tr><td rowspan="5">寒武—奥陶系</td><td rowspan="5">博查特塔格岩系</td><td>上亚岩系</td><td rowspan="2">蓟县系</td><td colspan="2" rowspan="2">博查特塔格组</td><td rowspan="5">青白口系</td><td colspan="2" rowspan="5">博查特塔格组</td><td rowspan="5">蓟县系</td><td colspan="2" rowspan="5">博查特塔格组</td></tr>
<tr><td>中亚岩系</td></tr>
<tr><td rowspan="3">下亚岩系</td><td rowspan="3">长城系</td><td colspan="2">布卡吐维组</td></tr>
<tr><td colspan="2">拉依勒克组</td></tr>
<tr><td colspan="2">卡拉克尔组</td></tr>
<tr><td>寒武—震旦系</td><td colspan="2">塞拉加兹塔格岩系</td><td>长城系</td><td colspan="2">塞拉加兹塔格群</td><td>长城系</td><td colspan="2">塞拉加兹塔格群</td><td>长城系</td><td colspan="2">塞拉加兹塔格群</td></tr>
<tr><td>元古界</td><td>老岩体</td><td>埃连卡特岩组</td><td>下元古界</td><td>赫罗斯坦岩群</td><td>埃连卡特岩群</td><td>下元古界</td><td>赫罗斯坦岩群</td><td>埃连卡特岩群</td><td>古元古界</td><td>赫罗斯坦岩群</td><td>埃连卡特岩群</td></tr>
</table>

蓟县系博查特塔格组浅灰色厚层状微晶灰岩

══════韧性剪切带══════

古元古界赫罗斯坦岩群(Pt_1H)　　片褶厚度>1 155.5m

7. 绿灰色角闪二长片麻岩　101.2m

6. 灰白色黑云斜长片麻岩，辉绿岩脉极发育　24.1m

5. 灰绿色角闪斜长片麻岩，发育大量宽度不等辉绿岩脉　46.3m

4. 灰白色黑云二长片麻岩，发育宽度不等的辉绿岩脉　134.6m

3. 浅灰红色黑云二长片麻岩，钾长石含量较高，达45%～50%，发育大量宽度不等的辉绿岩脉　163.9m

2. 灰白色黑云二长片麻岩，发育宽度不等的辉绿岩脉　545.4m

1. 灰白色黑云二长浅粒岩，暗色矿物与浅色矿物组成成分条带，发育宽度不等的辉绿岩脉　140.0m

══════断层══════

古元古界库浪那古岩群灰色薄板状泥板岩、纹层状大理岩或闪长岩体

2. 岩性特征及横向变化

赫罗斯坦岩群主要为一套条带状、眼球状、条纹状、脉状混合岩化片麻岩，主要岩性有黑云二长片麻岩、黑云斜长片麻岩、角闪二长(斜长)片麻岩、黑云二长浅粒岩等，并常见辉绿岩墙(脉)、闪长岩脉穿插其间，该群常呈规模不一的包体出现于古老变形侵入体中，为一套经历了深层次塑性流动变形、变质程度达角闪岩相的变质岩系，并伴有不同程度的混合岩化，其中也不乏有中酸性火山岩存在，受调查精度所限，图面上分解、表达困难。由于经受了多期变质变形作用的改造，原岩结构构造已消失殆尽，现存的片麻理是后期构造作用的产物，该套变质地层已呈片状无序构造-岩石地层单元，片褶厚度大于1 155.5m。

赫罗斯坦岩群主体分布于图幅西南部探勒克一带，向西延入相邻图幅。

3. 原岩恢复

赫罗斯坦岩群为一套片麻岩系，原岩结构、构造已无保留，主要依据岩石的矿物成分、产状、共生组合，结合岩石化学和地球化学特征进行原岩恢复。

黑云二(斜)长片麻岩原岩为钙碱性花岗岩，角闪二长片麻岩原岩为钙碱性石英二长岩，而斜长角闪片麻岩为基性火山岩，具正变质岩石特征。

4. 时代归属讨论

鉴于侵入其中的阿卡孜岩体同位素年龄为(2 261±95/75)Ma(锆石U-Pb)、1 408Ma(Rb-Sr全岩等时线)、1 508Ma(K-Ar)(许荣华，1992)，区内可见蓟县系博查特塔格组不整合覆盖在赫罗斯坦岩群之上，因此，该套地层的形成时代应早于中元古代。

另外,区域上与赫罗斯坦岩群大致相当的埃连卡特岩群其上被长城系塞拉加兹塔格群火山岩(Rb-Sr等时线年龄为1 764Ma,新疆地质二大队,1978)不整合覆盖,虽然赫罗斯坦岩群与塞拉加兹塔格群没见直接接触,但间接证明赫罗斯坦岩群与埃连卡特岩群的时代大致相当,即都早于中元古代。

故此将赫罗斯坦岩群时代置于古元古代。但从变质变形程度判断赫罗斯坦岩群可能要比埃连卡特岩群时代要老,至于是否可能属太古宙还需进一步研究。

二、埃连卡特岩群

埃连卡特岩群($Pt_1A.$)在图幅东南角坎埃孜、吐孜依格力一带呈不规则面状展布,出露面积约390km²,向东延出图幅,划分沿革见表2-2。

1. 剖面描述

皮山县埫阿巴提埃连卡特岩群剖面(图2-3)。

剖面起于皮山县坎埃孜,止于吉勒代勒克,起点坐标:X=4 116 556,Y=13 744 038;终点坐标:X=4 119 963,Y=13 744 855。剖面方位21°,总长度约3.8km,与苏库罗克组呈断层接触,未见顶。

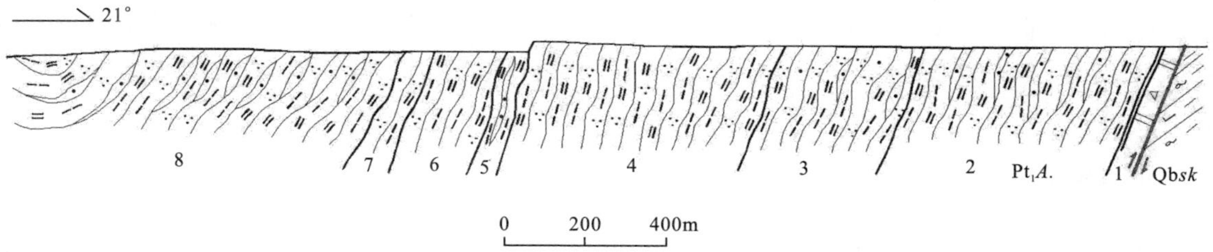

图2-3 皮山县埫阿巴提古元古界埃连卡特岩群($Pt_1A.$)实测剖面图

古元古界埃连卡特岩群($Pt_1A.$)	**片褶厚度>2 004.0m**
(未见顶)	
8. 浅灰绿色含石英岩条带二云石英片岩。石英岩条带宽0.5~1cm,延伸稳定,片理揉皱强烈,顺片理或斜切片理石英脉发育	>53.3m
7. 浅灰绿色二云石英片岩与钙质浅粒岩不等厚互层。二者比例为8∶1~2∶1,二云石英片岩单层厚40~100cm,钙质浅粒岩单层厚5~50cm	17.4m
6. 浅灰绿色二云石英片岩。片理强烈揉皱	165.8m
5. 浅灰绿色含石英岩条带二云石英片岩。石英岩条带宽约1cm,横向延伸不稳定,分布不均匀,揉皱强烈	59.1m
4. 浅灰绿色二云石英片岩。揉皱强烈,石英脉发育,随同片理一同褶皱,具分叉、复合、拉断、加厚现象	666.1m
3. 浅灰绿色含薄层石英岩或条带状二云石英片岩。石英脉稀疏发育,随同片理一起褶皱	359.8m
2. 浅灰绿色含石英岩条带二云石英片岩与深灰绿色二云石英片岩互层。石英脉发育,与片理一同褶皱变形,可见拉断和加厚现象	616.0m
1. 灰白色、灰红色大理岩,受断层影响碎裂现象发育	66.5m
══════断层══════	
青白口系苏库罗克组粉砂质泥岩	

2. 岩性特征及横向变化

幅内埃连卡特岩群为一套低级变质的绿片岩相变质岩系,以富含石英岩条带二云石英片岩为主,少量浅粒岩、大理岩,内有大量石英细脉顺片理或斜交片理穿插。区内片褶厚度大于2 004m,与周围地层多呈断层接触,局部被奇自拉夫群角度不整合覆盖。

区域上埃连卡特岩群在铁克里克断隆带内分布广泛,从克里阳河中游一带向东延伸至和田南部均有出露,和田地区该群混合岩化强烈,前人曾将其命名为喀拉喀什群,划归太古宙(新疆地矿局,1999),经新疆第一区测大队追索，认为两者实为一套地层，总厚大于 1 273m。

3. 变形特征

该岩群的原始沉积组构已难以寻觅，为层状无序的构造-岩石地层单元。波状褶曲现象普遍发育，总体构成多个大型复式背-向形构造，多期变形明显，早期为平卧褶皱，晚期为不规则复式褶皱，且伴生、寄生同斜紧闭褶皱、尖棱褶皱。其中发育近东西向断层，规模一般较小，延伸方向与主构造线一致。

4. 原岩建造及沉积环境

依据该岩群的岩性、产状、组构等特征，对埃连卡特岩群的原岩进行如下恢复。

片岩类：空间上岩石层状展布特征明显，其中黑云石英片岩、二云石英片岩原岩应为杂砂岩或泥质粉砂岩；黑云母片岩原岩应为泥岩。

长英质(粒)岩类：常呈夹层状与片岩类岩石相伴产出，原岩应为长石石英砂岩；相应的钙质长石石英岩原岩应为钙质长石石英砂岩，钙质浅粒岩原岩应为钙质长石砂岩。

大理岩：空间上层状展布，与片岩类相伴产出，其矿物成分几乎全为方解石，原岩应为泥晶灰岩。

从埃连卡特岩群整体岩石组合面貌看，石英砂岩往往呈透镜状、条带状或薄层状夹于泥岩或粉砂质泥岩中，灰岩往往呈夹层，厚度不大，从而认为埃连卡特岩群形成于滨-浅海环境，相当于潮下-浅海陆棚相带沉积。

5. 时代归属讨论

(1)接触关系

区内埃连卡特岩群被上泥盆统奇自拉夫组和蓟县系苏玛兰组角度不整合覆盖，其时代应早于蓟县纪；区域上，新疆第十地质大队 1979 年在苏拉阿孜沟发现长城系塞拉加兹塔格群火山岩不整合覆于埃连卡特岩群之上，埃连卡特岩群的时代较塞拉加兹塔格群老。

(2)同位素年龄

在塞拉加兹塔格群中上部角斑岩中，新疆地质二大队 1978 年曾获得 Rb-Sr 全岩等时线 1 764Ma 的年龄值，时代相当于中元古代长城纪。

综上所述，将埃连卡特岩群时代置于古元古代。

第二节　中元古界

中元古界在区内发育于图幅南部及西南部，以哈拉斯坦群河断裂分界，南西侧为西昆仑地层分区，发育库浪那古岩群一个地层单元，北东侧为铁克里克陆缘断隆带，地层区划属塔南地层分区铁克里克小区，计有长城系塞拉加兹塔格群、蓟县系博查特塔格组、苏玛兰组三个地层单元。划分沿革见表 2-2、表 2-3。

表 2-3　西昆仑地层区库浪那古岩群划分沿革表

新疆十三大队七中队(1957)		新疆和田队(1960)		新疆二大队(1985)		本报告(2004)	
太古—元古界	库浪那古岩系	前震旦系	桑株塔格群	下元古界	库浪那古岩群	中元古界	库浪那古岩群
	欧阳麦切特岩系				欧阳麦切特群		
	拉斯克姆岩系				拉斯克姆群		
	科岗达万岩系				科岗达万群		

一、西昆仑地层分区

中元古界库浪那古岩群($Pt_2K.$)

区内本地层分区发育中元古界库浪那古岩群($Pt_2K.$)一个地层单元，主体出露于西邻图幅，幅内仅在西部边缘及西南角西昆仑山前逆冲推覆带西侧小面积出露，呈向北西开口之楔状形态，出露面积约90km²，被丘克苏岩体、雀普河岩体、尤仑岩体、新-藏公路128km处岩体、大同西岩体等侵入。

由于本区出露局限，图幅内未测制剖面，引用本项目西邻联测图幅实测剖面加以叙述。

1. 剖面描述

塔什库尔干县库如克兰干-大同林场中元古界库浪那古岩群($Pt_2K.$)实测剖面(图2-4)。

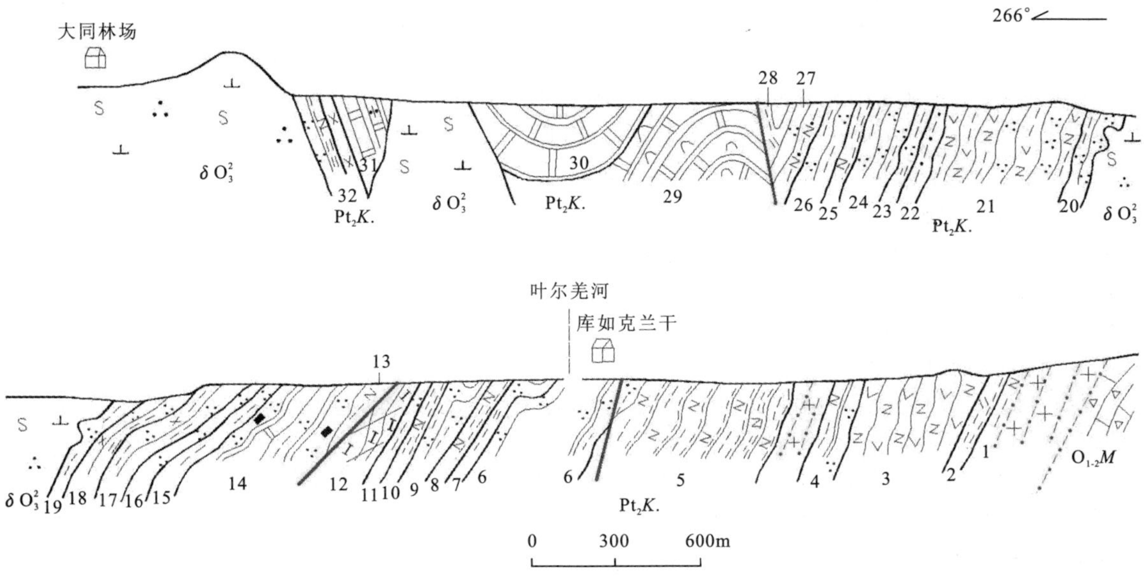

图2-4 塔什库尔干县库如克兰干-大同林场库浪那古岩群($Pt_2K.$)实测剖面图

剖面起于塔什库尔干县库如克兰干，止于大同林场南，起点坐标：X=4 172 600，Y=13 608 248；终点坐标：X=4 164 320，Y=13 607 565。剖面总方向184°，总长度约8.7km。

中元古界库浪那古岩群($Pt_2K.$) (加里东中期大同西侧岩体侵入) 片褶厚度>**5 101.6m**

32. 黑云斜长片(麻)岩夹石英岩。岩石硅化强烈，发育大量平行片理的石英细脉，宽1～2cm 60.0m
31. 大理岩。岩性变化不大，局部显沉积纹层，靠近岩体一侧具透闪石蚀变现象，且重结晶颗粒粗大，达1～0.5mm，较均匀，内部不均匀分布有无色或淡绿色针状、纤维状透闪石晶体，含量1%～5% 210.0m
30. 石英大理岩，局部夹薄层石英岩，可见二者常呈过渡关系 381.7m
29. 滑石化大理岩。局部滑石呈放射状集合体，含量可达10%，局部大理岩成分层呈强烈揉皱状，可见硅质条带 409.3m
28. 二云石英片岩。片理弯曲呈皱纹-揉皱状，沿片理发育许多石英细脉，呈长透镜状或肠状、钩状，一般宽0.5～2cm 71.6m
27. 斜长变粒岩与石英岩互层，夹少量透闪石大理岩、石英大理岩。石英大理岩具暗色沉积纹层，纹层不平直，含5%～10%的石英，方解石变晶颗粒较粗，断口呈细砂状 148.6m
26. 二云石英片岩夹黑云石英片岩，内有少量片麻状石英闪长岩细脉穿插，少量黑云斜长片麻岩亦呈细脉穿插。黑云石英片岩中发育变质分异石英细脉，呈不规则条带状、囊状等，沿片理分布并强烈揉皱 160.8m
25. 黑云斜长片麻岩，内部含大量未完全熔融的黑云石英片岩包体(残留体)。具密集、粗糙的浅-暗相间的条纹，构成片麻理，片麻理强烈揉皱 53.1m
24. 黑云石英片岩为主，夹少量石英岩，部分地段两者呈互层状，部分地段以石英岩为主夹黑云石英片岩 202.0m
23. 绢云石英片岩，局部夹透闪石钙质石英岩 26.3m
22. 薄层状浅粒岩与黑云斜长片岩互层，局部夹斜长角闪片岩。内有少量片麻状石英闪长岩及伟晶岩细脉穿插，常呈揉皱状 50.9m
21. 黑云斜长角闪片岩为主，夹石英岩及黑云石英片岩 671.9m

20. 黑云石英片岩为主，夹少量石英岩、黑云斜长角闪岩。内有大量片麻状石英闪长岩及伟晶岩脉穿插 194.6m
19. 黑云石英片岩。其中有大量闪长岩细脉大致平行片理贯入，岩脉占 1/3～1/2 158.3m
18. 绢云黑云石英片岩为主，夹石英岩、钙质石英岩、红柱石黑云石英片岩。红柱石黑云石英片岩夹层厚 0.2～1m，红柱石常聚集产出 270.0m
17. 黑云石英片岩为主，夹薄层状石英岩及红柱石黑云石英片岩，局部含较多钙质，为钙质片岩或大理岩条带。沿片理有石英脉贯入，呈不规则透镜状，片理多呈皱纹状弯曲 188.0m
16. 纹层状石英岩夹黑云石英片岩 17.5m
15. 黑云石英片岩夹薄层状石英岩。两者成分连续变化，常呈"韵律层"状，局部夹红柱石黑云石英片岩，红柱石呈长柱状，直径 0.2～2cm，长约 3cm，沿片理呈边缘圆化的压扁状，含量高者可达 20%～30% 49.5m
14. 纹层状磁铁石英岩为主，夹少量黑云石英片岩、大理岩。石英岩纹层明显，手标本尺度的褶(揉)皱强烈 295.8m
13. 黑云斜长片岩为主，夹黑云石英片岩及少量石英岩 25.2m
12. 透辉石矽卡岩。揉皱不太强烈，内有少量花岗岩脉穿插 36.1m
11. 灰黑—灰色黑云石英片岩。黑云母多沿片理聚集，使岩石呈间隔型薄板状，长石与石英含量有变化，局部变为黑云斜长片岩或黑云斜长石英片岩，岩石中可见同斜近倾竖褶皱 18.2m
10. 黑云斜长片麻岩夹石英岩。石英岩细密、光滑、坚硬、油脂光泽，半透明乳状，可作玉料，局部保留黑白相间的原始沉积纹层 85.9m
9. 黑云石英片岩。局部岩石重结晶颗粒加粗，黑云母含量减少，呈黑云变粒岩夹层产出，有较多花岗质细脉平行片理或斜切片理贯入，花岗岩细脉约占 1/5 40.6m
8. 黑云斜长片麻岩。其中夹少量绿帘角闪石英片岩及石英岩，石英岩中石英呈矩形集合体，片理面上发育一组明显的矿物生长线理，表现出变晶糜棱岩的岩石特征，并有较多伟晶岩脉顺片理贯入，侵入关系明显 50.1m
7. 二云石英片岩为主，局部为黑云斜长片岩或黑云石英片岩，夹长石石英岩。有较多具肠状揉皱的花岗质细脉沿片理贯入 72.3m
6. 白色石英岩为主，夹少量黑云石英片岩。石英岩具沉积纹层，与片理方向不一致，并具强烈揉皱，局部破碎成碎裂岩 99.9m
5. 黑云斜长片麻岩为主，夹斜长角闪片岩和石英岩，有较多花岗岩及伟晶岩脉穿插 573.3m
4. 黑云斜长片岩，夹具纹层的石英岩。岩石局部黑云母含量偏低，向片麻岩过渡，局部石英岩具变晶糜棱岩特征，较多花岗质细脉沿片理贯入，细脉占岩石的 1/3～1/4 104.5m
3. 斜长角闪片岩为主。有较多伟晶岩及花岗岩脉平行片理或斜切片理贯入 303.2m
2. 黑云二长片麻岩。较多花岗岩细脉大致平行片理贯入，占岩石的 1/3～1/4 49.8m
1. 黑云斜长片麻岩夹透闪石片岩。岩石呈褐黄色间夹灰白色条纹，条纹宽 1cm 左右，岩石中有大量伟晶岩及花岗岩细脉穿插，约占岩石的 1/3，脉宽 0.2～2m，揉皱强烈 22.6m

══════韧性剪切带══════

奥陶系玛列兹肯群砾状灰岩

2. 岩性特征及横向变化

区内出露的库浪那古岩群为一套中—高级区域变质岩，变质程度达高绿片岩相—高角闪岩相，部分叠加接触变质。包括两套岩性组合，下部以各种结晶片岩(白云母片岩、黑云石英片岩、二云片岩、二云石英片岩、斜长角闪片岩等)、石英岩为主，其次为大理岩、片麻岩类(黑云斜长片麻岩、黑云透辉斜长片麻岩、黑云阳起斜长片麻岩)等，夹少量变火山岩层；上部为(石英)大理岩，滑石、透闪石蚀变强烈。顶底往往出露不全，片褶厚度大于 5 101.6m。

区域上该套变质地层在西昆仑广泛出露(新疆地矿局，1999)，尤以大同、库浪那古河流域、库塞图拉北侧出露较好。该群在区域上由北向南大理岩逐渐增多。片褶厚度变化较大，大同一带片褶厚 4 872m，库浪那古河流域片褶厚 3 375m，上述地区该套地层岩性组合、变质变形特征吻合性较好，具很好的可对比性。

3. 变形特征

除其中少量火山岩夹层中见残留的气孔状、杏仁状构造外，其他岩石难见残余结构、构造，原始层理已难寻觅。局部地段组成复式背、向形构造，露头内可见层内紧闭褶皱、倾竖褶皱、肠状及不规则状褶皱等。部分岩石中石英颗粒呈拉长状，亚颗粒发育，显示了强烈塑性流变构造岩特征，地层已成层状无序的构造-岩石地层单元。

4. 原岩建造及沉积环境

通过原岩恢复，变粒岩、片麻岩类原岩为石英砂岩、长石砂岩、杂砂岩等碎屑岩类；片岩类原岩为泥岩或粉砂质泥岩；大理岩原岩为灰岩，斜长角闪岩原岩为玄武岩，由此看出库浪那古岩群原岩为一套海相碎屑岩-碳酸盐岩夹基性火山岩建造。

库浪那古岩群下部为碎屑岩，中部为碎屑岩、碳酸盐岩，上部为碳酸盐岩。根据岩石组合、沉积建造综合分析，认为库浪那古岩群应属于海相沉积，伴有弱的火山喷发沉积。

5. 地层划分及对比

库浪那古岩系由新疆第十三大队七中队(1957)创名，命名地点在叶城县库浪那古河。区域上该套元古界变质地层在西昆仑山一带广泛出露，前人曾对该套变质地层命以不同名称，并赋予不同时代含义。本次工作通过系统路线调查和剖面研究对比，认为前人在该区划分的库浪那古岩群岩系、欧阳麦切特群岩系、拉斯克姆群岩系、科岗达万群岩系等，主要岩性均以各类结晶片岩、石英岩和大理岩为主，夹少量火山岩，变质、变形特征基本一致，具很好的可对比性，实际上为同一套地层，系因不同时期、不同研究者在不同地区工作造成的同物异名现象。根据本次研究成果，本报告将它们合并并统一命名为库浪那古岩群(表2-3)。

6. 时代归属讨论

库浪那古岩群与地层未见正常接触关系，缺少可靠的时代归属依据。区域上大同西岩体及新-藏公路128km处岩体侵入库浪那古岩群，大同西岩体U-Pb(Zr)同位素年龄值为(480.43±5)Ma(方锡廉，1987)、新-藏公路128km处岩体U-Pb(Zr)同位素年龄值为495Ma(李永安，1993)、K-Ar(Hb)为527.6Ma(新疆第一区调队，1982)，据此界定该套地层应属前寒武纪。考虑到库浪那古岩群变质程度相对不是很深，与其仅有一条断层之隔的赫罗斯坦岩群的变质变形程度都明显高于库浪那古岩群，从侵入两套变质地层的岩体时代推断库浪那古岩群形成时代也反映其可能要晚于赫罗斯坦岩群。

据此，本报告把库浪那古岩群时代暂定为中元古代。

二、塔南地层分区

(一)长城系塞拉加兹塔格群

塞拉加兹塔格群(Ch*Sl*)主要分布于图幅南部哈拉斯坦河以东玉珊塔格勒一带和阿克齐乌斯塘上游地区，向南延出图幅，出露面积约390km²。

1. 剖面描述

叶城县阿克齐乌斯塘长城系塞拉加兹塔格群(Ch*Sl*)实测剖面(图2-5)。

剖面位于叶城县阿克齐乌斯塘附近，起点坐标：$X=4\ 100\ 137$，$Y=13\ 705\ 921$；终点坐标：$X=4\ 110\ 161$，$Y=13\ 704\ 758$。剖面方位351°，总长度约11.1km。

上覆地层：蓟县系博查特塔格组岩屑长石石英砂岩

～～～～～～角度不整合～～～～～～

长城系塞拉加兹塔格群(Ch*Sl*)　　**厚度>1 778.1m**

17. 褐紫色酸性熔结角砾岩　57.1m
16. 浅灰绿色杏仁状细碧岩　48.9m
15. 褐红色酸性熔结角砾岩　2.4m

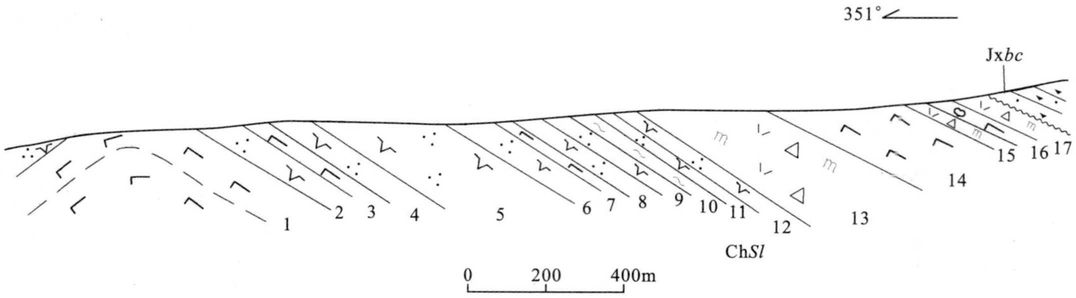

图 2-5　叶城县阿克齐乌斯塘长城系塞拉加兹塔格群(Ch*Sl*)实测剖面图

14. 浅灰绿色细碧岩，单层厚度 30～50cm	268.7m
13. 褐红色酸性熔结角砾岩	297.4m
12. 浅灰红色石英角斑岩	56.3m
11. 暗绿色石英角斑岩	37.5m
10. 灰红色片理化石英角斑岩	23.4m
9. 深绿色石英角斑岩	73.0m
8. 褐红色石英角斑岩	65.6m
7. 灰绿色细碧岩	21.7m
6. 褐红色石英角斑岩	93.3m
5. 褐黑色石英角斑岩	267.2m
4. 褐红色石英角斑岩	81.7m
3. 灰绿色细碧岩	37.1m
2. 褐红色石英角斑岩	92.4m
1. 灰绿色细碧岩，局部见呈层状分布的杏仁体富集层	254.4m

(未见底)(褶皱核部)

2. 岩性特征及横向变化

区内塞拉加兹塔格群为一套细碧-石英角斑岩系，主要岩性有细碧岩、石英角斑岩、玄武岩、酸性熔结角砾岩，夹少量白云岩、砂岩。细碧岩与石英角斑岩或酸性熔结角砾岩具互层特征，显示出双峰式喷发的特点，共可识别出 5 个喷发旋回，总厚度大于 1 775m，其与周围地层多呈断层接触关系，或被蓟县系博查特塔格组角度不整合超覆。为大陆裂谷作用的产物。

塞拉加兹塔格群总体为一套海相火山岩、火山碎屑岩夹正常海相沉积碎屑岩、白云岩之浅变质地层，在横向出露厚度有所差异(新疆地矿局，1999)。苏玛兰沟可见厚度 570m，主要为石英角斑岩、石英斑岩、细碧岩、凝灰岩等；在阿克科鲁姆沟总厚度 3 296m，主要岩性有角斑岩、细碧岩、各种片岩、大理岩、白云岩、灰岩等。

该群岩相变化明显，图幅内熔岩较多，局部为熔岩与大量正常沉积岩相间产出，往东熔岩则呈次要岩性，而凝灰岩、凝灰质砂岩、正常海相沉积岩增多。

3. 时代讨论

(1)新疆第十地质大队 1979 年在苏拉阿孜沟发现塞拉加兹塔格群火山岩不整合覆于埃连卡特岩群之上。区内见蓟县系博查特塔格组不整合覆于塞拉加兹塔格群之上，博查特塔格组产叠层石、微古植物，时代相当于蓟县纪晚期或青白口纪。以上两不整合界面确定塞拉加兹塔格群时代应晚于埃连卡特岩群而早于博查特塔格组。

(2)1978 年新疆第二地质大队曾在叶城以南阿奇克河中游的塞拉加兹塔格群中上部角斑岩中获得 Rb－Sr 等时线年龄值为 1 764Ma。

综上，将塞拉加兹塔格群时代置于中元古代长城纪。

（二）蓟县系博查特塔格组

博查特塔格组（Jx*bc*）发育于哈拉斯坦河以东的铁克里克陆缘断隆带内，地层区划属塔南地层分区铁克里克地层小区。沿库勒—苏库里克—索克曼—塘里切克东一带，呈向南西突出之弧形展布，向西延至邻幅，出露面积约 327km^2。

1. 剖面描述

（1）叶城县探勒克东蓟县系博查特塔格组（Jx*bc*）实测剖面（图 2-6）

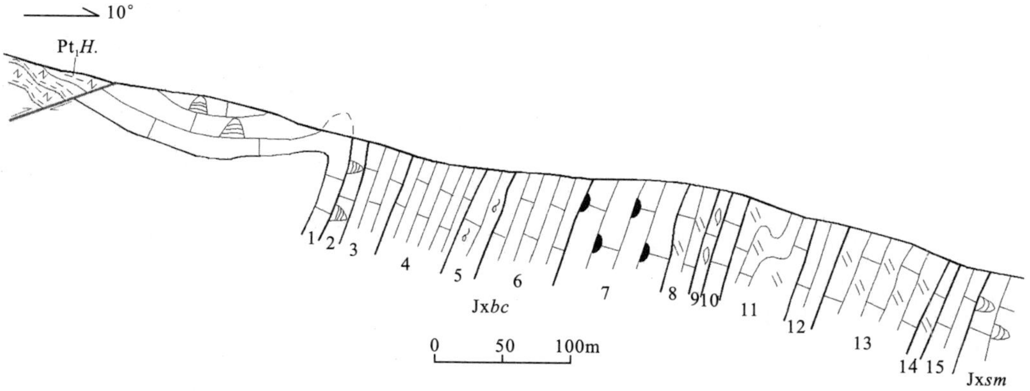

图 2-6　叶城县探勒克东蓟县系博查特塔格组（Jx*bc*）实测剖面图

剖面位于叶城县探勒克东，起点坐标为：X=4 123 653，Y=13 650 437；终点坐标为：X=4 124 357，Y=13 650 514。剖面方位 10°，剖面长度约 0.7km，下与赫罗斯坦岩群断层接触，上与苏玛兰组整合接触。

上覆地层：蓟县系苏玛兰组紫红色厚层状叠层石灰岩

——整合——

蓟县系博查特塔格组（Jx*bc*）	厚度＞438.75m
15. 灰色厚层状微晶灰岩。单层厚 70～80cm，岩石表面发育褐色铁质锈斑	23.52m
14. 浅灰红色中层状白云岩。单层厚 20～30cm	4.7m
13. 浅灰色厚层状白云岩。单层厚 60～80cm	70.56m
12. 黑色巨厚层状泥灰岩。单层厚度大于 2m	16.75m
11. 浅灰白色巨厚层状细晶白云岩。单层厚度大于 2m	23.93m
10. 黑色巨厚层状泥灰岩。单层厚度大于 2m	16.80m
9. 灰色中层状砾屑灰岩。单层厚 20～30cm，砾屑为内碎屑，含量约 30%	2.97m
8. 灰色巨厚层状白云质灰岩。单层厚 1.5～1.8m	24.53m
7. 灰色厚层状含燧石团块中—细晶灰岩。单层厚 60～80cm，燧石团块 1～3cm，含量约 8%	73.49m
6. 浅灰黑色薄层状粉晶灰岩。单层厚 5～8cm，发育水平纹层	58.67m
5. 灰黑色薄层状硅质条带泥晶灰岩。单层厚 2～7cm，硅质条带多为 0.5～1.5mm 宽的纹层	18.39m
4. 灰黑色薄层状泥晶灰岩夹灰红色薄板状泥晶灰岩。两者比例 8：1～10：1，自下而上共 4 个韵律	55.17m
3. 浅紫红、灰白色薄层状粉晶灰岩。组成互层颜色条带，单层厚 3～7cm	29.59m
2. 灰白色中—厚层状叠层石灰质白云岩。单层厚 40～60cm	9.84m
1. 灰黑色中厚层状泥晶灰岩，夹少量砂屑灰岩。单层厚 40～60cm	9.84m

══断层══

古元古界赫罗斯坦岩群灰白色黑云二长片麻岩

（2）叶城县阿克齐乌斯塘蓟县系博查特塔格组（Jx*bc*）实测剖面（图 2-7）

剖面位于叶城县阿克齐乌斯塘，起点坐标：X=4 095 605，Y=13 705 501；终点坐标：X=4 100 137，

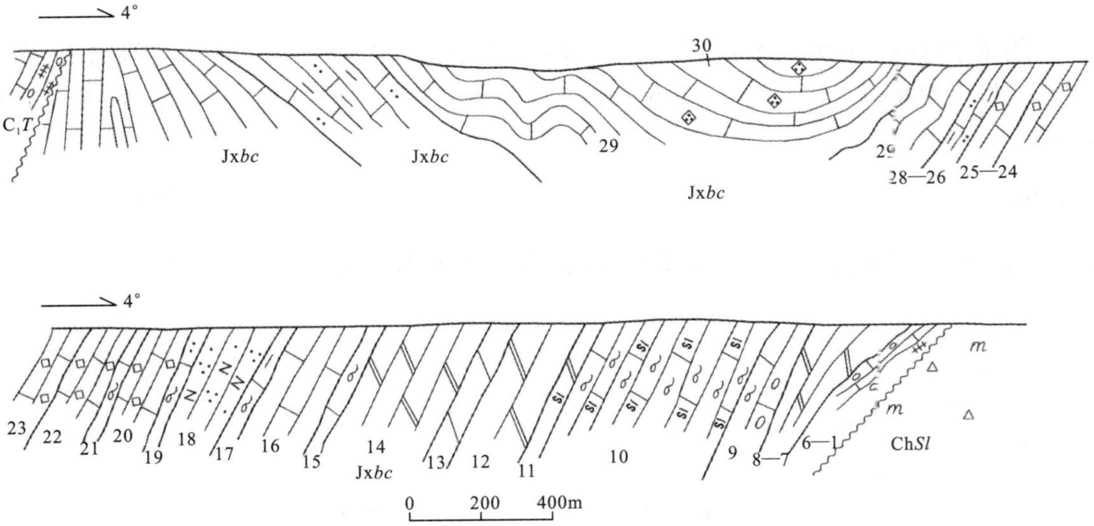

图 2-7　叶城县阿克齐乌斯塘蓟县系博查特塔格组(Jxbc)实测剖面图

Y=13 705 921。剖面总长度 4.2km,剖面方位 4°,与下伏塞拉加兹塔格组和上覆他龙群均为角度不整合接触关系。

上覆地层:下石炭统他龙群灰、灰绿色复成分砾岩

～～～～～～角度不整合～～～～～～

长城系博查特塔格组(Jxbc)　　**厚度>2 579m**

30. 深灰色中层状细晶灰岩。单层厚 30～50cm　245.1m
29. 白色厚层状微晶灰岩。单层厚 50～100cm,夹 1cm 左右的深色条带　172.9m
28. 浅灰色薄板状含粉砂质泥晶灰岩　15.6m
27. 灰白、浅灰色薄板状含粉砂质泥晶灰岩。夹 1mm 左右的灰黄、褐黄色泥砂质条带　11.7m
26. 玫瑰色薄层状含粉砂质泥晶灰岩。单层厚 5～8cm　51.8m
25. 灰白、浅灰色薄层状细晶灰岩,单层厚 3～7cm　56.7m
24. 玫瑰色薄层状细晶灰岩　56.7m
23. 深灰色薄层状细晶灰岩。单层厚 5～10cm　216.6m
22. 玫瑰色薄层状灰岩　112.9m
21. 灰绿色薄层状、条带状细晶灰岩。条带含泥质较高,延伸稳定　13.6m
20. 灰红色薄层状细晶灰岩。单层厚 3～8cm　115.7m
19. 灰色、浅灰绿色薄层条带状含粉砂质微晶灰岩。单层厚 3～7cm　17.7m
18. 灰色、深灰色薄—中层状细粒长石石英砂岩　176.9m
17. 灰色、浅灰色薄层条带状泥灰岩　18.3m
16. 浅灰白色、白色巨厚层状粉晶灰岩,单层厚约 2m　172.2m
15. 灰色中—薄层状粉晶灰岩。发育 2～5mm 泥砂质条带　9.5m
14. 浅灰白色厚—巨厚层状细晶白云岩。单层厚 1.5～2m　249.6m
13. 灰白色中—薄层状灰质白云岩。单层厚 5～20cm　75.0m
12. 浅灰白色巨厚层状白云岩,单层厚 1.5m 以上　164.8m
11. 浅灰色、灰色中—薄层条带状含硅质白云岩。单层厚 5～15cm,硅质条带宽 3～5cm　4.7m
10. 深灰色中—厚层条带状含硅质微晶灰岩　292.1m
9. 深灰色中—厚层条带状灰岩与深灰色砾屑灰岩韵律性互层。砾屑为同源砾,长轴与层面平行,大小 0.3cm×2cm,含量约 30%　101.6m
8. 深灰色巨厚层状细晶白云岩。单层厚 1.5m 以上　219.1m
7. 浅玫瑰色中—厚层状细晶白云岩　1.7m
6. 灰红色中层状砾状灰岩。砾石为同成分砾,呈角砾状,大小约 5cm×7cm,含量 5%～15%,单层

厚 30～50cm　1.1m

5. 灰绿、灰黄色薄层状片理化泥灰岩。单层厚 5～10cm　0.7m

4. 灰绿色厚层状沉凝灰岩。单层厚约 50cm，其中发育水平层理，具铜蓝矿化现象　1.3m

3. 灰黑色、深灰色中—厚层状沉凝灰岩。单层厚 30～50cm，发育平行层理　0.8m

2. 灰绿色中—厚层状沉凝灰岩　0.8m

1. 灰红、灰紫色厚层含砾复成分粗砂岩。单层厚约 1m，砾石多呈次圆状，砾径 0.5～2cm，成分为硅质、角斑岩、细碧岩，含量 5%～15%，自下而上砾石渐小、渐少　1.3m

～～～～～～角度不整合～～～～～～

下伏地层：长城系塞拉加兹塔格群浅褐紫色熔结角砾岩

2. 岩性特征及横向变化

区内该套地层色杂，主要由一套海相碳酸盐岩组成，主要岩石类型有白云岩、白云质灰岩、泥质灰岩、粉砂质灰岩等。底部往往有一层砾岩与塞拉加兹塔格群等地层分界，上界与苏玛兰组鲜艳叠层石灰岩整合过渡。在坎地里克、许许达腊、阿克齐乌斯塘等地见玄武岩、安山岩及安山质角砾岩、沉凝灰岩、碎屑岩夹层。区内可见其不整合覆盖于布维吐卫岩体、阿卡孜岩体之上，与下伏塞拉加兹塔格群角度不整合接触，与赫罗斯坦岩群往往呈断层接触，区内往往顶底出露不全，其上多被奇自拉夫组不整合超覆，出露厚度 456.9～2 579.2m。

前人在区内新-疆公路 101～103km 处采得：? *Acalellia* f. ,*Colonnella* f. , *Parmites* f. , *Collenia* f. , *Jurusania* f. ；在阿卡孜采获叠层石 *Jurusania bozhaietagensis*， *Parmites* f. ，*Siluphyton kunlunshanense*，? *Tungussia* f. ，? *Minjaria* f. ；在棋盘乡阿其克能依其沟采获叠层石 *Boxonia* f. ，还有大量微古植物 *Trachysphaeridium* cf. *laminarites*（片状粗面球形藻），*T. simplex*（简单粗面球形藻），*T. incrassatum*（厚缘粗面球形藻），*T. rugosum*（有褶粗面球形藻），*T. cultum*（薄壁粗面球形藻），*Pseudozonosphaera* sp.（拟环球形藻未定种），*P. asperella*（糙面拟环球形藻），*P. verrucosa*（疣面拟环球形藻）；在坎地里克采获 *Scopulimorpha* f.（墙叠层石），? *Conophyton* f.（? 锥叠层石），? *Paniscollenia* f.（新疆地矿局，1999）。

区域上，该组多超覆于不同地层单元之上（新疆地矿局，1999），横向上厚度变化较大，薄者仅 246m，厚可达 3 171m，在坎地里克、棋盘许许达腊一带被奇自拉夫群超覆。出露厚度 330～386m，新-藏公路附近厚约 1 019.7m，塔斯洪河上游厚 2 110～3 171m，厚度变化的总体趋势是由西向东、由北向南增厚，新-藏公路以东该组地层发育逐渐齐全，并能见到其与苏玛兰组呈整合过渡关系。

在博查特塔格组底部往往夹含磷矿层，岩性为含磷砂岩，以许许达腊最好，形成胶磷矿层，在新-藏公路以东云尔雷克亦有磷矿化现象。

3. 时代归属讨论

（1）据《新疆西部地质图、矿产图说明书》（1985）资料，认为博查特塔格组叠层石、微古植物组合面貌相当于蓟县系剖面Ⅴ组合，亦有部分Ⅲ、Ⅳ组合分子，时代相当于蓟县纪晚期或青白口纪。

（2）1981 年新疆第二地质大队与新疆地质研究所对该套地层采集古地磁样，研究结论为反极性期：$\lambda=173.6°$，$\varphi=40.9°$，$\varphi_{古}=-19°$（极点位置：λ-经度；φ-纬度；$\varphi_{古}$-古纬度），与“铁岭极性期”相当。

（3）本次工作在苏玛兰组顶部见到厚约 1.5m 的铁质古风化壳，局部形成铁矿层，不整合证据确凿，从而将青白口系底界上移至苏玛兰组顶部。

（4）博查特塔格组角度不整合覆盖在塞拉加兹塔格群之上，1978 年新疆第二地质大队在阿其克河中游塞拉加兹塔格群角斑岩中获得 Rb－Sr 全岩等时线年龄为 1 764Ma。

综合以上各条证据，将博查特塔格组时代置于蓟县纪。

（三）蓟县系苏玛兰组

苏玛兰组（Jx*sm*）主要出露于区内哈拉斯坦河以东苏里克—坎埃孜北一带，地层区划属塔南地层分区铁克里克小区，分布零星，向南延至相邻图幅，出露面积 100km^2。

1. 剖面描述

叶城县探勒克东蓟县系苏玛兰组(Jx*sm*)实测剖面(图 2-8)。

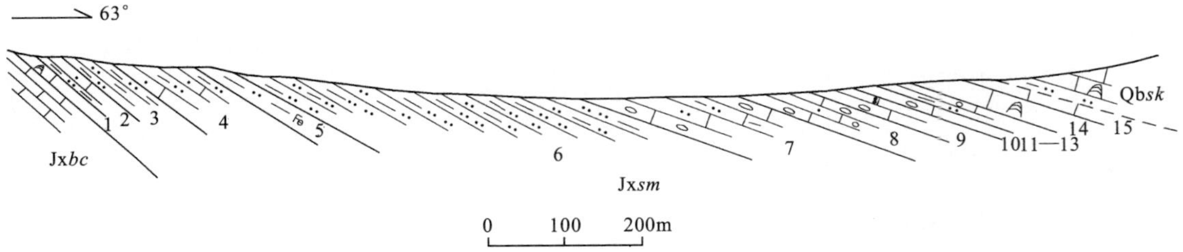

图 2-8　叶城县探勒克东蓟县系苏玛兰组(Jx*sm*)实测剖面图

剖面位于叶城县探勒克东,起点坐标:X=4 124 769,Y=13 651 429;终点坐标:X=4 125 256,Y=13 652 392。剖面方位 63°,剖面长度约 1.3km,与下伏博查特塔格组整合接触,被上覆苏库罗克组不整合覆盖。

上覆地层:青白口系苏库罗克组铁质风化壳及泥质粉砂岩、叠层石灰岩

～～～～～～微角度不整合～～～～～～

蓟县系苏玛兰组(Jx*sm*)	**厚度 442.8m**
15. 灰色厚层状泥晶灰岩。单层厚度约 50cm	4.4m
14. 紫红色厚—巨厚层状叠层石泥晶灰岩。单层厚 1.5～2m,产柱叠层石和朱鲁沙叠层石(? *Jurusania* f.)	16.7m
13. 紫红色中—厚层状砾屑(竹叶状)灰岩。单层厚 30～60cm,单层向上变厚	10.3m
12. 铁红色薄层状钙质长石石英粉砂岩。单层厚 3～5cm,水平纹层发育	1.0m
11. 浅灰黑色中层状含粉砂泥晶灰岩。单层厚 10～15cm	1.0m
10. 浅灰色中层状竹叶状灰岩。单层厚 15～25cm,砾屑含量约 30%,局部夹少量紫红色薄板状钙质粉砂岩	7.4m
9. 灰白色中层状竹叶状灰岩与灰紫色、深灰色薄板状钙质粉砂质硅质岩互层	19.1m
8. 紫红色薄板状砾屑灰岩夹浅灰色薄层状砾屑砂屑灰岩。两者比例 8∶1～10∶1,砾石成分为泥质粉砂岩,多呈棱角状,含量约 10%,局部可见帐篷构造	30.4m
7. 灰红色薄层状竹叶状灰岩与灰绿色薄板状含粉砂质灰岩和紫红色薄板状钙泥质粉沙岩互层。两者比例 1∶2～1∶5	60.2m
6. 褐红色、灰绿色页片状泥质粉砂岩。组成颜色相间条带,单层厚 1～2cm,发育水平纹层	109.4m
5. 灰红色薄板状含铁粉砂质泥岩。发育细密水平纹层	27.4m
4. 紫红色中—薄层状含铁粉砂质泥岩与浅土黄色薄板状砂屑泥晶灰岩互层。两者比例 1∶1～1∶2,单层厚 2～15cm,发育细密水平纹层,局部可见缓倾双向交错层理	63.0m
3. 紫红色薄板状含铁粉砂质泥岩。发育细密水平纹层	52.8m
2. 紫红色中—薄层状砂屑泥晶灰岩与紫红色含铁粉砂质泥岩互层。二者比例 1∶1～1∶2,单层厚 2～15cm 不等,发育细密水平纹层	22.6m
1. 紫红色巨厚层状叠层石灰岩。单层厚度大于 2m	17.1m

————整合————

下伏地层:蓟县系博查特塔格组浅灰黑色巨厚层状微晶灰岩

2. 岩性特征及横向变化

该套地层总体色杂,为一套海相灰岩、碎屑岩组合,大体可分三部分:下部为紫红色叠层石灰岩、砂屑灰岩、粉砂质泥岩不等厚互层;中部为褐红色泥质粉砂岩与粉砂质泥岩互层;上部以杂色砾屑(竹叶状)灰岩或叠层石灰岩与泥质粉砂岩或钙质粉砂质硅质岩不均匀互层。苏玛兰组之上发育厚 1～2m 的铁质古

风化壳，亦是其与上覆苏库罗克组的划分标志，两者呈角度不整合接触（图 2-9），苏玛兰组厚度 443.1m，形成于滨-浅海环境。

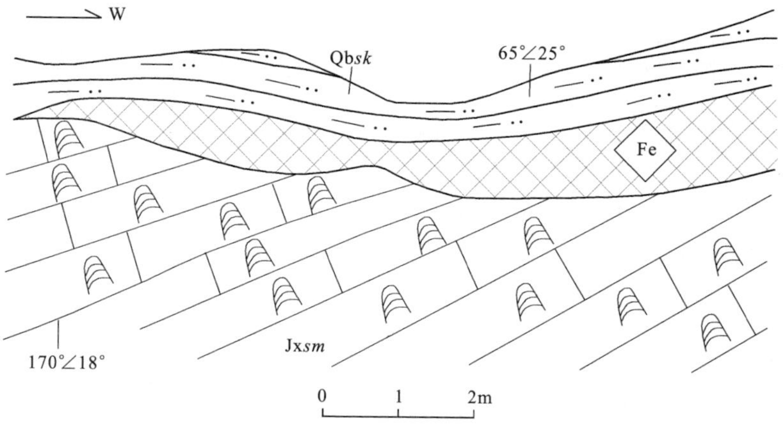

图 2-9　苏玛兰组（Jxsm）叠层石灰岩与上覆苏库罗克组（Qbsk）泥质粉砂岩呈角度不整合接触关系
（其间发育厚 1～2m 的铁质古风化壳）

前人曾在苏库罗克村西北塔斯洪河坪耐等地（新疆地矿局，1999），相当于该组上部层位采获 cf. *Pseudogymnosolen* f.，*Baicalia* f.，*Linella* f.，*Gymnosolen* f. 等多种叠层石及核形石 *Osagia* 等。本次工作在探勒克剖面上采得？*Jurusania* f.（？朱鲁沙叠层石），*Boxonia* f.（包克松叠层石）和柱叠层石。

该组厚度不大，横向延伸较稳定（新疆地矿局，1999），厚度 213.1～443.1m，其中苏库克村北厚 242.3m，探勒克厚 443.1m，苏玛兰沟厚 432.8m，塔斯洪河坪耐厚 213.1m。区域上与下伏博查特塔格组均呈整合或平行不整合接触，与上覆苏库罗克组呈角度不整合接触，可见其被奇自拉夫组不整合超覆。

3. 含矿性

该组之上为一古铁质风化壳，断续出露厚数十厘米至 150cm，已构成铁矿体，是区内寻找风化型铁矿床的良好找矿标志（图版Ⅸ，3）。

4. 时代归属讨论

据《新疆西部地质图、矿产图说明书》（1985）资料，本组所产叠层石组合面貌经赵文杰、缪长泉鉴定，认为属蓟县纪晚期或青白口纪。探勒克剖面上采得？*Jurusania* f.（？朱鲁沙叠层石），*Boxonia* f.（包克松叠层石），据南古所曹瑞骥鉴定认为产出时代均为新元古代。

本次工作在苏玛兰组顶部见到古铁质风化壳，考虑到该组地层与下伏博查特塔格组呈整合过渡关系，说明其与博查特塔格组时代更接近，从而将区内青白口系界线上移至苏玛兰顶部，综合认为苏玛兰组时代应为蓟县纪晚期。

三、中元古界层序分析

中元古代地层在图幅内发育长城系细碧-石英角斑岩建造、蓟县系陆源碎屑-碳酸盐岩建造及台地碳酸盐岩建造，沉积类型较简单。火山岩内容将在第三章叙述，这里只分析蓟县纪沉积盆地主要沉积类型组合及盆内沉积层序。该盆地分布范围与铁克里克地层小区一致，盆内发育蓟县系博查特塔格组及苏玛兰组。

1. 沉积层序

根据层序界面特征，结合海平面变迁过程，区内的蓟县系可识别出两个三级旋回性层序（图 2-10），归并为一个超层序，其顶底界面可追索出不整合面，均具Ⅰ型层序界面特点，属Ⅰ型层序。每个三级层序均由海侵体系域、饥饿段、高水位体系域构成。海侵面位于海侵体系域底界，界面往往突变，并对下伏岩层构成冲刷、侵蚀，最大海泛面往往表现为沉积速率明显减缓，物源补偿欠缺，岩层往往较薄，暴露面发育于高水位体系域顶部，典型特征是铁质风化壳的发育，特别是苏玛兰组顶部的铁质风化壳，已形成厚度数十厘米至150cm的褐铁矿层。

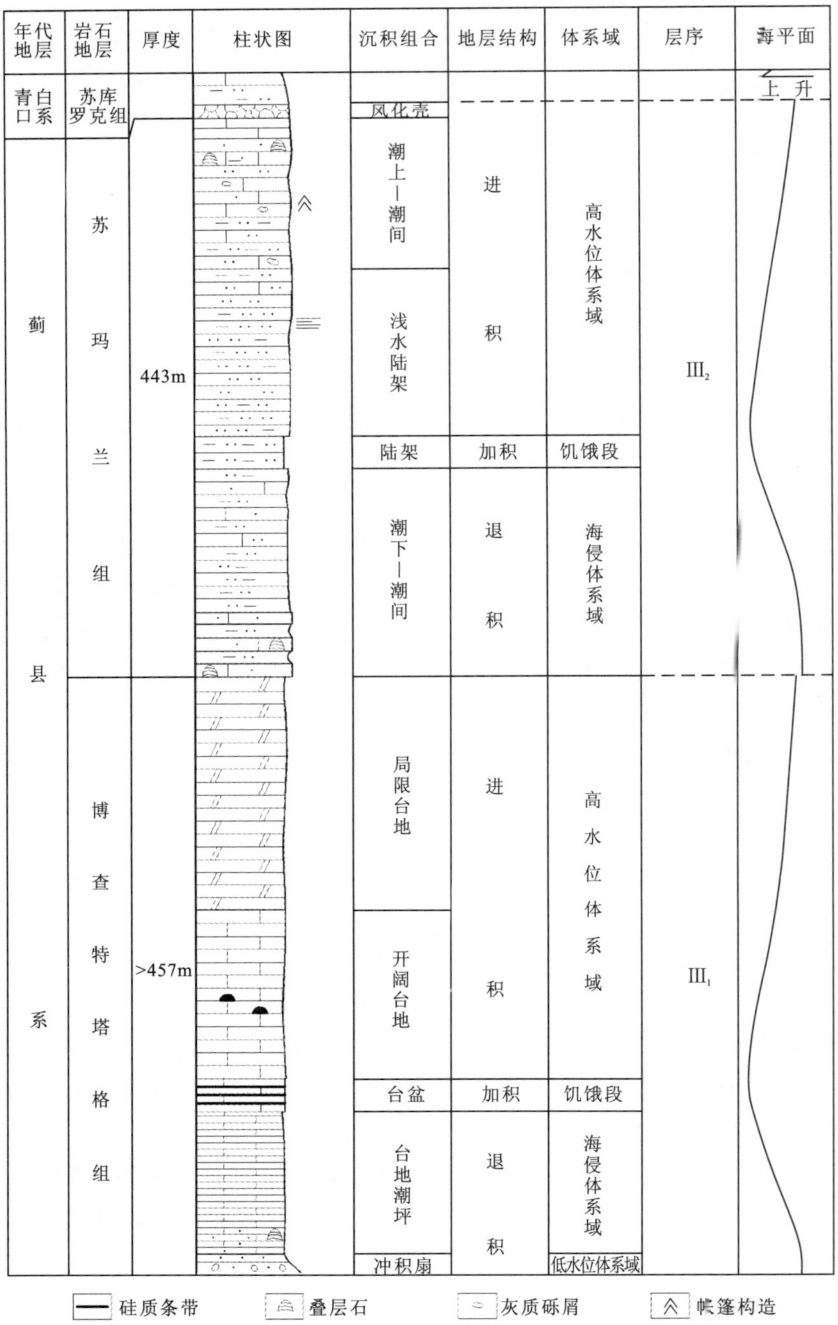

图2-10　蓟县系沉积层序

(1)Ⅲ1层序特征

博查特塔格组构成一个完整的三级层序，其底界面为塞拉加兹塔格群与博查特塔格组之间的不整合面，属Ⅰ型层序界面。顶界相当于蓟县系博查特塔格组与苏玛兰组的分界面，为一个无明显剥蚀的假整合面，暴露特征是该界面之上富含铁质锈斑，表明层序顶界属Ⅱ型界面，该三级层序属Ⅰ型层序，可识别出低水位井体系域、海侵体系域、饥饿段和高水位体系域。

低水位体系域　为发育在不整合面之上的博查特塔格组底部陆上冲积扇部分，沉积厚度不大，一般小于5m，横向分布不十分稳定，往上呈粒度变细的退积结构特点，沉积物系冲积成因的砾岩、砂岩，砾岩成分为下伏地层的风化物，砾石磨圆较好，多呈次圆状，向上含砾减少过渡为砂岩。层理弱发育，整体层理不清晰，陆上冲积扇堆积疑为河流冲积物经再次改造而来。

海侵体系域　位于博查特塔格组下部，具显著的退积型结构，博查特塔格组底部陆上冲积扇堆积之上，有一明显突变界面，陆源碎屑沉积变细变薄，内源沉积增多，主要岩性为砂屑灰岩、粉晶灰岩、泥灰岩。局部含叠层石。沉积相序为陆上冲积扇→滨岸沉积过渡，物源渐远，海面逐渐扩大，沉积物形成于潮坪潮间带环境。

饥饿段　发育在退积型结构与进积型结构之间的界面上，出现在博查特塔格组的下部，表现为明显的沉积速率减缓的加积结构特点，沉积物颜色较深、单层较薄，表现为泥灰岩和硅质岩两种岩性不均匀韵律式互层叠置，细密的水平纹层极发育。形成于海泛最大时期的浅海陆棚环境，应为物源补偿欠缺的饥饿期沉积。

高水位体系域　位于博查特塔格组的中、上部，主要岩性为厚层状中细晶灰岩、巨厚层状白云岩和白云质灰岩，向上呈增厚趋势，具进积结构特征，高水位期沉积的显著特征之一就是发育广阔的碳酸盐台地沉积相序，为开阔或局限台地沉积。局限台地沉积见于博查特塔格组上部，为呈巨厚层状的白云岩、白云质灰岩，沉积构造极不发育，说明受地势制约，海水循环受到一定限制，与外海交换不畅通，水体能量极弱。局限台地发展末期曾有短暂暴露事件发生，所以在高水位体系域顶界出现铁质锈斑风化特征，形成与下一海侵体系域的分界线。

(2)Ⅲ_2层序特征

苏玛兰组构成一个完整的三级旋回层序。层序的底界面为Ⅱ型层序界面，发育非典型暴露界面，层序顶界为一标准铁质风化壳，形成最大厚度 1.5m 的褐铁矿层，表明经历过长期暴露剥蚀，并形成喀斯特地貌特征，所以顶界应为Ⅰ型层序界面。该三级层序为Ⅱ型层序，层序内包含了海侵体系域、饥饿段和高水位体系域。

海侵体系域　发育在苏玛兰组的下部，具明显的退积结构特征，由一系列具退积结构的含砂泥晶灰岩-粉砂质泥岩组成的副层序(基本层序)叠置而成，岩层呈薄板—薄层状，单层厚 2～15cm，两种岩性比例为 1∶1～1∶2，水平纹层发育，可见缓倾双向交错层理，在海侵体系域下部灰岩层中见到体态完整的叠层石，形成于潮坪的潮间-潮下带沉积环境。

饥饿段　见于苏玛兰组中部，系海侵体系域与高水位体系域沉积结构的转换面，横向延伸稳定，为一层厚度较小的泥岩段，沉积速率极低，形成细密的水平纹层，表现为垂向加积结构特点，形成于浅海陆棚环境。

高水位体系域　发育于苏玛兰组上部，体系域的下部为具水平层理的泥质粉砂岩，上部为砾屑灰岩(竹叶状灰岩)和泥质粉砂岩构成的韵律性基本层序，向上砾屑含量略有增多趋势，进积结构特征明显。海平面变化趋势为由深至浅，沉积相序为浅水陆架向潮坪沉积环境发展，形成多层竹叶状灰岩，局部能见低潮时期水上暴露干裂收缩形成的帐篷构造。暴露面发育在该体系域的顶部，形成铁质风化壳，经过一定时间风化淋滤聚集成褐铁矿层产出。

2. 盆地演化

已有资料显示，区内中元古代主要处于拉张构造背景，包括塞拉加兹塔格群裂谷型火山作用和博查特塔格组又一次间歇式拉张环境下火山作用，在陆壳基础之上由于拉张开裂形成相间出现的陆间裂谷(张传林，2003)。资料表明蓟县纪形成稳定状态下的地台沉积，碳酸盐岩随之大量发育，通过对博查特塔格组砂岩的研究得知，砂岩类型主要有石英砂岩、长石石英砂岩，碎屑的主要成分为单晶石英，平均占 93%，长石平均占 7%，岩屑成分少见，基本组合与 QF 型、QFR 型(库克，1974)陆壳稳定区类型、QFL 稳定克拉通浅海盆地区(维罗尼·梅纳德，1981)值域相当，说明此时期已为稳定陆表海盆地。投在判别物源 QFL 图(Dickinson，1979)中也落入陆块物源区，说明特征类似于陆表海盆地类型，形成于塔里木陆块南缘拉张沉陷背景。

蓟县纪之前本区曾处于剥蚀状态，蓟县纪早期形成陆间裂谷，海水入侵，由陆上冲积扇-滨岸过渡为浅海沉积，物源渐远，海侵达到最大时沉积有硅质条带灰岩，随后海平面处于相对稳定状态，发展为开阔台地，海退是个缓慢过程，逐渐转变为局限台地，而有些地区海水已完全退出。在短暂的海退之后，又恢复了海进，并由于物源供给区的扩大，有大量陆源碎屑输入形成一套海相碎屑沉积。蓟县纪晚期海水退出本区，本区处于暴露状态，形成铁质风化壳，由于阿尔金运动使海盆消亡。

第三节　新元古界

新元古界在区内主要发育于哈拉斯坦河断裂北东侧，属塔南地层分区铁克里克小区，出露青白口系、震旦系，计有苏库罗克组、恰克马克力克组、库尔卡克组、克孜苏胡木组4个地层单元，划分沿革见表2-4。

表2-4　图幅新元古界划分沿革表

<table>
<tr><th colspan="2">地质部第十三大队
张良臣等(1957)</th><th colspan="4">新疆第二地质大队汪玉珍、马世鹏等(1985)</th><th colspan="3">新疆地矿局蔡土赐(1999)</th><th colspan="3">本报告</th></tr>
<tr><td rowspan="3">上泥盆统—下石炭统</td><td rowspan="3">奇自拉夫岩系</td><td rowspan="3">震旦系</td><td>上统</td><td colspan="2">克孜苏胡木组</td><td rowspan="3">震旦系</td><td rowspan="2">上统</td><td>克孜苏胡木组</td><td rowspan="3">震旦系</td><td rowspan="2">上统</td><td>克孜苏胡木组</td></tr>
<tr><td rowspan="2">下统</td><td colspan="2">库尔卡克组</td><td>库尔卡克组</td><td>库尔卡克组</td></tr>
<tr><td colspan="2">恰克马克力克组</td><td>下统</td><td>恰克马克力克组</td><td>下统</td><td>恰克马克力克组</td></tr>
<tr><td rowspan="2">志留系—泥盆系</td><td rowspan="2">苏库罗克岩系</td><td colspan="2" rowspan="2">青白口系</td><td rowspan="2">苏库罗克群</td><td>阿其克巴西组</td><td colspan="2" rowspan="2">青白口系</td><td rowspan="2">苏库罗克组</td><td colspan="2" rowspan="2">青白口系</td><td rowspan="2">苏库罗克组</td></tr>
<tr><td>玉沙斯组</td></tr>
</table>

一、塔南地层分区

(一)青白口系苏库罗克组

苏库罗克组(Qb*sk*)在图幅中分布于塔里木盆地南缘的苏库里克至吉格代勒克一带，呈近东西向断续不规则形态展布，出露面积约335km²。

1.剖面描述

叶城县阿晤青白口系苏库罗克组(Qb*sk*)实测剖面(图2-11)。

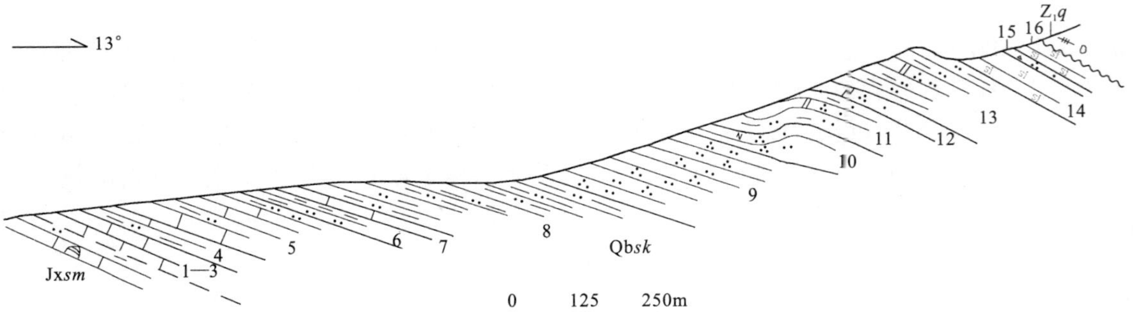

图2-11　叶城县阿晤青白口系苏库罗克组(Qb*sk*)实测剖面图

剖面位于叶城县阿晤附近，起点坐标：X=4 125 413，Y=13 653 622；终点坐标：X=4 127 344，Y=13 654 028。剖面方位13°，总长度约2.8km，与下伏苏玛兰组和上覆恰克马克力克组均呈角度不整合接触。

上覆地层：下震旦统恰克马克力克组紫红色复成分砾岩

～～～～～～角度不整合～～～～～～

青白口系苏库罗克组(Qb*sk*)　　　　厚度1 449.8m

16.青灰色、灰色硅质岩。下部层厚50～70cm，往上变薄为薄板状，单层厚2～5cm，水平层理，局

部发育角砾-瘤状-渣状堆积层,碎屑物为硅质岩碎块 16.4m
15. 灰白色厚层状粗粒岩屑石英砂岩。单层厚50～70cm,局部见少量硅质岩砾石,低角度交错层理发育 2.1m
14. 灰白色、浅灰色厚一中层状叠层石硅质岩。单层厚50～70cm,顶部单层变薄为20～30cm,并含泥和粉砂,下部产柱状叠层石 70.2m
13. 浅灰红色页片状泥质粉砂岩,夹褐黄色薄层状长石石英粉砂岩。两者比例5:1,水平层理发育,下部显退积结构 339.4m
12. 浅灰白色薄层状细粒长石石英砂岩。单层厚3～4cm,低角度交错层理发育,与下伏岩层为一突变面,底界面较平直,略有弯曲 24.1m
11. 浅灰色页片状泥质粉砂岩夹土黄色薄层状长石石英砂岩。两者比例5:1,页片厚1～3mm,长石石英砂岩厚5～10cm,层系厚20～40cm 110.8m
10. 浅灰色页片状石英粉砂岩,夹薄板状细粒长石石英砂岩。两者比例8:1～10:1,水平纹层发育 18.0m
9. 灰黑色薄板状石英粉砂岩。单层厚0.5～1.5cm,水平纹层发育,粒度向上稍变粗 143.6m
8. 灰黑色薄板状粉砂质泥岩。单层厚0.5～1.5cm,水平纹层发育 263.7m
7. 浅黑色中厚层状粉晶灰岩。单层厚30～50cm,水平层理发育,底部发育一层厚约1m的孔雀石化含粉砂质泥岩 2.4m
6. 褐红色薄层状含铁泥质石英粉砂岩与青灰色薄层状含粉砂质泥岩不等厚互层。两者比例约4:1,向上粉砂岩增多,泥岩减少 1.4m
5. 褐红色薄层状粉晶灰岩夹褐红色薄板状铁泥质粉砂岩。两者比例3:1～5:1,水平层理发育 76.5m
4. 紫红色薄板状铁质粉砂质泥岩,夹紫红色薄板状含砾屑泥晶灰岩。单层厚分别为1～3cm和3～8cm,砾屑为内碎屑,呈次棱角状,砾径4～6mm,含量约10% 362m
3. 紫红色厚层状竹叶状灰岩。砾屑为内碎屑,多呈次棱角状,大小约30mm,含量60%～80%,单层厚约60cm 9.6m
2. 紫红色铁泥质石英粉砂岩。层理不发育 0.9m
1. 紫红色巨厚层状叠层石灰岩。单层厚约2.5m,产叠层石 *Acaciella* cf. *australia* Walter(澳大利亚阿卡萨叠层石),*A.* f.(阿卡萨叠层石),底部为厚几十厘米至150cm的铁质风化壳 8.7m

~~~~~~微角度不整合~~~~~~

下伏地层:蓟县系苏玛兰组紫红色薄层状铁泥质石英粉砂岩,青灰色厚层状石泥晶灰岩

2. 岩性特征及区域变化

苏库罗克组为一套以碎屑岩为主的杂色岩系,可分3个岩性组合段:下部以紫红色为主,以泥质粉砂岩与(竹叶状)灰岩不等厚互层为特征,岩层较薄,水平层理发育;中部灰黑色、浅灰色为主,以薄层状粉砂岩夹砂岩为特征,水平层理发育;上部为一套灰色硅质岩、粉砂质泥岩、杂砂岩,水平层理发育。

该组下部产叠层石 *A.* cf. *australia* Walter, *A.* f. ,*Parmites* f. 等。底部存在一古铁质风化壳,与下伏苏玛兰组呈微角度不整合接触,上被恰克马克力克组角度不整合覆盖。该组厚度1 134.6m,为潮下-潮间-浅海陆棚沉积。

联测图幅本组自塔斯洪至坎迪力克一带呈断续带状展布,岩性较稳定,其横向变化特征主要表现在各种岩石的组合及地层出露的完整程度有所差异,自西而东主要表现为:莎车县乌斯以东一带,岩性主要为薄层状细砂岩夹粘土质页岩、细一中粒砂岩、片状粉砂岩、泥质页岩夹灰岩,出露厚390m。叶城县苏库里克村西北一带硅质岩含量增加(近百米),有白云质硅质岩、硅质岩、叠层石硅质岩及泥质硅质岩等,除此之外,岩性主要为砂岩、粉砂岩、粉砂质泥岩,底部有一套薄层状灰岩,含叠层石 *Parmites* f. ,出露厚度1 011m;叶城县波仑和阿克罗斯特一带,岩性以绿色、灰绿色、灰色泥质岩为主,粉砂岩次之,夹灰岩和粉砂岩,未见顶底,出露厚度750m;叶城县克兹勒一苏胡木牧区一带,碳酸盐岩增多,厚度达160m,主要产出于上部,为红色、淡红色、灰色燧石条带白云岩及石灰岩,下部为细砂岩及粉砂质泥岩,未见底,出露厚度410m。

3. 时代归属讨论

(1)该组所产叠层石经南古所曹瑞骥鉴定,认为 *Acaciella* cf. *australia* Walter 在澳大利亚产于新元
~~~~~~

古代苦泉沟组，年龄大于7.4亿年，可能小于9亿年，时代为新元古代。

(2)南古所赵文杰认为叶城县苏库里克村北该组所产叠层石 *Inzeria ardania* 在我国的辽南群、淮北群均有产出，时代为青白口纪。这些叠层石在澳大利亚的阿得雷德系、苏联的西伯利亚及西欧北部均为上里菲分子。

(3)据前述下伏地层博查特塔格组古地磁资料为"反极性期"，相当于蓟县纪"铁岭期"；其上震旦系恰克马克力克组发育冰碛层，与我国早震旦世的长安冰期和南沱冰期大致相当。

综上所述，将苏库克罗克组时代置于青白口纪。

(二)下震旦统恰克马克力克组(Z_1q)

恰克马克力克组在区内主要分布于新-藏公路附近阿其克拜勒都一带及其以东地区，沿塔里木盆地南缘地带呈断续不规则带状展布，地层区划属塔南地层分区铁克里克小区，出露面积约84km²。

1. 剖面描述

叶城县库尔卡克东下震旦统恰克马克力克组(Z_1q)实测剖面(图2-12)。

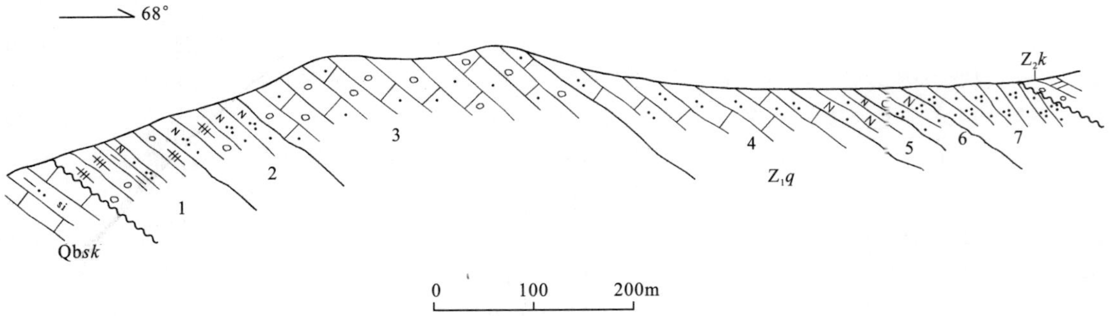

图2-12　叶城县库尔卡克东下震旦统恰克马克力克组(Z_1q)实测剖面图

剖面位于叶城县柯克亚乡库尔卡克东，起点坐标：X=4 120 740，Y=13 664 315；终点坐标：X=4 121 166，Y=13 665 366。剖面方位68°，总长度约1.2km，与下伏青白口系苏库罗克组和上覆上震旦统库尔卡克组均呈角度不整合接触。

上覆地层：上震旦系库尔卡克组肉红色薄板—薄层状—中厚层状泥晶白云岩，灰黄色石英质(底)砾岩

~~~~~~~角度不整合~~~~~~~

下震旦统恰克马克力克组(Z_1q)　　**厚度487.8m**

7. 灰白色厚层状细粒石英砂岩。单层厚50～70cm，水平层理发育　75.2m
6. 浅肉红色中厚层状含砾石英粗砂岩、中厚层状中粒长石石英砂岩、灰红色薄层状细粒长石砂岩不等厚互层。单个基本层序厚7～10m，砂岩夹层中发育水平纹层状层理及低角度交错层理　40.6m
5. 灰褐色薄层状细粒长石砂岩，夹含砾石英粗砂岩。局部见水平层理　43.2m
4. 灰色中厚层状含粉砂质泥晶灰岩。水平纹层发育，底部有5cm厚的含细砾层，向上3m砾石渐少　61.6m
3. 褐红色中厚层状含砾砂质微晶灰岩。砾石成分复杂，含量5%～10%，主要为硅质岩、花岗岩、片麻岩、泥质板岩等，大小0.3～40cm，磨圆度、分选性均差，呈次圆状—次棱角状，无定向性，水平层理发育，可见"落石"构造　121.4m
2. 褐红色中厚层状中粗粒长石石英砂岩，夹肉红色中厚层状复成分细砾岩　61.8m
1. 紫红色巨厚层状复成分砾岩，局部夹少量肉红色长石石英砂岩、粉砂质泥岩，砾石成分主要为硅质岩、片麻岩、灰岩、花岗岩等，圆—次圆状，0.2～10cm，大小含量约70%　84.0m

~~~~~~~角度不整合~~~~~~~

下伏地层：青白口系苏库罗克组青灰色薄层状含泥质粉砂质硅质岩与薄板状含泥质粉砂质硅质岩和灰色中厚层状灰岩互层

2. 岩性特征及区域变化

恰克马克力克组为一套以滨-浅海陆源碎屑岩和冰碛岩为主的地层，总体上自下而上可划分为3部分：下部厚145.8m，主要为砂岩、复成分砾岩，底部砾岩也是其与下伏苏库罗克组的分组标志岩层；中部厚183.0m，为冰碛层，主要岩性为含砾钙质粉砂岩或含砾粉砂质灰岩，水平纹层发育，见有落石构造，压弯粉砂岩纹层，系冰水成因；上部厚138.4m，主要为长石砂岩，石英砂岩夹一层冰碛成因的含砾石英粗砂岩，分选极差，砾石成分复杂，磨圆度一般，落石构造发育。恰克马克力克组呈角度不整合覆于苏库罗克组之上，其上被库尔卡克组不整合覆盖或被古生界不整合超覆，出露厚度487.8m。

1981年新疆地质研究所彭昌文等曾在恰克马克力克沟一带该组中部采获 *Trachysphaeridium* sp.(粗面球形藻)及 *Taeniatum crassum*(厚带藻)等。

区内恰克马克力克组沿塔里木盆地南缘分布，西起哈拉斯坦河，东止于塔斯洪河，露头断续延长约100km，最宽处约10km，由西向东有变薄趋势，但岩性大体稳定，塔斯洪河附近见硅质岩、凝灰岩与冰碛岩相伴生；哈拉斯坦河附近该组的冰碛岩为红色层状杂砂岩-砂岩-灰黑色粉砂岩及含落石的砂质岩组成较薄韵律层，为冰川陆屑滩沉积，与下伏地层区域性不整合特征明显。

3. 时代归属讨论

该组所产微古植物 *Trachysphaeridium* sp. 在湖北峡东地区震旦系灯影组常见，而 *Taeniatum crassum* 见于该地莲沱组，本区可与之对比。

冰碛岩是震旦系重要的区域对比标志，该组中发育冰碛沉积，在新疆地区可广泛对比，相当于贝义西和阿勒通沟-特瑞爱肯两次冰期的沉积，与我国早震旦世的长安冰期和南沱冰期大致相当。

考虑到恰克马克力克组与下伏青白口系苏库罗克组和上覆上震旦统库尔卡克组之间均为角度不整合接触，本报告将恰克马克力克组时代置于早震旦世。

（三）库尔卡克组(Z_2k)

区内库尔卡克组主要在塔里木盆地南缘新-藏公路两侧附近呈不规则状分布，属塔南地层分区铁克里克小区，出露面积约26km²。

1. 剖面描述

叶城县克里西东上震旦统库尔卡克组(Z_2k)、克孜苏胡木组(Z_2kz)实测剖面(图2-13)。

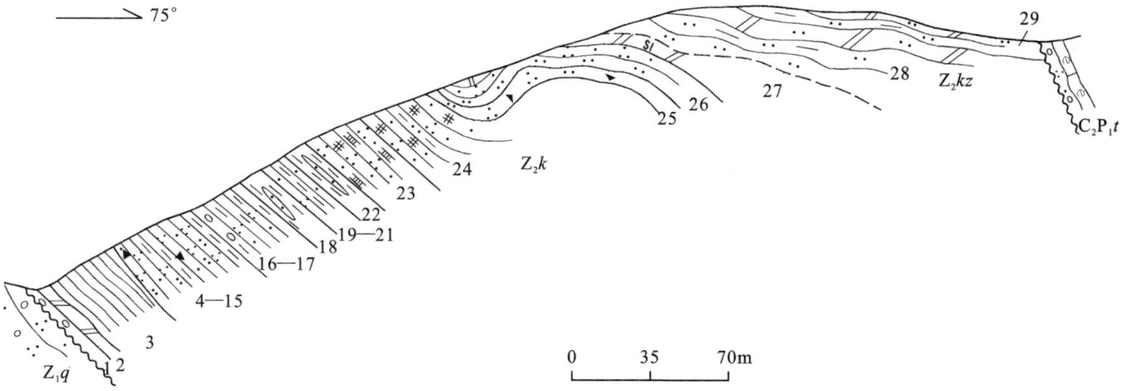

图2-13　叶城县克里西东上震旦统库尔卡克组(Z_2k)、克孜苏胡木组(Z_2kz)实测剖面图

剖面位于叶城县柯克亚乡克里西村东，起点坐标：X=4 114 509，Y=13 680 002；终点坐标：X=4 114 790，Y=13 681 067。剖面方位75°，总长度1.1km。

上覆地层：上震旦统克孜苏胡木组紫色粉砂岩、泥质粉砂岩、粉砂质白云岩不等厚互层

------ 平行不整合 ------

上震旦统库尔卡克组(Z_2k) **厚 447m**

27. 玫瑰色中—薄层状含硅质微晶白云岩。单层厚 10～15cm，顶面发育厚约 0.5cm 的红色铁质薄膜 9.6m
26. 灰色厚层状中粒石英砂岩。单层厚 50cm 5.4m
25. 灰绿色薄层状细粒岩屑砂岩与灰褐色石英粉砂岩互层 17.1m
24. 灰色中厚层状海绿石细粒石英砂岩，夹浅灰色粉砂质泥岩。砂岩单层厚 25～40cm，含石膏 67.0m
23. 黑色中层状黄铁矿化细粒石英砂岩夹浅灰色薄层状海绿石细—中粒石英砂岩。海绿石含量 15% 左右，岩石中见有黄铁矿晶粒，形成黄铁矿化细粒石英砂岩与薄层状海绿石砂岩韵律性互层，单个韵律层厚 5～30cm，沿裂隙及层面发育石膏细脉 58.0m
22. 灰黑色页片状泥岩夹浅灰色细粒石英砂岩条带。岩石裂隙及层面发育石膏薄膜 35m
21. 浅灰色薄—中层状细粒石英砂岩夹灰黑色页片状泥质粉砂岩。单层厚 6～20cm，砂岩单层向上变厚，发育小型交错层理 7.2m
20. 灰黑色页片状泥岩夹浅灰色石英细砂岩条带 6m
19. 浅灰色薄—中层状细粒石英砂岩，夹灰黑色页片状泥质粉砂岩。单层厚 6～20cm，砂岩单层向上变厚，发育小型交错层理 6.7m
18. 灰黑色页片状泥岩夹浅灰色石英细砂岩条带 15.7m
17. 灰黄色中层状中—细粒石英杂砂岩与灰黑色粉砂质泥岩互层。砂岩向上变厚，单层厚 30～50cm，下部含少量石英细砾岩，发育平行层理及低角度交错层理，沿裂隙及层面发育石膏薄摸 50.5m
16. 褐色厚层状铁泥质石英砾岩。砾石为石英质，大小 2～8mm，以 3mm 居多，磨圆度中等，底部有棱角状泥砾 3.4m
15. 黑色页片状粉砂质泥岩，夹灰黑色长石石英粉砂岩，薄层状或透镜体。沿层面或裂隙充填石膏薄膜，泥岩中含少量微古化石，顶部发育铁质膜 5.0m
14. 杂色页片状泥岩与灰黑色薄板状长石石英粉砂岩互层。砂岩单层厚 2～10cm，层间有石膏薄膜，层内发育板状斜层理 6m
13. 浅灰黄色中—厚层状细粒岩屑石英砂岩与黄灰色泥质长石石英粉砂岩互层。砂岩单层厚 35～60cm，粉砂岩呈页片状 17m
12. 灰色页片状泥岩夹少量灰黄色岩屑石英细砂岩 4.7m
11. 黄绿色中层状细粒石英砂岩与黄色中层状含岩屑石英中砂岩互层。内部发育颗粒粗大的石膏团块 6.7m
10. 黄绿色细粒石英砂岩，夹灰色长石石英砂岩条带。沿裂隙充填石膏薄膜 2.3m
9. 黄绿色厚层状长石石英粉砂岩夹少量泥岩。粉砂岩单层厚约 70cm，沉积纹层极发育 1.2m
8. 灰红色页片状铁泥质石英粉砂岩。单层厚 1～5mm 4.8m
7. 灰黄色薄层状含砾石英杂砂岩。砾石为脉石英，少量硅质岩，大小 2～5mm，含量 10%～30% 1.2m
6. 灰红色中厚层状细粒石英砂岩、中粒石英砂岩、含砾石英砂岩互层 6.3m
5. 灰色页片状石英粉砂岩。单层厚 1.5～5mm 2.4m
4. 灰黄色薄层状细粒岩屑石英粉砂岩与泥质粉砂岩互层。共 3 个韵律，向上变薄，内部沉积纹层发育 1.5m
3. 灰黑色泥页岩。毫米级沉积纹层发育，局部夹少量灰白色泥质石英粉砂岩、细粒石英砂岩，泥页岩中产微古植物 *Leiosphaeridia* spp.（光面球藻未定种） 94.3m
2. 玫瑰红色薄层状泥晶白云岩。向上渐变厚，水平纹层发育 9.6m
1. 灰黄色中层状石英砾岩。砾石主要为脉石英，次为硅质岩、灰岩、砂岩、花岗岩等，少量泥板岩，大小 0.3～8cm 2.4m

～～～～～～角度不整合～～～～～～

下伏地层：下震旦统恰克马克力克组紫红色含砾石英砂岩

2. 岩性特征及变化

库尔卡克组以碎屑岩为主，岩石组合可分为上、下两部分：下部以黑色、灰红色页岩为主，与砂岩不等厚互层，夹含砾石英杂砂岩，并发育石膏薄膜，底部有少量砾岩、玫瑰色白云岩，砾石成分复杂，系底砾岩，也是与下伏地层的分层标志；上部以灰色海绿石英砂岩、岩屑砂岩为主，夹少量粉砂质泥岩；顶部为一层含硅质白云岩，并有石膏沉积。库尔卡克组下与恰克马克力克组角度不整合接触，上被克孜苏胡木组平行不

整合覆盖。总体为一套潮坪泻湖-浅海环境沉积，出露厚度 447.6m。

前人曾在克孜苏胡木沟采获丰富的微古植物，主要分子有 *Pseudozonosphaera asperella*，*Micrhystridium* sp.，*Trachysphaeridium rugosum*，*T. cultum*，*Leiopsophosphaera jugate*，*Hubeisphaera* cf. *radiata*，*Pseudodiacrodium verticale*，*Fuchunshania rerojujata*，*Macroptycha uniplicata* 等(彭昌文，1981)。本次工作在克里西以东采获光面球藻 *Leiosphaeridia* sp.。

区域上该组在各地往往出露不全，上覆层位克孜苏胡木组往往被剥蚀，本组则被泥盆系奇自拉夫组砾岩或石炭系直接超覆，保存厚度也变化甚大，在新-藏公路附近最大厚度 674m，其上可见与克孜苏胡木组为不整合接触；向西至图甫鲁克沟泥盆系奇自拉夫组直接超覆于本组之上，厚度仅 100m 左右；再向西至几格尔约尼尔沟厚度仅 50m 左右。

3. 时代归属讨论

该组含丰富的微古植物，均为震旦纪常见分子，其中 *Micrhystridium* 为灯影峡阶的常见分子。前人在本组顶部曾获海绿石 K－Ar 年龄为 596.9Ma。因此，将库尔卡克组时代置于晚震旦世。

(四)克孜苏胡木组(Z_2kz)

克孜苏胡木组在图幅内仅小面积出露于新-藏公路附近，出露面积仅约 3km²。

1. 剖面描述

叶城县克里西东上震旦统库尔卡克组(Z_2k)、克孜苏胡木组(Z_2kz)实测剖面(图 2-13)。

该组剖面与库尔卡克组连续测制，露头连续，接触关系清楚，构造简单。

上覆地层：上石炭统—下二叠统塔哈奇组灰色厚层状含生物屑灰岩及厚层状石英砂岩，底部含砾中—细粒石英砂岩

～～～～～～角度不整合～～～～～～

上震旦统克孜苏胡木组(Z_2kz)	**厚度＞36m**
29. 黄褐色薄层状砂质白云岩与紫红色粉砂质泥岩互层，普遍发育水平层理	＞9m
28. 紫色薄层状粉砂岩，泥质粉砂岩，粉砂质白云岩不均匀互层，形成粉砂岩-泥质粉砂岩-粉砂质白云岩向上变细变薄的基本层序，普遍发育水平层理，可见干裂收缩痕	27m

－－－－－－平行不整合－－－－－－

下伏地层：上震旦统库尔卡克组玫瑰色薄层状含硅质微晶白云岩

2. 岩性特征及区域变化

区内克孜苏胡木组下部以泥质粉砂岩与粉砂质(砂质)白云岩不等厚互层为特征，上部主要以灰色、紫红色玫瑰色白云岩为主，偶夹灰绿色石英砂岩。剖面仅出露了克孜苏胡木组的下部，上部多被剥蚀，出露不全，剖面出露厚度大于 36m，下部多平行不整合于上震旦统库尔卡克组之上，上被上石炭—下二叠统塔哈奇组不整合超覆。

在克孜苏胡木组下部前人曾采到丰富的微古植物化石，主要属种有 *Micrhystridium poratum*，*Pseudodiacrodium tenerum*，*Pseudofavososphaera* sp.，*Trachysphaeridium rugosum*，*T. scanum*，*T. cultum*，*Pseudozonosphaera asperella* 等(彭昌文，1981)。

联测图幅本组主要分布在叶城县以南新-藏公路以西克孜苏胡木沟一带，向西到哈拉斯坦河一带，其下与库尔卡克组平行不整合接触，其上多被泥盆系奇自拉夫组或石炭系塔哈奇组所不整合，超覆于该组不同层位之上，出露厚度变化较大，上部往往被剥蚀，在新-藏公路厚度 353～371m，向西至图甫鲁克沟一带缺失。

3. 时代归属讨论

克孜苏胡木组不整合超覆于库尔卡克组之上，其产的微古植物 *Micrhystridium*，*Pseudodiacrodium*，*Trachysphaeridium* 等主要属种在鄂西、川西、峡东等地均见于上震旦统。前人曾在库尔卡克组获得

596.9Ma 的海绿石 K-Ar 年龄值，据此将克孜苏胡木组的形成时代置于晚震旦世。

二、新元古界层序分析

新元古界在区内发育有青白口系苏库罗克组、震旦系恰克马克力克组、库尔卡克组和克孜苏胡木组，有关沉积层序特征如下。

（一）青白口系层序分析

1. 层序特征

青白口系苏库罗克组与蓟县系苏玛兰组之间存在一铁质风化壳，具Ⅰ型层序界面特征。其上又被震旦系不整合覆盖，顶界亦具Ⅰ型层序界面特征。青白口系可归结为一个超层序，又可划分出两个三级层序（图 2-14）。

（1）$Ⅲ_1$层序

该层序见于苏库罗克组剖面下部第 1—11 层，由海侵体系域及高水位体系域构成。

海侵体系域 底界对下伏岩石具明显侵蚀现象，为一由海水入侵造成的海侵面。苏库罗克组下部形成碳酸盐与陆源混积的潮坪沉积组合，陆源沉积主要为粉砂质泥岩、泥质粉砂岩，内源沉积物为泥晶灰岩、竹叶状泥晶灰岩、粉晶灰岩等，薄层状构造，发育水平层理，砾屑扁平状近水平排列，指示潮坪潮间带环境。该体系域形成初期陆源成分较多，向上内源成分增多，粒度变细，为退积型结构。

高水位体系域 其底界为最大海泛面，亦是沉积结构转换面，表现为泥质含量增加，一般层厚小于 1.5cm，沉积速率相对缓慢。沉积组合又分为陆棚下部和陆棚上部，陆棚下部沉积物主要为灰黑色薄板状粉砂质泥岩，单层厚 0.5～1.5cm，水平层理发育；陆棚上部沉积物中粗碎屑成分明显增加，主要岩性有细粒长石石英砂岩、石英粉砂岩及少量泥质粉砂岩，薄层状或薄板状，水平层理发育。总体向上粒度变粗，呈进积结构特点，高水期为潮坪泥砂混合沉积，主要为粉砂质泥岩、泥质粉砂岩、石英砂岩，发育水平层理，其上未见暴露剥蚀迹象，根据沉积结构转换，推测下一海侵面位于该高水位体系域顶界面。

（2）$Ⅲ_2$层序

该层序见于苏库罗克组剖面中上部第 12—16 层，由海侵体系域和高水位体系域构成。

海侵体系域 海侵面位于该体系域底部，与下伏岩层为一突变面，底界面较平直，略有弯曲。海侵体系域下部为浅灰白色薄层状细粒长石石英砂岩，单层厚 3～4cm，低角度交错层理发育，系滨海浅滩沉积。海侵体系域上部为浅灰红色页片状泥质粉砂岩，夹土黄色薄层状长石石英粉砂岩，两者比例 5∶1，水平层理发育，系潮坪沉积，下部显退积结构。

高水位体系域 其下部为浅灰红色页片状泥质粉砂岩，夹土黄色薄层状长石石英粉砂岩，两者比例 5∶1，水平层理发育，系潮坪沉积，沉积构造不甚发育。其上部主要为硅质岩，单层厚 50cm 左右，产柱叠层石，向上单层变薄，为薄板状，并含粉砂和泥质，单层厚 20～30cm。局部夹粗粒岩屑石英砂岩，见少量硅质岩砾石，低角度交错层理发育，总体具进积结构特点。体系域顶面上为一暴露面，发育角砾状-瘤状-渣状堆积层，碎屑物为下伏的硅质岩碎块，可当作暴露作用形成的硅质风化壳（图版Ⅸ，4）。由于剥蚀，该体系域不十分完整。

2. 沉积层序及盆地演化

青白口纪盆地形成于塔里木陆块被动大陆边缘背景下，盆地分布范围与铁克里克地层小区一致，盆内充填了苏库罗克组。

青白口纪早期形成盆地，海侵引起海平面上升，沉积范围迅速扩大，沉积物主要为陆源碎屑。从整体沉积结构分析海平面变化情况呈现快进慢退的特点，在这次以海平面总体上升的总趋势过程中曾发生次级海平面升降变化，据此可将青白口系分成海进-海退两个旋回阶段，在这两个阶段分别形成$Ⅲ_1$、$Ⅲ_2$两个次级Ⅲ级旋回层序，$Ⅲ_2$层序的顶部发育硅质风化壳是海水退出本区的暴露标志。塔里木运动作用下结束了本区青白口系的沉积历史。

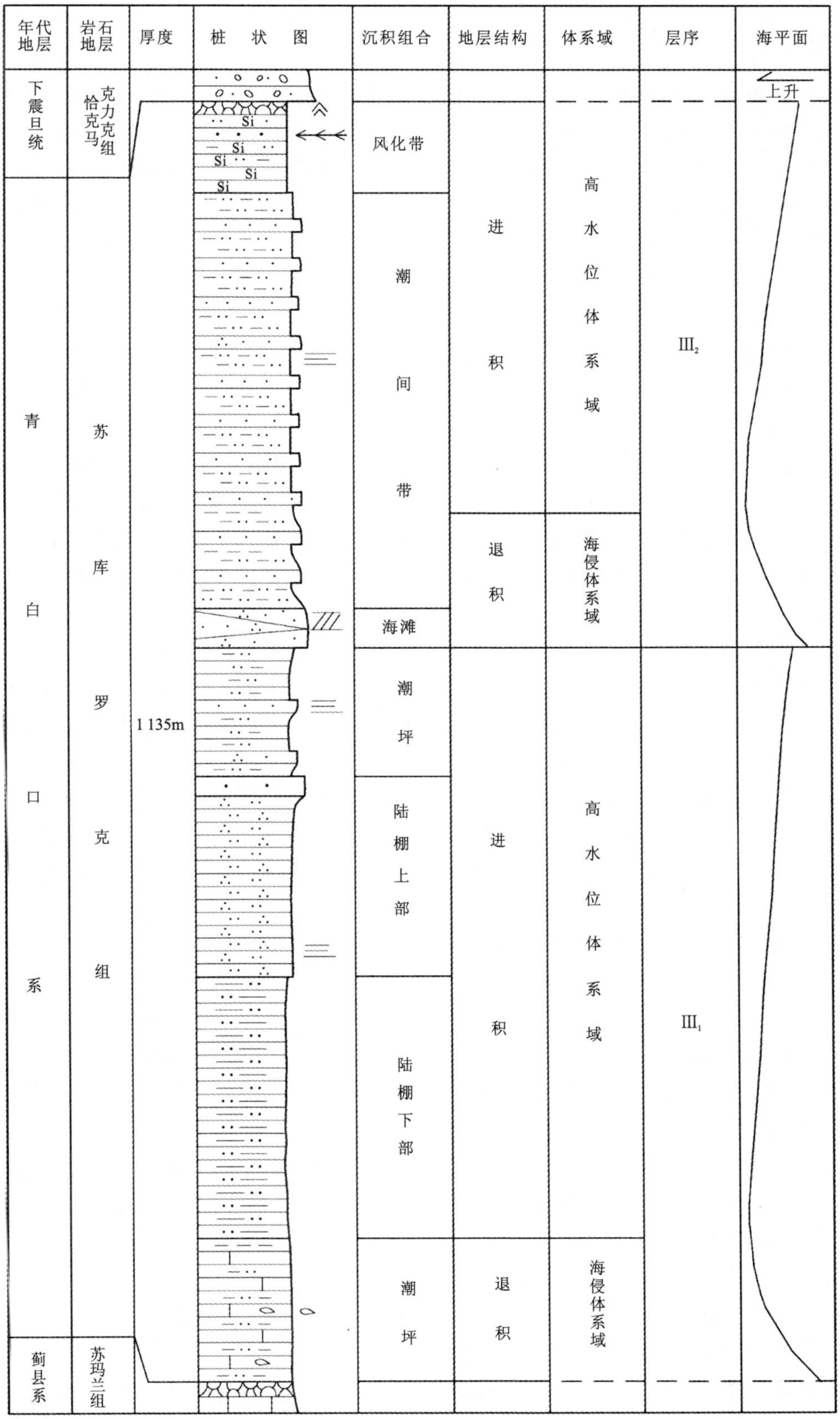

图 2-14　青白口系沉积层序

(二)震旦系层序分析

1. 层序特征

区内的震旦系根据层序界面特征，结合海平面变迁过程分析，归结为一个超层序，其顶、底界面在区域上均可追溯出不整合面。据海平面振荡旋回、沉积结构特点等可识别出5个三级旋回层序(图2-15)。每一个三级层序可识别出低水位体系域、海侵体系域、高水位体系域等不同沉积结构单元。低水位体系域为低水位阶段快速堆积，海侵面往往呈突变面，并对下伏岩层构成冲刷侵蚀，最大海泛面识别标志为沉积速率明显减缓，岩层往往较薄，物源补偿欠缺，暴露面发育于高水位体系域顶部，识别特征为富含铁质、渣状堆积、喀斯特地貌等。

(1)$Ⅲ_1$层序

组成$Ⅲ_1$层序的地层为震旦系恰克马克力克组剖面中、下部的第1—4层，层序底界为Ⅰ型层序界面，以巨厚层状复成分砾岩与下伏苏库罗克组分界。顶界为Ⅱ型层序界面，暴露标志不清晰，与下伏岩层为突变接触。该三级层序由低水位体系域、海侵体系域及高水位体系域构成。

低水位体系域　位于恰克马克力克组下部，沉积物发育于海岸附近，岩性为紫红色巨厚层状复成分砾岩，砾石大小混杂，多数砾径4～16cm，大者可达20～50cm，成分复杂，主要为硅质岩、片麻岩、灰岩，其次为板岩、花岗岩等，磨圆度差，呈次圆状—次棱角状，总体显示正粒序，上部夹砂岩透镜体、少量粉砂质泥岩。从沉积特征上看，主要为物源极其丰富的冲积扇及河流沉积，侵蚀充填堆积沉积相序为陆上冲积扇沉积-辫状河沉积。

海侵体系域　沉积物具近岸沉积特点，陆源碎屑向上变细、变薄，而碳酸盐岩向上增多，总体呈退积结构特点。以恰克马克力克组中下部最具代表性，岩性为含砾、砂成分的灰岩，为海侵期沉积，砾石成分主要为硅质、花岗岩、片麻岩、泥质板岩等，磨圆度差，呈次圆状—次棱角状，无定向性和分选性，发育“落石”构造特点，系海上漂移冰块、冰山的消融物。

高水位体系域　由恰克马克力克组中部碳酸盐陆架沉积体系构成，高水位期沉积的显著特征之一就是碳酸盐岩的广泛沉积，以内源沉积为主混入陆源物质，陆源碎屑的急骤减少说明沉积速率明显减缓。主要岩性为中厚层状含粉砂泥晶灰岩，水平层理发育，总体显示一种能量相对较低的浅海陆架环境。

(2)$Ⅲ_2$层序

组成$Ⅲ_2$的地层为震旦系恰克马克力克组剖面上部的第5—7层，层序底界为Ⅱ型层序界面，顶界为Ⅰ型层序界面。该三级层序由海侵体系域及高水位体系域构成。

海侵体系域　位于恰克马克力克组剖面上部，底界面起伏，形成对下伏岩层的侵蚀。岩性组合为浅肉红色中厚层状含砾粗粒石英砂岩、中厚层状中粒长石石英砂岩、灰红色薄层状细粒长石砂岩不等厚互层，单个基本层序厚7～10m，砂岩夹层中发育水平纹层及低角度交错层理。与下伏岩层相比反映出离岸较近的环境，形成于滨岸-潮坪沉积，局部发育有冰水沉积砾石。

高水位体系域　位于恰克马克力克组顶部，具明显进积型结构，由一系列进积型基本层序构成，主要岩性为灰白色厚层状细粒石英砂岩，单层厚50～70cm，水平层理发育，为一套海相碎屑岩，总体显示一种能量相对较弱的浅海陆架环境。

(3)$Ⅲ_3$层序

位于库尔卡克组剖面下部的第1—5层，底界在恰克马克力克组顶部暴露带之上，这是一个无明显剥蚀现象的假整合面，属Ⅱ型不整合。由3个体系域构成。

低水位体系域　位于库尔卡克组底部，厚度较小，沉积物以陆源碎屑为主，主要岩性为灰黄色硅质砾岩，砾石主要为脉石英，次为硅质岩、灰岩、砂岩、花岗岩等，大小0.3～8cm。横向延伸十分稳定，属外陆架的低水位楔。

海侵体系域　位于库尔卡克组底部，海侵面位于低水位体系域顶部，岩性明显突变，主要为薄层状泥晶白云岩，向上岩层变薄，水平纹层发育，表现出明显退积结构特点，形成于潮坪环境。

高水位体系域　位于库尔卡克组下部，总体显示进积结构特征，以粉砂质岩及泥岩为主，内部沉积纹

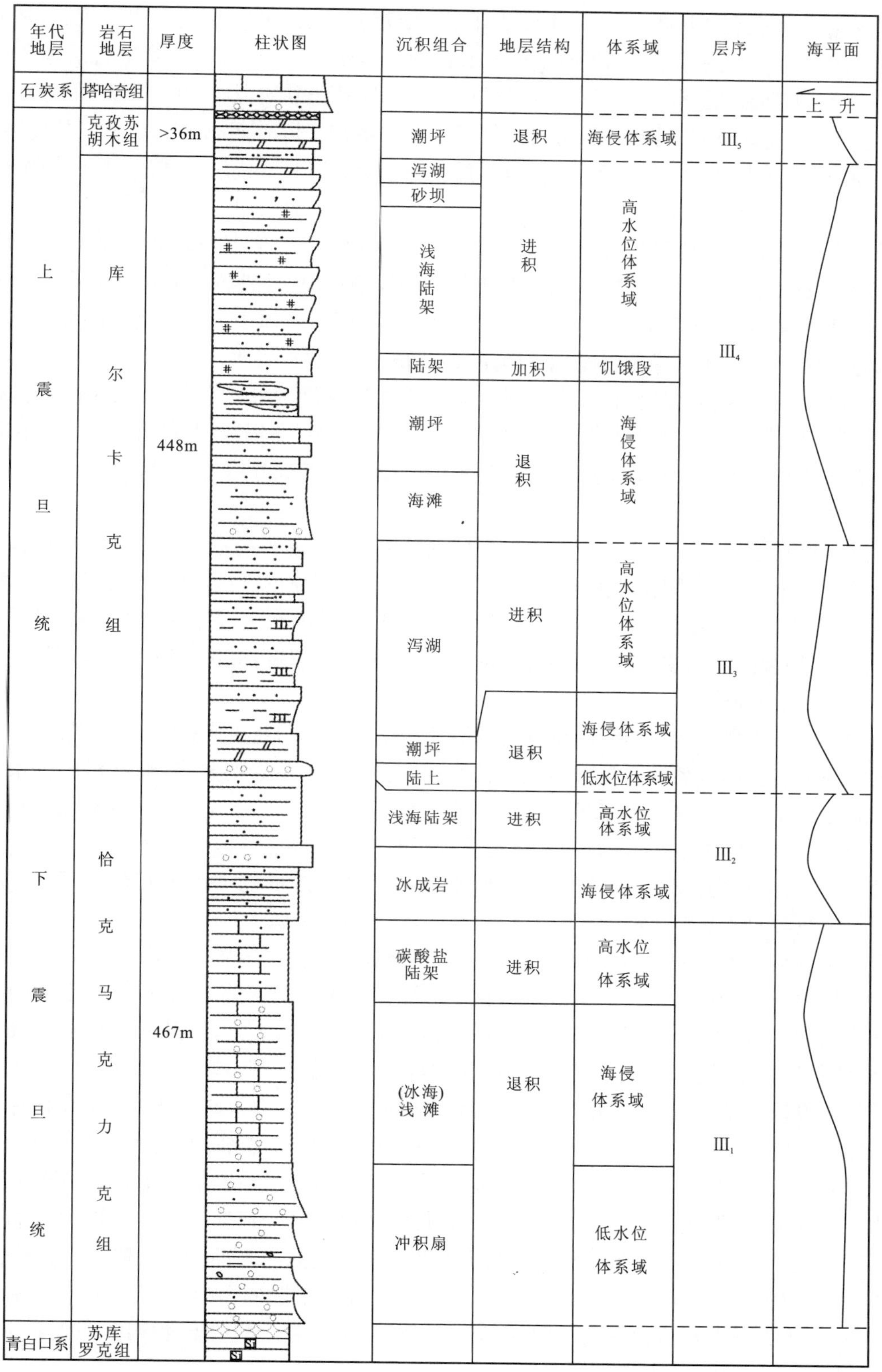

图 2-15　震旦系沉积层序

层发育，往上陆源粗碎屑增加，表明近岸物源充足。该体系域普遍发育石膏沉积，显示该时期为泻湖环境，水的咸化度偏高，蒸发较强致使膏盐析出。顶部铁质较高，为暴露特征。

(4)III_4层序

位于库尔卡克组剖面中上部的第 6—27 层。为一完整的三级层序，底界面为无明显剥蚀现象的假整合面，属Ⅱ型不整合，顶界为石炭系不整合超覆面，属Ⅰ型层序界面。该层序由海侵体系域、饥饿段和高水位体系域构成。

海侵体系域　见于库尔卡克组中部，主要为陆架边缘沉积，沉积相序为海滩-潮坪沉积，体系域下部以中—细石英杂砂岩为主，夹灰黑色粉砂质泥岩，其底部含石英细砾石及泥砾，发育平行层理及低角度交错层理砂岩，向上粒度变细，层厚变薄，泥质物含量增加，为薄层状粉砂质泥岩，其中发育条带状层理，条带由细粒石英砂岩组成，发育小型交错层理，为明显退积型沉积结构。该时期海水继承了高盐度特点，又处于蒸发条件下，故石膏沉积在该沉积体系域内仍较明显，但已明显没有下伏层位强烈，多沿裂隙充填，或呈薄膜状产出。

饥饿段　加积型结构，出现于库尔卡克组中上部，为典型海绿石质凝缩段，属海绿石质石英砂岩相，海绿石含量15%左右，其中见有黄铁矿晶粒，反映出处于强还原环境，形成黄铁矿化细粒石英砂岩与薄层状海绿石砂岩韵律性互层，每韵律层厚5～30cm，该海绿石质饥饿段区域上分布广泛且厚度稳定。

高水位体系域　进积结构特征明显，系浅海陆架沉积，下部砂岩层薄，往上部岩层厚度增大，呈中厚层状，说明物源补偿由弱到强的变化，总体由一系列向上变厚变粗和不均匀基本层序叠置而成，高水位末期受障壁海岸阻隔，形成厚度不大的玫瑰色薄层状含硅质白云岩，具泻湖相沉积特征。在高水位体系域顶面发育厚约0.5cm的红色铁质风化膜，表明此处曾处于风化状态，应属暴露后形成的风化壳。

(5)$Ⅲ_5$层序

该层序见于克孜苏胡木组。由于顶界为一长期剥蚀面，与上覆石炭系呈角度不整合接触，因而$Ⅲ_5$层序在区内保存不完全，只发育海侵体系域。主要沉积为粉砂岩、泥质粉砂岩、粉砂质白云岩不均匀互层，往上白云岩增多，泥质粉砂岩相对减少，总体呈退积结构特征，显示海水入侵逐渐加深，物源补偿区逐渐后退的特点，颜色以鲜艳紫红色为主，水平层理普遍发育，可见干裂收缩痕，沉积环境为蒸发潮坪。

2. 沉积层序及盆地演化

震旦纪盆地是在塔里木板块周缘的拉张裂谷活动背景下形成的克拉通边缘裂陷，基底为稳定大陆壳，发育稳定的陆源建造。震旦系砂岩类型为长石石英砂岩、石英砂岩、岩屑砂岩，通过对震旦系砂岩骨架颗粒分析，单晶石英84.2%～99.0%，长石1.0%～11.9%，岩屑0～10.5%，只有恰克马克力克组少数砂岩样品落入次稳定性裂谷断陷盆地，多数落入稳定性较好的克拉通浅海盆地内，说明盆地性质有从次稳定向稳定演化特点，整体面貌仍在稳定克拉通陆表海范畴，在判断物源区的QFL图解中多落入陆块物源区。盆地内充填了恰克马克力克组、库尔卡克组、克孜苏胡木组3个单元。

青白口纪末受塔里木运动影响使本区隆升剥蚀，直至震旦纪初区内再次有海水入侵。震旦纪初期，本区仍是陆上发展阶段，形成陆上冲积的低水位体系域，海侵初曾经历了陆上向滨岸沉积的缓慢发展过程，形成一套冰水沉积岩，具落石构造特征。随着海侵加剧，海平面迅速上升，过渡为浅海陆架，形成碳酸盐的广泛发育，陆源物质急剧减少，完成$Ⅲ_1$层序的沉积过程。随后曾有小规模海退-海进过程，形成$Ⅲ_2$层序的演变。但总体并没改变本区滨-浅海格局。早震旦纪末期曾有短暂海退事件发生(受库鲁克塔格运动影响)，$Ⅲ_3$层序的低水位即是这次短暂海退之后发生大规模海进过程中形成的；之后海面始终保持在较低的水平面上，区内处于振荡幅度不大的泻湖环境，致使石膏薄层高频发育；晚期陆源碎屑泻湖处于萎缩状态，之后曾发生又一次海侵，形成$Ⅲ_4$层序。本区从海滩过渡为潮坪，海侵发生后区内海平面相对较高，海泛最大时曾沉积了厚度不大的泥岩和海绿石砂岩，海退过程发生于震旦纪晚期，形成进积结构特征的浅海陆架碎屑岩沉积，并一直演化到泻湖阶段，形成薄层状白云岩夹碎屑岩沉积，并有石膏析出。之后虽又有一次海侵发生，但在本区并没有形成太厚的沉积，海平面较低，也由于有后期的剥蚀作用，只保留了厚度较小的潮坪沉积，相当于$Ⅲ_5$层序海侵体系域。

纵观震旦系面貌，可总结为两次相对较大的海进-海退的海平面升降周期，分别发生于早震旦世和晚震旦世，也是库鲁克塔格运动的结果，使两者间形成短暂的沉积间断，造成上、下震旦统的不整合，柯坪运动彻底结束了震旦系的沉积历史。

第四节　上古生界

图幅内上古生界主要分布于图幅西部和南部塔南地层分区和西昆仑地层分区。其中，塔南地层分区地层呈弧形带状展布，向北西延出图幅，南部第四系覆盖严重，仅零星出露；西昆仑地层分区上古生界仅在图幅南部小面积出露，向南延出图幅。

一、塔南地层分区

出露上泥盆统、石炭系和二叠系。

(一)上泥盆统

在图幅西南部阿其克拜力都—库勒—东亚一带呈长条带状展布，向西北延出图幅，南东端被断层错失。在图幅西南部角度不整合覆盖在古元古界、蓟县系、青白口系及震旦系之上，自北西向南东其下伏地层时代总体逐渐变新；在图幅东南角的科西依格力、塔拉合等地呈片状展布，其南西、北部分别与长城系和古元古界断层接触，东部角度不整合覆盖在古元古界之上，或为第四系覆盖，并向南东延出图幅。出露面积约 144km²，为一套滨海-陆相正常沉积的碎屑岩沉积建造。

1. 剖面描述

叶城县喀腊坎厄格勒西上泥盆统奇自拉夫组(D_3q)实测地层剖面(图 2-16)。

剖面位于叶城县棋盘乡喀腊坎厄格勒西，起点坐标：X=4 151 446，Y=13 637 085。交通状况较好，有山间小路可通车到附近。剖面地层发育完整，基岩露头较好，接触关系清晰，构造相对简单。

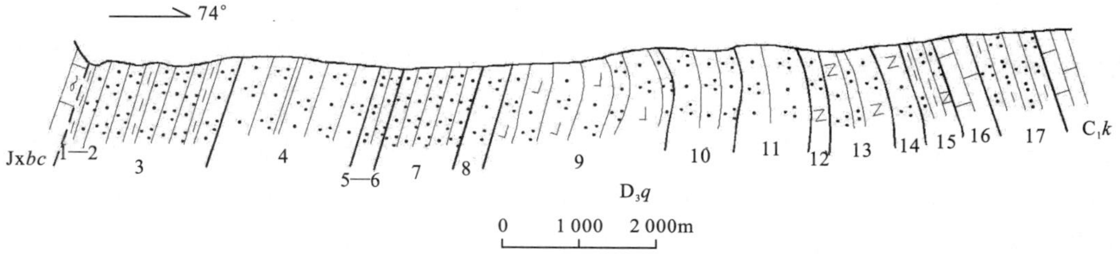

图 2-16　叶城县棋盘乡喀腊坎厄格勒西上泥盆统奇自拉夫组(D_3q)实测地层剖面图

上覆地层：下石炭统克里塔克组浅灰色厚层状粉晶灰岩

———整合———

泥盆系上统奇自拉夫组(D_3q)　　**厚 1 027.48m**

17. 灰绿色薄层状泥质石英粉砂岩夹薄板状细粒石英砂岩。粉砂岩页理发育，砂岩单层厚 8cm 左右，约占 7%，两者突变　　72.67m
16. 灰色薄层状粉晶灰岩。单层厚 5～12cm　　37.31m
15. 灰绿色泥质粉砂岩夹灰绿色厚层状细粒长石石英砂岩。泥质粉砂岩页理发育，砂岩单层厚 60cm 左右，两者比例 14∶1，界面截然　　40.86m
14. 灰绿色厚层状细粒长石石英砂岩。槽状交错层理发育，基本层序厚 1.0m 左右，向上变厚变粗再变薄变细，顶底平行层理发育　　28.43m
13. 灰绿色厚层状细粒长石石英砂岩与紫红色薄层状粉砂岩互层。两者比例 2∶1，砂岩槽状交错层理发育，单层厚 1.2m，粉砂岩水平层理发育。两者突变，界面平直　　65.73m
12. 浅灰红色薄层状细粒长石石英砂岩。槽状交错层理发育　　26.73m
11. 灰绿色中层状细粒石英砂岩与褐红色细粒石英砂岩(层理不清)互层。底部两者比例 1∶1，向上褐红色砂岩减少，为 7∶1；前者层厚 1.4m 左右，槽状交错层理发育，后者含有灰绿色斑点。顶底变细变薄　　56.35m
10. 灰褐色夹灰白色斑点中—厚层状细粒石英砂岩夹灰褐色中厚层状细粒石英砂岩。两者比例 20∶1，砂岩单层厚 20～80cm　　61.40m
9. 灰褐色含灰绿色斑点厚层状钙质细粒石英砂岩夹灰褐色中厚层状细粒石英砂岩与灰褐色厚层状细粒石英砂岩间层(各两大层)。两者比例 10∶1，细粒石英砂岩中偶夹中—厚层状砾质细粒石英砂岩　　139.17m
8. 褐色厚层状细粒石英砂岩。底部含有约 20%砾径为 0.2～0.8cm 的硅质砾石，向上砾石减少、渐细　　33.06m

7. 浅灰褐色薄层状细粒石英砂岩。平行层理发育,单个基本层序厚约 1.2m,向上变细,基本层序总体向上变粗、变厚再变薄、变细 110.27m
6. 浅灰色厚层状细粒石英砂岩夹灰绿色薄层状细粒长石石英砂岩及粉砂质泥岩(比例约 3:1)。夹层细砂岩水平层理发育,泥岩页理发育。总体向上变细,顶部泥岩厚 3cm 左右 9.19m
5. 灰褐色薄板状粉砂岩夹薄层状细粒石英砂岩。粉砂岩水平层理发育。总体向上变粗变厚再变细变薄 18.38m
4. 灰褐色厚层状细粒石英砂岩夹薄层状粉砂岩,其基本层序为上、下部细,中部粗,顶部变细变薄为 8.7cm 左右,页理发育 138.87m
3. 灰褐色中—厚层状细粒石英砂岩夹紫红色泥岩(两者比例 3:1~6:1)与灰褐色厚层状细粒石英砂岩间层(各两大层)。砂岩槽状交错层理发育,泥岩页理发育 155.5m
2. 灰褐色厚层状细粒石英砂岩夹紫红色泥岩(两者比例 8:1~12:1)。砂岩槽状交错层理发育,泥岩页理发育 19.18m
1. 紫红色粉砂质泥岩夹褐红色薄层状中—细粒石英砂岩。两者比例 5:1,砂岩中部较粗。本层底界为突变面,略有起伏,切割下伏层理,底 35cm 含有下伏地层砾石,砾径 0.8cm~1.6cm,含量约 38%,向上变小,变少 14.38m

------ 平行不整合 ------

下伏地层:蓟县系博查特塔格组浅灰、浅黄灰色条带状厚层状泥晶灰岩

2. 岩石地层划分及其特征

该组为正常沉积的碎屑岩,中—下部以灰褐色及紫红色为主,上部以灰绿色为主。主要岩石组合为中—细粒石英砂岩、钙质细粒石英砂岩、细粒长石石英砂岩及少量薄层状粉砂岩、泥质粉砂岩和泥岩,上部夹一层灰色薄层状粉晶灰岩,中部偶见砾石层。砂岩中发育槽状交错层理或平行层理,粉砂岩、泥岩发育水平层理,该组下部基本层序为向上变粗变厚再变薄变细,上部为向上变细型,底部平行不整合或微角度不整合覆盖在震旦系及以前不同层位之上,底界略有起伏,切割下伏层理,底部常含滞留小砾石,与上覆下石炭统克里塔克组为整合接触。

该组岩性在区域上分布稳定,叶城县喀腊坎厄格勒一带厚 1 027.48m。在图幅西南部,由西北向东南,其厚度渐大,粒度渐粗。图幅东南角地层厚度较大,最厚达 4 860m,其粒度普遍较粗,层理较厚,以厚层状细—粗粒长石石英砂岩为主,底部及中部夹较厚砾石层。

3. 生物地层划分及其特征

(1)生物地层特征

据朱怀诚(1999)《新疆南部莎车奇自拉夫组晚泥盆世孢粉相研究》,在莎车县达木斯乡艾特沟剖面奇自拉夫组产孢子 24 属 56 种(含 10 新种),可分为两个孢子组合带,即:*Leiotriletes microthelis*-*Punctatisporites irrasus*(MI)带和 *Apiculiretusispora rarma*-*Retispora lepidophyta*(RL)带。该组合带在层位上对应于奇自拉夫组上部(MI 带在 RL 带之下)。RL 带又进一步细分为两个亚带,即下部的 *Retispora lepidophyta*-*Ancyrospora furcula*(LF)亚带和上部的 *Retispora lepidophyta*-*Spelactriletes pallidus* (LP)亚带。孢子组合带的特征表明孢子地层时代为晚泥盆世。孢子个体普遍偏小,个体较大的少,为经历一定程度搬运、分选的远源孢子组合,指示奇自拉夫组为海相沉积。

据陈中强(1995)《塔里木盆地西南缘达木斯剖面晚泥盆世 *Cyrtospirifer* 动物群的发现》,在达木斯剖面奇自拉夫组顶部及克里塔格组底部的白云质泥灰岩中含有丰富的 *Cyrtospirifer*-*Tenticospirifer* 腕足类化石组合,代表分子包括 *Cyrtospirifer wangi* Tien, *C. hsinchiwaensis* Ozaki,*C. liujiaotangensis* Hou,*Tenticospirifer vilis* Grabau,*Ptychomaletoechia* sp. 等 3 属 5 种,属 *Cyrtospirifer* 动物群的代表分子。对该动物群的组成及分布综合分析表明,其时代应属晚泥盆世最晚期。

(2)生物地层与年代地层对比

1995 年,陈中强研究了产自奇自拉夫顶部的 *Cyrtospirifer* 腕足动物群,与法国、比利时盆地艾特隆期沉积对比,时代为晚泥盆世法门期晚时,其所在地层作为晚泥盆世最晚期沉积。

1999年，朱怀诚研究奇自拉夫组孢子组合时认为晚泥盆世世界性分布孢子 *Retispora lepidophyta*（时代为法门期，Fa2d-Tn1b）在艾特沟剖面位于MI带之上的RL带底部，据此将MI孢子带时代定为晚泥盆世法门期（Fa2c-2d），RL带时代定为晚泥盆世 Fa2d-Tn1b。

4. 区域地层对比及时代确定

1932年，德·泰拉（De terra）带中亚考察队于奇自拉夫河及桑株河一带，将一套红紫色长石砂岩、砾岩及喷发岩地层创名为提士纳夫组。之后，别良耶夫斯基（1942）划归早石炭世，1956年《中国区域地层表》划为早石炭世。苏联十三航测大队（1957）划归晚泥盆世—早石炭世。新疆地质局喀什地质大队（1964）将其缩小到晚泥盆世。提士纳夫组与奇自拉夫组属音译之差，后来均以奇自拉夫组称之。

该组岩石组合区域变化不大，岩性较单一，分布稳定（图2-17）。西部厚度一般1 000m左右，薄者几百米，厚者达1 500m，粒度较细，以石英砂岩为主；东南部厚度较大，最厚可达5 500m左右，粒度较粗，石英砂砾岩大大增加。

高联达、詹家桢（1999）在叶城县依格孜牙剖面奇自拉夫组顶部采有化石 *Retispora lepidophyta*，时代为晚泥盆世法门期晚时。综合图幅古生物资料，该组时代确定为晚泥盆世。

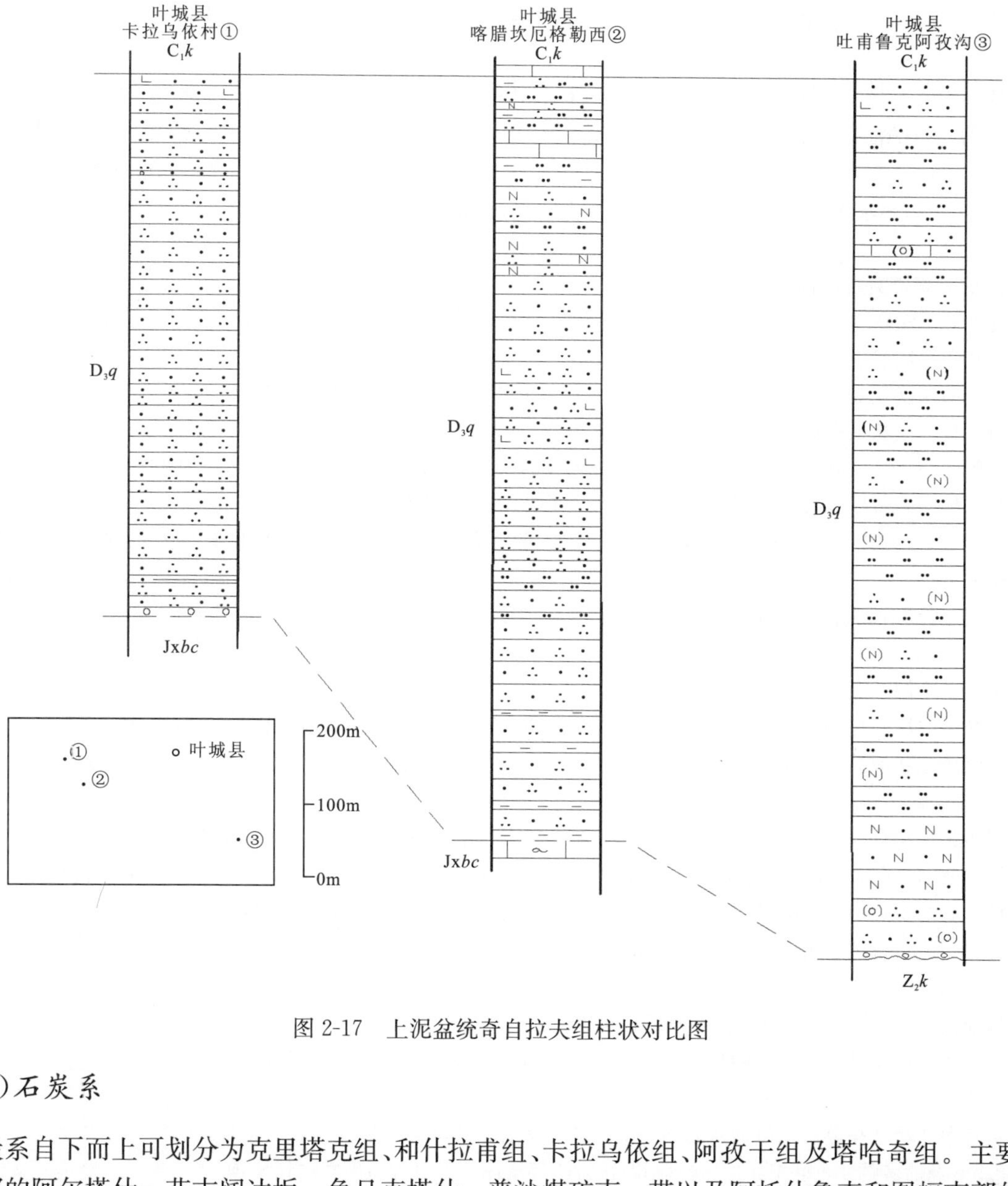

图2-17　上泥盆统奇自拉夫组柱状对比图

（二）石炭系

石炭系自下而上可划分为克里塔克组、和什拉甫组、卡拉乌依组、阿孜干组及塔哈奇组。主要分布于图幅西部的阿尔塔什—艾古阔达坂—色日克塔什—普沙煤矿南一带以及阿托什鲁克和图幅南部的特普俄斯、曲日西南等地，出露总面积约 260km²。图幅西部石炭系与下伏奇自拉夫组及上覆二叠系均为整合接触，向北西延出图幅。图幅南部缺失下石炭统沉积，与下伏奇自拉夫组为平行不整合接触，与上覆二叠系为整合接触，由于第四系覆盖严重，仅零星出露。石炭系上部及下部以碳酸盐岩为主，中部为碎屑岩夹碳酸盐岩，总体为滨海-浅海相沉积环境。

1. 剖面描述

(1)莎车县台萨孜西下石炭统克里塔克组(C_1k)实测地层剖面(图 2-18)

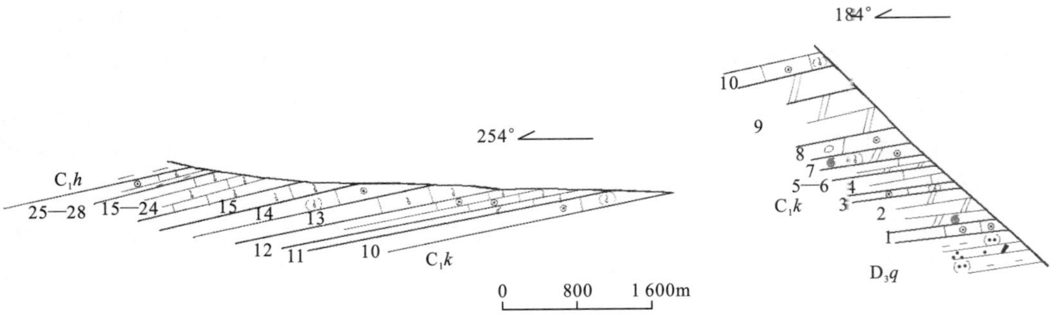

图 2-18　莎车县台萨孜西下石炭统克里塔克组(C_1k)实测地层剖面图

剖面位于莎车县达木斯乡台萨孜西，剖面起点坐标：X=41 711 830，Y=13 636 290，H=2 380。交通状况较差，山沟小路仅人可通行。剖面地层发育完整，露头良好，接触关系清楚，构造相对简单。

上覆地层：下石炭统和什拉甫组紫红色泥岩夹紫红色薄层状泥晶灰岩

————整合————

下石炭统克里塔克组(C_1k)　　**厚 854.2m**

28. 紫红色与黄灰色薄层状疙瘩状含砂质亮晶砂屑灰岩互层。与下伏岩层渐变，向上紫红色层略增　2.16m
27. 黄灰色薄层状疙瘩状含砂质亮晶砂屑灰岩　3.45m
26. 灰色薄层状泥晶灰岩、黄绿色含砂质泥岩韵律性互层夹黄灰色薄层状泥晶灰岩　2.16m
25. 黄灰色薄层状夹中层状泥晶灰岩。中部厚，底为突变面　1.3m
24. 灰黑色厚层状亮晶砂屑灰岩。底为突变面，中部厚，顶部发育少量黄灰色泥晶灰岩透镜体　12.54m
23. 灰黑色中—薄层状亮晶砂屑灰岩。底界为突变面，向上逐渐变薄　4.21m
22. 中、下部为深灰色中层状亮晶砂屑灰岩与砂屑泥晶灰岩互层，上部为厚 40cm 的深灰色纹层状泥晶灰岩　3.37m
21. 淡灰色薄层状细晶白云岩，层厚 3cm 左右，顶部为厚 3cm 左右的黄灰色纹层状泥晶灰岩。层面波状弯曲　0.84m
20. 深灰色中层状亮晶砂屑灰岩　463m
19. 深灰色厚层状亮晶砂屑灰岩夹黄灰色薄层状泥晶灰岩。由两个韵律组成，中间一层灰黄色—黄灰色薄层状泥晶灰岩厚 30cm；顶部 1m 左右为黄灰色薄层状泥晶灰岩，单层厚 3～5cm，该泥晶灰岩底部见厚 5mm 左右石膏层，界面平整　7.99m
18. 主体为深灰色厚层状—中层状亮晶砂屑灰岩。向上层理变薄，为中层状，顶部为厚 1.3m 灰黄色泥晶灰岩；底部为厚 0.6m 黄灰色薄层状亮晶砂屑灰岩　2.66m
17. 略带黄的灰色中层状亮晶含生物屑鲕粒灰岩。生物屑为 5mm×20mm 左右的白色腕足类碎片，15%左右；顶部为厚 40cm 黄灰色薄层状泥晶灰岩　1.33m

15—16. 深灰色厚层状亮晶砂屑灰岩，顶部为厚 40cm 黄灰色中层状泥晶灰岩。砂屑约 1mm，圆状，颗粒支撑，含量 60%左右。底界面略有起伏　30.80m

14. 深灰色厚层状亮晶含砂屑鲕粒灰岩，偶夹深灰色介壳灰岩。生物屑为双壳类碎片(40%左右)　49.05m
13. 深灰色中层状亮晶砂屑灰岩。砂屑 2mm 左右，含有少量鲕粒　9.82m
12. 黄灰色厚层状亮晶砾屑砂屑灰岩与深灰色厚层状亮晶砂屑鲕粒灰岩互层。基本层序前者由约 0.5m 及后者约 1m 组成，向上砂屑鲕粒灰岩略有增厚并见有大型楔状交错层理　35.36m
11. 黄灰色中层状亮晶砂屑灰岩。砂屑含量 60%左右，大小不等，个别达 4mm　5.84m

10. 灰色厚层状条带状亮晶砂屑鲕粒灰岩。条带为灰色含鲕粒泥晶灰岩，间隔 20～40cm，厚 5cm。底界面突变，向上厚层状与条带状渐变　32.95m
9. 浅灰色中层状中细晶白云岩。向上变薄　59.75m
8. 下部为黄灰色厚层状砾屑白云岩，砾屑 40%左右，呈次棱角—次圆状，中下部为黄灰色厚层状泥晶鲕粒核形石白云岩，上部为灰色厚—巨厚层状含鲕粒微晶白云岩　17.70m
7. 下部为黄灰色厚层状泥晶鲕粒核形石白云岩，底界起伏不平，向上为灰黑色厚—中层状含鲕粒微晶白云岩，向上变薄，两者过渡。产介形虫：*Bairdiacypris* sp.，*Cavellina* sp.，cf. *Alatacavellina parva* Li，*Chamishaella*(?)sp.，*Mennerites* sp.，cf. *M. hupehensis* Hou　10.72m
6. 灰色厚层状夹少量巨厚层状、中层状泥晶灰岩　7.15m
5. 灰色中层状含砂质泥晶砂屑白云岩。底界呈波状起伏　3.57m
4. 黄灰色薄层状泥晶灰岩　21.44m
3. 深灰色中层状亮晶含砂屑鲕粒灰岩。砂屑 2mm 左右，次圆状，含量 30%左右　21.44m
2. 黄灰色薄层状粉晶白云岩与褐灰色泥质粉晶白云岩互层夹深灰色中层状亮晶含砂屑鲕粒灰岩。产牙形石：*Polygnathus*? sp.，*Hindeodella* sp.　31.45m
1. 深灰色薄层状亮晶鲕粒灰岩　12.15m

————整合————

下伏地层：上泥盆统奇自拉夫组浅灰色纹层状含粉砂质泥岩夹纹层状岩屑石英砂岩

(2)莎车县瓦斯塔拉格下石炭统和什拉甫组(C_1h)、上石炭统卡拉乌依组(C_2k)实测地层剖面(图 2-19)

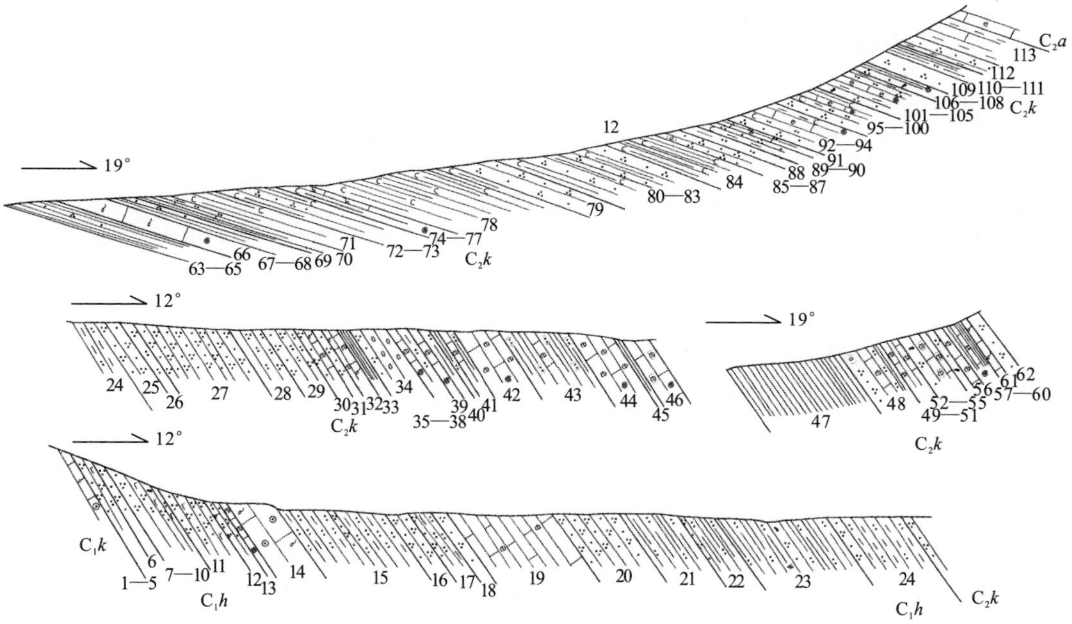

图 2-19　莎车县瓦斯塔拉格下石炭统和什拉甫组(C_1h)、上石炭统卡拉乌依组(C_2k)实测剖面图

剖面位于新疆自治区莎车县达木斯乡瓦斯塔拉格，交通一般，骑毛驴可到达剖面起点。起点坐标：X=4 165 771，Y=13 627 011。剖面露头良好，地层发育完整，接触关系清楚，构造相对简单。

上覆地层：上石炭统阿孜干组灰色中层状生物屑泥晶灰岩，含少量燧石团块

————整合————

上石炭统卡拉乌依组(C_2k)　793.47m

113. 灰绿色纹层状泥岩夹少量灰色薄层状泥晶灰岩　5.47m
112. 中下部为浅灰绿色中层状夹厚层状细粒石英砂岩，具大型楔状交错层理，上部 0.4m 为灰绿色纹层状泥岩　4.30m
111. 下部 1.5m 为灰色厚—中—薄层状泥晶砂屑灰岩，向上变薄，中上部为灰绿色纹层状泥岩　5.16m

110. 下部5m为绿灰色粉砂质页岩，中上部为灰绿色页岩，间隔2～3m夹约10cm的灰黄色薄层状细粒石英砂岩 18.06m

109. 灰白色中层状夹厚层状中粒石英砂岩，底部30cm为黄褐色砾屑生物屑灰岩。底为冲刷面，砾屑平行层理排列。砂岩向上变厚又逐渐变薄，发育大型楔状交错层理 6.88m

108. 下部为粉砂质页岩，上部为灰绿色页岩。产腕足类：*Hustedia* sp.，*Rugosochonetes semicircularis* (Chao)，*R.* sp.，*Plicochonetes* sp.，*Linoproductus* sp.，*Orthotetes* sp.，*Neochonetes* sp.，*Pygmochonetes* sp.；双壳类：*Palaeoneilo* cf. *onukii*(Kobayashi et Hisakosi)；腹足类：*Plicochonetes* sp. 3.44m

107. 灰色中层状生物屑微晶灰岩。产腕足类：*Neophricodothyris* sp.，*Choristites rediculosus* Ivanov et Ivanova，*Eomarginifera* sp.，*Brachythyrina* cf. *strangwaysi* Verneuil 1.04m

106. 以灰白色中层状夹厚层状中粒石英砂岩为主，底部5cm为薄层状中粒石英砂岩，上部为褐色中层状中粒岩屑石英砂岩，岩屑为灰岩，向上增多 2.07m

105. 下部为灰黄色薄层状石英粉砂岩，上部为绿灰色泥岩 2.07m

104. 深灰色巨厚层状泥晶灰岩，顶部10cm为具紫红色斑块的灰色疙瘩状泥晶灰岩，斑块含量20%左右。产腕足类：*Linoproductus sinensis* (Tschernyschew)，*Choristites* sp.；珊瑚：*Donophyllum* sp.，*Caninia* 碎片 1.55m

103. 黄灰色薄层状细粒岩屑石英砂岩。具宽缓大型槽状交错层理，底部5cm为纹层状与泥岩过渡 3.11m

102. 灰绿色纹层状泥岩夹灰黄色纹层状粉砂岩 1.55m

101. 灰绿色薄层状细粒岩屑石英砂岩 2.07m

100. 底部为灰绿色厚层状细粒石英砂岩，向上为黄绿色薄层状粉砂岩与灰黑色薄层状泥晶生物屑灰岩组成两个韵律互层。细砂岩具平行层理，顶具槽状层理，粉砂岩具小型槽状层理 3.11m

99. 下部0.5m为灰色中层状亮晶生物屑灰岩，上部为灰黑色碳质页岩。灰岩中含腕足类碎片 1.55m

98. 下部为灰白色中层状中粒石英砂岩，具平行层理，中部灰绿色薄层状细粒石英砂岩与灰黑色碳质页岩互层，页岩向上增厚，上部为灰黑色碳质页岩，顶部夹薄层状细粒石英砂岩 2.59m

97. 下部为浅灰色薄层状夹中层状石英粉砂岩，中部厚，中型楔状交错层发育，底部为0.5m的深灰色生物屑泥晶灰岩，生物屑为海百合茎，呈条带状集中分布 4.66m

96. 下部为灰色厚层状亮晶生物屑灰岩，中上部为灰黑色纹层状含碳泥质粉砂岩。灰岩中产腕足类：*Choristites rediculosus* Ivanov et Ivanova，*C.* sp.，*Martinia* sp.，*Tangshanella kaipingensis* Chao，*Antiquatonia* sp. 及珊瑚 5.82m

95. 灰白色中层状细粒石英砂岩。具平行层理 4.07m

94. 下部2m为深灰色中层状夹厚层状亮晶生物屑灰岩，向中部变厚，产腕足类：*Choristites* sp.，*C. planus* (Rotai)，*Antiquatonia* cf. *hind* (Muir-wood)，*Dictyoclostus pingus* (Muir-wood)，珊瑚：*Protonaticophyllum* sp. 及海百合茎；中上部为绿灰色纹层状泥质粉砂岩、灰黑色纹层状碳质泥岩夹两层灰色中层状细粒石英砂岩，泥岩向上变厚，粉砂岩与泥岩为渐变 11.54m

93. 下部2m为灰白色中层状中粒石英砂岩，具大型槽状交错层理，底界为突变，顶部5cm为浅灰色薄层状细粒石英砂岩；上部为灰黑色纹层状碳质粉砂岩夹灰黑色泥晶砂屑灰岩透镜体 7.46m

92. 下部2.5m为灰色中层状细粒石英砂岩与灰黑色碳质页岩，砂岩具平行层理，上部为灰黑色粉砂质页岩与灰黑色薄层状粉砂岩互层 8.14m

91. 中下部为灰黑色厚—中层状泥晶生物屑灰岩夹灰黑色碳质粉砂岩，上部2m为灰黑色碳质页岩与浅灰色薄层状细粒石英砂岩互层 9.5m

90. 浅灰色中层状细粒石英砂岩。具平行层理，底为突变 4.07m

89. 浅灰色薄层状细粒石英砂岩与灰黑—土黄色碳质泥岩-泥岩互层。前者具小型楔状交错层，后者具水平纹层 6.78m

88. 黄绿色纹层状泥质粉砂岩。具水平纹层 10.18m

87. 灰白色中—薄层状细粒石英砂岩。底界为突变，向上变薄，具大型楔状交错层 12.89m

86—85. 浅灰色中层状含细砾粗粒石英砂岩-中粒石英砂岩，底为突变，向上变细，具大-小型楔状交错层；顶部1.36m为深灰色碳质泥岩 5.40m

84—80. 灰黑、黑色碳质页岩夹浅灰、灰白色中层状中细粒石英砂岩，砂岩具平行层理；上部以页岩为主，其底部0.5m为深灰色薄层状泥晶生物屑灰岩 61.15m

79. 灰白色厚—中—薄层状含细砾粗粒石英砂岩-中粒石英砂岩。向上变细变薄，砾石约10%，砾石大小4mm×6mm～10mm×12mm，成分为白色石英岩。底为突变，下部具大型楔状交错层，向上变小，顶部发育中型楔状交错层理 23.51m
78. 灰黑色碳质页岩夹少量纹层状泥质粉砂岩。底为突变，韵律向上变细 64.66m
77. 灰色中层状夹少量厚层状亮晶砂屑灰岩夹黑色碳质页岩。基本层序向上变厚再变薄，顶部为页岩 5.16m
76. 灰色厚层状—薄层状生物屑泥晶灰岩与黑色碳质页岩互层。向上灰岩变薄，页岩变厚，碳质页岩内部具泥晶灰岩透镜体。产腕足类：*Choristites* cf. *rediculosus* Ivanov et Ivanova，*C.* cf. *volgaensis* Stuckenberg，*Eomarginifera timanica*，*E.* sp. Tschernyschew，*Echinoconchus punctatus* (Martin)，*Linoproductus* sp.，*Avonia* sp.，*Antiquatonia* sp.，*Brachythyrina* sp.，*Rugosochonetes semicircularis* (Chao)；珊瑚 *Ephippicaninia* sp.，*Lublinophyllum* sp.，*Gshelia* sp. 及双壳类，海百合茎 2.58m
75. 褐灰色含碳粉砂质页岩夹灰色中层状粉屑灰岩。具水平层理，与上下层均为过渡关系 4.13m
74. 深灰色中—薄层状夹厚层状生物屑泥晶灰岩。生物屑为双壳类、腕足类，含约5%的燧石条带，宽2～5cm 2.06m
73. 灰黑色碳质粉砂质页岩夹两层厚0.5m的灰白色中层状细粒石英砂岩 15.05m
72. 灰白色厚层状细粒石英砂岩。具大型槽状交错层 2.57m
71. 下部1m为灰色中层状泥晶灰岩，底为突变，向上为灰黑色碳质页岩 13.58m
70. 灰色略带黄褐色纹层状泥质粉砂岩。具水平层理 4.77m
69. 灰色薄—中层状泥晶砂屑灰岩。向上增厚 1.41m
68. 中下部为灰白色薄层状细粒石英砂岩，具平行层理，上部为灰色粉砂质页岩夹灰色薄层状细粒岩屑石英砂岩 6.35m
67. 灰色粉砂质页岩夹浅灰色薄层状细粒岩屑石英砂岩。向上砂岩增多 5.29m
66. 深灰色中层状泥晶砂屑灰岩。具平行层理，与下伏层渐变。产䗴：*Schubertella panciseptata globulosa* Safonova，*Fusulinella* sp.，*Profusulinella* sp.；腕足类：*C.* cf. *rediculosus* Ivanov et Ivanova，*Choristites* sp.；珊瑚：*Lublinophyllum* sp.，*Neokoninckophyllum* sp.，*Chaetetid sponge*，*Ephippicaninia* sp.，*Donophyllum* sp.，*Kionophyllum* sp.，cf. *Caninia* sp.，*Arctophyllum* sp. 14.11m
65. 灰黑色页岩夹深灰色泥晶砂屑灰岩透镜体 6.70m
64. 灰白色中层状细粒石英砂岩。具大型板状交错层 3.17m
63. 灰色粉砂质页岩夹深灰色中层状泥晶砂屑灰岩。后者共两层，底界突变，平行层理 5.29m
62. 灰白色中层状细粒石英砂岩。具槽状交错层 6.99m
61. 深灰色薄层状—纹层状泥晶砂屑灰岩。单韵律向上变薄 2.33m
60. 灰色页岩 8.53m
59. 灰黑色薄层状含生物屑泥晶灰岩。产珊瑚：*Pseudotimania* sp.，*Sestrophyllum* sp.，*Nervophyllum* sp. 2.33m
58—57. 灰黑色厚层与薄层状含生物屑泥晶灰岩互层。两者突变，顶为厚2.33m的灰色页岩 11.64m
56. 浅灰色中层状中粒岩屑石英砂岩，具平行层理，底为突变，底部和中部夹浅灰色中层状含砾粗粒石英砂岩 5.43m
55—52. 灰黑色中—薄—纹层状含生物屑泥晶灰岩与浅灰色中—薄层状中粒岩屑石英砂岩间层。向上变薄 13.42m
51. 灰黑色中层状含生物屑泥晶灰岩 1.68m
50. 灰白色中层状中粒石英砂岩 1.68m
49. 灰黑色中层状含生物屑泥晶灰岩 3.35m
48. 浅灰色中层状含细砾中粒石英砂岩-灰黑色中层状泥晶生物屑灰岩-黄灰色薄层状粉砂岩-灰黑色页岩。向上变细变薄 21.25m
47. 灰色页岩 50.32m
46. 灰色厚层状含生物屑泥晶灰岩。产珊瑚：*Kueichouphyllum* sp.，*Neokoninckophyllum* sp.，*Arachnolasma* sp.，*Dibunophyllum* sp.，*Auloclisia* sp.，*Cystolonsdaleia* sp.，*Lithostro-*

tion sp.，*Nervophyllum* sp.，*Siphonodendron* sp.，*Parazaphriphyllum* sp. 6.25m

45. 灰黑色页岩。下部具大量珊瑚礁灰岩团块，团块大小 3cm×5cm 左右，含 10%左右，上部群体珊瑚组成 10cm×150cm 透镜体 3.75m

44. 灰色中—薄层状泥晶生物屑灰岩。产腕足类：*Kansuella kansuensis* Chao；珊瑚：*Lithostrotion* sp.，*Auloclisia* sp.，*Batangophyllum* sp.，*Arachnolasma* sp.，*Kueichouphyllum* sp.，*Neoclisiophyllum* sp.，*Dibunophyllum* sp.，*Siphonodendron* sp. 22.48m

43. 灰色含粉砂质页岩夹灰色中—薄层状含生物屑泥晶灰岩，顶为厚 2m 碳质页岩。生物屑系腕足类、珊瑚碎片，个别 1cm 左右，较完整 34.35m

42—41. 灰黑色中—薄层状生物屑泥晶灰岩，下部 9.37m 夹灰色粉砂质页岩。产珊瑚：*Arachnolasma* sp.，*Arachnolamella* sp.；腕足类：*Cleiothyridina* sp. 以及生物碎屑 31.85m

40. 深灰色粉砂质页岩 10.08m

39. 灰黑色中层状泥晶生物灰岩。产珊瑚：*Lophophyllum* sp.，*Amygdalophylloides* sp.，*Ufimia* sp.，*Cyathaxonia* sp. 及腕足类、海百合茎 5.17m

38. 深灰色纹层状泥质粉砂岩 4.53m

37. 深灰色中层状生物屑泥晶灰岩。产腕足类：*Delepinea sinensis* Yang，*Gigantoproductus* sp.，*Schizophoria* sp.；珊瑚：*Aulina* sp. 1.94m

36. 灰色纹层状石英粉砂岩 3.23m

35. 深灰色中层状疙瘩状生物屑泥晶灰岩。产腕足类：*Schizophoria* cf. *striatula* (Schlotheim)；珊瑚：*Arachnolasma* sp. 1.94m

34. 下部 1m 为灰白色中层状细粒石英砂岩，向上为灰白色中层状中粒石英砂岩。楔状交错层理，向上砾岩透镜体增多，中上部夹灰白色石英岩质细砾岩，砾岩底界为突变面 12.94m

33. 深灰色页岩 12.94m

32—30. 灰白色薄—中层状中粒石英砂岩与深灰、灰黑色中层状泥晶砂屑生物屑灰岩。共两个韵律，上部韵律较薄，下层砂岩发育低角度交错层理，上层砂岩发育平行层理，生物屑为腕足类、珊瑚、海百合茎 22.00m

29. 下部为浅绿灰色薄层状细粒石英砂岩，上部为绿灰色纹层状石英粉砂岩 16.82m

28. 绿灰色纹层状石英粉砂岩 17.46m

27. 浅灰绿色薄层状细粒石英砂岩 40.93m

26. 下部 1m 为褐灰色薄层状细粒石英砂岩(具平行层理)、灰色薄层状泥晶鲕粒灰岩(具楔状交错层理)、绿灰色石英粉砂岩互层，中上部为绿灰色纹层状石英粉砂岩 4.24m

25. 下部为灰白色薄层状中粒石英砂岩，上部为绿灰色纹层状石英粉砂岩 16.88m

————整合————

下石炭统和什拉甫组(C_1h) **厚 413m**

24. 底部为灰色纹层状细粒石英砂岩，具平行层理；中上部为绿灰色纹层状粉砂质泥岩，含 10%左右黄褐色扁椭球状菱铁矿结核，大小 4cm×7cm×7cm，核心为黄色粉砂岩，长轴顺层分布，具水平层理 60.89m

23. 绿灰色粉砂质页岩夹灰白色中层状细粒岩屑石英砂岩，夹层向上变薄为黄褐色细粒岩屑石英砂岩-岩屑石英粉砂岩透镜体，2cm×10cm，含量 10%左右。产植物化石：*Archaeocalamites* sp.，*Mesocalamites* sp.，*Cordaites* sp.，*Sublepidodendron* sp.，*Equisetites* sp. 38.52m

22—21. 绿灰色粉砂质页岩，夹一层 1m 厚的灰白色中层状中粒石英砂岩 46.28m

20. 灰白色薄层状粗—中粒石英砂岩。具楔状交错层理，向上变细，顶部 1m 为细粒石英砂岩与粉砂质页岩互层 28.25m

19. 深灰色纹层状泥晶灰岩夹深灰色薄层状含生物泥晶灰岩。后者含腕足类等化石 50.33m

18. 灰白色薄层状细粒石英砂岩。具中型楔状交错层理 12.60m

17. 深灰色泥质粉砂岩夹黄褐色纹层状细粒石英砂岩 11.45m

16. 灰色薄—中层状细粒石英砂岩。具平行层理，向上增厚 10.31m

15. 深灰色泥质粉砂岩夹黄褐色纹层状细粒石英砂岩。前者具褐色椭球状黄铁矿结核，3cm×5cm，长轴顺层分布 52.69m

14. 深灰色巨厚—厚—中层状亮晶砂屑鲕粒灰岩。具平行层理，底为突变，向上变薄 26.95m

13. 深灰色中—薄层状泥晶生物屑灰岩夹深灰色中层状生物泥晶灰岩。具小型槽状交错层理，底为突变。产腕足类：*Linoproductus* sp.，*Meekella* sp.，*Gigantoproductus* sp.，*Linoproductus cora* (Orbigny)；珊瑚：*Bothrophyllum* sp.，*Dibunophyllum* sp.，*Hunanoclisia* sp.，*Amandophyllum* sp.，*Neokoninckophyllum* sp.，*Slimoniphyllum* sp. 及双壳类　4.39m

12. 浅灰色薄—中层状细粒石英砂岩与灰色薄层状粉砂质微晶球粒灰岩互层，顶部 36cm 球粒更细　7.52m

11. 灰白色中层状细粒石英砂岩夹紫红色纹层状钙质石英粉砂岩，前者厚 40cm，中间最粗，具平行层理，上下部具楔状交错层理　18.18m

10. 下部为灰白色中层状中粒石英砂岩，上部为褐红色纹层状钙质石英粉砂岩夹褐红色薄层状钙质细粒岩屑石英砂岩　8.7m

9. 下部为灰白色中层状中粒石英砂岩，底为突变，向上细砾增多，顶部 0.2m 为细砾岩；上部为褐红色纹层状钙质石英粉砂岩夹褐红色纹层状钙质细粒岩屑石英砂岩　7.77m

8—7. 褐红色纹层状钙质石英粉砂岩夹褐红色薄层状钙质细粒岩屑石英砂岩，中间夹一层灰白色中层状细粒石英砂岩　10.76m

6. 下部 1m 为浅灰绿色厚层状细粒岩屑石英砂岩，向上为灰白色薄层状细粒石英砂岩。内夹 10% 左右、5cm×30cm 的黄灰色泥灰岩透镜体　6.57m

5. 下部 0.4m 为浅灰绿色中层状中粒石英砂岩，上部为褐红色纹层状钙质石英粉砂岩夹褐红色薄层状钙质细粒石英砂岩　2.99m

4. 下部 1m 为灰白色厚层状粗粒石英砂岩，具平行层理；上部为褐红色纹层状钙质石英粉砂岩夹薄层状钙质细粒石英砂岩。底部 0.2m 为细砾岩，底界凸凹不平　2.39m

3. 下部 0.4m 为浅灰色中层状细粒石英砂岩，向上变细；上部为褐红色钙质石英粉砂岩与褐红色薄层状钙质细粒岩屑石英砂岩互层　3.59m

2. 褐红色薄层状钙质石英粉砂岩　1.20m

1. 灰白色含砾粗粒石英砂岩。底部砾石较小，约 2%，2mm×3mm，向上砾石增大增多，约 60%，3mm×3mm，顶部 10cm 为灰白色石英岩质砾岩，砾石成分中白色石英岩约 20%，红色石英岩约 10%，灰色灰岩约 10%，大小为 5mm×5mm～10mm×10mm～30mm×45mm，分选中等，次圆状。底界略有起伏　0.59m

———整合———

下伏地层：下石炭统克里塔克组灰色厚层状亮晶鲕粒砂屑灰岩

(3)莎车县塔尔-阿错萨依上石炭统阿孜干组(C_2a)、上石炭—下二叠统塔哈奇组(C_2P_1t)实测地层剖面(图 2-20)

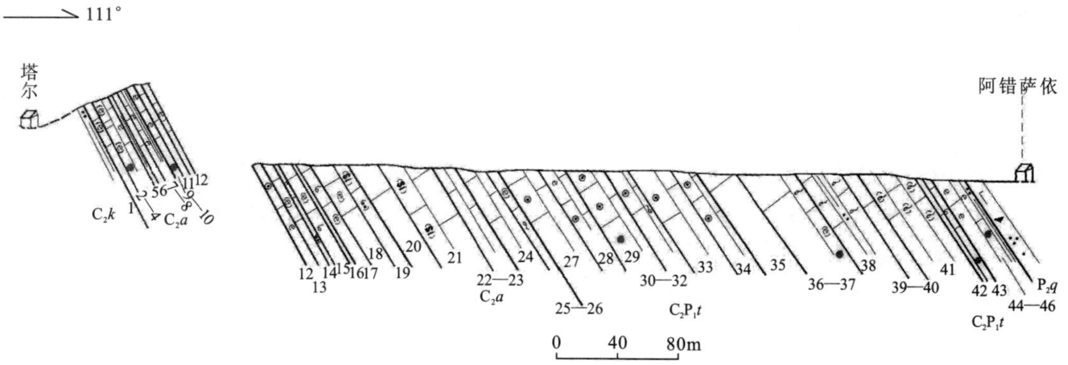

图 2-20　莎车县塔尔-阿错萨依上石炭统阿孜干组(C_2a)、上石炭—下二叠统塔哈奇组(C_2P_1t)实测地层剖面图

剖面位于莎车县达木斯乡塔尔-阿错萨依。起点坐标：X=4 183 953，Y=13 635 967。交通状况较好，越野车顺沟可达剖面附近，剖面露头良好，地层发育齐全，接触关系清楚，位于褶皱一翼，构造相对简单。

上覆地层：中二叠统棋盘组浅褐绿色中—薄层状钙质细粒岩屑石英砂岩与绿灰色粉砂质页岩韵律互层

————整合————

上石炭—下二叠统塔哈奇组(C_2P_1t)　　厚 442.36m

46. 灰黑色粉砂质页岩　4.08m
45. 中下部为深灰色薄层状泥晶生物屑灰岩与灰黑色粉砂质页岩互层，向上灰岩变薄，页岩变厚，产腕足类：*Robustopachyphloia* sp.，*Neophricodothyris* sp. 及海百合茎；上部为中—薄层状泥晶灰岩，向上变薄，含䗴：*Pseudovidalina* sp.，有孔虫：*Geinitzina* sp.，牙形石：*Hindeodusminutus* (Ellison)，*Diplognathodus* sp.　12.23m
44. 灰色中层状泥晶生物屑灰岩。产腕足类：*Robustopachyphloia* sp.　12.23m
43. 灰黑色中层状亮晶砂屑灰岩。向上变薄，平行层理，生物屑 12%左右为海百合茎　12.18m
42. 灰色薄层状泥晶灰岩。产有孔虫：*Plectogyra* sp.，*Bradyina* sp.　8.12m
41. 浅灰色中层状含砂屑泥晶灰岩　66.31m
40—39. 下部 1cm 为土灰色中层状泥晶灰岩，具鸟眼构造；中部为灰色中层状泥晶灰岩，具水平纹层；上部 6.95m 为灰色薄层状泥晶灰岩，向上变薄　19.59m
38. 灰色薄层状亮晶砂屑灰岩夹灰黑色粉砂质页岩。前者具小型楔状交错层理，呈厚薄不均的透镜状展布。产腕足类：*Choristites rediculosus* Ivanov et Ivanova　47.4m
37. 淡灰色厚层状泥晶含生物砂屑灰岩。生物屑为腕足类、双壳类碎片，大小为 1mm×3mm～0.2mm×10mm，含有孔虫，产腕足类：*Brachythyrina* cf. *strangwayis* Verneuil，*Crurithyris* sp.　3.79m
36. 浅灰色中—薄层状亮晶砂屑灰岩。向上变薄，产有孔虫：*Nodosaria* sp.　13.27m
35. 黄灰色巨厚层状泥晶灰岩　72.4m
34. 黄灰色中层状泥晶灰岩　40.0m
33. 黄灰色巨厚层状亮晶鲕粒灰岩　22.30m
32. 黄灰色中层状泥晶灰岩。向上变薄　7.08m
31. 黄灰色厚层状条带状泥晶灰岩。条带为白色细晶灰岩　5.31m
30. 黄灰色厚层状亮晶鲕粒灰岩　8.21m
29. 灰色巨厚—厚层状亮晶鲕粒灰岩。产䗴：*Triticites noinskyi plicatus* Rosovskaya(图版Ⅰ,3,9)，*T. variabilis* Rosovskaya(图版Ⅰ,6)，*T. exilis* Panteleew(图版Ⅰ,7)，*T. dagmarae* Rosovskaya(图版Ⅰ,5)，*Zellia* cf. *kolvica* Scherbovich(图版Ⅰ,11)，*Pseudoschwagerina vulgaris* Scherbovich(图版Ⅰ,12)，*P.* sp. 及腕足类化石；顶为厚 0.6m 的薄层状泥晶灰岩。总体向上变薄　32.02m
28. 下部为黄灰色厚层状亮晶鲕粒灰岩，具 2cm 左右的鸟眼构造；中部为黄灰色条带-豹皮状泥晶灰岩；上部为黄灰色薄层状泥晶灰岩　22.17m
27. 下部为黄灰色厚层状亮晶鲕粒灰岩，与下伏层突变；中上部为黄灰色中—薄—纹层状泥晶灰岩。总体向上变薄　33.67m

————整合————

上石炭统阿孜干组(C_2a)　　厚 244.84m

26. 下部为紫红色薄层状含褐铁矿微晶灰岩，上部为红灰—黄灰色薄层条带状微晶灰岩，条带为颜色条带，顶部为红灰—黄灰色疙瘩状泥晶灰岩　4.93m
25. 黄灰色薄层状泥晶灰岩。与下伏岩层渐变　5.75m
24. 灰色中层状泥晶灰岩，下部夹中层条带状-豹皮状泥晶灰岩，顶部 2m 为黄灰色中层状泥晶灰岩。总体向上变薄　29.55m
23. 灰色薄层状泥晶灰岩　9.31m
22. 黄灰色厚层状泥晶灰岩　3.88m
21. 下部为灰色巨厚层状含硅质团块微晶灰岩，夹一层灰、黄灰色条带-豹皮状泥晶灰岩，上部为灰色巨厚层状微晶灰岩。硅质团块 10%左右，椭圆状，大小 4cm×6cm　44.23m
20. 浅灰色厚层状粉晶灰岩　24.05m
19. 灰色厚层状含燧石团块粉砂质泥晶灰岩。燧石团块直径约 5cm，10%左右　11.37m
18. 淡灰色中层状含生物屑微晶灰岩。生物屑 15%左右，大小 2cm×4cm　14.72m

17. 浅灰色巨厚—厚层状含生物屑砂屑灰岩。向上变薄，产䗴：*Profusulinella* sp. 10.70m
16. 灰黑色厚层状泥晶灰岩 8.70m
15. 灰色厚层状含生物屑砂屑灰岩，上部夹 20cm 灰色苔藓虫泥晶灰岩，顶部含双壳类化石；产䗴：*Pseudostaffella* sp. 8.70m
14. 灰色厚层状燧石条带含粉砂质泥晶灰岩。燧石条带宽 1～2cm，约 10%，长轴平行层理 2.01m
13. 灰色中层状含生物屑泥晶灰岩，偶夹灰黑色页岩。单层厚 20cm，内部含大量苔藓虫 9.37m
12. 浅灰色厚层状泥晶含砂屑生物屑灰岩 4.68m
11. 灰色薄层状泥晶灰岩夹灰黑色页岩纹层 6.94m
10. 灰色中层状生物屑泥晶灰岩。产腕足类：*Choristites rediculosus* Ivanov et Ivanova；珊瑚：*Auloclisia* sp.，*Neokoninckophyllum* sp.，*Arctophyllum* sp. 2.60m
9. 灰色薄层状生物屑泥晶灰岩 1.73m
8. 下部为灰色厚层状生物屑泥晶灰岩，上部为灰黑色页岩与灰色薄层状泥晶灰岩互层，顶部 0.3m 为页岩，其中含灰岩砾石 3.47m
7. 下部为灰色中层状生物屑泥晶灰岩。含腕足类化石，上部为灰黑色页岩 6.07m
6. 黄灰色薄层状泥晶灰岩。产䗴：*Profusulinella* sp.，有孔虫：*Nodosaria* sp. 6.07m
5. 灰黑色粉砂质页岩 2.60m
4. 灰色中层状生物屑泥晶灰岩。生物屑 60%左右，产䗴：*Pseudostaffella* sp. 6.94m
3. 深灰色薄—纹层状泥晶灰岩。层理厚薄不均，底界突变，凸凹不平，含约 10%的粗大型海百合茎及生物屑 1.73m
2. 灰色厚层状含生物屑泥晶灰岩。产腕足类：*Choristites* sp.，*C. rediculosus* Ivanov et Ivanova，*Plicochonetes* sp.，*Crurithyris* sp.，*Neophricodothyris* sp. 及少量 1cm 左右珊瑚、生物屑 6.94m
1. 灰黑色中层状泥晶灰岩。产珊瑚 *Pseudotimania* sp. 及少量腕足类、海百合茎 7.80m

————整合————

下伏地层：上石炭统卡拉乌依组灰黑色粉砂质页岩

2. 岩石地层划分及其特征

(1)划分沿革

克里塔克组　地质部第十三大队五中队吕正等(1958)在叶城县克里塔克东北坡创建克里塔克岩系，时代划归早石炭世；《西北地区区域地层表 · 新疆维吾尔自治区分册》(1981)据新疆石油管理局 1970 年以后的资料，将含大量 Visean(维宪)晚期化石的地层另立新名——和什拉甫组，时代为早石炭世晚期，而将克里塔克组限定为下统下部；1985 年新疆地矿局第一区调队五分队根据古生物化石资料和岩性对比，划分出相当于下石炭统 Tournaisian(杜内)阶的卡拉巴西塔克组，并将克里塔克组限定为下统中部；1991 年《新疆古生界》及 1999 年《新疆维吾尔自治区岩石地层》均沿用《西北地区区域地层表 · 新疆维吾尔自治区分册》(1981)的划分。本报告也沿用此划分方案，时代为早石炭世。卡拉巴西塔克组属同物异名。

和什拉甫组　由新疆区域地层编写组(1981)据新疆石油管理局赵治信等人所测制的莎车县和什拉甫剖面资料建立，时代为早石炭世。1991 年《新疆古生界》及 1999 年《新疆维吾尔自治区岩石地层》均沿用该名，本报告亦沿用之。

卡拉乌依组　由新疆区域地层表编写组(1981)据新疆石油管理局赵治信等测制的莎车县和什拉甫剖面资料创名，时代为中石炭世；1984 年赵治信、1991 年《新疆古生界》和 1999 年《新疆维吾尔自治区岩石地层》沿用其划分，时代划归晚石炭世，本报告也沿用此方案。

阿孜干组　1958 年地质部第十三大队、1960 年 B · И · 乌斯特利茨基将此套地层划分为莫斯科建造；《西北地区区域地层表 · 新疆维吾尔自治区分册》(1981)据新疆石油管理局资料将这套地层创名为阿孜干组，创名地为皮山县克孜里奇曼，时代为中石炭世；新疆地质局张玉谦(1977)将这套地层划分为别什特康组，时代为中石炭世；1991 年《新疆古生界》、1999 年《新疆维吾尔自治区岩石地层》及本报告均沿用阿孜干组，时代归晚石炭世。

塔哈奇组　地质部第十三大队(1958)及 B · И · 乌斯特利茨基(1960)曾将这套地层称为阿图什雷克岩系，时代 C_3—P_1；1981 年新疆区域地层表编写组据新疆石油管理局克孜里奇曼剖面资料，创名塔哈奇群

(组)(C_3);1978 年新疆石油管理局赵治信在《新疆皮山、叶城一带石炭二叠系及牙形石初步研究》一文中在上述塔哈奇组上部新建了克孜里奇曼组(P_1);赵治信、韩建修、王增吉(1984)所著《塔里木盆地西南缘石炭纪地层及其生物群》一书,对该区石炭系进行了深入研究,将上石炭统划分为塔哈奇组(下部)及克孜里奇曼组(上部),时代都为晚石炭世;1999 年《新疆维吾尔自治区岩石地层》将克孜里奇曼组划归塔哈奇组,停止使用克孜里奇曼组一名,时代为晚石炭世。本报告采用后一种划分方案,时代归晚石炭世—早二叠世。

(2)岩石地层划分

根据前人研究及本次工作成果,将图幅内石炭系自下而上划分为下统克里塔克组、和什拉甫组,上统卡拉乌依组、阿孜干组及石炭系上统至二叠系下统塔哈奇组。各组间均为整合接触关系。

(3)岩石地层特征

克里塔克组(C_1k) 主要分布于图幅西部,在艾古阔达坂西—东亚呈北西—南东向带状分布,在鲁克也尔西呈近南北向带状展布。与下伏泥盆系上统奇自拉夫组为整合接触,以碳酸盐岩大量出现为标志与奇自拉夫组分界。与上覆和什拉甫组为整合或与卡拉乌依组为断层接触。本组以黄灰—深灰色颗粒碳酸盐岩为主,主要岩石组合有亮晶鲕粒灰岩、亮晶含砂屑鲕粒灰岩、亮晶砂屑灰岩、亮晶砾屑砂屑灰岩、砾屑白云岩、含鲕粒微晶白云岩、泥晶鲕粒核形石白云岩、含砂质泥晶砂屑白云岩及中细晶白云岩、粉晶白云岩,其中白云岩主要出现在下部。其上、下部以薄—中层状为主,中部以厚层状为主,基本层序总体为向上变细变薄,偶见其由底部向上略变粗变厚,又变细变薄。该组岩性稳定,厚度有变化,总体由西北向东南逐渐变薄、局部尖灭,莎车县达木斯乡台萨孜一带厚 369.6m,叶城县棋盘一带厚 193.2m,莎车县和什拉甫一带厚 386.3m。

该组下部产牙形石:*Polygnathus* sp., *Hindeodella* sp.,时代为 D_3—C_1;介形虫:*Bairdiacypris* sp., *Cavellina* sp., cf. *Alatacavellina parva* Li, *Chamishaella* sp., *Mennerites* sp., cf. *M. hupehensis* Hou,时代为 D_3—C_1;有孔虫:*Plectogyra* sp., *Endothyranella* sp., *Bradyina* sp.,时代为 C_1^2—C_2。

和什拉甫组(C_1h) 在图幅西部依其拜勒提东—库木奇阿孜西、艾古阔达坂西呈带状展布。与下伏克里塔克组及上覆卡拉乌依组均为整合接触,以底部褐红色钙质石英粉砂岩及灰白色含砾粗粒石英砂岩出现为标志与克里塔克组分界。系含丰富䗴、珊瑚、腕足类化石的一套碎屑岩、碳酸盐岩建造。在达木斯乡瓦斯塔拉格一带厚 413.00m。其岩石组合下部为褐红色纹层状钙质石英粉砂岩与褐红色薄层状钙质细粒岩屑石英砂岩夹灰白、灰绿色厚层状(含砾)粗—中粒石英砂岩(单层向上砾石增多)及深灰色巨厚—厚层状亮晶砂屑鲕粒灰岩、中—薄层状泥晶生物屑灰岩、泥晶灰岩,其中砂岩中发育楔状交错层理,粉砂岩中发育水平层理,灰岩中发育平行层理及小型槽状交错层理;上部为泥质粉砂岩、粉砂质页岩、薄—中层状细粒(岩屑)石英砂岩夹粉砂质微晶球粒灰岩、含生物泥晶灰岩及泥晶灰岩,总体向上变细,砂岩中岩屑以泥晶灰岩为主,发育楔状交错层理,砾石为灰岩、石英岩,呈次圆、次棱角状。该组基本层序总体为向上变细变薄,其底部为含砾粗砂岩,向上砾石含量增加,向上变粗变厚。区内该组岩性变化不大,厚度略有变化。

该组下部产腕足类:*Linoproductus cora* (Orbigny), *L.* sp., *Gigantoproductus* sp., *Meekella* sp.;䗴:*Schubertella pauciseptata globulosa* Safonova, *Fusulinella* sp., *Profusulinella* sp.;珊瑚:*Arachnolasma* sp., *Aulina* sp., *Lophophyllum* sp., *Amygdalophylloides* sp., *Lifimia* sp., *Rhopalolasm* sp., *Cyathaxonia* sp.(图版Ⅲ,2), *Arachnolamella* sp., *Lithostrotion* sp.(图版Ⅲ,1), *Auloclisia* sp., *Batangophyllum* sp., *Kueichouphyllum* sp., *Neockisiophyllum* sp.(图版Ⅱ,7), *Siphonodendron* sp., *Neokoninckophyllum* sp.(图版Ⅱ,3), *Cystolonsdaleia* sp., *Nervophyllum* sp., *Siphonodendron* sp.(图版Ⅱ,5), *Parazaphriphyllum* sp., *Protonaticophyllum* sp., *Lublinophyllum* sp., *Ephippicaninia* sp., *Donophyllum* sp., *Arctophyllum* sp.,时代为早石炭世。

卡拉乌依组(C_2k) 该组在图幅西部及西北部分布大体同和什拉甫组,在图幅西南部分布于东亚—库勒东—普沙煤矿南一带。在图幅西部、西北部整合于和什拉甫组与阿孜干组之间,图幅西南部平行不整合于泥盆系上统奇自拉夫组之上,或与克里塔克组、奇自拉夫组断层接触;与上覆阿孜干组为整合接触或与塔哈奇组断层接触。底部以厚度较大的灰绿—灰白色薄—中层状细—中粒石英砂岩的出现与和什拉甫组分界。该组系一套含丰富䗴、珊瑚、腕足类化石的碳酸盐岩、碎屑岩建造。颜色除灰白色砂岩外以浅灰、灰、深灰、灰黑色及绿灰色为主,岩石组合为细—中粒石英砂岩、细粒岩屑石英砂岩、石英粉砂岩、泥质粉砂岩、碳质粉灰岩、灰黑色页岩、泥晶生物屑灰岩、生物屑泥晶灰岩、泥晶砂屑灰岩、泥晶灰岩。基本层序以碎屑岩为主,有少量碳酸盐岩,总体由下向上变细变薄。颗粒灰岩、砂岩呈薄—厚层状,发育楔状、板状交错层理或平行层理,岩屑砂岩中岩屑以灰岩为主,粉砂岩、粉砂质泥岩及泥岩、泥晶灰岩页理发育。该组厚度由西北向东南变薄,和什拉甫剖面厚793.47m,叶城县棋盘一带厚158.8m,岩性稳定。

该组富产化石,主要有腕足类:*Schizophoria* cf. *striatula* (Schlothein)(图版Ⅲ,10),*Delepinea sinensis* Yang,*Kansuella kansuensis* Chao(图版Ⅳ,2),*Choristites* cf. *rediculosus* Ivanov et Ivanova(图版Ⅲ,19),*C. planus* (Rotai),*C.* cf. *volgaensis* Stuckenberg,*Antiquatonia* cf. *hind* (Muir-wood)(图版Ⅳ,4),*Dictyoclostus pingus* (Muir-wood)(图版Ⅲ,18),*Eomarginifera timanica* Tschernyschew(图版Ⅲ,11),*Echinoconchus punctatus* (Martin)(图版Ⅲ,13),*Rugosochonetes semicircularis* (Chao)(图版Ⅲ,16),*Tangshanella kaipingensis* Chao,*Linoproductus sinensis* (Tschernyschew)(图版Ⅳ,1),*Brachythyrina* cf. *strangwaysi* Verneuil(图版Ⅲ,14),时代为晚石炭世;珊瑚:*Dibunophyllum* sp.(图版Ⅱ,2),*Bothrophyllum* sp.,*Hunanoclisia* sp.,*Amandophyllum* sp.,*Neokoninckophyllum* sp.(图版Ⅱ,3),*Yuanophyllum* sp.,*Slimoniphyllum* sp.;上部产植物化石:*Archaeocalamites* sp.,*Mesocalamites* sp.,*Cordaites* sp.,*Sublepidodendron* sp.,*Equisetites* sp.,时代为晚石炭世。

阿孜干组(C_2a) 分布大体同卡拉乌依组,整合于卡拉乌依组与塔哈奇组之间,在东亚—巴什果萨斯西一带因断层影响而缺失。以碳酸盐岩大量出现为标志与卡拉乌依组分界。该组系富含䗴、珊瑚、腕足类、海百合茎的一套碳酸盐岩夹极少量粉砂质页岩或页岩建造。其岩性下部为泥晶灰岩、生物屑泥晶灰岩夹粉砂质页岩,中部为含燧石条带泥晶灰岩、含生物屑砂屑泥-粉晶灰岩,顶部为微-泥晶灰岩,并以紫红色疙瘩状灰岩为顶与塔哈奇组分界。下部基本层序为向上变粗变厚型,中上部为向上变细变薄型。区内该组与上下接触关系清楚,岩性也较稳定,总体由西向东厚度变薄,莎车县和什拉甫一带厚200.3m,叶城县棋盘一带厚128.7m,颇江一带厚244.84m。

本组化石丰富,产䗴:*Pseudostaffella* cf. *sphaeroidea* Ehrenberg(图版Ⅰ,10),*P.* sp.,*Fusulina* cf. *mayiensis* Sheng(图版Ⅰ,8),*Schubertella* sp.,*Profusulinella* sp.;有孔虫:*Palaeotextularis* sp.,*Globivalvulina* sp.,*Cribrospira* sp.;腕足类:*Choristites rediculosus* Ivanov et Ivanova,*C.* sp.,*Plicochonetes* sp.,*Crurithyris* sp.,*Neophricodothyris* sp.,时代为晚石炭世;珊瑚:*Pseudotimania* sp.,*Auloclisia* sp.,*Neokoninckophyllum* sp.,*Arctophyllum* sp.,时代为早石炭世至晚石炭世。

塔哈奇组(C_2P_1t) 该组在图幅内分布广泛,北起阿尔塔什西,向南东呈弧形带状展布,经木托喀依、新-藏公路向东延至曲日西南。在图幅西部与下伏阿孜干组及上覆棋盘组为整合接触或与下伏卡拉乌依组、上覆棋盘组为断层接触。图幅南部与下伏青白口系、震旦系为断层接触。该组以富含䗴、珊瑚、海百合茎、腕足类化石的碳酸盐岩为主。下部为黄灰色厚层状亮晶鲕粒灰岩、黄灰色厚层状条带状泥晶灰岩及黄灰色中层状泥晶灰岩,向上为灰色中层状泥晶-亮晶(含生物屑)砂屑灰岩、薄层状泥晶灰岩、中层状含生物屑泥晶灰岩,顶部出现灰黑色砂质页岩。基本层序为向上变细变薄,泥晶生物屑灰岩中具楔状交错层理,泥晶灰岩中具水平层理。该组岩性稳定,由西向东厚度变薄,颇江剖面厚442.36m。

该组化石丰富,主要有牙形石:*Hindeodusminutes* (Ellison),*Diplognathodus* sp.;䗴:*Triticites noinskyi plicatus* Rosovskaya(图版Ⅰ,3,9),*T. variabilis* Rosovskaya(图版Ⅰ,6),*T. exilis* Panteleew(图版Ⅰ,7),*Zellia* cf. *kolvica* Scherbovich(图版Ⅰ,11),*Eoparafusulina* sp.,*Triticites dognarae* Rosovskaya(图版Ⅰ,5),*Pseudoschwagerina vulgaris* Scherbovich(图版Ⅰ,12),*P.* sp.;有孔虫:*Nodosaria* sp.,*Robustopachyphloia* sp.,*Plectogyra* sp.,*Bradyina* sp.,*Pseudovidalina* sp.,*Geinitzina* sp.;腕足类:*Choristites rediculosus* Ivanov et Ivanova,*Brachythyrina* cf. *strangwaysi* Verneuil,*Crurithyris* sp.,*Chaoiella temuireticulata* (Ustrisky),*Neophricodothyris* sp.,时代为晚石炭世至早二叠世。

3. 生物地层划分及其特征

根据本次工作结合前人研究成果,将其生物地层简述如下。

(1)和什拉甫组

上部产腕足类 *Gigantoproductus* sp.、䗴类 *Eostaffellamosquensis*,*E. kasakhstanica.*,大体可与天

山区阿克沙克组(雅满苏组)顶部的 *Gigantoproducts edilburgensis-Striatifera striata* 组合对比,时代为早石炭世纳缪尔期 E 带,整合其上的卡拉乌依组底部含䗴 *Profusulinella* 和 *Pseudostaffella*,故其上界可与天山区列莫顿组对比,即达到了纳缪尔期 H-R 带,属上石炭统底部。其年代地层为早石炭世。

(2)卡拉乌依组

䗴类属 *Pseudostaffella-Profusulinella* 带,在天山区分布最广,始于 *Profusulinella* 的出现,止于 *Fusulinella* 的出现。其中见与 *Dialoboceras* 共生,与石钱滩组下部可以对比,相当于莫斯科阶下部或西欧维斯发阶中部(C 带下部)。其相应年代地层为晚石炭世。

(3)阿孜干组

底部为䗴 *Fusulinella* 带,其上绝大部分属 *Fusulina* 带。*Fusulinella* 带在天山区分布最广,以 *Fusulinella* 出现开始,止于 *Fusulina* 的出现,可以与祁家沟组对比,也可以与贵州 *Fusulinella-Fusulina* 带下部、东北本溪组 *Fusulinella-Fusulina* 带下部、华东地区黄龙组 *Fusulinella-Beedeina* 带下部对比,相当于莫斯科阶中部;*Fusulina* 带以 *Fusulina* 出现为代表,无疑属于上石炭统中部,与国内外标准地层易于对比,其年代地层为晚石炭世。

(4)塔哈奇组

下部为䗴 *Triticites* 带,中部属 *Pseudoschwagerina* 带,上部可建立 *Eoparafusuilina* 带。*Pseudoschwagerina* 带中还有 *Schwagerina*, *Schubertella*, *Quasifusulina*, *Rugosofusulina*, *Pseudofusulina*, *Eoparafusulina*, *Boultonia*, *Ozawainella*, *Zellia* 等;*Eoparafusulina* 带中伴生的还有 *Triticites*, *Rugosofusulina*, *Pseudofusulina* 等。

贵州西部上石炭统(吴望始,1979)可划分出下部沙子塘组(含䗴 *Triticites* 带和 *Sphaeroschwagerina* 带的 *S. constas* 亚带)和龙吟组(含 *Sphaeroschwagerina* 带的 *S. glomerosa* 亚带)。塔哈奇组下部的 *Triticites* 带可与贵州的 *Triticites* 带对比,*Pseudoschwagerina* 带可与 *Sphaeroschwagerina* 对比。同样上述两个䗴带可与华南的马平阶(盛金章,1982)相应两个䗴带、宁镇山脉船山组(张遴信,1983)相应两个䗴带对比,*Eoparafusulina* 带可以与贵州西部包磨山组 *Robustocschwagerina schellwieni* 带,苏联达尔瓦兹地区、南费尔干纳地区、乌拉尔地区的萨克玛尔阶对比,其相应年代地层为早石炭世—晚二叠世。

4. 区域地层对比及时代确定

(1)克里塔克组

区域上该组分布于英吉沙—皮山县以南的昆仑山前及山间凹地,呈北西—南东带状延伸,与上覆和什拉甫组及下伏奇自拉夫组均为整合接触(新疆地矿局,1999)。区内以黄灰—深灰色颗粒碳酸盐岩为主。沿走向厚度有变化,但岩性较稳定。向西北至阿克陶县恰看特勒克,为灰—深灰色粗晶灰岩,少量鲕粒灰岩、生物碎屑灰岩,极少量的钙质粉砂岩,厚 687.6m。向东北至阿克陶县考库亚,为灰—浅灰色灰岩及白云岩夹少量钙质砂岩,厚 614m。相比之下,区内该组较薄。由南向北变厚,本组化石丰富,产珊瑚:*Lonsdaleia* sp., *Lithostrotion* sp., *Aulina* sp., *Lithostrotionella* sp., *Nebeichuanophyllum* sp., *Neoclisiophyllum* sp.;腕足类:*Gigantoproductus* sp., *Eochoristites* sp., *Eomarginifera* sp. 等。其时代为早石炭世早期,下伏奇自拉夫组为晚泥盆世晚期,故图幅内克里塔克组属早石炭世早期沉积。

(2)和什拉甫组

区域上分布在英吉沙—叶城一线以南的昆仑山前及皮山以南的桑株塔格、博查特塔格一带山间凹地,呈北西—南东条带状延伸,岩性变化不大,但厚度有变化(新疆地矿局,1999)。区内系含丰富䗴、珊瑚、腕足类化石的一套碎屑岩、碳酸盐岩建造。在瓦斯塔拉格一带厚 413.00m,向西至考库亚主要为灰—灰黑色灰岩、鲕状灰岩、生物屑灰岩夹白色、褐黄色长石石英砂岩、粉砂岩,厚 371.1m,到乌恰县科克牙,主要为灰—灰黑色生物碎屑灰岩夹黄灰色石英砂岩、钙泥质粉砂岩,厚 311.3m,再向西到恰看特勒克,主要为灰—灰黑色灰岩、结晶灰岩夹灰黑色粉砂岩、石英细砂岩、绿灰—灰色中层状细砂岩,厚 578.35m。区域上本组化石产䗴类:*Eostaffellamosquensis* 组合带;腕足类:*Gigantoproductus edelburgensis*, *Striatifera striata* 组合带;珊瑚:*Dibunophyllum*, *Arachnolasma*, *Hexaphyllia*, *Gangamophyllum*, *Clisiophyllum*, *Cacinophyllum*, *Zaphrentoides*;牙形石:*Gnathodus bilineatus*, *G. homopuntatus* 组合带及 *Apa-*

tognathus，*Neoprioniodina* 等；有孔虫：*Archaediscus-Plectogyra*，*Tanischewskina* 组合带。其时代为早石炭世晚期。综合图幅资料，该组时代确定为早石炭世晚期。

（3）卡拉乌依组

该组区域上在英吉沙—叶城—皮山的昆仑山前发育，呈北西—南东向长条状延伸。主要为浅灰—深灰色含丰富蜓、珊瑚、腕足类化石的一套碳酸盐岩、碎屑岩建造，沿走向岩性变化不大，但厚度有变化（新疆地矿局，1999）。向西到考库亚，厚173.6m；再向西到恰看特勒克，厚271.8m；向东到克孜里奇曼，厚64m，再向东北到塔哈奇，厚41.6m，至布雅煤矿北厚87m。本组厚度总体向东变薄。产蜓：*Profusulinella-Pseudostaffella* 带；有孔虫：*Bradyina-Plectogyra-Globivalvulina* 组合带；*Glomospira-Glomospiroides-Plectogyra* 组合带；牙形石：*Idiognathodus delictus-Neognathodus bassleri-Idiognathoides corrugata* 组合带。珊瑚：*Caninia-Carinokoninckophyllum-Neokoninckophyllum* 组合带，*Pseudozaphrentoides*。据本组岩石组合及所含化石时代确定为晚石炭世早期。

（4）阿孜干组

区域上分布于英吉沙—叶城—皮山以南，本组岩性区内也较稳定，为一套灰—灰黑色富含蜓、珊瑚、腕足类、海百合茎的一套碳酸盐岩夹极少量粉砂质页岩或页岩，向东南至皮山县克孜里奇曼为灰—灰黑色灰岩、黑—深灰色页岩、浅灰—浅黄绿色砂岩夹碳质泥岩及紫红色疙瘩状灰岩。沙车县颇江厚244.8m，向西北至莎车县和什拉甫厚200.3m，再向西至英吉沙县恰看特勒克厚275.3m，向东至棋盘厚128.7m，再向东到和田县布雅煤矿北厚仅28m。总体由东南向西北变厚（新疆地矿局，1999）。本组化石丰富，产蜓：*Fusulina-Fusulinella* 带；有孔虫：*Bradyina-Iobivalvulina-Ammodiscus* 组合带；牙形石：*Streptognathodus parvus-S. suberectus* 组合带；珊瑚：*Skolekophyllum rotayi*，*Bothrophyllum pseudocomicum*，*Heritschioides neosymmetricus*，故本组时代确定为晚石炭世。

（5）塔哈奇组

区域上分布于英吉沙—叶城—皮山以南的昆仑山前，呈北西—南东向带状延伸，该组岩性稳定（新疆地矿局，1999）。皮山县克孜里奇曼为一套碳酸盐岩夹少量碎屑岩沉积，厚306.2m。区内以碳酸盐岩为主，仅顶部出现灰黑色粉砂质页岩。棋盘厚398.5m，向西和什拉甫厚601.9m，颇江厚442.36m，到英吉沙县恰看特勒克厚683.69m，阿克陶县七美干剖面只出露碳酸盐岩，厚245.9m，塔哈奇厚327.5m。总体由西向东变薄。本组产腕足类：*Brachythyrina* cf. *strangwaysi* Verneuil，*Chaoiella tenuireticullata*；蜓：*Triticites noinskyi plicatus* Rosovskaya，*T. varibilis* Rosovskaya，*T. exilis* Panteleav，*T. dagmarge* Rosovskaya，*Pseudoschwagerina vulgaris* Scherbovich，据岩石组合及所含化石，本组时代确定为晚石炭世—早二叠世。

（三）二叠系

主要分布于图幅西部克孜拉孜—阿克博依纳克—库孜阿孜格一带，呈条带状分布，由于近平行的逆断层影响，造成地层多次重复，视厚度巨大。与下伏塔哈奇组为整合接触或断层接触，与上覆叶尔羌群为平行不整合或微角度不整合接触关系。另在图幅西南部的昆阿克、巧克、特普俄斯、曲日西南等地零星出露，第四系覆盖严重，与下伏塔哈奇组为整合或断层接触，与蓟县系为断层接触。总出露面积约250km^2。其下部为碳酸盐岩，中部为浅海相碎屑岩夹灰岩，上部为紫红色夹少量灰绿色陆相碎屑岩。据此，由下而上划分为塔哈奇组、棋盘组和达里约尔组，塔哈奇组已在石炭系中叙述。

1. 剖面描述

（1）叶城县尤勒巴什东上二叠统达里约尔组（P_3d）实测地层剖面（图2-21）

剖面位于叶城县棋盘乡尤勒巴什东，起点坐标：X=4 153 612，Y=13 649 576，H=2 285。剖面露头好，地层发育完整，顶底齐全，交通状况较好，山间小路可以通车。

上覆地层：下—中侏罗统叶尔羌群灰黄色厚层状砂岩-石英岩中砾岩

------ 平行不整合 ------

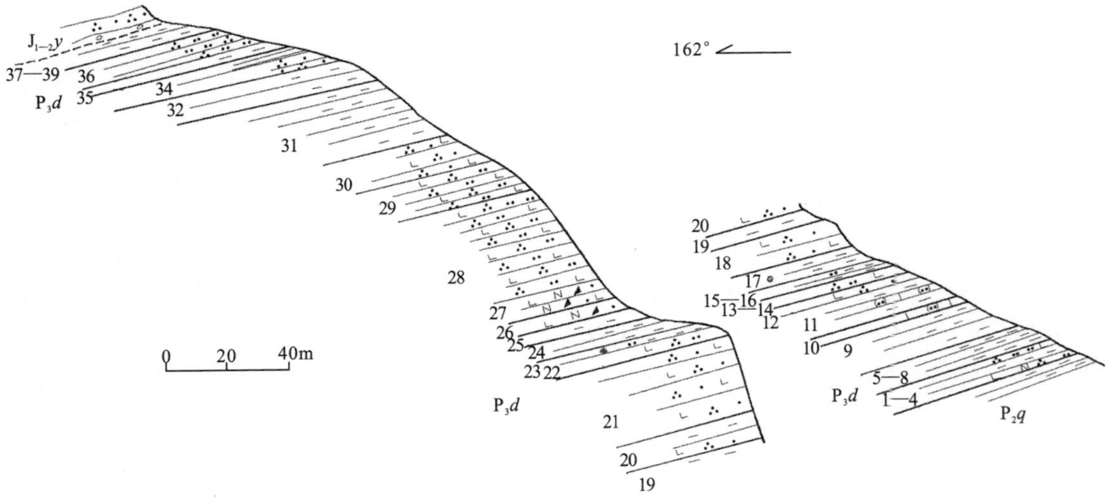

图 2-21　叶城县尤勒巴什东上二叠统达里约尔组(P_3d)实测地层剖面图

上二叠统达里约尔组(P_3d)　　**厚度 230.69m**

39. 黄灰色泥岩。具条带状构造，略具页理　1.01m
38. 灰绿色泥岩。下部为灰绿色与红色互层　2.02m
37. 红色泥岩。块状构造　2.02m
36. 黄色薄层状石英粉砂岩。具小型爬升层理　6.38m
35. 红色泥岩。不显纹层和层理；顶部为黄色泥岩，具灰色、红色水平状泥质条带　3.36m
34. 绿灰色页岩，底部 0.6m 为绿灰色泥质粉砂岩。具中等程度页理构造　2.69m
33. 黄色薄层状细粒石英砂岩　5.04m
32. 红色薄层状泥岩　7.31m
31. 暗红色薄层状泥岩，与下伏层过渡　16.70m
30. 暗灰红色中—厚层状钙质细粒石英砂岩。中部层理最厚，中、下部具平行层理，上部具小型爬升层理，每个单层向上变细　12.53m
29. 暗灰色薄层状钙质石英粉砂岩。具水平层理　11.99m
28. 红色薄层状钙质石英粉砂岩。具小型爬升层理　21.57m
27. 灰红色薄层状钙质细粒石英砂岩。具小型低角度交错层理　5.54m
26. 绿色厚—巨厚层状钙质中粒岩屑长石砂岩。下部 2m 为两个单层，每个单层底为厚 40cm 的中砾岩，向上变细；中上部为中粒砂岩，具大型楔状交错层理；上部为巨厚层状中粒砂岩，其底具平行层理，向上渐变为钙质细粒岩屑长石砂岩　6.39m
25. 紫红色块状泥岩　5.59m
24. 红色薄层状泥岩。含圆球形绿色还原斑　16.78m
23. 紫红色薄层状粉砂质泥岩。含植物：*Playiozamities* sp.，*Callipteris* sp.　5.59m
22. 绿、红、杂色薄层状钙质石英粉砂岩　6.39m
21. 绿灰色厚—中层状中—细粒钙质石英砂岩。向上变细变薄，底为突变，下部具平行层理　16.83m
20. 底部 1m 为厚层状钙质细粒石英砂岩(透镜状)；中部为紫红色泥岩夹绿色薄层状钙质细粒石英砂岩；顶部 1m 为绿色泥岩，其下 70cm 为绿色细粒石英砂岩　9.87m
19. 暗紫色泥岩　4.56m
18. 灰绿色厚—中层状粗—中粒钙质石英砂岩。底界凸凹不平，底部为层厚粒粗，含约 30%的泥砾，向上变薄变细，顶为厚 30cm 的薄层状钙质细粒石英砂岩　6.52m
17. 紫红色泥岩。具绿色还原斑，上部夹绿色薄层状泥岩，具红色泥岩条带，条带中发育泥裂，顶为 10cm 绿色泥岩，与其下伏红色泥岩呈锯齿状边界。顶部含丰富孢粉：①蕨类植物 *Gulisporites cochleans*，*Calamospora micorugosa*，*Diptychosporites polygoniatus*；②裸子植物(占绝对优势)　*Protohaploxypinus arachnoideus*，*P. bharadwajii*，*P. goraiensis*，*P. limpidus*，*P. suchonensii*，*P.* cf. *diagonalis*，*Striatoabieites longus*，*S. parviextensisac-*

cus, *S. sulliformis*, *Hamiapollenites fusiforms*, *H. margelis*, *H. medius*, *H. ovatus*, *H. ruiditaeniatus*, *H.* cf. *tractiferinus*, *Costapollenities scitulus*, cf. *Fusacolpites fusus*, *Vittatina* cf. *vittifer* 等;③单囊粉属的分子似为子遗分子,仅见 *Cordaitina duralimita*, *C. tenurugosa*, *Potonieisporites* cf. *xinjiangensis* 与可疑的 *Florinites* sp. 等,尚有极个别 *Gardenasporites* sp. 7.82m

16. 灰红色粉砂质泥岩。具绿色还原斑 1.30m
15. 暗紫色泥岩。具不规则绿色还原斑 1.30m
14. 紫红色钙质石英粉砂岩。具绿色还原斑 1.30m
13. 灰红色薄层状钙质石英粉砂岩。具水平层理,与第12层为渐变,向上变薄变细,颜色变为绿色 2.61m
12. 灰绿色中层状钙质细粒石英砂岩。底为突变面,具重荷模,大型楔状交错层理,向上变薄 1.96m
11. 暗紫红色泥岩夹少量绿色薄层含粉砂微晶灰岩。前者略具页理,后者具红色条带 8.48m
10. 绿色厚—中层状含粉砂微晶灰岩。向上变薄,上部具同成分红色条带 2.61m
9. 紫红色泥岩。具绿色还原斑 12.01m
8. 绿色泥岩夹紫红色泥岩 3.30m
7. 紫红色泥岩 1.33m
6. 绿色泥岩 1.33m
5. 暗紫红色泥岩 1.33m
4. 灰紫色薄层状钙质石英粉砂岩。具绿色还原斑 2.00m
3. 暗紫色中层状钙质石英粉砂岩。具水平层理,上部1m为暗紫色泥岩 2.00m
2. 杂色泥岩。以绿色为主,具灰红色团块 2.00m
1. 绿色厚层状钙质长石石英粉砂岩。具小型槽状交错层理 1.33m

————整合————

下伏地层:中二叠统棋盘组灰绿色泥岩夹灰紫色泥岩,具水平层理

(2)叶城县拜勒都—尤勒巴什东中二叠统棋盘组(P_2q)实测地层剖面(图2-22)

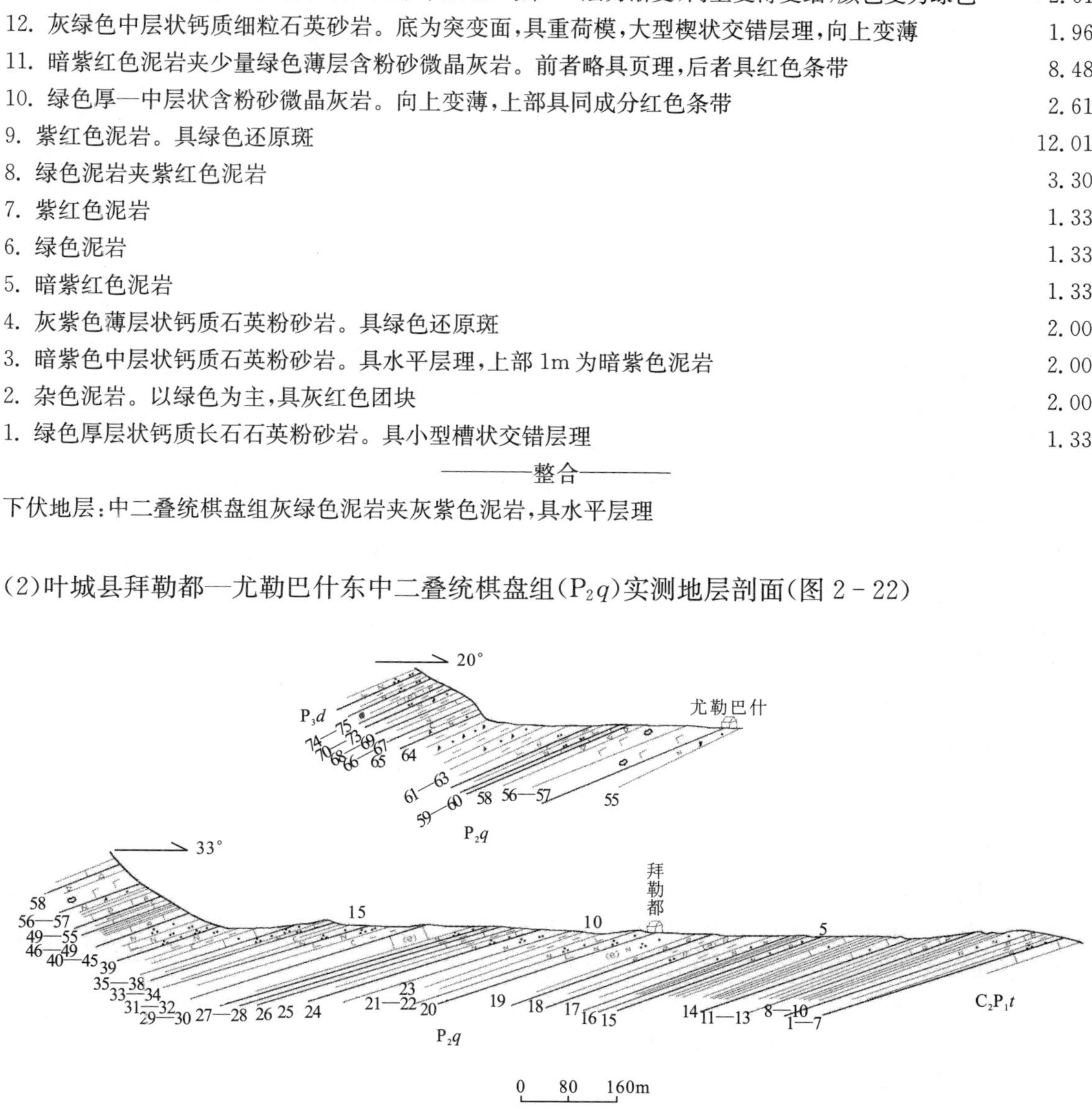

图2-22　叶城县拜勒都—尤勒巴什东中二叠统棋盘组(P_2q)实测地层剖面

剖面位于叶城县棋盘乡拜勒都—尤勒巴什东,起点坐标:X=4 156 245,Y=13 650 517,H=2 213。剖面露头较好,地层发育完整,顶底接触关系齐全,构造相对简单,交通状况较好,山间小路可通车。

上覆地层:上二叠统达里约尔组绿色厚层状钙质长石石英粉砂岩

————整合————

中二叠统棋盘组(P_2q)　　厚632.65m

75. 灰绿色泥岩夹灰紫色泥岩。具水平纹理 7.07m
74. 灰色薄板状长石石英粉砂岩夹灰黄色薄层状含粉砂生物屑泥晶灰岩。前者向上变薄;后者顶底

均起伏不平。底部含碳化植物碎片 5.66m

73. 下部为灰色薄层状泥晶生物屑核形石灰岩与绿灰色泥岩互层；中上部为绿灰色泥岩。灰岩中产双壳类：*Schizodus nuomuhongensis* Xu et Lu，*Phestia kunlunensis* Xu et Lu，*Sanguinolites* sp. 5.66m

72. 下部为灰色中层状泥晶生物屑核形石灰岩夹绿灰色泥岩，上部为深绿灰色泥岩，不具页理。灰岩中产腕足类：*Liraplecta aspera* (Wang)，*Cancrinella* sp. 6.36m

71. 下部为绿色薄板状钙质长石粉砂岩；中上部为绿灰色泥岩，具水平层理 3.54m

70. 灰黑色中层状泥晶生物屑核形石灰岩。生物屑约60%，为腕足类、双壳类、海百合茎等 1.41m

69. 灰绿色薄层状细粒岩屑长石砂岩。具小型槽状交错层理 2.12m

68. 暗绿色粉砂质泥岩 6.36m

67. 下部为灰绿色厚层状细粒岩屑长石砂岩，具大型楔状交错层理；中部为绿色薄板细粒岩屑长石砂岩夹绿色纹层状粉砂岩；上部为灰色中层状泥晶生物屑灰岩 4.24m

66. 下部1m为灰绿色中层状细粒岩屑长石砂岩；上部为灰黑色泥岩 14.14m

65. 下部为浅灰色厚层状—中层状细粒长石石英砂岩；上部为灰黑色碳质泥岩夹浅灰色中层状细粒长石石英砂岩(呈透镜状) 11.81m

64. 下部为绿色巨厚层状细粒岩屑长石砂岩，底为突变，具灰黑色泥岩长透镜体，下部具平行层理；上部具大型楔状层理；中部为薄板状细粒岩屑长石砂岩，与下部突变；上部为灰黑色碳质泥岩 7.87m

63. 灰黑色泥岩 48.10m

62. 绿色薄—中层状细粒岩屑长石砂岩 10.30m

61. 灰黑色泥岩与绿灰色薄—中层状钙质长石粉砂岩互层。泥岩向上增厚，粉砂岩向上变薄，底部粉砂岩顶底均为突变面。具水平纹理 18.08m

60. 深灰色薄层状钙质长石粉砂岩。具水平纹理 2.74m

59. 下部为灰黑色中层状钙质长石粉砂岩，底见1cm薄板钙质长石粉砂岩，顶部含腕足类碎片；上部为灰黑色碳质泥岩 9.59m

58. 底部5cm为灰—灰黑色薄层状泥晶砂屑灰岩；下部为灰黄色中—薄层状泥晶灰岩；上部为绿灰色泥岩，略显页理，其底4cm为绿色钙质细粒岩屑长石砂岩，具平行层理 4.11m

57. 绿色安山质粗火山角砾岩。角砾为杏仁状安山岩，含量80%左右，大小一般为2cm×3cm～3cm×4cm，个别12cm×25cm，次棱角状 0.735m

56. 暗绿褐色巨厚层状杏仁状玄武岩 19.22m

55. 灰褐色薄层状细粒岩屑长石砂岩。具中型楔状交错层理 1.57m

54. 下部为浅灰色中层状细粒岩屑长石砂岩，具不太明显的平行层理；中部为翠绿色薄板状细粒岩屑长石砂岩，与下部过渡；上部为灰褐色纹层状泥质粉砂岩 2.66m

53—52. 灰绿—灰黑色页岩夹厚0.5m黄绿灰色中层状泥晶生物屑灰岩。生物屑为腕足类碎片等 9.32m

51. 褐灰色中层状泥晶生物屑灰岩。生物屑为腕足类碎片，含量60%左右 2.66m

50. 下部为灰白色中层状中粒长石石英砂岩，其上部具条带状构造；上部为灰色页岩 4.00m

49. 底部为黄绿色中层状细粒长石石英砂岩，向上为灰绿—灰色页岩 5.99m

48. 中、下部为灰黑色碳质页岩，上部为黄色纹层状石英粉砂岩 7.99m

47. 褐灰色中层状泥晶生物屑灰岩。中部层理最厚 2.66m

46. 下部为褐灰色中层状泥晶生物屑灰岩，生物屑为3～8mm的腕足类碎片；上部为灰黑色碳质泥岩 4.00m

45. 灰黑色页岩 3.33m

44. 灰白色中层状中粒长石石英砂岩。小型槽状和平行层理呈互层 2.66m

43. 下部为灰黑色页岩，上部为黄褐色纹层状石英粉砂岩 5.32m

42. 下部为灰白色中层状细粒长石石英砂岩，上部为灰黑色中层状泥晶生物屑灰岩。生物屑60%左右，为腕足类、海百合茎等 11.8m

41. 下部为灰黑色薄层—纹层状钙质长石粉砂岩，具菱铁矿结核；中下部夹两个厚30cm的灰白色中层状中粒长石石英砂岩单层，具大型板状交错层理；中上部为灰白色薄层状细粒长石石英砂岩与灰黑色页岩互层，砂岩具鱼骨状交错层理(图版Ⅸ,2)；上部为灰绿—灰黑色页岩，其下部夹厚30cm的灰白色中层状细粒长石石英砂岩 14.16m

40. 灰黑—灰色页岩，偶夹少量黄褐色薄层状石英粉砂岩，下部夹厚30cm黄灰色中层状生物屑泥晶灰岩 7.67m

39. 灰白色厚层状细粒石英砂岩。具灰白色条纹，下部具小型槽状交错层理，中部具平行层理，上部具中型楔状交错层理 8.26m
38. 灰黑色薄层状—纹层状钙质长石粉砂岩，偶见黄褐色菱铁矿长透镜体，偶夹灰褐色中层状细粒石英砂岩，砂岩底界呈锯齿状 7.4m
37. 灰黑色碳质泥岩夹浅灰色中层状泥晶砂屑灰岩。前者向上变厚 3.33m
36. 底部1m为绿灰色页岩，中上部为灰—灰绿色薄层状钙质长石粉砂岩夹浅灰色薄层—纹层状泥晶砂屑灰岩。中部粉砂岩最厚，向上、向下灰岩变密集、变厚，顶以灰岩结束 6.99m
35. 褐灰色中层状生物屑微晶灰岩，中间夹厚0.2m薄层状疙瘩状泥晶生物屑灰岩，后者层面有少量碳质泥岩 2.56m
34. 浅灰色中—薄层状细粒石英砂岩。具平行纹层 9.61m
33. 灰黑色薄层状钙质长石粉砂岩，夹两层灰黑色薄层状泥晶砂屑灰岩 2.76m
32. 下部为灰白色薄层状细粒长石石英砂岩与灰黑色碳质泥岩互层；上部为灰黑色碳质泥岩夹灰白色薄层状细粒长石石英砂岩 5.52m
31. 底部为两单层黄褐色中层状细粒长石石英砂岩，向上为灰黑色碳质页岩 11.04m
30. 下部为灰白色中层状中粒长石石英砂岩，具红色风暴旋构造，底为突变，界面平整；上部为灰色纹层状钙质长石石英粉砂岩，底为突变 6.62m
29. 深灰色薄层状钙质长石粉砂岩。具水平纹理，向上渐粗 3.04m
28. 灰黑色碳质泥岩与褐灰色薄层状含生物屑泥晶灰岩互层。后者向上变薄 30.15m
27. 灰黑色中层状含生物屑泥晶灰岩。生物屑为腕足类等，顶为薄层状含生物屑泥晶灰岩。产腕足类：*Crurithyris* sp. 3.67m
26. 灰白色中层状细粒长石石英砂岩与灰黑色碳质泥岩互层。前者呈楔状，底为突变 4.49m
25. 黄灰色中层状微晶生物屑灰岩与灰黑色泥岩互层。生物屑为珊瑚、海百合茎、双壳类碎片，含量60%左右；灰岩中部变厚，底为突变，泥岩中部变薄 8.16m
24. 紫红色泥岩-灰绿色薄层状泥质粉砂岩-褐黑色泥岩与灰红色中层状钙质细粒长石石英砂岩互层。以泥岩开始，向上泥岩变薄 8.16m
23. 绿色巨厚—中层状石英砂岩。向上变薄，具大型低角度交错层理 16.89m
22. 灰黑色泥岩夹灰黄色中—薄层状钙质细粒长石石英砂岩。后者具小型爬升层理 9.76m
21. 紫红色泥岩夹绿灰色泥岩-紫红色薄层状钙质长石石英粉砂岩-钙质细粒长石石英砂岩 21.35m
20. 灰红—灰绿色中层状钙质细粒长石石英砂岩夹绿色紫斑泥岩。前者底部有时含砾，底界急剧起伏 14.03m
19. 浅黄色巨厚层状含细砾中粒长石石英砂岩夹灰白色石英岩砾岩。前者砾石含量5%左右，具大型楔状交错层理；后者砾石含量30%左右，由白色、灰色石英岩、黄色灰岩组成。石英岩砾呈次圆状，灰岩砾呈不规则状、次棱角状，分选中等，填隙物为粗粒石英砂，孔隙式胶结。砾岩底界凸凹不平，上部具平行层理。顶为厚20cm的黄色条带状砂质泥岩 26.15m
18. 紫红色中层状含铁粉砂质白云岩与深绿灰色泥岩韵律互层。后者基本层序向上变厚。底约1m为紫红色巨厚层状细粒长石石英砂岩，具大型楔状交错层理 14.58m
17. 灰红色中—薄层状细粒长石砂岩与暗灰红色泥岩夹绿色泥岩互层。砂岩单元厚1m，中部厚，向上向下均变薄，下部具平行层理。泥岩单元厚2.5m，中、下部为暗灰红色，上部为绿色，顶部夹一层薄层状细粒长石砂岩 22.04m
16. 暗灰红色页岩夹少量绿色页岩 10.73m
15. 灰红色厚层状细粒长石砂岩 3.58m
14. 浅灰绿色中层状砂质泥晶灰岩与灰绿色页岩互层 42.23m
13. 暗灰红色页岩夹少量绿色页岩 9.41m
12. 灰黑色中层状泥晶生物屑灰岩 1.62m
11. 下部为灰黑色中层状泥晶生物屑灰岩；上部为暗灰红色页岩。前者生物屑为海百合茎、腕足类，少量双壳类，含量约60%；后者下部夹绿色页岩 1.32m
10. 暗灰红色页岩夹少量绿色页岩 7.33m
9—8. 淡灰—灰白色中层状中粒长石砂岩 14.15m
7. 下部为灰黑色厚层状泥晶灰岩；上部为灰黑色厚层状生物屑泥晶灰岩。生物屑为双壳类、䗴类 3.66m

6. 浅灰黄色厚层状含粉砂微晶白云岩 1.22m
5. 绿色中层状钙质细粒长石石英砂岩与灰黑色含粉砂钙质泥岩互层。共两个韵律 1.33m
4. 灰黑色薄层状含粉砂钙质泥岩夹一层灰黑色中层状泥晶生物屑灰岩。灰岩具水平纹层,向上变薄,生物屑主要为双壳类,次为苔藓 2.85m
3. 下部 0.3m 为灰黑色薄层状含粉砂钙质泥岩,具水平纹层;中上部为灰黄色中层状含砂屑生物屑泥晶灰岩,由 3 个单层组成,底界凸凹不平,顶界平整 1.63m
2. 紫红色泥质粉砂岩。呈块状构造,具还原斑,底部 0.3m 为紫红色泥质粉砂岩与灰绿色细粒长石石英砂岩互层 4.88m
1. 灰绿色中、厚层状细粒长石石英砂岩,下中部夹厚 0.5m 灰黑色含粉砂钙质泥岩。下部砂岩为中层状,中部为厚层状,向上变薄变细为中层状 2.85m

————整合————

下伏地层:上石炭—下二叠统塔哈奇组黄灰色中层状泥晶灰岩

2. 岩石地层划分及其特征

(1)划分沿革及岩石地层划分

地质部第十三大队(1957)在棋盘一带进行区域地质调查时,将二叠系自上而下分为 3 个岩系或建造:丘盘达里岩系、达里约尔岩系、萨克玛尔-亚丁斯克建造。地质部第十三大队陈哲夫等(1957)在叶城柏亚迪划分出下二叠统萨克玛尔-亚丁斯克建造。张日东等(1959)在莎车以西将该套地层划分为下二叠统。新疆石油管理局 110 队(1971)依据岩性及 B·И·乌斯特利斯基(1960)对丘盘达里岩系及萨克玛尔-亚丁斯克建造所含腕足动物群组合有密切联系的论述,认为丘盘达里岩系及萨克玛尔-亚丁斯克建造为向斜两翼,是一套地层。新疆区域地层编写组(1981)研究了新疆石油管理局 110 队在棋盘河测制的剖面及对该套地层的意见,创建了下二叠统棋盘组,将达里约尔岩系称达里约尔组,前者时代归早二叠世,后者归晚二叠世。1999 年《新疆维吾尔自治区岩石地层》沿用此方案。

本次工作据岩石组合、所采化石及前人资料,按二叠系三分原则,自下而上分为中统棋盘组和上统达里约尔组。

(2)岩石地层特征

棋盘组(P_2q) 分布于阿尔塔什南—棋盘河—新-藏公路一带,与下伏塔哈奇组及上覆达里约尔组为整合接触或断层接触,局部被侏罗系叶尔羌群不整合覆盖。该组为一套碎屑岩夹浅海碳酸盐岩建造,岩石组合为中—细粒长石石英砂岩、岩屑长石砂岩、钙质长石粉砂岩、石英粉砂岩、粉砂质泥岩、碳质泥岩及页岩夹含粉砂生物屑泥晶灰岩、含生物屑泥晶灰岩、泥晶生物屑灰岩、泥晶生物屑核形石灰岩,极少量含铁粉砂质粉晶白云岩,其颜色以灰黄—灰绿—灰色为主,下部夹紫红色。砂岩中发育槽状、楔状交错层理或平行层理,粉砂岩、泥岩发育中水平纹理或页理。其基本层序类型总体为向上变粗变厚再变细变薄或向上变细变薄型。在许许沟一带其上部有厚 11～39m 暗绿色巨厚层状杏仁状玄武岩夹层,区域上分布稳定。棋盘一带该组厚 632.65m。

该组含腕足类:*Liraplecta aspera* (Wang)(图版Ⅲ,7;图版Ⅳ,5), *Cancrinella* sp., *Crurithyris* sp.;双壳类:*Schizodus unomuhongensis* Xu et Lu, *Phestia kunlunensis* Xu et Lu, *Sanguinolites* sp. 及海百合茎和陆相植物碎片。时代为中二叠世。

达里约尔组(P_3d) 主要分布于喀拉吐孜煤矿至特普俄斯一带,另在曲日西东南一带零星分布。与下伏棋盘组为整合或断层接触,上被叶尔羌群平行不整合覆盖。总体为一套灰红、紫红色夹灰绿、绿色陆相碎屑岩建造,岩石组合为灰绿色厚—薄层状粗—细粒钙质石英砂岩、灰红色薄层状钙质石英粉砂岩,紫红、暗灰红色薄层状泥岩夹绿色泥质页岩,棋盘一带厚 231.44m。下部偶夹绿色薄层状含粉砂微晶灰岩。砂岩、粉砂岩中发育平行层理、槽状楔状交错层理及爬升层理,泥岩中发育水平纹理,其基本层序类型总体为向上变细变薄型,底部略显向上变粗变厚。该组以红色碎屑岩大量出现为标志与棋盘组分界,以绿色砂岩、红色泥岩区别于叶尔羌群黄绿色砂岩和灰色泥岩。

该组含植物化石:*Playiozamites* sp., *Callipteris* sp.。上部含丰富孢粉(图版Ⅵ,2—15):①蕨类植物 *Gulisporites cochleans*, *Calamosoporamicorugosa*, *Diptyosporites pclygoniatus*;②裸子植物(占绝

对优势) *Protohaploxypinus arachnoideus*, *P. bharadwajii*, *P. goraiensis*, *P. limpidus*, *P. suchonensii*, *P.* cf. *diagonalis*, *Striatoabieites longus*, *S. parliextensisaccus*, *S. sulliformis*, *Hamiapollenites fusiforms*, *H. maragelis*, *H. medius*, *H. ovatus*, *H. ruiditatus*, *H.* cf. *tractiferinus*, *Costapollenites scitulus*, cf. *Fusacolpites fusus*, *Vittatina* cf. *vittifer* 等;③单囊"孑遗"分子 *Cordaitina duralimita*, *C. tenurugosa*, *Potonieisporites* cf. *xinjiangensis*,可疑的 *Florinites* 等及个别 *Gardenasporites* sp.。其时代为晚二叠世晚期。

3. 生物地层特征

(1)腕足类 *Liraplecta aspera* 组合

棋盘组含有大量腕足类化石,综合前人资料,该组合带主要分子有:*Liraplecta aspera* (Wang), *Orthotetina curvata*, *Beecheriaminima*, *Ambocoeliamagna* 等(新疆地矿局,1999),B·И·乌斯特利茨基(1960)研究西昆仑山西部腕足动物群认为棋盘组动物群相当于苏联阿丁斯克阶下部和华南栖霞灰岩下部。其年代地层为中二叠统。

(2)孢粉 *Protohaploxpinus* 组合

见于达里约尔组(详见上述),其最为显著的特征是蕨类植物孢子稀少,而裸子植物花粉极为丰富,且占居绝对优势。此特征通常仅为晚二叠世晚期,特别是最晚期的孢粉组合标志,故其年代地层为上二叠统顶部。

4. 区域地层对比及时代确定

(1)棋盘组(P_2q)

分布在叶城县皮山河以西的棋盘河、柏亚迪及莎车县依格孜牙、七美干一带。为海相碎屑岩夹灰岩。在棋盘河一带厚 632.65m;向东南至柏亚迪一带厚 450m;在北部依格孜牙一带,底部为灰色钙质砾岩,浅紫色砾岩夹灰黑色泥岩、灰岩;中上部为灰色泥岩、砂质泥岩、灰绿色钙质粉砂岩、细砂岩、粉砂岩不均匀互层夹白云岩、泥灰岩,含腹足类、介形类化石,厚 562m;在莎车以西仆德,仅出露上部地层,厚 200m;向西至七美干以西,厚 658.1m,上部夹较厚玄武岩层;向东南在叶尔羌河北岸阿热塔什一带,视厚度仅 94.4m。

该组区域上含腕足类:*Cancrinella truncata*, *Psedoavonia lopingensiformis*, *P. cylindrica*, *Stenoscisma superstes*;双壳类:*Aviculopecten culinensis* 等(新疆地矿局,1999)。综合该组岩石组合、岩性特征及区域资料和二叠系三分方案,该组时代确定为中二叠世。

(2)达里约尔组(P_3d)

主要分布于棋盘河中游、达里约尔北部及塔加河谷两岸,本组岩性变化不大(新疆地矿局,1999),在英吉沙南依格孜牙厚度达 953m,在棋盘厚 231m。区域上见有介形类化石:*Darwinula* cf. *pergusta*, *Darwinuloides dobrinkaensis*。综合区域资料,其时代确定为晚二叠世。

(四)沉积盆地分析

(1)层序地层划分及其沉积相组合

图幅内塔南地层分区上古生界按照旋回层序及层序界面的划分原则做了层序地层划分,分出 1 个一级层序(I_2)、两个二级层序和 7 个三级层序(图 2-23、图 2-24)。一级层序I_2以泥盆系上统奇自拉夫组底界即上古生界的底界为底,以二叠系上统达里约尔组顶界即上古生界的顶界为顶。

II_1层序(泥盆系上统-石炭系上统二级旋回):其底界同I_2层序底界,顶界为石炭系上统阿孜干组顶界,共划分出 5 个三级层序,其特征如下。

①III_1层序

组成III_1层序的地层为泥盆系下统奇自拉夫组、石炭系下统克里塔克组下部(剖面第 9 层顶界以下),其底界同I_2层序底界,为Ⅰ型界面。顶界为克里塔克组中部白云岩顶界,为Ⅱ型界面,故III_1为Ⅰ型层序,由海侵体系域和高水位体系域组成。

海侵体系域 由奇自拉夫组组成,其剖面第 1 层下部为海侵初期底部型泻湖沉积,底部含有下伏层位

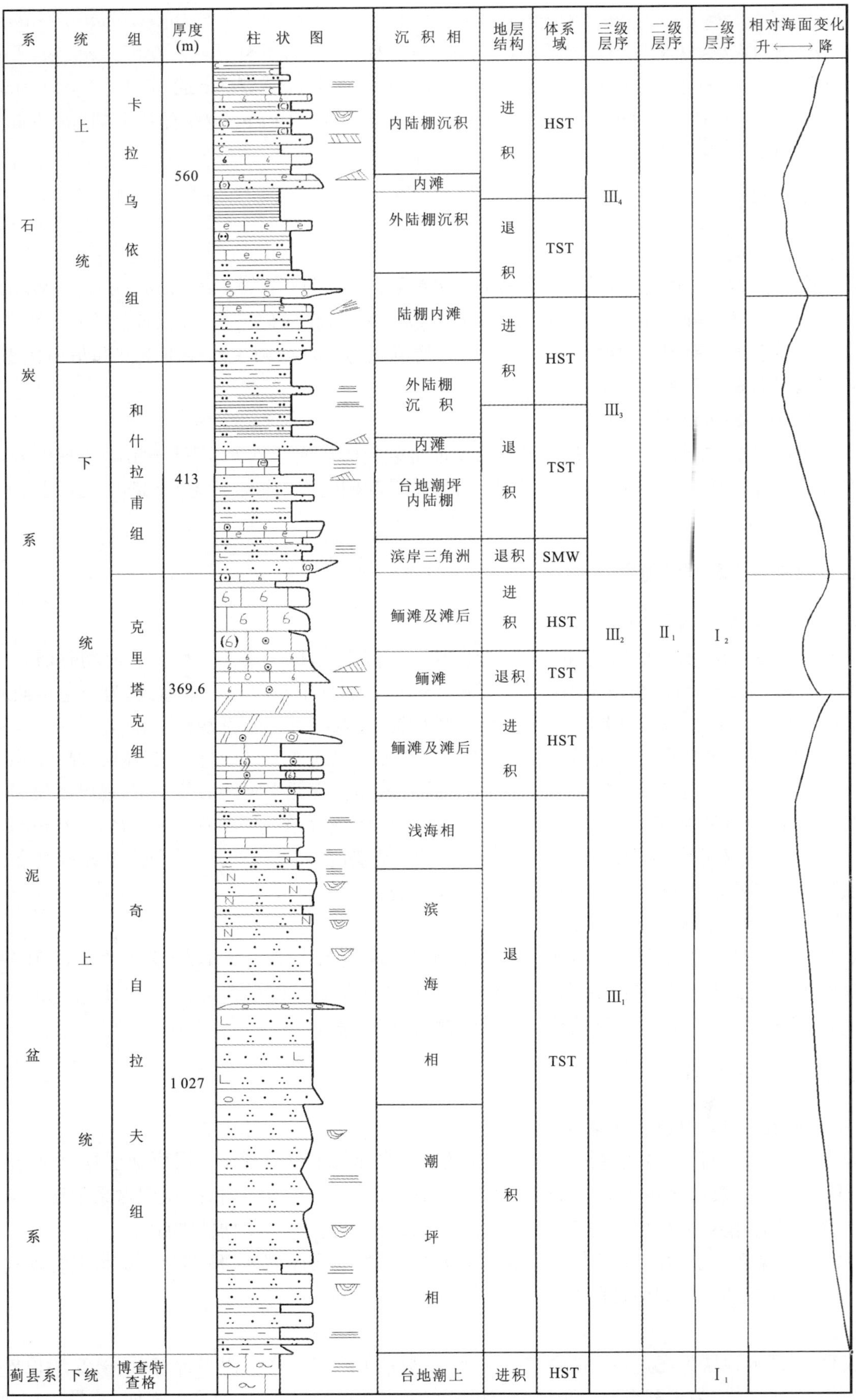

图 2-23　塔南分区上古生界地层特征(1)

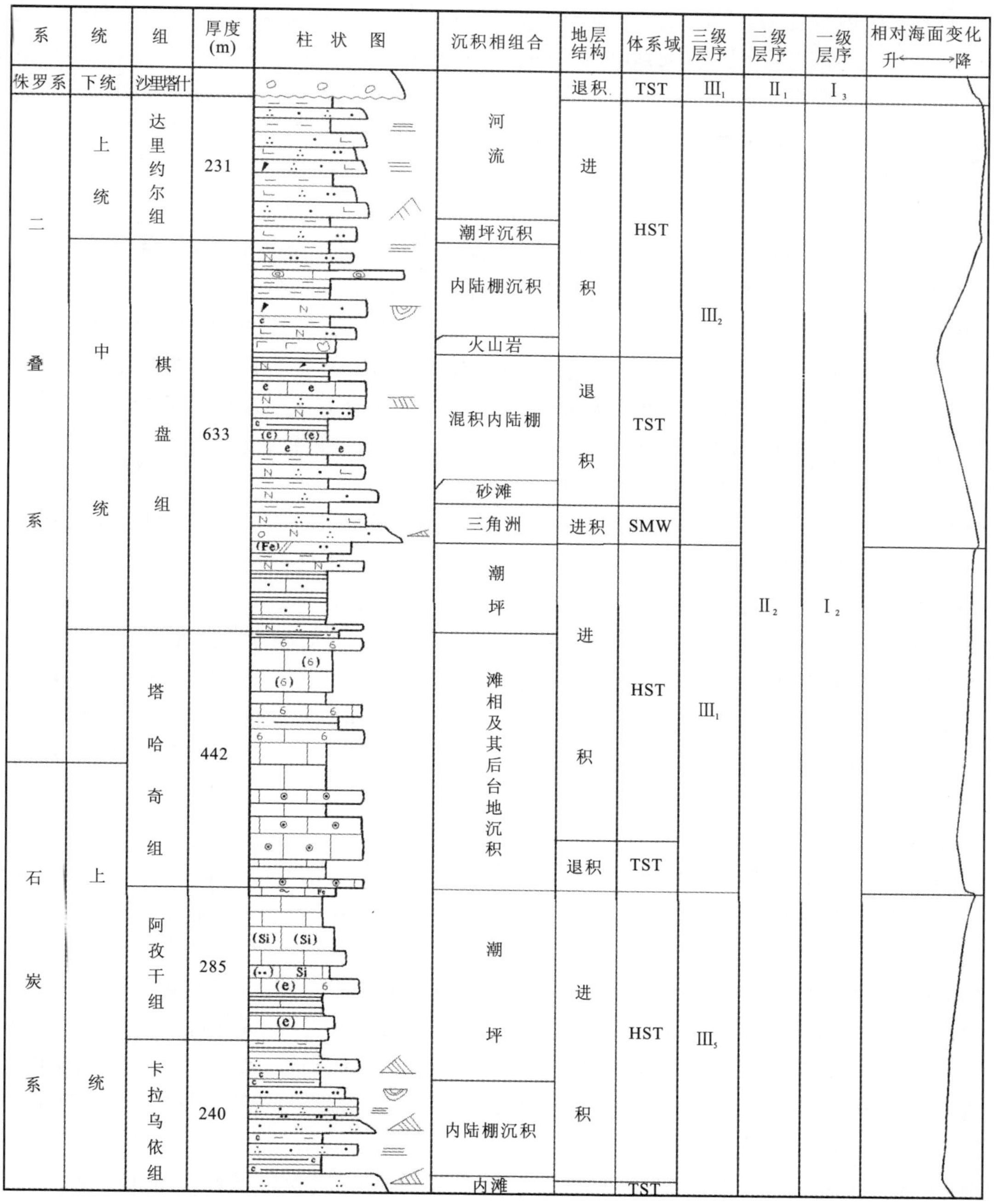

图 2-24 塔南分区上古生界地层特征(2)

剥蚀滞留小砾石，剥蚀面起伏较大，明显切割下伏层理，向上砾石减少，总体粒度变细，逐渐海侵。第2—6层基本层序为泥岩→泥岩和砂岩互层；向上砂岩增多变厚，基本层序为砂岩→砂岩和泥岩互层，再向上砂岩减少变薄，砂岩和泥岩为突变接触，其中泥岩为泥坪沉积，砂岩为砂坪沉积，泥砂互层为混合沉积。泥岩页理发育，砂岩槽状交错层理发育。总体向上泥岩减少，砂岩增多，水动能变大，海水加深。第6—18层以砂岩为主，槽状交错层理发育，其基本层序向上变粗变厚再变细变薄，以砂坪为主，由紫红色为主逐渐变为以灰绿色为主，沉积环境由氧化渐变为滨海较还原环境，向上第19层为砂岩→粉砂岩，向上变细，第20—22层及第23层至克里塔克组底部为砂岩→泥质粉砂岩→粉晶灰岩，向上变细变薄，共同点是基本层序总体向上变细，砂岩中发育槽状交错层理及平行层理，泥质粉砂岩中页理发育，为滨-浅海沉积，向上海水变深，水动能减小。故奇自拉夫组沉积环境为泻湖→局限台地潮坪→滨海→浅海，海水渐深。为退积型基本层序组。

高水位体系域 由克里塔克组下部组成(第1—9层)，分两个副层序(第1—6层，第7—9层)，其中第1层为亮晶鲕粒灰岩，为开阔台地鲕粒滩沉积，第2层基本层序由亮晶含砂屑鲕粒灰岩→粉晶白云岩→泥质粉晶白云岩，向上变细变薄，为清水台地潮坪沉积，由第1—2层海水变浅，动能变小。第3—6层为亮晶含砂屑鲕粒灰岩-泥晶灰岩，向上变细，前者为开阔台地鲕粒滩沉积，后者为滩后沉积，向上海水动能变小。第7—9层基本层序为砾屑白云岩→亮晶鲕粒核形石白云岩→含鲕粒微晶白云岩→细晶白云岩，下部为开阔台地滩相沉积及滩后局限台地沉积，细晶白云岩为成岩后重结晶所致，向上变细变薄，海水动能变小。第1—6、第7—9层总体为进积型基本层序。

②Ⅲ$_2$层序

由石炭系上统克里塔克组上部组成，底界为第10层亮晶砂屑鲕粒灰岩底界，顶界为克里塔克组顶界，均为Ⅱ型界面，属Ⅱ型层序，由海侵体系域和高水位体系域组成。

海侵体系域 剖面由第10—13层组成，第10—11层为条带状亮晶含砂屑鲕粒灰岩→亮晶砂屑灰岩，向上变细变薄，海水加深，动能变小。其条带为含鲕粒泥晶灰岩，与其上下层位为渐变，韵律为鲕粒灰岩→泥晶灰岩，发育板状交错层理，为鲕粒滩及滩间沉积。第12—13层基本层序为亮晶砾屑砂屑灰岩→亮晶砂屑鲕粒灰岩→亮晶砂屑灰岩，楔状交错层理发育，底部砾屑为下伏鲕粒灰岩之碎屑，向上变细变薄，海水变深，动能变小。第10—13层总体为退积型鲕粒滩沉积。

高水位体系域 包括剖面第14—28层。第14层为亮晶含砂屑鲕粒灰岩→薄层状泥晶灰岩，鲕粒灰岩中夹介壳灰岩，基本层序为鲕粒灰岩→介壳灰岩，为开阔台地鲕粒滩及滩后沉积。向上第15—23层为亮晶砂屑灰岩→薄层状泥晶灰岩，向上变细变薄，海水动能变小，海水变浅。第17层、第21层中分别出现亮晶含生物屑砂屑鲕粒灰岩和细晶白云岩，前者为滩后海水动能较大之较快速沉积，在顶部出现泥晶灰岩，鲕粒灰岩中含砂质；后者为较局限台地沉积。第24—28层为潮坪沉积，基本层序为向上变粗变厚再变细薄，其中第27—28层为薄层状疙瘩状含砂质亮晶砂屑灰岩，为本层序高水位末期，海水较浅而较动荡，向上渐呈紫红色，沉积环境更趋氧化。总体上第14—28层基本层序向上渐薄渐细，海水变浅，动能减小，为进积型副层序组。

③Ⅲ$_3$层序

由石炭系下统和什拉甫组和上统卡拉乌依组底部组成。层序底界为和什拉甫组底界，为Ⅱ型界面；顶界为卡拉乌依组第33层深灰色页岩顶界，亦为Ⅱ型界面，故属Ⅱ型层序。由陆架边缘体系域、海侵体系域和高水位体域组成。

陆架边缘体系域 由和什拉甫组底部第1—10层组成。为滨岸三角洲沉积，包括第1—8和第9—10两个副层序，其底部为含砾中粗粒石英砂岩，砾石成分为石英岩和灰岩，呈圆状，分选中等。向上砾石增多变粗，顶为细砾岩层，为三角洲前缘沉积；向下为褐红色纹层状钙质石英粉砂岩夹薄层状钙质细粒岩屑石英砂岩，楔状交错层和平行层理发育，为三角洲平原相。砂岩为分流河道沉积，粉砂岩为分流间湾沉积，总体向上变粗再变细，为进积型副层序。

海侵体系域 由和什拉甫组第11—22层组成，其中第11—13层为局限台地潮坪沉积。其基本层序第11层为细粒石英砂岩→钙质石英粉砂岩，砂岩中间最粗最厚，具楔状或平行层理；第12层为石英砂岩→粉砂质微晶球粒灰岩；第13层为泥晶生物屑灰岩→生物屑泥晶灰岩，基本层序为向上变粗再变细，海水变深再变浅。总体向上粒度变粗，海水变深。趋向滩地沉积。第14层为巨厚—厚层状亮晶砂屑鲕粒灰岩，底为突变，向上变薄，具平行层理，为开阔台地鲕粒滩沉积，向上海水变深，动能渐小。第15—19层为混积内陆棚沉积，基本层序为薄—中层状细粒石英砂岩→泥质粉砂岩夹纹层状细粒石英砂岩或薄层状泥晶灰岩夹纹层状生物泥晶灰岩，砂岩厚薄不均，具平行层理或楔状层理，粉砂岩中具菱铁矿结核。向上粒度变细，海水动能减小。第19层为靠近外滩缺少物源的灰岩。第20层为粗—中粒石英砂岩，向上变细，具楔状层理，为开阔台地砂滩沉积（台内滩），向上海水变深，动能变小。第21—22层为绿灰色粉砂质页岩，属（混积）外陆棚沉积，海水最深，其顶大致为最大海泛面位置。总体向上其海水变深，为退积沉积。

高水位体系域 由和什拉甫组第23—24层和卡拉乌依组第25—33层组成。第23层基本层序为粉砂质页岩→细砂岩，第24—25层为粉砂质泥岩→细粒石英砂岩，第25—30层为石英粉砂岩→细粒石英砂岩，粉砂岩中水平层理发育，砂岩中发育低角度交错层理。总体向上颗粒变粗，其海水变浅，动能增大。其中第23—24层仍为外陆棚沉积，第25—30层为陆棚滩前-台内滩沉积。第30—32层基本层序为细粒石英砂岩→泥晶砂屑生物屑灰岩，向上变粗，沉积速率加快，海水动能减少，为陆棚外滩-滩后沉积（内陆棚），第 33 层深灰色页岩为生物屑灰岩，之后连续沉积，海水动能更小，属内陆棚静水沉积。第 23—33 层总体构成进积型沉积。

④$Ⅲ_4$层序

由石炭系上统卡拉乌依组中部(剖面第 34—79 层)组成。层序底界为第 34 层灰白色中层状细粒石英砂岩底界，为Ⅱ型界面，顶界为第 78 层炭质页岩顶界，亦为Ⅱ型界面，故属Ⅱ型层序。由海侵体系域和高水位体系域组成。

海侵体系域 由卡拉乌依组第 34—47 层组成。第 34—35 层为陆棚外滩沉积，由石英砂岩-砾岩组成，向上变粗，海水动能变大，为砂滩向陆方向移动，属退积型沉积。第 35—39 层为混积台内滩前沉积，其中疙瘩状生物屑泥晶灰岩的"疙瘩"为泥晶生物屑灰岩，是滩前礁灰岩碎块。第 36—38 层为粉砂岩→生物屑泥晶灰岩和泥质粉砂岩，为混积外陆棚沉积，海水变深，动能减小。而第 39 层泥晶生物屑灰岩为较清水期生物礁相，经历了追上-平衡-突然淹埋的过程，其顶部生物礁发育最好。第 40—44 层为粉砂质页岩和生物泥晶灰岩→泥晶生物屑灰岩，前者为混积外陆棚沉积，后者特征同第 39 层，且含大型腕足、珊瑚化石。第 45—47 层仍为外陆棚沉积，第 47 层页岩相当于凝缩段。总体由第 35—39 层→第 40—44 层→第 45—47 层海水渐深，动能变小，构成退积型副层序组。

高水位体系域 由卡拉乌依组第 48—78 层组成。其中第 48 层为混积陆棚内滩沉积，基本层序向上变细变薄，具楔状交错层理，下部为台内滩沉积，上部为混积内陆棚滩后沉积，由泥晶生物屑灰岩→粉砂岩→页岩组成，海水动能渐小，由滩向海进积；第 49—78 层基本层序为中层状细粒石英砂岩或泥晶砂屑灰岩→泥质粉砂岩→页岩或碳质页岩夹生物屑泥晶灰岩，向上变细变薄，海水动能减小，为台内滩向海进积；顶部第 78 层属静水沉积，代表层序末期沉积。

⑤$Ⅲ_5$层序

由石炭系上统卡拉乌依组上部和阿孜干组组成。层序底界为第 79 层底界，为Ⅱ型界面，顶界为阿孜干组顶界，亦为Ⅱ型界面，故属Ⅱ型层序。由海侵体系域和高水位体系域组成。

海侵体系域 由第 79 层下部组成，为灰白色厚层状含砾粗粒石英砂岩→中层状中粒石英砂岩，向上变细变薄，楔状交错层理发育，海水动能变小，海水变深，为砂滩退积型沉积。

高水位体系域 由卡拉乌依组第 79(上部)—113 层及阿孜干组组成。第 79—80 层为砂岩→页岩，为砂滩及其滩后页岩，为进积型沉积。第 81—84 层基本层序为石英砂岩→碳质页岩、碳质泥岩，砂岩中平行层理发育，顶部偶见泥晶生物屑灰岩，为混积内陆棚沉积，总体向上海水变浅。第 85—113 层亦为混积内陆棚沉积，灰岩、碎屑岩混合沉积，基本层序向上变细变薄，动能减少。其中第 85—87 层为滩相砂岩，为副层序底台内滩沉积，总体第 85—113 层向上海水变浅，动能减小。第 103 层向上较粗的砂岩层显示潮坪沉积特征，向上变粗变厚再变细变薄，说明其渐趋局限台地环境。阿孜干组第 1—26 层为局限台地潮坪沉积，下部基本层序为泥晶灰岩或页岩→含生物屑泥晶灰岩或粉砂质页岩→泥晶灰岩或页岩，中部为泥晶灰岩→含生物屑砂屑灰岩或含砂屑生物灰岩、粉晶灰岩→泥晶灰岩，上部为含燧石团块泥晶灰岩→粉晶灰岩→含燧石团块泥晶灰岩，顶出现豹皮状泥晶灰岩，总体为向上变粗变厚再变薄变细，顶部粒度变化不大，其基本层序中部层最厚，第 1—26 层基本层序由薄、细→厚、粗→薄、细，显示海水总体渐浅，动能由小到大再到小，顶部出现红色薄层状-疙瘩状泥晶灰岩，为层序顶部海水较浅较动荡时沉积。

$Ⅱ_2$ 层序：由石炭系上统—二叠系下统塔哈奇组、二叠系中统棋盘组和上统达里约尔组组成。底界为塔哈奇组底界，为Ⅱ型界面，顶界为达里约尔组顶界，为Ⅰ型界面。共划分出两个三级层序。

①$Ⅲ_1$ 层序

由塔哈奇组和棋盘组底部第 1—18 层组成。层序底界为塔哈奇组底部亮晶鲕粒灰岩底界，为Ⅱ型界面，顶为棋盘组含铁粉砂质粉晶白云岩顶界，亦为Ⅱ型界面，故属Ⅱ型层序。由海侵体系域和高水位体系域组成。

海侵体系域 由塔哈奇组下部(第 27—29 层)组成。基本层序由亮晶鲕粒灰岩→泥晶灰岩，发育豹皮状构造(浅水台地沉积)，前者为开阔台地鲕粒滩沉积，后者为滩后局限台地沉积，向上海水动能减少。向上基本层序总体变细，构成退积型基本层序，最大海侵面位于第 29 层。

高水位体系域 由塔哈奇组第 30—45 层和棋盘组底部第 1—18 层组成，塔哈奇组第 30—35 层基本层序特征同第27—29层，但总体组成向上基本层序变细，为进积型基本层序。第33—37层为亮晶砂屑灰岩→含生物屑砂岩灰岩，为砂屑滩及滩后沉积。第38层为砂泥混合坪沉积。第39—40层和第41—42层泥晶灰岩为泻湖沉积，向上变细，海水动能变小，为进积沉积。第43—44层为亮晶砂屑灰岩→泥晶生物屑灰岩，仍为砂屑滩和滩后沉积，向上第45层为潮坪沉积，下部为混合坪，向上为泥坪。综上所述，塔哈奇组第29—45层构成进积型基本层序组，棋盘组第1—8层向上继续进积，为潮坪沉积，下部为含粉砂钙质泥岩→细粒长石石英砂岩→含粉砂钙质泥岩，顶见有含粉砂微晶白云岩，中部为页岩→长石砂岩或泥晶生物屑灰岩或砂质灰岩→页岩，上部为绿色泥岩→长石砂岩→灰红色泥岩，顶部为绿灰色泥岩→含铁粉砂质白云岩→绿灰色泥岩，向上变粗再变细，总体向上海水变浅，为进积沉积。

②Ⅲ₂层序

包括二叠系中统棋盘组中—上部和上统达里约尔组。层序底界为棋盘组下部第19层，为Ⅱ型界面，顶界为达里约尔组顶界，亦为Ⅱ型界面，故属Ⅱ型层序。由陆块边缘体系域、海侵体系域和高水位体系域组成。

陆架边缘体系域　由棋盘组第19—22层组成，其中第19—21层下部为含砾中粒长石石英砂岩，具大型楔状交错层理，向上变细，基本层序为钙质细粒长石石英砂岩→紫斑泥岩，为三角洲平原相沉积。第21层为小型三角洲，由绿色泥岩→细砂-粉砂岩→紫红色泥岩组成，向上变粗变厚再变细变薄。第22层为绿色泥岩→砂岩→泥岩，向上变粗再变细，为潮坪沉积。第19—22层总体构成进积型副层序组。

海侵体系域　由棋盘组第23—57层组成，其中第23层为巨厚—中层状中粒长石石英砂岩，向上变薄，具大型低角度交错层理，为海相砂滩沉积。第24层向上为混积内陆棚沉积，总体向上海水变深，为退积沉积。基本层序有两种：①黄灰色中层状泥晶生物屑灰岩或灰白色中层状细粒石英砂岩（底为突变）→灰黑色泥岩；②深灰色粉砂岩（具水平纹理，向上渐粗）→灰白色中层状中粒砂岩或泥晶生物屑灰岩→灰色纹层状长石石英粗粉砂岩→黄褐色中层状细粒砂岩→灰黑色碳质页岩，其碳酸盐岩和碎屑岩混合沉积。顶部为杏仁状玄武岩，为拉张型火山喷发，属突发事件。

高水位体系域　由棋盘组第58—75层和达里约尔组组成。其中棋盘组第58—75层仍为内陆棚沉积，但未发育碳酸盐岩，仅顶部见数层中—薄层状泥晶生物屑核形石灰岩与绿灰色泥岩及紫色泥岩互层。基本层序为绿色中—薄层状细粒岩屑长石砂岩（底部为钙质长石粉砂岩）→灰黑色泥岩，砂岩具平行纹层或大型楔状层理，泥岩发育水平层理，主体为动荡海水快速沉积。向上的达里约尔组为湖泊-河流沉积，其中第1—11层为滩后泻湖沉积，基本层序为钙质长石粉砂岩→泥岩或含粉砂微晶灰岩→泥岩，向上变细，海水变浅，水动能减小，为进积型沉积；向上基本层序为中—厚层状细粒砂岩-泥岩夹薄层状砂岩，总体向上变细，为曲流河或辫状河沉积。其中，第11—20层局部具三角洲平原相特征，底可见绿色泥岩，构成向上变粗再变细特征。该体系域总体构成进积型副层序组。

(2)沉积盆地分析

晚泥盆世开始海侵，奇自拉夫组以碎屑岩为主，颜色为灰褐—灰绿色，底部为泻湖相，向上为潮坪→滨→浅海沉积，由局限逐渐变为开阔，水动能渐大。早石炭世早期克里塔克组以碳酸盐岩为主，为开阔清水台地鲕粒滩-滩后沉积。早石炭世晚期和什拉甫组底部为滨岸三角洲沉积，以碎屑岩为主，向上为混积内陆棚→混积外陆棚沉积（碎屑岩和碳酸盐岩混合沉积），向上海水渐深。晚石炭世早期卡拉乌依组仍为碎屑岩和碳酸盐岩混合堆积，由混积外陆棚→混积内陆棚沉积，海水总体变浅，下部灰色页岩大致为本次海侵的最大海泛面。中期阿孜干组以碳酸盐岩沉积为主，为清水台地沉积，向上海水动能渐小、渐浅，以紫红色疙瘩状泥晶灰岩为顶。晚石炭世—早二叠世塔哈奇组以碳酸盐岩为主，为鲕粒滩及其后清水台地沉积。向上中二叠世的棋盘组底部为潮坪沉积，下部为三角洲沉积，均以碎屑岩为主，底部偶夹灰岩，向上为混积内陆棚沉积（碎屑岩混积有碳酸盐岩）。而晚二叠世达里约尔组底部为泻湖沉积，下部为湖泊三角洲平原相，向上为河流相。综上所述，其为基本连续沉积，处于稳定的大地构造背景。

其砂岩以石英砂岩、长石石英砂岩、钙质石英砂岩、钙质岩屑石英砂岩及岩屑长石砂岩为主，岩屑为灰岩或硅质岩，成熟度总体较高，仅顶部达里约尔组局部沉积岩屑长石砂岩，灰岩岩屑5%左右，硅质岩屑10%左右，长石以斜长石为主，石英为单晶，为快速剥蚀沉积。总体来自再旋回造山带。晚泥盆世—晚石炭世图幅南部莫莫克一带水下隆起向西北和东南沉积物变粗变厚，古地理地势变低，物源来自西南方。晚石炭世—晚二叠世由东向西海水变深，西南部达木斯—棋盘一带最厚，向西北和东南地层均变薄，古地理地势变高，物源大部分来自南方铁克里克古陆，向上缺失三叠世沉积。

二、西昆仑地层分区

该区上古生界仅出露石炭系，小面积分布于图幅南部及西南部边缘的喀勒塔尔东和阿喀孜西一带，出露面积约 170km²。与长城系及加里东早期岩体呈断层接触，或被华力西晚期岩体侵入，其主体分布于南邻图幅。计有依莎克群、他龙群、库尔良群 3 个地层单元。

1. 剖面描述

(1)叶城县西河休河石炭系依莎克群(C_1Y)实测剖面(图 2-25)

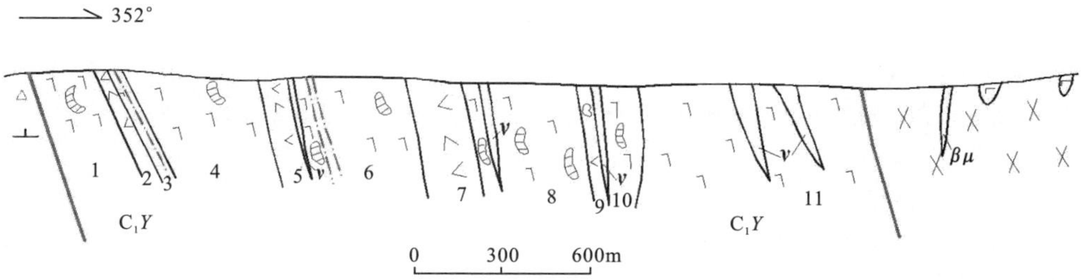

图 2-25　叶城县西河休河石炭系依莎克群(C_1Y)实测剖面图

剖面起于叶城县西克半的，至阿益保龙结束，起点坐标：X=4 097 021，Y=13 654 322；终点坐标：X=4 100 807，Y=13 653 768。剖面方向 352°，总长度约 4.2km。

蚀变辉长岩体(图外)

═══断层═══

石炭系依莎克群(C_1Y)	**厚度>2 309.4m**
11. 灰黑色、灰绿色块状玄武岩	613.2m
10. 青灰色枕状蚀变玄武岩。岩枕长 1～1.5m，宽 30～50cm，具绿帘石化边，其上部 2～5mm 为气孔-杏仁状(硅质充填)构造发育	147.2m
9. 灰色杏仁状安山岩。气孔-杏仁状(硅质充填，直径 1～5mm)构造发育	88.7m
8. 青灰色枕状蚀变玄武岩。岩枕大小一般为 15cm×20cm～20cm×30cm，大者达 0.5cm×1.2m，长轴方向约 80°，杏仁直径 0.1～0.2mm，碳酸岩化明显	254.2m
7. 青灰色角闪安山岩	190.3m
6. 青灰色枕状蚀变玄武岩。岩枕大小一般为 5cm×10cm～10cm×20cm，产状 170°∠50°	252.0m
═══韧性剪切带═══	
6. 青灰色枕状玄武岩。岩枕大小一般为 5cm×10cm～10cm×30cm	56.4m
5. 角闪安山岩	67.9m
4. 灰黑色枕状玄武岩。岩枕大小为 4cm×8cm～10cm×30cm，边部具绿帘石蚀变边	354.5m
3. 玄武质糜棱岩	15.3m
2. 青灰色角闪安山岩。片理发育，局部石英、方解石脉发育，并被拉断成透镜状	30.6m
1. 青灰色枕状玄武岩。岩枕大小一般为 30cm×50cm～80cm×150cm	239.1m

═══断层═══

加里东早期新-藏公路 128km 处岩体：碎裂闪长岩

(2)新-藏公路 133km 处沟东下石炭统他龙群(C_1T)、上石炭统库尔良群(C_2Ke)实测地层剖面(图 2-26)

剖面位于新疆叶城县喀勒塔尔东及新-藏公路 133km 处东，起点坐标：X=4 102 848，Y=13 673 484，H=2 697。地层露头一般，断层影响较大，未见顶底，地层发育不全。但其岩性在区内具代表性。剖面交通状况良好。

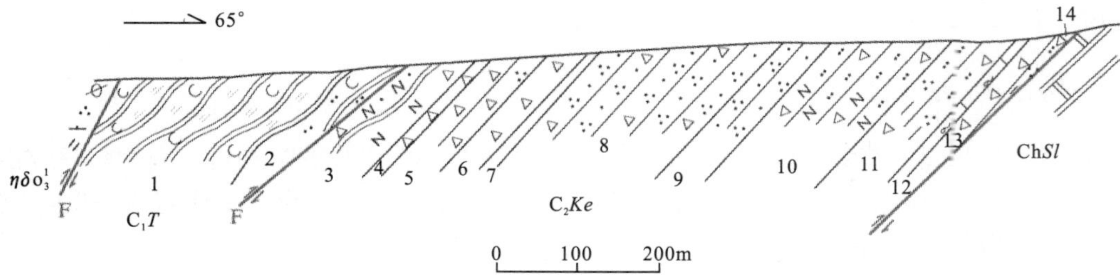

图 2-26　新-藏公路 133km 处沟东下石炭统他龙群(C_1T)、上石炭统库尔良群(C_2Ke)实测地层剖面图

长城系塞拉加兹塔格群大理岩

══════断层══════

上石炭统库尔良群(C_2Ke)　**厚>687.79m**

14. 灰黑色角砾质泥质石英粉砂岩。角砾成分为紫红色细粒石英砂岩,呈扁长条状,定向分布,优选方向与层面交角 8°～25°,大小 1～2mm,含量 15%～20%,棱角—次棱角状,分选差,填隙物为泥质石英粉砂岩,水平纹层发育　15.36m
13. 灰黑色角砾岩。角砾成分为细粒石英砂岩,大小 0.3～20cm,含量约 70%,填隙物为泥质石英粉砂岩,呈条带状　30.72m
12. 灰白色条带状粉晶灰岩。条带为灰色,呈透镜状断续分布　15.36m
11. 灰黑色角砾质泥质石英粉砂岩。角砾呈灰红色,大小 1～3mm,含量 20%～35%　48.76m
10. 灰色角砾质长石粉砂岩。角砾 0.2～2cm,含量 10%～25%　103.75m
9. 灰黑色细粒石英砂岩。水平层理发育,夹有透镜状花岗岩脉　47.56m
8. 浅灰色角砾质细粒石英砂岩。特征同第 10 层,其间石英脉发育　202.54m
7. 浅灰色薄层状细粒石英砂岩。单层厚约 20cm,含自形黄铁矿　40.70m
6. 浅灰色角砾岩。角砾成分为石英砂岩,大小 0.3～30cm,含量 50%左右　32.98m
5. 浅灰色石英岩细角砾岩。砾石含量 60%左右,分选较好,大小 0.3～5cm,次棱角—棱角状,填隙物为泥质石英粉砂岩,局部富集为灰色透镜体　46.13m
4. 浅灰色角砾岩。特征同第 6 层　17.32m
3. 灰色中层状变角砾质细粒长石砂岩。单层厚 20～40cm,砾石成分为钾长石及石英,大小 3～6mm,含量 10%～20%　86.61m

══════断层══════

下石炭统他龙群(C_1T)　**114.36m**

2. 灰黑色碳质粉砂质板岩。呈毫米级页片状　5.76m
1. 灰黑色碳质绢云板岩。风化后呈页片状,碳质局部富集成劣煤层　108.6m

══════断层══════

加里东早期新-藏公路 128km 处岩体:石英二长闪长岩

2. 岩石地层划分及其特征

(1)岩石地层划分

图幅石炭系自下而上划分为下统依莎克群、他龙群和上统库尔良群,各群间均为断层接触。

(2)岩石地层特征

依莎克群(C_1Y)　区内该地层主要发育一套基性熔岩,分布于图幅西南隅的哈拉斯坦河西南侧,沿阿的拉克—喀勒塔尔一带出露,主体位于南邻图幅,区内出露仅相当于前人划分的下部岩性段或下组,出露面积约 140km²。主要岩性为块状玄武岩、枕状熔岩、杏仁状安山岩等,共可见 5 个由玄武岩→安山岩构成的喷发旋回(韵律),枕状构造极为发育,出露厚度 2 309.1m,其内穿插大量辉绿、辉长岩脉,代表一期大规模洋底火山喷发事件,为库地蛇绿岩的重要组成部分。该套地层内部断裂发育,沿裂隙充填石棉矿脉,区域上已构成一条规模较大的石棉矿带。

他龙群(C_1T)　仅分布于喀勒塔尔东,呈长条带状,向南东延出图幅,区内为倒转层序,仅出露其上部部分地层。与加里东早期岩体及上覆上石炭统库尔良群为断层接触,主要岩性为灰黑色碳质绢云板岩及少量碳质粉砂质板岩，偶见劣煤层，为泥炭沼泽化沉积。共两个分层，向上粒度变粗，水深加大，水动力增加，剖面厚 114m。图幅内岩性及厚度在横向上变化不大。

库尔良群(C_2Ke) 仅分布于阿喀孜西及喀勒塔尔东，向南延出图幅，区内为倒转层序。与华力西晚期岩体及下伏他龙群、长城系呈断层接触，为一套陆源碎屑岩偶夹碳酸盐岩建造。主要岩性为浅灰—灰色角砾质细粒长石砂岩、角砾质细粒石英砂岩、角砾质泥质石英粉砂岩、角砾质长石粉砂岩及薄层状细粒石英砂岩、细角砾岩和粉晶灰岩，剖面厚 647m，其角砾成分主要为紫红—灰红色细粒石英砂岩，呈棱角—次棱角状，分选差，单个沉积层横向上变化较大，多呈透镜状。填隙物主体以暗色为主，水平层理发育，局部聚集呈透镜状。总体形成于较还原环境。剖面上部角砾与填隙物成分相同而粒度不同，说明其为异源的。剖面基本层序类型为向上变粗再变细或向上变细，总体向上变细，为水下冲积扇沉积，其水动力、水深渐小，角砾岩为分流水道沉积，其余为分流间沉积。填隙物向上变细为粉砂质，角砾稍小，其水流动力变小，古地理坡度变缓，粉晶灰岩为局部静水沉积。

据 Mckenzie1978 年提出的拉伸模式，大陆岩石圈的拉伸导致异常地幔上涌，使地温梯度变陡。深处的局部熔融进一步降低了岩石圈的深度，使之受热上拱，遭受侵蚀，变薄了的地壳通过铲状正断层作用形成复杂的地堑系。图幅他龙群为弧后盆地中心相较早期含煤页岩建造；库尔良群为边界断层相，其位于盆地靠生长断层一侧，以粗砾质冲积扇碎屑岩为主，向东方向出现暗色深水湖相的粉砂岩、泥岩和碳酸盐岩夹层。与依莎克群为大致同时异相产物。

3. 区域地层对比及时代确定

(1)划分沿革

依莎克群 新疆第十三大队 1957 年在《昆仑山西北部 1∶20 万地质测量与普查工作报告》中建立了依莎克-阿特岩系，时代定为早古生代，当时没有测制剖面。新疆第二地质大队汪玉珍等 1985 年在《新疆南疆西部地质图、矿产图说明书》中将其厘定为青白口纪，改称依莎克群，并列述了详细剖面，分上、中、下三组。之后许多单位和学者相继对该套地层进行了大量研究，其主要划分方案见表 2-5。

表 2-5 图幅依莎克群划分沿革表

新疆第十三大队(1957)		新疆第二地质大队汪玉珍等(1985)			本报告(2004)	
早古生代	依莎克-阿特岩系	青白口纪	依莎克群	上组	早石炭世	依莎克群
				中组		
				下组		

他龙群 地质部第十三大队二中队张良臣等(1958)于昆仑山西北部进行 1∶20 万地质测量及普查工作时创名“塔仑岩系”；新疆地矿局区调大队十分队白光群(1984)在西昆仑叶尔羌河上游地区进行 1∶100 万区域地质调查时及同年新疆地矿局区调大队四分队张志德在西昆仑康西瓦—喀喇昆仑河尾滩地区进行 1∶100 万区域地质调查时，将这套地层划分为他龙群(因 1∶10 万地形图上为他龙，而无塔仑，故用他龙)，时代为早石炭世。1999 年《新疆维吾尔自治区岩石地层》及本报告沿用此划分方案。

库尔良群 该地层 1960 年曾被《喀什幅 1∶100 万说明书》划分为泥盆—石炭系；《西北地区区域地层表 · 新疆维吾尔自治区分册》(1981)将该套地层划分为泥盆—石炭系；新疆区调大队四分队(1982)在《新藏公路沿线考察报告》中将这套地层划分为中—上石炭统；新疆地矿局区调大队四分队张志德等(1984)在西昆仑康西瓦—河尾滩地区进行 1∶100 万区域地质调查时于皮山县克里阳河创名库尔良群，时代为晚石炭世。1999 年《新疆维吾尔自治区岩石地层》及本报告均沿用后一种划分方案。

(2)区域地层对比及时代确定

依莎克群 区域上依莎克群岩性变化不大，以一些克沟出露最全，厚度大于 2 074m。自下而上可划分为 3 个岩性段，下部岩性为块状玄武岩、枕状熔岩、杏仁状安山岩-玄武岩，其内穿插大量辉绿岩脉，中部岩性段为以紫红色为主的杂色安山岩、玄武-安山质火山碎屑岩系，上部岩性段为一套具鲍马序列的火山碎屑浊流沉积。图幅内仅见下部基性熔岩段。

该套地层未见与上下地层的正常接触，据周辉及方爱民等(1998)在一些克沟复理石段发现古生代 *Spumellaria sp.* 和晚泥盆世—早石炭世 *Pylentonema* cf. *typical-Entactinia* cf. *valgaris* 两个放射虫组合及姜春发等(1992)在一些克沟基性熔岩中取得 Rb－Sr 等时线年龄为 359～297Ma，认为依莎克群形成时代应为早石炭世。

值得一提的是自 1983 年以来关于该群的测年数据层出不穷，新疆区测大队汪玉珍等(1983)取得依莎克群枕状玄武岩全岩 K-Ar 同位素年龄 916.66Ma，丁道桂等(1994)在库地取得超镁铁质岩全岩 Sm-Nd 等时线年龄为(651±53)Ma，邓万明等(1992)在一些克沟取得玄武岩-玄武安山岩 Rb-Sr、Sm-Nd 模式年龄 698.36～976.67Ma，肖序常(2003)在超镁铁质岩中浅色岩系获得 SHRIMP 年龄 510Ma。由此不难看出所列年龄难以统一，似乎反映出超镁铁质岩与熔岩不是同期产物，需进一步工作研究。

他龙群　区域上分布在西昆仑叶尔羌河上游及康西瓦—河尾滩地区，大致呈东西向带状分布，其厚度及岩性均有变化(新疆地矿局，1999)。西北部创名地下部沉积物由黑色泥质-碳质页岩组成，夹有砂岩、石灰岩、大理岩及绿色云母-绿泥石片岩和细砂岩；上部由黑、灰黑色碳质泥质页岩和砂岩组成。厚 2 000～2 500m，上未见顶，与下伏地层关系不清。向东至叶尔羌河上游及康西瓦—河尾滩地区岩性变为灰色、灰绿色厚层状变质石英砂岩、粉砂岩、碳质粉砂岩、碳质页岩夹灰色中层状灰岩、大理岩，局部夹浅变质绿泥、绢云石英片岩，厚 1 883～2 935.8m，未见下伏地层，与上覆库尔良群为断层接触。再向东至和田一带，主要为灰绿色薄—中层状凝灰质粉砂岩、凝灰质砂岩、中—细粒石英砂岩、浅灰绿色块状凝灰岩夹灰黑色绢云石英片岩、翠绿色绢云绿泥片岩、灰绿色厚层状中酸性晶屑-岩屑凝灰岩及灰白色灰岩透镜体，厚3 349m。未见底，与上覆晚石炭世皮牙曼组为不整合接触。综上所述，他龙群以灰黑色为主，含碳泥质成分较高，局部有不均匀浅变质现象，自西向东，碳质含量降低，变质加深，厚度变薄。

前人在灰岩中采有䗴 *Eostafflla* cf. *amabilis*、有孔虫 *Tauyayalla dircodea* 及珊瑚和海百合茎碎片，其时代属早石炭世晚期(新疆地矿局，1999)，故他龙群时代确定为早石炭世晚期。

库尔良群　区域上主要分布于西奴山—色拉阿特达坂以北及库尔良—苏纳克一带，沿东西向呈条带状展布，沿走向厚度及岩性均有变化(新疆地矿局，1999)。皮山县克里阳河剖面厚 5 759m，岩性为灰黑—灰色含砂砾岩、碳质粉砂岩、长石石英砂岩、灰岩，灰绿色薄—中层状钙质粉砂岩、砂质结晶灰岩及板状含绿泥绢云微晶片岩、石英片岩、阳起片岩，未见顶，与下伏长城系为断层接触。向西至苏纳克厚 781～788m，为含砾粗砂岩、碳质粉砂岩、中粒砂岩；再向西到叶尔羌河上游，厚 2 722m，岩性为灰白色石英砾岩、变质中粗粒砂岩、片理化碳质结晶灰岩、中细粒长石石英砂岩、灰绿色绢云绿泥石英片岩、变质细粒砂岩、含绿泥绢云石英片岩，未见顶，与下伏他龙群为断层接触；再向西至阿克齐乌斯塘河，厚 1 017m，岩性为褐灰色钙质粉砂岩、灰色角砾状碎屑灰岩、深灰色灰岩与灰黑色片岩、斜长白云母片岩、灰色变质中粗粒砂岩夹灰黑色碳质粉砂岩，未见顶，与下伏他龙群为断层接触。综上所述，该群总体上从东向西厚度变薄，变质程度加深。

前人在该群中采有珊瑚 *Koninckophyllum*，*Empodesma* sp.，*Syringopora* sp. 和海百合茎、腕足类及植物化石，时代归晚石炭世(新疆地矿局，1999)，故库尔良群时代确定为晚石炭世。

第五节　中生界

仅出露塔里木地层分区的侏罗系、白垩系，分布于图幅西部、东南部，出露面积约 56km²。

(一)侏罗系

主要分布于图幅西部的克孜勒克尔、喀拉吐孜煤矿、尤勒巴什北等地，出露面积约 39km²，平行不整合于下伏达里约尔组或棋盘组之上，与上覆白垩系克孜勒苏群整合接触。包括下部的一套湖泊沼泽相杂色含煤碎屑岩和上部的一套红色粗碎屑岩。据此自下而上划分为下—中侏罗统叶尔羌群和上侏罗统库孜贡苏组。

1. 剖面描述

（1）莎车县达木斯乡喀拉吐孜煤矿下—中侏罗统叶尔羌群（$J_{1-2}Y$）实测地层剖面（图 2 - 27）

剖面位于新疆莎车县达木斯乡矿勒克阿勒迪东，起点坐标：X=4 148 127，Y=13 641 829，H=2 235。剖面露头好，地层发育较完整，接触关系清楚，构造相对简单，交通状况良好。

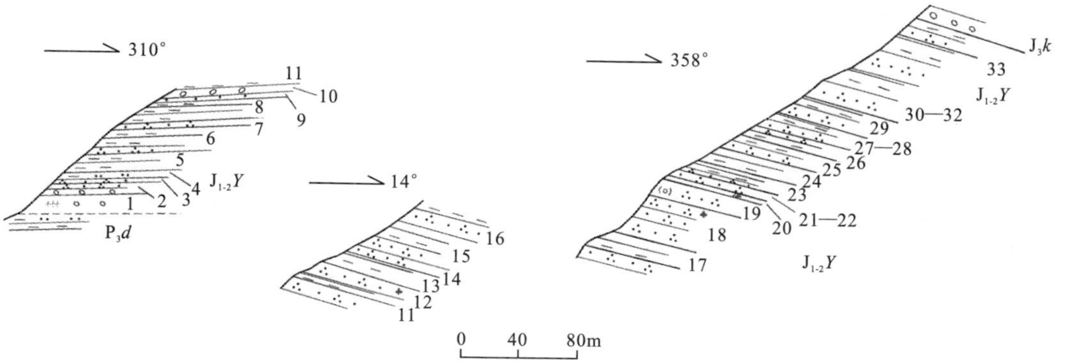

图 2-27　莎车县达木斯乡喀拉吐孜煤矿下—中侏罗统叶尔羌群（$J_{1-2}Y$）实测剖面图

上覆地层：上侏罗统库孜贡苏组（J_3k）紫红色厚层状石英砂岩质砾岩。

————整合————

下—中侏罗统叶尔羌群（$J_{1-2}Y$）　**厚 339m**

33. 底部为浅黄绿色厚层状细粒石英砂岩；向上为灰绿色泥岩夹浅黄绿色薄层状细粒石英砂岩，偶见煤线及泥皮　11.29m

32—30. 底部为浅黄绿色厚层状细粒石英砂岩，厚约 1.3m，底为一突变面，槽状交错层理发育；向上为浅灰绿色泥岩夹浅黄绿色薄层状细粒石英砂岩及少量煤线　59.46m

29. 底部 2.1m 为浅黄绿色厚层状细粒石英砂岩；向上为浅灰绿色泥岩夹浅黄绿色薄层状细粒石英砂岩及煤线，泥、砂岩比例为 5∶1～8∶1　17.31m

28. 底部 2.2m 为浅灰色厚层状细粒石英砂岩；向上为浅灰绿色泥岩、浅灰色薄层状细粒石英砂岩夹煤线，顶部 40cm 为煤层　6.77m

27. 浅灰色薄层状细粒石英砂岩与浅灰绿色泥岩互层夹煤线　6.77m

26. 浅灰绿色泥岩夹浅灰色薄层状细粒石英砂岩及灰黑色煤层（各层比例为 4∶1∶1）。泥岩及煤层页理发育　7.53m

25. 浅灰色薄层状细粒石英砂岩与浅灰绿色泥岩互层夹煤线。砂、泥岩比例为 1∶3，两者突变，煤线多夹于泥岩中　12.79m

24. 浅灰色泥岩与灰黑色煤层互层夹浅灰色薄层状细粒石英砂岩透镜体。共 5 个韵律，向上砂岩渐多　15.05m

23. 灰黑色煤层与浅黄绿色薄层状细粒石英砂岩、泥岩互层。砂、泥岩比例为 2∶1，砂岩呈透镜状，泥岩共 3 层，页理发育　10.54m

22. 浅灰绿色厚层状细粒石英砂岩。底与第 21 层为渐变，向上快速变为砂岩，总体向上变粗又变细　3.76m

21. 下部为浅褐灰色、浅灰绿色厚层状细粒石英砂岩，底为突变，向上变粗变厚再变细变薄；向上渐变为粉砂岩及少量泥岩，中上部夹厚 76cm 的煤层；上部为灰绿色泥岩，页理发育，顶见少量硅质岩透镜体　4.52m

20. 灰黑色煤层。页理发育，底有少量褐灰色薄板状泥岩。顶部 1m 为浅灰色泥岩，与煤层渐变，顶部夹有硅质粉砂岩透镜体。含植物化石：*Podozamites* sp.，*Cladophlebis haiburnensis* (L. et. H) Brongniart，*C.* sp.，*Pagiophyllum* sp.，*Nilssonia* sp.，*Anomozamites* sp.，*Coniopteris* sp.，cf. *Nilssoniopteris pristis* Harris　3.01m

19. 灰绿色厚层状细粒石英砂岩。顶底突变，底界起伏较大，顶界较平。底 1.3m 为浅褐灰色厚层状透镜体，含约 40%的硅质岩及泥岩砾石，大小 0.8～2cm，呈棱角状或不规则状，向上变

细变薄。顶与煤层快速过渡，过渡带厚 5cm　6.77m

18. 浅褐灰色厚层状细粒石英砂岩。槽状交错层理发育。底部 1.3m 为浅灰绿色薄层状粉砂岩，向上变粗变厚渐变为砂岩，与下伏煤层呈突变，界面平直，顶部 2.7m 为灰绿色薄—中层状粉砂岩，向上变细变薄，顶面见有少量灰绿色泥岩。含植物化石：*Phoenicopsis* sp.，*Nilssonia orientalis* Heer，*Elatocladus* cf. *zamioides*（Leckenby）Seward，*Coniopteris* sp.（图版Ⅶ，5B），*Podozamites* sp.，*Ferganiella* sp.（图版Ⅶ，6），*Carpolithus* sp.，*Pityophyllum* cf. *lindstroemi* Nathorst　23.14m

17. 灰黑色煤层。底部 1m 为灰绿色泥岩，页理发育，与煤层突变　20.22m

16. 浅褐灰色厚层状中粒石英砂岩。槽状交错层理发育。底与煤层为一突变面，略有起伏，向上变细变薄　8.00m

15. 灰绿色泥岩夹灰黄色薄层状细粒石英砂岩及煤层。泥岩及煤层页理发育，细砂岩水平层理发育，基本层序为砂-泥-煤层，向上变薄　22.55m

14. 浅褐灰色厚层状细粒石英砂岩。槽状交错层理发育。底与煤层为一突变面，略有起伏，向上变细变薄　7.11m

13. 灰黄色块状泥岩夹煤层。煤层页理发育，一般厚 60cm 左右，基本层序由泥-煤组成，厚 1.8cm 左右　15.65m

12. 浅褐灰色厚层状细—中粒石英砂岩。槽状交错层理发育，底部为突变面，含植物化石 *Neocalamites* sp.　9.25m

11. 灰绿色泥岩。页理发育，中部夹 60cm 煤层，顶部有 20cm 煤层　4.98m

10. 灰红色薄层状细砾岩夹中粒岩屑石英砂岩透镜体（二者比例 3∶1）。砾岩中砾石成分为硅质岩，大小 0.2～1.2cm，占 86%左右，圆状，分选差，表面光滑；填隙物为细砂，普遍含菱铁矿结核；砂岩及砾岩互呈透镜状　4.73m

9. 灰绿色薄层状细粒石英砂岩。平行层理发育，向上变粗变厚　2.37m

8. 灰绿色泥岩。页理发育　13.25m

7. 浅黄绿色厚层状细粒石英砂岩。槽状交错层理发育，与下伏灰红色泥岩界面凸凹不平，突变；夹约 10cm 的灰绿色泥岩，与砂岩突变；总体向上变细变薄　3.31m

6. 灰红色泥岩。底部及中部分别有 2.3m 和 62cm 的灰绿色厚层状细粒石英砂岩，与泥岩突变，横向上厚度变化较大，局部呈透镜状尖灭　11.36m

5. 灰绿色泥岩。页理发育　8.52m

4. 灰绿色泥质粉砂岩。页理发育，与第 3 层突变，中部夹 50cm 的灰绿色薄层状细粒石英砂岩，与粉砂岩突变　3.79m

3. 灰绿色厚层状细粒石英砂岩。发育楔状交错层理，向上变细变薄　2.84m

2. 灰绿色厚层状中—粗粒石英砂岩夹灰绿色复成分砾岩透镜体（二者比例 3∶1～5∶1），砾石砾径 1～2cm　4.26m

1. 灰色厚层状复成分砾岩。砾石成分主要有灰绿、灰红色砂岩及白、黑色硅质岩，少量砾岩，砾径 2～15cm，含量约 89%，次圆—圆状，分选较好，表面光滑，填隙物为较小砾石及细砂，较大砾石呈透镜状富集；底界为一突变面，向上变细，并夹有灰色细粒石英砂岩透镜体　8.52m

------ 平行不整合 ------

下伏地层：上二叠统达里约尔组灰色薄—中层状泥质粉砂岩夹灰色泥岩

(2)莎车县喀什托维—夏合也尔上侏罗统库孜贡苏组(J_3k)实测地层剖面(图 2-28)

剖面位于莎车县达木斯乡喀什托维东，起点坐标：X=4 180 756，Y=13 638 593，H= 1 893。露头较好，地层发育完整，顶底齐全，构造相对简单，交通状况良好。

上覆地层：下白垩统克孜勒苏群砖红色厚层状含砾钙质细粒石英砂岩与灰红色中层状细砾岩不等厚互层

————整合————

上侏罗统库孜贡苏组(J_3k)　厚 55.72m

4. 灰红色厚层状复成分砾岩夹少量灰红色薄层状细粒石英砂岩透镜体。砾石砾径最大达 15cm 左右，其他特征同第 1 层　32.75m

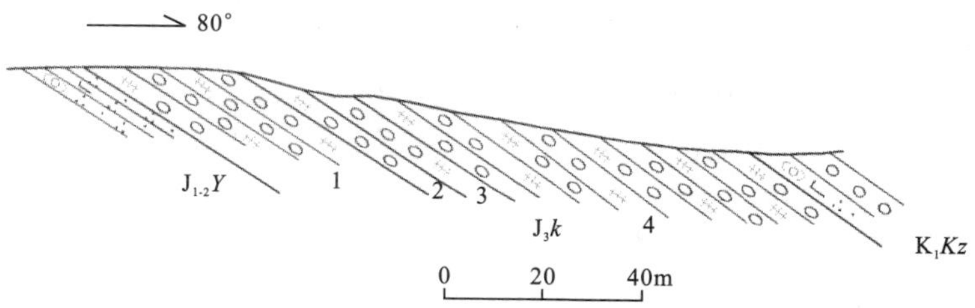

图 2-28　莎车县喀什托推—夏合也尔侏罗系上统库孜贡苏组(J_3k)实测地层剖面图

3. 灰红色厚层状复成分砾岩。特征同第 1 层　4. 61m

2. 灰红色厚层状复成分砾岩偶夹灰红色薄层状细粒石英砂岩透镜体。两者比例 25∶1,突变　3. 58m

1. 灰红色厚层状复成分砾岩。砾石成分主要有灰色钙质石英砂岩、灰黄色细晶白云岩及少量花岗质片麻岩、硅质岩等,砾石含量 65%左右,砾径一般 3～5cm,大者可达 7cm,圆—次圆状,分选好,砾石顺层分布,填隙物为较小砾石及细砂,局部夹灰红色薄板状细粒石英砂岩透镜体,与上下砾岩层呈快速过渡。基本层序为砾岩-砂岩,厚 3～6m。砾岩向上变细或变粗再变细,本层由下向上砾径稍变大,砂质透镜体渐少,基本层序厚度增大,分选性渐差;层底为突变面,略有起伏,切割下伏不同层理　14. 78m

————整合————

下伏地层:下—中侏罗统叶尔羌群灰红色薄板钙质细粒石英砂岩夹泥皮

2. 岩石地层划分及其特征

(1)岩石地层划分

根据其岩石组合、岩石特征及岩层接触关系自下而上划分为下—中侏罗统叶尔羌群、上侏罗统库孜贡苏组。

(2)岩石地层特征

叶尔羌群($J_{1-2}Y$)　与下伏上二叠统达里约尔组呈平行不整合接触,或与石炭系、二叠系呈断层接触,与上覆上侏罗统库孜贡苏组呈整合接触。为一套湖泊三角洲-沼泽相含煤岩系,底部为灰绿色厚层状复成分砾岩。砾石成分主要有灰绿、灰红色砂岩,白、黑色硅质岩,少量砾岩,砾石含量 89%左右,砾径 2～15cm,呈次圆—圆状,分选较好,球度一般,表面光滑,大的砾石呈透镜状富集,填隙物为较小砾石及细砂,底为突变面,略有起伏,切割下伏地层层理。向上为灰绿色泥岩夹黄绿色、褐灰及灰绿色厚—薄层状细粒石英砂岩及灰黑色煤层、少量粉砂岩及砾岩,泥岩和煤层页理发育,砂岩发育槽状、楔状交错层理及平行层理,基本层序由泥岩→砂岩→煤层组成,或由砂岩→泥岩→煤层组成,为向上变粗,变厚再变细变薄,或向上变细变薄,喀拉吐孜煤层厚 339m,中部煤层较厚,为可采煤层,基本层序向上变厚,其岩石组合及厚度区域上均有变化,在喀拉吐孜煤层最厚,向南逐渐变薄,向北迅速变薄,甚至尖灭。向南棋盘、普沙等地,底部碎屑层不发育,全变为杂色的砂岩、泥岩互层夹煤层,向北变为干澡的湖泊三角洲边缘相夹杂灰紫褐色杂色层。

本组内采有植物化石:*Nilssonia orientalis* Heer(图版Ⅶ,5A),*Elatocladus* cf. *zamioides* (Leckenby) Seward(图版Ⅶ,2),*Pityophyllum* cf. *lindstroemi* Nathorst,*Cladophlebis haiburnensis* (L. et. H) Brongniert(图版Ⅶ,1),*Neocalamites nathorsti* Eratman,*Vittifoliolum paucinerve* Wu,*Phoenicopsis* cf. *angustifolia* Heer(图版Ⅶ,3),时代为早—中侏罗世。

库孜贡苏组(J_3k)　与下伏下—中侏罗统叶尔羌群及上覆下白垩统克孜勒苏群均为整合接触,为一套灰红色粗碎屑岩系。喀拉托维剖面厚 55m,主要岩性为灰红色厚层状复成分砾岩夹细粒石英砂岩透镜体,总体向上变粗,其砾岩砾石成分主要有灰色钙质石英砂岩、灰黄色细晶白云岩及少量花岗质片麻岩、硅质岩等,砾石含量 65%左右,砾径一般 3～5cm,大的达 7～15cm,呈次圆—圆状,分选好,球度一般,大的砾石顺层分布,填隙物为较小砾石及细砂。其底界为突变面,略有起伏,切割下伏地层层理。总体为冲积扇沉积。

3. 生物地层划分及其特征

叶尔羌群含丰富的 *Coniopteris-Phoenicopisis* 植物群,其主要分子有:*Coniopteris* sp.,*Podozamites* sp., *Phoenicopsis* cf. *angustifolia* Heer, *P.* sp., *Neocalamites nathorsti* Eratman, *Vittifoliolum paucinerve* Wu, *Eretmophyllum* sp., *Elatocladus* cf. *zamioides* (Leckenby) Seward, *Nilssonia orientalis* Heer, *Pityophyllum* cf. *lindstroemi* Nathorst, *Cladophlebis haiburnensis* (L. et H.) Brongniart, *Pagiophyllum* sp., cf. *Nilssoniopteris pristis* Harris(图版Ⅶ,4)等。其中,*Neccalamites nathorsti* Eratman 十分常见,是英国约克群中侏罗世的种;*Phoenicopsis* cf. *angustifolia* Heer 见于我国北方早、中侏罗世;*Nilssonia orientalis* Heer, cf. *Nilssoniopteris pristis* Harris 则与中国南方下侏罗统香山组植物化石组合主要分子相同,故其年代地层为下—中侏罗统。

4. 区域地层对比及时代确定

叶尔羌群 德·泰拉(1932)将塔里木盆地西南缘至昆仑山一带的一套含煤岩系划为叶尔羌群,其中包括部分二叠纪地层。H·A·别良耶夫斯基(1946)又将该套沉积命名为含煤岩系。地质部第十三大队(1957)在艾格留姆河工作时将该群划分为艾格留姆岩系。西北煤田地质局156队(1962)将相当艾格留姆岩系的地层划归叶尔羌群。新疆地质局区测大队一连三排(1971)将该套沉积划为中部灰绿色岩系。新疆区域地层表编写组(1981)将出露于托云、昆仑山、阿尔金等地的一套湖沼相含煤碎屑岩划为叶尔羌群,其时代划归早—中侏罗世。1999年《新疆维吾尔自治区岩石地层》及本次区域地质调查仍沿用新疆区域地层表编写组(1981)的划分方案。

该群区域上呈两个条带状展布(新疆地矿局,1999),东带在叶尔羌河以南断续出露于曲瑞木、克孜勒克尔—喀拉吐孜煤矿—棋盘煤矿—莫莫克—普沙煤矿等地(本图幅位于其南段),向北主要分布于科克同他乌山,其两侧多为断裂,总厚约2 774m,地层发育较全,划分为6个组;西带主要在项德里克,经昔里必力、库斯拉甫至坎地里克等地呈北北西向长楔形展布,尖灭于坎地里克沟北2km,两侧多为断裂控制,局部见其不整合在上泥盆统奇自拉夫组之上。东西两带岩性及与生物资料均可对比,区域上岩性较稳定,厚度变化较大。

据史基安(2001)《塔里木盆地西部层序地层与沉积、成岩演化》,区域上本群孢粉组合以 *Cyathiditesminor* 为主,自下而上呈现出早侏罗世早期—中侏罗世晚期特色,综合图幅古生物资料,本区叶尔羌群时代确定为早—中侏罗世。

库孜贡苏组 新疆地质局库巴队(1958)在阿尔金山及昆仑山的喀拉米兰地区将该套地层划为晚侏罗世上艾西岩系。新疆地质局第四区测大队(1960)在该区将这套地层划归晚侏罗世。新疆地质局一连三排丁战等(1971)在1∶20万课帕幅(J-45-ⅩⅩⅤ)区调时划为晚侏罗世。1971年区测队一连三排张玉谦等在阿尔金地区1∶20万且末等幅(J-45-ⅩⅩ、ⅩⅩⅠ、ⅩⅩⅩⅠ、ⅩⅩⅩⅡ)区调时又划分为晚侏罗世上部红色岩系。新疆区域地层表编写组(1981)在新疆乌恰县库孜贡苏河下游小黑孜威将该套地层正式命名为库孜贡苏组,时代定为晚侏罗世。1999年《新疆维吾尔自治区岩石地层》认为应停用上艾西岩统,本区均以库孜贡苏组来命名该套地层。本次区调亦从之。

区域上该组主要分布于乌恰县东北、库孜贡苏河—小黑孜威—托云一带,岩性变化不大,以红色厚层状—巨厚层状砾岩为主,夹砂岩及少量砂质泥岩,砾径由下向上逐渐变粗,横向上红色砾岩可相变为灰、绿色,未见化石。其厚度在乌恰县以东的托云只有160m,往东至阿尔金一带厚500~1 100m(新疆地矿局,1999),本组在乌恰附近的库孜贡苏河出露较完整。

本组未发现可靠化石,与其整合接触的下伏叶尔羌群顶部的孢粉、植物等化石为中侏罗世晚期,上覆克孜勒苏群的孢粉、介形类时代为早白垩世。因此,将库孜贡苏组时代划归晚侏罗世。

(二)白垩系

主要在图幅西北部的阿尔塔什—克孜勒克尔西、喀拉吐孜煤矿西一带呈长条带状展布,零星出露于图幅东南部的克里阳北东、吐格曼北等地,与下伏上侏罗统库孜贡苏组、上覆古近系阿尔塔什组呈整合接触或断层接触,出露总面积约17km²。其下部为紫红—鲜红色粗碎屑岩,上部为灰绿→杂色→紫红色碎屑岩夹少量碳酸盐岩,据岩石组合、岩石特征自下而上分为下统克孜勒苏群和上统英吉莎群。

1. 剖面描述

(1)莎车县喀什托维-夏合也尔白垩系实测地层剖面(图 2-29)

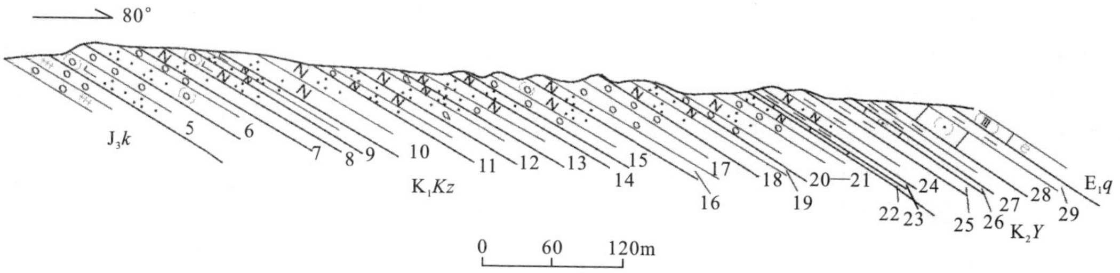

图 2-29　莎车县喀什托维-夏合也尔白垩系实测地层剖面图

剖面位于莎车县达木斯乡喀什托维东，起点坐标：$X=4\ 180\ 756$，$Y=13\ 638\ 593$，$H=1\ 893$。剖面露头好，连续出露，顶底齐全，构造相对简单，交通状况良好。

上覆地层：古近系古新统阿尔塔什组灰黄色薄—厚层状含硬石膏泥晶灰岩夹灰红色薄板状含硬石膏泥晶灰岩

————整合————

上白垩统英吉莎群(K_2Y)　**厚 220.15m**

29. 鲜红色泥岩。页理发育，上部夹厚 80cm 左右的透镜状灰岩层，顶部夹 3 层灰红色薄板状含硬石膏泥晶灰岩，向上变厚并突变为厚层状，过渡带厚 62cm 左右　10.4m
28. 浅灰红色厚层状含砂质粉晶灰岩　29.81m
27. 杂色泥岩。页理发育，灰绿、灰红色呈斑杂状　20.80m
26. 浅灰红色厚层状含砂质粉晶灰岩。平行层理发育，与上、下层呈突变接触，总体向上变粗变厚再变细变薄，横向上呈尖灭状　97.06m
25. 灰绿、灰红、杂色泥岩。页理发育　23.57m
24. 灰绿色泥岩与灰绿色中层状细粒长石砂岩互层。两者比例 3∶1，泥岩页理发育，砂岩由下向上变厚再变薄，平行层理发育　29.12m
23. 灰绿色泥岩。页理发育，底部 18cm 为灰→绿色泥岩，总体向上变粗变厚，顶部夹一层厚 5cm 的灰绿色砂岩　7.04m
22. 灰黄色厚层状微晶灰岩。底部 45cm 为灰绿色泥岩，页理发育，向上变粗变厚再变细变薄。顶部不均匀分布有少量灰红色泥岩，再向上为粉砂岩。粉砂岩底界起伏不平，向上变细变薄　2.35m

————整合————

下白垩统克孜勒苏群(K_1Kz)　**厚 342m**

21. 鲜红色、灰红色厚层状细粒长石石英砂岩夹灰红色中—厚层状细砾岩。单个基本层序厚 6.9～18m，向上变厚，总体为砂→砾→砂，向上变粗再变细，顶部 2m 为紫红色泥岩，向上变细变薄　58.25m
20. 灰红色中—厚层状细砾岩夹薄层状细粒长石石英砂岩透镜体。底为突变，向上渐变为砂岩，基本层序由砾岩→砂岩组成　2.38m
19. 鲜红色薄层状细粒长石石英砂岩。总体向上变粗变厚再变细变薄　8.34m
18. 鲜红色厚层状细粒长石石英砂岩夹细砾岩透镜体。细砾岩底为突变面，略有起伏，切割下伏层理，单个基本层序厚 3m 左右，向上变粗为砾岩再向上变细，局部含泥砾　17.88m
17. 灰红色厚层状砾岩夹薄透镜状含砾细粒长石石英砂岩。砾石成分为砂岩、石英岩，砾径 0.3～3.6cm，含量 25%～43%　28.90m
16. 鲜红色厚层状细粒长石石英砂岩夹细砾岩。中上部含钙质结核，基本层序厚 2～6m，向上粒度变粗，钙质结核增加，顶为细砾岩透镜体，厚 0.5～1.2m，砾岩向上变细　7.63m
15. 鲜红色厚层状含砾细粒长石石英砂岩夹细砾岩。两者渐变，比例 4∶1，普含 3%～42%的砾石，其成分主要为砂岩、硅质岩、灰岩，砾径 0.2～4.3cm，分选、磨圆及球度均好，韵律层厚 1.2～1.9m　28.35m
14. 灰红色薄层状钙质细粒长石石英砂岩。向上变粗再变细　7.63m
13. 鲜红色厚层状细粒长石石英砂岩夹灰红色厚层状砾质长石石英砂岩。上部 10m 含钙质结

核，其顶部 30～50cm 为钙质结核层，含量达 90%以上，再向上钙质结核迅速减少，变细为红色粉砂岩 29.99m

12. 鲜红色厚层状细粒长石石英砂岩。顶部 5m 含钙质结核，最顶部 10cm 为钙质结核层，含量 90%左右，直径 6～9cm 29.99m

11. 鲜红色厚层状细粒长石石英砂岩夹灰红色砾质粗粒长石石英砂岩或砾岩。两者比例 7∶1 23.33m

10. 鲜红色厚层状细粒长石石英砂岩。中部夹 40～80cm(共四层)透镜状灰绿色砾质细砂岩，砾石含量 15%左右，大的达 3.6cm 36.43m

9. 鲜红色厚层状细粒长石石英砂岩夹灰红色薄—中层状钙质细粒长石石英砂岩。两者突变，比例 8∶1，后者单层厚 10～30cm，发育平行层理 10.72m

8. 灰红色厚层状含砾钙质细粒长石石英砂岩。底有 80cm 细砾岩，底面略有起伏，向上变细，共两个韵律。砾石含量 30%～90%，砾径 0.4～3.7cm，成分为砂岩及少量硅质岩、灰岩，呈次棱角—次圆状，球度一般，分选差，填隙物为小砾石及细砂 7.71m

7. 鲜红色厚层状细粒长石石英砂岩。楔状交错层理发育 11.31m

6. 砖红色厚层状含砾细粒石英砂岩夹灰红色薄—厚层状细砾岩透镜体。两者比例 20∶1 17.77m

5. 砖红色厚层状含砾钙质细粒石英砂岩与灰红色中层状细砾岩互层。两者比例 6∶1，砂岩发育楔状交错层理，砾岩中砾石含量 80%左右，砾径 0.3～7cm，成分主要有砂岩、石英岩、硅质岩及少量白云岩，一般 0.3～2cm，呈次棱角—次圆状，球度一般，分选差，顺层略显定向，填隙物为较小砾石及细砂；砂岩单层厚 0.6～1.1m，砾石含量 8%左右 16.35m

————整合————

下伏地层：上侏罗统库孜贡苏组灰红色厚层状复成分砾岩夹少量灰红色细粒石英砂岩透镜体

(2)皮山县克里阳北东下白垩统克孜勒苏群(K_1Kz)实测地层剖面(图 2-30)

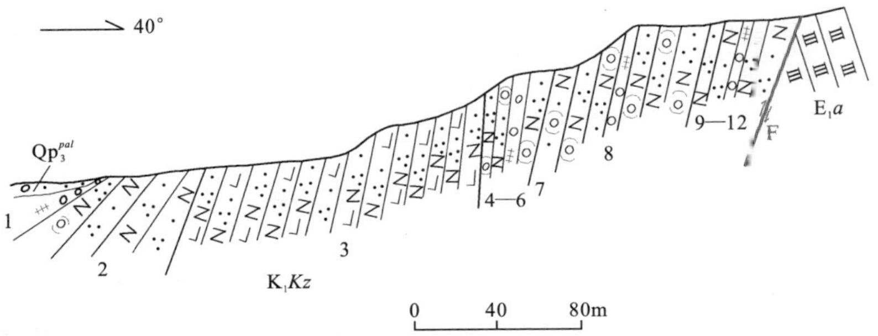

图 2-30 皮山县克里阳北东下白垩统克孜勒苏群(K_1Kz)实测地层剖面图

剖面位于皮山县克里阳北东，起点坐标：$X=$ 4 130 166，$Y=$13 753 728，$H=$ 2 207。露头好，构造相对简单，未见顶底，交通状况良好。

古近系古新统阿尔塔什组白色厚层状纤维状硬石膏层

————整合————

下白垩统克孜勒苏群(K_1Kz) **厚 286.38m**

12. 灰黄色细粒长石石英砂岩。层理不清 13.95m

11. 砖红色厚层状细粒长石石英砂岩。偶含砾 7.44m

10. 灰褐色厚层状复成分砾岩。特征同第 1 层，底为突变面，略有起伏，向上变细 1.86m

9. 砖红色厚层状细粒长石石英砂岩。偶含砾，局部粒度变粗 18.61m

8. 紫红色、浅灰色厚层状含砾中粒长石石英砂岩夹灰红色复成分砾岩透镜体。砾岩底为突变面，厚 70cm，向上砾石减少，粒度变细，顶部快速过渡为砂岩，发育槽状交错层理 56.60m

7. 浅肉红色厚层状砾质中粗粒长石砂岩。砾石成分主要有砂岩、粉砂岩及硅质岩，含量约 18%，砾径 0.3～3.1cm，呈圆—次圆状，分选差，球度一般，表面较粗糙，填隙物为中粗砂。底为突变，界面不平，顶为渐变 8.67m

6. 紫红色厚层状含砾中粒长石石英砂岩。偶含3%左右的砾石，分布不均。偶夹有浅灰色含砾中粒长石砂岩，不规则分布	4.7m
5. 灰褐色厚层状中砾复成分砾岩。特征同第1层	5.67m
4. 紫红色厚层状含砾细粒长石石英砂岩夹透镜状砾岩。含砾砂岩中砾石含量约3%，以灰色石英砂岩为主，呈圆—次圆状，球度一般，分选差；砾岩厚3～5cm，长30～60cm，特征同第1层；局部夹页理发育的泥质粉砂岩，底部夹厚30cm的砾岩透镜体，与砂岩呈枝叉状突变接触。总体向上砾径稍变小，0.2～2.1cm，层理变薄，砾石减少，粒度变细	2.67m
3. 棕红色厚层状钙质细粒长石石英砂岩。大型槽状交错层理发育，具较小浅灰黄色还原斑；上部层间夹暗褐色含粉砂质泥岩，5～30cm，偶见薄层状石膏	118.10m
2. 暗褐色夹灰绿色条带细粒长石石英砂岩。层理不清，底部含约4%的砾石，0.3～0.5cm，与下伏砾岩突变接触，界面略有起伏	40.14m
1. 褐灰色厚层状中砾复成分砾岩。砾石含量约85%，成分主要有硅质岩、石英砂岩及粉砂岩、钙质石英砂岩，砾径1.0～14cm，次圆—圆状，球度一般，表面光滑，分选差，大小混杂，分布不均，大的砾石顺层呈透镜状富集，填隙物为较小砾石及细砂	5.07m

（未见底）（第四系覆盖）

2. 岩石地层划分及其特征

(1)岩石地层划分及沿革

克孜勒苏群　地质部第十三大队(1958)在喀什一带工作时将其称为Cenomanian(赛诺曼)层，时代为白垩纪。1959年新疆石油管理局地调处郝服光将这套地层划为早白垩世早期褐红色砂岩层和上部早白垩世晚期砖红色砂岩层。中国科学院南京地质古生物研究所顾知微(1962)称为奥依塔克群，时代归早白垩世。新疆石油管理局地调处107-109/75队(1975)在新疆乌恰县康苏北侧2km创名克孜勒苏群，分为下亚旋回和上亚旋回。西北石油地质局康玉柱(1981)将其定名为乌鲁恰克组，时代为早白垩世晚期。《新疆维吾尔自治区岩石地层》(1999)沿用克孜勒苏群一名。

英吉莎群　该群创名前，与其相当的地层多用欧洲白垩纪的一些阶名(如土伦阶、赛诺曼阶)代替。新疆石油管理局地调处107－109/75队(1975)在英吉沙县南创名英吉沙群，新疆区域地层表编写组(1981)引用后使用稳定。《新疆维吾尔自治区岩石地层》(1999)将英吉莎群自下而上分为库克拜组、乌依塔克组、依格孜牙组、吐依洛克组。

根据图幅内白垩系的岩石特征、岩石组合及接触关系自下而上划分为下统克孜勒苏群和上统英吉莎群。由于图幅英吉莎群厚度小，地层出露宽度窄，本次区域地质调查工作时，未将其进一步划分到组。

(2)岩石地层特征

克孜勒苏群(K_1Kz)　与下伏库孜贡苏组及上覆英吉莎群为整合接触，以砖红—鲜红色为特征，岩石组合为厚层状复成分砾岩、厚层状(偶见薄层状)细粒长石石英砂岩、石英砂岩、钙质细粒长石石英砂岩及厚层状含砾中粒长石石英砂岩夹细砾透镜体，顶为鲜红色泥岩。发育楔状、槽状交错层理及平行层理。基本层序向上变粗再变细或向上变细，砾与砂为突变，偶见渐变。横向上其岩性稳定，厚度有变化。喀什托维东剖面厚342m，棋盘厚189m，向南东较薄。克里阳东剖面未见顶底，厚286m。

英吉莎群(K_2Y)　与下伏克孜勒苏群及上覆古近系古新统阿尔塔什组均为整合接触。在图幅西部，由下向上岩石颜色由灰绿→杂色→紫红色组成，岩石组合为灰绿—灰红色泥岩、浅灰红色厚层状含砂质粉晶灰岩，下部夹灰绿色中厚层状细粒长石砂岩，顶部紫红色泥岩夹3层薄层状粉晶灰岩，向上渐厚，间隔渐薄。喀什托组剖面厚220m，横向上向南东渐薄。

克里阳东下部为褐红色砂质泥岩和砂岩夹石膏层，上部为肉红色、浅灰色块状石灰岩和生物碎屑灰岩，产双壳类化石，向东尖灭。

3. 区域地层对比及时代确定

克孜勒苏群　区域上沿西昆仑山前地带呈带状断续分布(新疆地矿局，1999)，西起买尔苏上游，向南东经且木干、乌依塔克、吐依洛克延至棋盘，再往东分布于玉力群、杜瓦一带。向南东厚度迅速变薄。由

1 219m(乌依塔克)减至 94m(棋盘)。克里阳向东也迅速变薄,布雅皮西仅厚 16m。

据新疆维吾尔自治区区域地层编写组(1981)和唐天福(1989)研究,在南天山山前带本群下部发现介形类 *Rhinocypris cirrita* , *R. echinata*, *Darwinula tubiformis*, *Cypridea koskulensis*, *C. simplex* 等,显示早白垩世的特征。在其上部含以 *Lygodiumsporites*, *Converrucosisporites*, *Verrucosisporites*, *Cicatricosisporites*, *Classopollis*, *Clavatipollenoites*, *Liliacidites*, *Cupuliferoidaepollenites* 等为主的孢粉组合,时代为早白垩世。故本群时代确定为早白垩世。

英吉莎群　分布同克孜勒苏群,主要为灰绿色泥岩、灰岩、红色生物灰岩和红色膏泥岩及石膏层。厚度也向南东变薄。

据《新疆维吾尔自治区岩石地层》(1999),在本群中上部采获固着蛤 *Osculigera qimuganensis*, *Biradiolites boldjuanensis*;据 1∶50 万《新疆南疆西部地质图、矿产图说明书》(1985),本群产双壳类 *Exogyra olisiponensis*, *Gryphaea costei*, *Gryostrea turkestensis* 及菊石 *Placenticeras placenta*, *Thomasites koralabicus*,时代为赛诺曼阶-土仑阶;介形虫 *Brachycythere neusiformis*, *Bythocypris iuminosa* 等,是晚白垩世的重要分子;下部产海相藻类化石 *Palaeohysrichophorum infusorioides* 及 *Spinferites ramosusval*,为欧洲土仑阶的重要分子。故图幅英吉莎群时代确定为晚白垩世。

4. 中生界沉积盆地分析

(1)沉积层序划分及其沉积相组合

按照旋回层序及层序界面的划分原则,对图幅内中生界做了层序地层划分,分出一级层序 1 个(Ⅰ$_3$),二级层序 2 个(Ⅱ$_1$、Ⅱ$_2$),三级层序 6 个(图 2-31)。一级层序Ⅰ$_3$底界为中生界底界即叶尔羌群砾岩底界,为Ⅰ型界面;顶界为古近系古新统阿尔塔什组中部石膏层顶界,为Ⅱ型界面。

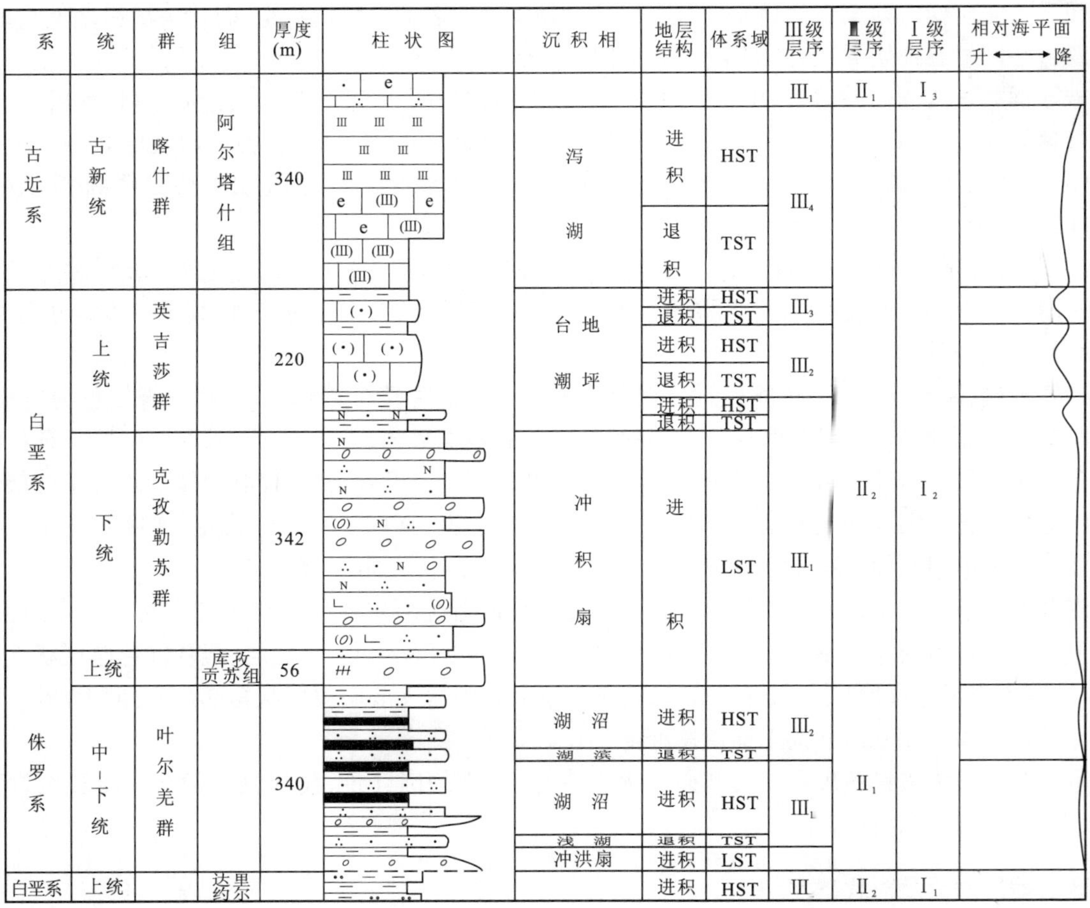

图 2-31　塔南分区中生界层序地层特征

①Ⅱ$_1$层序

由侏罗系下—中统叶尔羌群地层组成。其底界同Ⅰ$_3$层序底界，顶界为叶尔羌群顶界，共划分为2个三级层序。

Ⅲ$_1$层序：包括叶尔羌群下部(剖面第1—17层)，底界同Ⅰ$_3$底界，为Ⅰ型界面，顶界为第17层煤层顶界，为Ⅱ型界面。由低水位体系域、湖泛体系域和高水位体系域组成。

低水位体系域 由剖面第1—6层组成，为冲积扇沉积，自下而上为复成分砾岩→砂岩夹砾岩透镜体→泥质粉砂岩→灰绿色泥岩→灰红色泥岩夹灰岩，砂岩中楔状交错层理发育，粉砂岩、灰绿色泥岩中页理发育。向上变细，水动能减小，为进积沉积。

湖泛体系域 由剖面第7—8层组成，自下而上为泥岩→砂岩→泥岩，砂岩向上变细变薄，槽状交错层理发育，表明向上水体变深。

高水位体系域 由第8—17层组成，可分出第8—9、10—11、12—13、14—15、16—17层5个基本层序，第8—9层为三角洲前缘沉积，向上变粗，第10—17层为三角洲平原相沉积，向上变细，第10、12、14、16层槽状交错层理发育，为分流河道沉积，其余泥岩夹煤层为分流间沉积，水平层理发育，向上煤层变厚。总体为进积沉积。

Ⅲ$_2$层序：包括剖面第18—23层，底界为第18层砂岩底界，为Ⅱ型界面，顶界同Ⅱ$_1$层序顶界，为Ⅰ型界面。由湖泛体系域和高水位体系域组成。

湖泛体系域 由剖面第18层砂岩组成，槽状交错层理发育，向上变粗变厚再变细变薄，向上水动力变大再变小，湖水变深，为退积沉积。

高水位体系域 由剖面第19—33层组成，为湖泊三角洲沉积，基本层序由泥→砂→泥→煤或砂→泥→煤组成，砂岩槽状交错层理发育，为分流河道沉积，泥岩和煤层为分流间沉积。总体向上煤层变薄，但基本层序总体变细。为进积沉积。

②Ⅱ$_2$层序

由侏罗系上统库孜贡苏组、白垩系下统克孜勒苏群、上统英吉莎群、古近系古新统阿尔塔什组下部组成。底界为库孜贡苏组复成分砾岩底界，为Ⅰ型界面，顶界为阿尔塔什组石膏层顶界，由4个三级层序组成。

Ⅲ$_1$层序：由库孜贡苏组、克孜勒苏群及英吉莎群底部组成。底界同Ⅱ$_2$底界，为Ⅰ型界面，顶界为英吉莎群第25层灰红色泥岩上部，为Ⅱ型界面，故为Ⅰ型层序。由低水位体系域、海侵体系域和高水位体系域组成。

低水位体系域 总体为冲积扇沉积，由库孜贡苏组、克孜勒苏群组成，基本层序为砾→砂岩含砾砂岩→砂岩，向上变细，顶部见砂→砾→砂，向上变粗再变细，为辫状河沉积。构成两个旋回：粗→细(顶见钙质结核)和细→粗→细(顶见紫红色泥岩)。整体为进积沉积。

海侵体系域 由英吉莎群第22—24层组成，由泥坪演化为砂泥混合坪(砂岩水平层理发育，泥岩页理发育)，向上变粗，海水加深，动能增大，为退积沉积，混合坪基本层序为泥→砂→泥，向上变粗再变细，其底部第22层底界为一微弱海侵面，由紫红色泥岩→灰黄色微晶灰岩→灰红色泥岩组成。

高水位体系域 由英吉莎群第24—25层组成，由泥砂混合坪演化为泥坪，前者基本层序同海侵体系域。后者由灰绿色泥岩→灰红色泥岩组成。向上总体海水变浅，动能减小，为进积沉积。

Ⅲ$_2$层序：由英吉莎组中部第25—27层组成。为潮坪沉积，由杂色泥岩→浅灰红色厚层状含砂质粉晶灰岩→杂色泥岩组成，砂质粉晶灰岩平行层理发育，向上变粗再变细变薄，反映海水变深再变浅，动能变大再变小。其海侵体系域由杂色泥岩→含砂质粉晶灰岩组成，中部较粗，向上变粗变厚，海水变深，动能变大；高水位体系域由含砂质粉晶灰岩→杂色泥岩组成，向上变细，海水动能减小、变浅。

Ⅲ$_3$层序：由英吉莎群上部第27—29层组成，其特征同Ⅲ$_2$，由杂色泥岩→含砂质粉晶灰岩→鲜红色泥岩组成，其上部强烈氧化，厚度较Ⅲ$_2$小。

Ⅲ$_4$层序：由达木斯喀什托维剖面阿尔塔什组下部第30—32层组成(后述)，其底界为阿尔塔什组底界，与英吉莎群渐变，顶界为石膏层顶界，均为Ⅱ型界面，故为Ⅱ型层序。由海侵体系域和高水位体系域组成。

海侵体系域 由第30—31层组成，下部灰黄色含硬石膏泥晶灰岩，向上变粗变厚为含硬石膏泥晶生物屑灰岩。总体为台地潮坪沉积，向上海水渐深，动能渐大。为退积沉积。

高水位体系域　由第32层组成，薄层状含硬石膏泥晶灰岩→细晶石膏岩层，为闭塞泻湖沉积，向上海水渐浅，为进积沉积。

(2)中生界沉积盆地分析

侏罗纪早期发生断陷沉积，底部为冲积扇沉积，向上为湖泊三角洲平原相沉积，夹有煤层，为重要的成煤期，侏罗纪晚期继续发生断陷，形成冲积扇沉积，一直到白垩纪晚期，发生三次海侵，形成潮坪沉积，到白垩纪末期，发生海水汇集，最终形成蒸发台地，沉积了较厚的石膏岩层。总体沉积于造山带前陆盆地，其中侏罗系砂岩以石英砂岩为主，白垩系以长石石英砂岩为主，含泥质岩屑5%～10%，物源为再旋回造山带。

图幅内中生代古地势较高，沉积层总体较薄，向西北古地理地势降低，沉积层厚度变大。

第六节　新生界

广泛分布于除图幅西南部、南部以外的大部分区域，包括古近系、新近系和第四系。总面积约10 620km^2。

(一)古近系

在图幅西北部的阿尔塔什—英巴格西、喀拉吐孜煤矿北东等地呈条带状展布，在图幅东南部的依格孜格尔、卡拉克、托万恰克等地零星出露。与下伏上白垩统英吉莎群及上覆新近系中新统乌恰群呈整合接触(部分地方与下伏白垩系呈断层接触)，出露面积约237km^2。为一套泻湖相、海相沉积的碎屑岩建造。自下而上分为阿尔塔什组、齐姆根组、卡拉塔尔组、乌拉根组和巴什布拉克组，各组间均为整合接触。

1. 剖面描述

(1)莎车县塔什纳塔尔西古近系始—渐新统巴什布拉克组($E_{2-3}b$)上部实测地层剖面(图2-32)

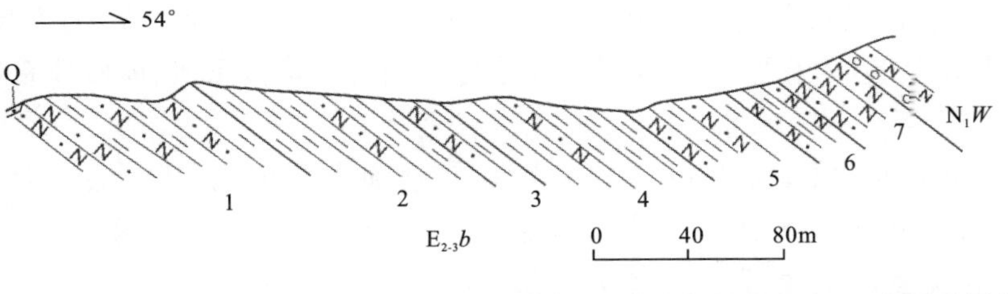

图2-32　莎车县塔什纳塔尔西古近系始—渐新统巴什布拉克组($E_{2-3}b$)实测地层剖面图

剖面位于新疆莎车县达木斯乡塔什纳塔尔西，起点坐标：X=4 186 347，Y=13 640 533，H=1 784。露头较好，构造相对简单，接触关系清楚，交通状况较好，达木斯-和什拉甫乡级公路从西侧通过。

上覆地层：新近系中新统乌恰群灰红色厚层状细—中粒长石砂岩

————整合————

古近系始—渐新统巴什布拉克组($E_{2-3}b$)上部	**厚267.86m**
7. 灰红色薄层状细粒长石砂岩。基本不夹泥岩，中上部夹9cm左右细砾岩透镜体	18.31m
6. 灰红色薄层状细粒长石砂岩夹紫红色泥岩。两者比例2∶1～3∶1，砂岩呈薄层状—薄板状，泥岩页理发育，分布不均	13.08m
5. 灰红色薄层状细粒长石砂岩与泥岩互层，底部60cm为砾岩。底为一冲刷面，略有起伏，砂岩发育楔状交错层理	38.85m
4. 紫红色泥岩夹灰红色薄层状细粒长石砂岩	57.02m
3. 灰红色泥岩与薄层状细粒长石砂岩互层	18.73m
2. 灰红色泥岩夹薄层状细粒长石砂岩。泥岩页理发育，砂岩占18%～30%	69.23m
1. 灰红色泥岩与薄层状细粒长石石英砂岩互层。两者比例1∶1～1∶1.5，偶夹0.3～3cm薄层石	

膏，泥岩页理发育，砂岩呈薄板状，发育平行或波状沙纹层理　52.64m

（未见底）（覆盖）

(2)莎车县喀什托维—夏合也尔古近系喀什群实测地层剖面(图 2-33)

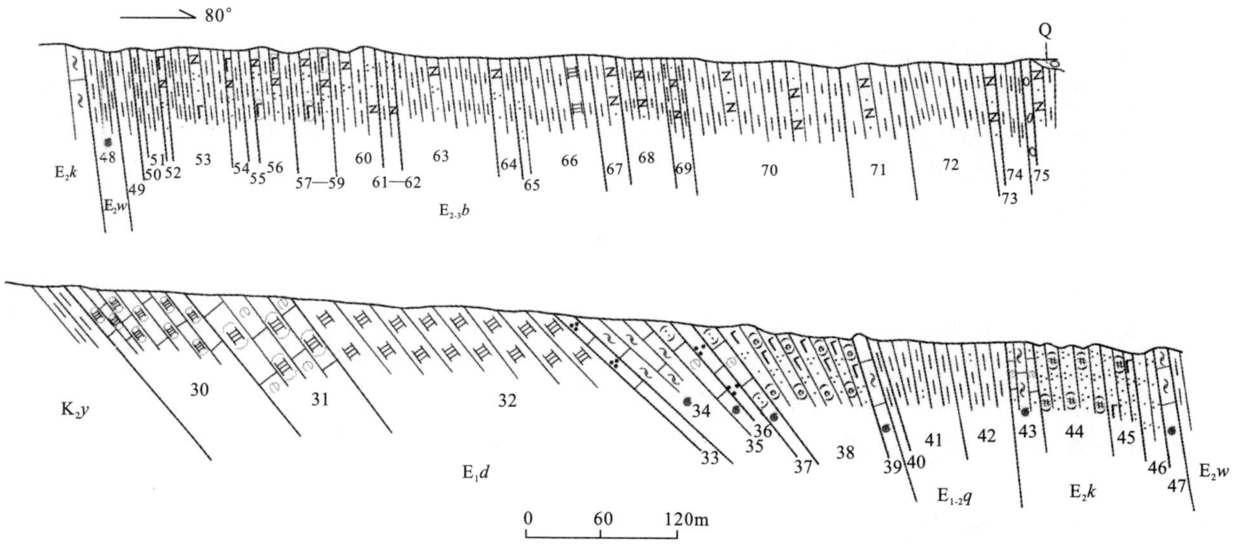

图 2-33　莎车县喀什托维—夏合也尔古近系实测地层剖面图

剖面位于新疆莎车县达木斯乡喀什托维-夏合也尔，起点坐标：X=4 180 926，Y=13 639 289，H=1 880。地层露头良好，构造相对简单，地层发育完善，接触关系清楚，交通状况较好。

古近系始—渐新统巴什布拉克组($E_{2-3}b$)下部　厚>625.79m

（未见顶）（覆盖）

75. 褐灰色砾岩。砾石成分主要为砂岩、硅质岩，砾径 0.2～4.3cm，含量 80%左右，分选差，呈圆—次圆状，个别呈次棱角状，填隙物为较小砾石及细砂。本层底为一突变面，略有起伏，底部有一薄层细砾岩向上突变为粗砾岩　2.50m
74. 灰红色泥岩。页理发育，上部夹 40cm 细砂岩透镜体　18.30m
73. 灰红色泥岩与薄层状细粒长石砂岩互层。两者突变，比例近 1∶1，泥岩页理发育，砂岩平行层理发育　11.65m
72. 灰红色泥岩。页理发育，上部夹 11cm 薄层状细粒长石砂岩　60.30m
71. 灰红色泥岩与薄—厚层状细粒长石砂岩互层。两者比例 2∶1～3∶1，韵律厚 40～70cm，砂岩最厚达 60cm　33.85m
70. 红色泥岩夹中厚层状细粒长石砂岩。两者突变，比例 5∶1，泥岩页理发育，砂岩呈薄层状，厚 20～40cm　100.15m
69. 灰红色泥岩与薄层状细粒长石砂岩互层。两者比例 3∶1，泥岩页理发育，砂岩平行层理发育，上、下部砂岩含量高，中部含量少　17.33m
68. 灰红色泥岩夹薄层状细粒长石砂岩。两者突变，比例 10∶1，泥岩页理发育，砂岩平行层理发育　32.06m
67. 灰红色泥岩与薄层状细粒长石砂岩互层。两者比例 2∶1，其他特征同第 68 层　19.06m
66. 灰红色泥岩夹白色纤维状石膏薄片。石膏层厚 0.8～2cm，约占 2%，中部夹厚 32cm 长石粉砂岩，呈透镜状。局部含生物介壳　52.14m
65. 黄绿色泥质粉砂岩。薄片状，水平层理发育，夹少量泥皮　3.19m
64. 灰红色泥岩与薄层状细粒长石石英砂岩互层。两者比例近 1∶1　9.57m
63. 灰红色泥岩夹薄层状细粒长石石英砂岩。两者比例 15∶1～20∶1　56.78m
62. 灰红色中—厚层状细粒长石石英砂岩。发育波状沙纹或平行层理，底部含有约 18%、5mm 左右的透镜状泥砾，呈次棱角状　1.91m

61. 灰红色泥岩夹薄层状细粒长石石英砂岩。两者比例 20：1，砂岩单层厚 5～12cm　10.21m
60. 灰红色泥岩与薄层状细粒长石石英砂岩互层。两者比例近 1：1，特征同第 54 层，见较多生物潜穴，产双壳 *Lithophaga* sp.　32.48m
59. 灰红色薄层状细粒长石砂岩。见少量泥岩　9.19m
58. 灰红色泥岩与薄层状含钙质细粒长石石英砂岩互层。两者比例 1：2　9.19m
57. 灰红色泥岩夹薄层状含钙质细粒长石石英砂岩　13.79m
56. 灰红色泥岩与薄层状含钙质细粒长石石英砂岩互层。砂岩中发育板状交错层理，泥岩页理发育　34.27m
55. 灰红色泥岩夹薄层状钙质细粒长石石英砂岩　10.36m
54. 灰红色泥岩与薄层状钙质细粒长石石英砂岩互层。两者比例 1：1～1：3，中部砂岩最多　11.30m
53. 灰红色泥岩夹薄层状钙质细粒长石石英砂岩。两者比例 10：1～7：1，砂岩中平行层理发育，二者突变接触　52.40m
52. 灰绿色薄层状钙质细粒长石石英砂岩夹灰色泥岩。两者突变，比例 6：1～4：1，泥岩页理发育，呈透镜状　4.76m
51. 灰红色泥岩。页理发育　14.29m
50. 灰红色泥岩夹薄层状钙质细粒长石石英砂岩。泥岩页理发育，砂岩槽状交错层理发育，基本层序厚 30～70cm，向上变粗再变细，变厚再变薄，砂岩与泥岩间为突变　4.76m
49. 暗红色泥岩。页理发育，与第 48 层为突变接触，边界平直，近边界处两种颜色泥岩互有混杂　20.96m

————整合————

古近系始新统乌拉根组（E_2w）　厚 26.67m

48. 灰绿色泥岩。页理发育，中部夹 70cm 介壳灰岩，介壳占 90%左右，产双壳类 *Sokolowia buhsii* (Grewingk)，*S. buhsii alpha* (Vyalov)，*S.* sp.，*Schizater* sp.，*S. orientalis* (Gekker, Osipova et Belskaya)，*Kokanostrea kokanensis* (Sokola)，*Flemingostrea kaschgarica* Vyalov，*F. yengisarica* (Wei)　26.67m

————整合————

古近系始新统卡拉塔尔组（E_2k）　厚 145.72m

47. 浅灰色厚层状生物介壳灰岩（图版Ⅸ，5）。介壳占 50%～95%，上部介壳较少较小，向上变厚，粒度变细，共两个韵律。产双壳类 *Kokanostrea kokanensis* (Sokolov)（图版Ⅷ，11），*Panopea* cf. *heberti* Bosquet　8.74m
46. 灰绿色薄—厚层状细粒石英砂岩。具平行层理及板状交错层理　27.98m
45. 浅灰、灰黄色薄层状钙质石英粉砂岩夹灰绿色薄层状海绿石细粒石英砂岩。与第 44 层突变，与第 46 层快速过渡　27.98m
44. 灰绿色薄—中层状含海绿石石英砂岩夹浅灰黄色厚层状生物碎屑细粒石英砂岩。基本层序厚 1.2m 左右，向上变厚变粗再变细变薄，中部夹 4 层厚 80cm 左右介壳砂岩（介壳含量 40%左右）　55.53m
43. 灰色薄板—薄层状（中部为厚层状）亮晶含砂屑生物屑灰岩。平行层理发育，向上变粗变厚再变细变薄，与下伏层为突变接触。由 3 个韵律组成，每个韵律向上变厚变粗再变薄变细，介壳约占 80%。产双壳类 *Kokanostrea kokanensis* (Sokolov)　25.49m

————整合————

古近系古—始新统齐姆根组（$E_{1-2}q$）　厚 107.37m

42. 紫红色泥岩夹薄层状粉砂质泥岩。两者快速过渡，泥岩页理发育，基本不含石膏层　56.08m
41. 紫红色泥岩夹薄层状粉砂质泥岩。含有 2mm 左右纤维状石膏层，与第 40 层呈突变接触　43.75m
40. 灰绿色泥岩。页理发育，与第 39 层突变接触，下部含少量（约 2%）燧石砾石，匾状，大小不一　7.54m

————整合————

古近系古新统阿尔塔什组（E_1a）　厚 431.08m

39. 灰绿色厚层状介壳结晶灰岩。介壳含量 8%左右，顶面介壳含量达 80%左右，含约 5%、(3×4.5)cm^2 的黑色燧石。产双壳类 *Cardita* sp.，*Trigonarca passyana* (d'Orbigny)，*T.* ? sp.，*T. canensis* Pojarkova，*Crassatella scutellaria* Deshayes，*Gyrostrea longa* (Bobkova)，*Linamarrotiana* (d'Orbigny)，*Aquilonia* sp.，*Glycymerita corneti* (Koenen)，*Venericardia* sp.　9.05m

38. 浅灰色厚层状含生物屑钙质细粒石英砂岩。生物介壳呈片状，大的可达 6cm，含量 10%左右，多顺层分布，产双壳类 *Venericardia* sp.，*Pseudomiltha*? sp. 45.25m

37. 灰绿色薄层状含粉砂生物屑泥晶灰岩。产双壳类 *Prosodaena* sp.，*Ostrea bellovacina* Lamarck，*O.* sp.，*Callista* (*Chionella*) *tournoueri* Cossmann，*Cardita* sp.，*Eomeretrix varzikiensis* (Valintsowa-Narnulinko)，*E.* sp.，*Venericardia* sp. 15.08m

36. 灰白色薄层状生物屑亮晶团粒灰岩。生物屑主要为双壳类，与第 35 层渐变 15.08m

35. 灰绿色薄层状含粉砂生物屑泥晶灰岩。含双壳类 *Chlamys* (*Hiberia*) *radiatus* Sowerby，*Panopea* sp.，*P.* cf. *infermedia* (Sowerby)，*Loxocardium* sp.，*Crassatella* (*Landinia*) *deshayesiana* Nyst 15.08m

34. 灰黄、浅灰色厚层状介壳细粒石英砂岩夹灰红色厚层状含介壳泥晶灰岩。介壳含砂岩 32%～95%，灰岩约 5%，产双壳类 *Ostrea bellovacina* Lamarck，*Crassatella scutellaria* Deshayes 47.82m

33. 灰黄色厚层状亮晶团粒灰岩。韵律厚约 1.7m，层理向上变厚；底 2m 处为灰黄色膏溶角砾岩层，与石膏层接触界面凹凸不平，与第 34 层界面略有起伏 9.39m

32. 白色厚层状细晶石膏层。与下伏灰岩呈突变接触，界面平直 131.55m

31. 土黄色厚层状含硬石膏泥晶生物屑灰岩，顶见有少量薄层灰岩 65.68m

30. 灰黄色薄—厚层状含硬石膏泥晶灰岩夹灰红色薄板含硬石膏泥晶灰岩。两者比例 10∶1，基本层序厚 1.7～5.2m，向上层理变厚 77.10m

————整合————

下伏地层：上白垩统英吉莎群鲜红色泥岩，页理发育

(3)克里阳北东古近系喀什群(EK)实测地层剖面(图 2-34)

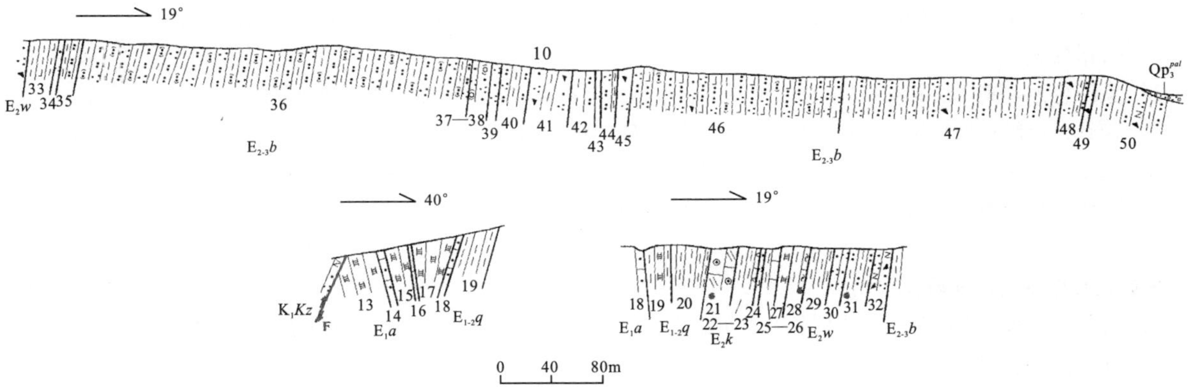

图 2-34 皮山县克里阳北东古近系喀什群(EK)实测地层剖面图

剖面位于新疆皮山县克里阳北东，起点坐标：X=4 130 410，Y=13 753 945，H=2 310。剖面露头良好，构造相对简单，地层发育齐全，接触关系清楚，交通状况良好，有皮山县-克里阳柏油公路可通车。

古近系始—渐新统巴什布拉克组($E_{2-3}b$) **厚 665.66m**

(未见顶)(覆盖)

50. 紫红色泥岩与灰红色薄层状粉砂岩互层夹褐红色厚层状细粒岩屑长石石英砂岩。砂岩呈透镜状，具楔状交错层理；泥岩页理发育，粉砂岩沙纹层理发育，泥岩与粉砂岩韵律层厚 20～40cm，比例 1∶1～1∶3 31.21m

49. 灰红色厚层状中粗粒岩屑石英砂岩。由下向上变粗变厚再变细变薄；中部夹透镜状砾岩层，砾石 0.5～1cm，成分主要有硅质岩、石英砂岩及粉砂岩，含量 60%左右，圆—次圆状，球度高，分选差，填隙物为较少砾石及细砂，偶见砂岩中含 1～1.5cm 的泥砾 4.76m

48. 砖红色厚层状细粒岩屑石英砂岩夹灰红色薄层状粉砂岩及泥岩。细砂岩底与泥岩突变，向上变细变薄 20.92m

47. 紫红色泥岩、石英粉砂质泥岩夹灰红色薄层状泥质石英粉砂岩，偶夹褐红色薄层状细粒岩屑石英砂岩。泥、粉砂岩比例 5∶1，砂岩层由下向上变粗变厚再变细变薄 164.25m

46. 灰红色薄层状钙质石英粉砂岩夹紫红色含粉砂铁质泥岩。偶夹褐红色薄层状细粒岩屑石英砂岩，泥岩页理发育，粉砂岩沙纹层理发育，砂岩槽状交错层理发育；韵律厚 2～5m，细砂岩底部局部含砾，与泥岩突变，向上变细 131.82m

45. 灰褐色中—厚层状细粒岩屑石英砂岩夹紫红色薄层状泥岩。特征同第 43 层 7.77m

44. 灰红色薄层状粉砂岩夹紫红色泥岩。特征同第 42 层 15.43m

43. 灰褐色薄—厚层状细粒岩屑石英砂岩夹紫红色泥岩。泥岩页理发育，砂岩槽状交错层理发育，总体由下向上为细→粗→细，泥岩在中部最少最薄 20.26m

42. 紫红色泥岩夹灰红色薄板—薄层状粉砂岩。泥岩页理发育，粉砂岩中部所占比例最高，可达 50%左右，一般为 15%左右，沙纹爬升层理发育 16.39m

41. 灰褐色厚层状细粒岩屑石英砂岩夹紫红色泥岩。泥岩页理发育，砂岩槽状交错层理及平行层理发育，基本层序为砂岩→粉砂岩→泥岩，砂岩底为突变，向上变细变薄。顶有 40cm 的粉砂岩 36.03m

40. 灰红色粉砂岩夹紫红色泥岩(两者比例 3∶2)及少量褐红色薄—中层状细粒石英砂岩。砂岩发育槽状交错层理，泥岩页理发育 18.72m

39. 砖红色厚层状钙质细粒石英砂岩夹紫红色薄层状泥岩(两者比例 50∶1) 7.73m

38. 紫红色厚—中层状含砾细粒石英砂岩夹紫红色泥岩(两者比例 5∶1)。泥岩页理发育，砂岩板状交错层理发育 16.42m

37. 褐红色薄—中层状含砾细粒石英砂岩与细粒石英砂岩互层，偶夹细砾岩透镜体(1～2cm)。砾石 85%左右，砾径 0.2～1.3cm，成分为石英岩、石英砂岩及硅质岩及泥岩，呈圆状，球度高，分选差，砂岩顶见 0.2～0.3cm 的泥皮，发育泥裂构造，砂岩发育槽状交错层理及平行层理 1.93m

36. 褐红色薄层状含粉砂泥岩与灰褐色薄层状石英粉砂岩互层。两者突变，粉砂岩发育槽状交错层理 130.57m

35. 紫红色泥岩夹薄层状粉砂岩、灰红色厚层状细粒岩屑石英砂岩。粉砂岩发育沙纹层理 15.79m

34. 灰红色厚层状细粒岩屑石英砂岩。板状交错层理发育，向上变粗变厚再变薄变细 2.96m

33. 底 0.5m 为灰绿色厚层状细粒岩屑石英砂岩，向上为灰红色钙质泥岩夹薄板状粉砂岩。粉砂岩小型槽状交错层理发育，顶为一层钙质粉砂岩 22.70m

————整合————

古近系始新统乌拉根组(E_2w) **厚 82.03m**

32. 浅灰色薄板—厚层状细粒岩屑长石石英砂岩。底 1.3m 为灰红色粉砂岩，向上变粗变厚再变细变薄，顶为突变 19.84m

31. 灰绿、灰红色粉砂质泥岩。页理发育，底部 3m 为灰红色粉砂岩质泥岩，与第 30 层突变，向上为快速过渡，灰绿色粉砂质泥岩中夹 90cm 的贝壳层，含 10%左右的双壳类化石 *Sokolowia bushii* (Gerwingk)，*Flemingostrea* sp.，*F. yengisrica* (Wei)和腹足类 *Euspira* cf. *achatensis* (Recluz)等 18.69m

30. 浅灰色薄板状细粒石英砂岩夹薄板状砂质泥晶灰岩。底有重荷模构造，向上变薄，槽状交错层理发育 11.60m

29. 灰褐、褐色泥岩。页理发育，与灰绿色泥岩快速过渡，界面凸凹不平，局部呈斑杂状，向上颜色变浅，粒度变粗，与其上砂岩突变 17.40m

28. 灰绿色泥岩夹浅灰色厚层状含砂质介壳灰岩。两者突变，泥岩页理发育，两层灰岩分别厚 60cm、100cm，产双壳类 *Sokolowia bushii* (Gerwingk)，*Kokanostrea kokanensis* (Sokolov)(图版Ⅳ,8)，*Venericardia*，*Simpler* (Edward)，*Flemingostrea* sp.，*Panopea heberti* Bosquet，*Lucina* sp. 14.50m

————整合————

古近系始新统卡拉塔尔组(E_2k) **厚 61.61m**

27. 灰白色厚层状细晶石膏层夹灰色泥岩。泥岩厚薄不一，中部层较厚较纯。下部夹厚 1.2m 泥岩，其中间夹有薄石膏层，层理向上变薄 5.80m

26. 浅灰色薄—中层状泥晶灰岩。向上变薄，层间夹有灰绿色页片状泥岩，中部 70cm 处为灰绿色

泥岩，页理发育，向上再变粗变厚 7.74m

25. 灰绿色泥岩夹浅灰色薄板状泥晶灰岩。灰岩呈透镜状，厚30cm左右，顶底突变 5.80m

24. 浅灰色薄层状细粒钙质石英砂岩。顶部为快速过渡，粉砂岩向上变细变薄为泥岩，渐变带厚30cm 4.83m

23. 灰色厚层状角砾状灰岩。呈疙瘩状，风化面显褐黄色 1.93m

22. 灰绿色泥岩夹浅灰色泥晶灰岩。基本层序由较暗的灰绿色泥岩→浅灰色灰岩→暗绿色泥岩组成，暗绿色泥岩页理发育，粒度较细。灰岩底部有一快速渐变面。顶部有一石膏透镜体 9.83m

21. 浅灰色中—厚层状含生物屑残余鲕粒灰质白云岩。中部夹灰绿色薄板状钙质泥岩，共有两个向上变粗变厚再变细变薄的韵律。下部产双壳类 *Tellina* (*Peronaea*) *aqiaensis* Lan et Wei, *Branchidontes* sp., *Corbila* sp.，腹足类 *Batillaria rigida* Sow, *Potainides constricta* (Deshyes), *Sigmesalia* cf. *culcata* (Lamarck) 25.68m

————整合————

古近系古—始新统齐姆根组($E_{1-2}q$) **厚53.69m**

20. 暗红色泥岩。页理发育，含有少量石膏薄层或透镜体 20.81m

19. 暗红色泥岩夹薄层石膏。泥岩页理发育，底部10cm为细砾岩，砾石含量60%左右，向上1m普含砾，砾石成分为硅质及石英砂岩，砾径0.3～1.0cm，圆状，分选差，球度高，向上变细，变少，填隙物为较小砾石、砂及粘土。总体石膏夹层向上变薄变少，占15%～70% 32.88m

————整合————

古近系古新统阿尔塔什组(E_1a) **厚>61.29m**

18. 浅灰色薄板—薄层状砂屑泥晶灰岩。向上变厚，顶局部有3cm左右的灰绿色泥晶灰岩 1.80m

17. 白色块状细晶石膏层 19.04m

16. 浅灰色薄板状含膏亮晶鲕粒白云岩。节理发育，灌入较多白色石膏，胶结为碎块白云岩 1.90m

15. 白色块状细晶石膏层 9.4m

14. 灰黄—浅黄色薄板—中层状砂屑泥晶灰岩。向上渐厚，顶为一暴露面，突变 4.92m

13. 白色厚层状纤维状石膏岩层 24.23m

————整合————

下白垩统克孜勒苏群灰黄色细粒长石石英砂岩

2. 岩石地层划分及其特征

(1)岩石地层划分沿革

C·C·维亚洛夫(1940)将该套地层称老第三系，此后，1952—1953年苏联地质保矿部第十三航测大队首次命名为塔什皮萨克岩系。新疆区域地层表编写组(1981)在乌恰县附近创名喀什群。自下而上分为阿尔塔什组、齐姆根组、卡拉塔尔组、乌拉根组、巴什布拉克组。

阿尔塔什组 苏联地质保矿部第十三航测大队(1952)将古新统划归布哈尔阶，而后被广大地质、石油工作者所沿用。在编写《西北地区区域地层表·新疆维吾尔自治区分册》时，新疆石油管理局彭希龄、魏景明(1975)在莎车县阿尔塔什村附近根据《国际地层指南》将喀什地区的古新统命名为阿尔塔什组，这一名称一直沿用至今。

齐姆根组 苏联地质保矿部第十三航测大队(1952)在喀什地区进行1∶20万区测工作时，将该套地层命名为苏扎克组，由邻区前苏联费尔干纳盆地苏扎克层对比而来。这一地层名称一直被新疆石油管理局、新疆地质局等地质单位沿用，直到新疆区域地层表编写组(1981)在阿克陶县齐姆根创名齐姆根组后废弃，改用现名。

卡拉塔尔组 苏联地质保矿部第十三航测大队(1952)引用苏联中亚费尔干纳盆地老第三系始新统的地层名称阿莱依组，而后新疆石油管理局等地质单位一直沿用此名，新疆区域地层表编写组彭希龄等(1981)将该套地层在乌恰县卡拉塔尔创名为卡拉塔尔组。

乌拉根组 苏联地质保矿部第十三航测大队(1952)将苏联费尔干纳盆地的始新统吐尔克斯坦层引入本区，称吐尔克斯坦组。1975年彭希龄根据《国际地层指南》在新疆乌恰县康苏河东岸乌拉根向斜南翼创名乌拉根组。1981年编入《西北地区区域地层表·新疆维吾尔自治区分册》沿用至今，停用吐尔克斯坦组。本次工作将其限定为以灰绿色岩石为主的地层。

巴什布拉克组 1944年苏联学者划归始新统，苏联地质保矿部第十三航测大队(1952)在本区进行地质测量时，引用了苏联费尔干纳盆地的地层名称将这一时期的沉积划为利什坦阶-苏木萨尔阶，时代为始新统—渐新统。田在艺(1956)将该套沉积划归始新统，未命名。1957年以后一直沿用苏联费尔干纳盆地的地层名称。直到1975年，为编写《西北地区区域地层表·新疆维吾尔自治区分册》，新疆石油管理局的彭希龄等在乌恰县乌鲁克恰提至乌恰公路北侧巴什布拉克附近，测制了巴什布拉克剖面，并创名巴什布拉克组。1981年《西北地区区域地层表·新疆维吾尔自治区分册》确立此名。

(2)岩石地层特征

①阿尔塔什组(E_1a)

在图幅西北部与下伏白垩系上统英吉莎群为整合接触，在克里阳北东与下伏白垩系下统克孜勒苏群为断层接触，与上覆齐姆根组为整合接触。在克里阳一带剖面厚大于61.29m。主要岩石组合为白色厚层状石膏层夹灰黄—浅灰色薄—中层状砂屑泥晶灰岩及浅灰色薄板状含石膏亮晶鲕粒白云岩，下未见底。在达木斯一带剖面厚431.08m，其岩石组合下部为灰黄色含硬石膏生物碎屑泥晶灰岩、泥晶灰岩，中部为白色厚层状石膏岩层，上部为浅灰—灰黄色厚层状砂质介壳灰岩、介壳灰岩及生物屑钙质细粒石英砂岩、灰绿色薄层状含粉砂生物屑泥晶灰岩、灰、灰白色薄层状亮晶团粒灰岩。本组以白色厚层状细晶石膏层和基本不含泥岩为特征与下伏英吉莎群或上覆齐姆根组相区别。

本组上部富含双壳类化石 *Ostrea bellovacina* Lamarck(图版Ⅴ,13)，*Crassatella scutellaria* Deshayes，*C.* (*Landinia*) *deshayesiana* Nyst Callista，*C.* sp.，*Chlamys* (*Hiberia*) *radiatus* Sowerby(图版Ⅴ,6)，*Callista* (*Chionella*) *tournoueri* Cossmann(图版Ⅴ,5)，*Eomeretrix varzikiensis* (Valintsowa-Marnulinko)，*E.* sp.，*Yrigonarca passyana* (d'Orbigny)，*Trigonarca canensis* Pojarkova(图版Ⅵ,1)，*Linamarrotinana* d'Orbigny，*Glycymeria corneti* (Koenen)(图版Ⅴ,3,4)，*Venericardia* sp.，*Pseudomiltha* sp.，*Panopea* sp.，*Loxocardium* sp.，*Prosodaena* sp.，*Trigonarca* sp.时代为早—晚古新世。

②齐姆根组($E_{1-2}q$)

与下伏阿尔塔什组及上覆卡拉塔尔组均为整合接触，其岩性以紫红色泥岩为主，区别于上覆及下伏地层。底部为灰绿色泥岩或暗红色泥岩，含有60%左右、2～4mm的黑色燧石砾石，圆状，分选较差，表面光滑。向上砾石减小、变少，泥岩页理发育。克里阳北东剖面厚53.69m，夹有白色薄石膏层，达木斯一带剖面厚107.37m，夹灰红色薄层状粉砂质泥岩，下部偶夹有2mm左右薄层石膏。为泻湖沉积环境。

③卡拉塔尔组(E_2k)

与下伏齐姆根组及上覆乌拉根组均为整合接触，以厚层状灰岩底界与齐姆根组分界，岩石以浅灰—灰绿色为主，在图幅南部主要岩石组合有中—厚层状含生物屑残余鲕粒灰岩质白云岩、薄层状钙质细粒石英砂岩、薄板—中层状泥晶灰岩、角砾状泥晶灰岩及灰绿色泥岩，顶部为白色厚层状细晶石膏层。基本层序由下向上变细变薄。泥岩水平层理发育，砂岩平行层理发育。克里阳北东剖面厚61.61m。在图幅西北部以薄—中层状为主，仅顶部为厚层状。岩石组合为亮晶含砂屑生物屑灰岩、含海绿石细粒石英砂岩、细粒石英砂岩、钙质石英粉砂岩及介壳灰岩。泥岩页理发育，砂岩平行层理及板状交错层理发育。总体为开阔台地边缘混积陆棚沉积。

本组产双壳类：*Kokanostrea kokanensis* (Sokolv)，*Panopea* cf. *heberti* Bosquet，*Tellina* (*Peronaea*) *aqiaensis* Lan et Wei，*Branchidentes* sp.，*Corbila* sp.；腹足类：*Batillaria rigida* Sow(图版Ⅳ,3)，*Potainides constricta* (Deshyes)(图版Ⅳ,6)，*Sigmesalia* cf. *culcata* (Lamarck)，时代为中始新世。

④乌拉根组(E_2w)

与下伏卡拉塔尔组及上覆巴什布拉克组均为整合接触，以灰绿色泥岩大量出现与卡拉塔尔组分界，并以灰绿色泥岩夹介壳灰岩透镜体为特征。泥岩页理发育。达木斯剖面厚26.67m，克里阳北东剖面厚82.03m，夹有灰褐—褐色泥岩、粉砂质泥岩、浅灰色薄层状细粒石英砂岩及泥晶灰岩，顶部为灰绿色薄—厚层状细粒岩屑长石石英砂岩，砂岩发育槽状交错层理。

本组富含双壳类：*Sokolowia buhsii* (Grewingk)(图版Ⅳ,10)，*S. buhsii alpha* Vyalov(图版Ⅴ,12)，*S. orientalis* (Grekker, Osipova et Belskaya)(图版Ⅴ,8)，*S.* sp.，*Flemingostrea kascharica* Vyalov(图

版Ⅴ,7,9),*F. yengisarica* (Wei)(图版Ⅴ,10),*Venericardia simplex* (Edward),*Panopea heberti* Bosquet,*Kokanostrea kokanensis* (Sokolov)(图版Ⅳ,10;Ⅴ,10),*Schizater* sp.;腹足类:*Euspiva* cf. *cachatensis* (Rechuz),时代为中始新世。

⑤巴什布拉克组($E_{2-3}b$)

与下伏乌拉根组及上覆新近系中新统乌恰群为整合接触,在图幅西部由于第四系覆盖,未见其与乌恰群接触关系。本组以灰红色碎屑岩为主,并以其为特征与乌拉根组分界。主要岩石组合为灰红色泥岩、粉砂质泥岩夹薄层状细粒长石石英砂岩、钙质长石石英砂岩、长石砂岩、粉砂岩,局部夹薄层石膏透镜体。中部见厚1m的含砾粗粒长石砂岩夹细砾岩透镜体。砂岩槽状交错层理或平行层理发育,粉砂岩沙纹爬升层理发育,泥岩页理发育,总体为潮坪沉积。

本组化石较少,仅见 *Lithophaga* sp.,时代可能为晚始新世。

3. 生物地层划分及其特征

图幅内古新统、始新统海相双壳类化石丰富,古新统双壳类化石主要分布于阿尔塔什组及齐姆根组底部,主要分子有:*Ostrea bellovacine* Lamarck,*O. afghanica* Vylov,*Crassatella scutellaria* Deshayes,*Callista tournouer* Cossmann,*Eomeretrix varzikiensis* (Valintsowa -Marnulinko),*Trigonarca passyana* (d'Orbigny),*T. canensis* Pojarkova,*Limamarrotiana* d'Orbigny,*Glycymeria corneti* (Koenen),*Panopea* cf. *gastaldi*michelotti。其中,*Ostrea bellovacina* Lam.为前苏联费尔干纳盆地古新统上部布哈尔层的常见化石,其余为区域上古新统正层型剖面(齐姆根)的常见化石类型。始新统双壳类化石主要分布于卡拉塔尔组和乌拉根组,主要分子有:*Kokanostrea kokanensis* (Sokolov),*Panopea* cf. *heberti* Bosquet,*Sokolowia buhsii* (Grewingk),*S. orientalis* (Gekker, Osipova et Belskaga),*Flemingostera yengisarica*,为区域上齐姆根组、阿尔塔什、巴什布拉克等正层型剖面较常见化石。

4. 区域地层对比及时代确定

①阿尔塔什组

区域上分布较广,在麦盖提地区见于玛扎塔克、古董山、乌山、罗斯塔克、海米奇塔克等地(新疆地矿局,1999),上界为断层,下未见底,岩性以白色晶粒状石膏层为主,夹不规则的褐色、灰绿色泥岩、灰岩和薄层状白云岩,厚11~105m。在英吉沙地区,该组呈带状分布于和什拉甫到依格孜牙等地。在喀什、乌恰地区,呈带状分布于天山山前、昆仑山麓、克孜克阿尔特山、卡巴加特山等地,顶部为一层厚约5m的灰岩,是全区最稳定的标志层之一;在乌拉根、塔什皮萨克一带石膏不发育,厚度最小;康苏一带在石膏层下出现绿色块状砂岩夹砾岩,厚40~50m;在克孜阿尔特山区,顶部灰岩变为灰黑色;西昆仑山麓沉积的边缘相,底部有近100m的红色砾岩,其上为白、灰色薄—厚层状石膏、膏泥岩、灰岩互层。

据史基安(2001)《塔里木盆地西部层序地层与沉积、成岩演化》,在阿尔塔什、喀拉吐孜等地产孢粉化石组合 *Parcisporites-Echitriporites* 及古新统常见孢粉化石 *Myrtaceidites*,*Echitriporites*,*Sapindaceidites* 等,综合本区资料,其时代确定为古新世。

②齐姆根组

在喀什、乌恰一带上部为棕红色泻湖膏泥岩,厚30~50m,下部为浅海相灰绿色泥岩夹薄层介壳灰岩,厚100m以下,含极丰富的有孔虫、双壳类和介形虫化石。在克孜克阿尔特山东部,上段红层较下部绿色层厚。西昆仑山麓为边缘相,岩性变红变粗,在昆仑山前莎车以西较为发育。在叶城地区下部层位多变为杂色。

郭宪璞(1995)将区域上本组有孔虫分为4个组合:*Spiroplectammina-Textularia* 组合、*Lagenammina-Haplophragmoides* 组合、*Discorbis-Globigerina-Globorotalia* 组合和 *Nonionellina-Anomalisna* 组合,为古新统上部常见分子;郝诒纯(1987)在乌鲁克恰特库兹贡苏地区齐姆根组上部中发现 *Nonionlaevis*,*Cibicides lobatulus*,*Anomalinoides petaliformis* 等有孔虫化石,时代为始新世。故本组时代确定为古新世晚期—始新世早期。

③卡拉塔尔组

在区域上变化较大，分布广泛。在天山山前为海相块状灰岩及介壳灰岩，仅在克孜阿尔特山东部相变为泥岩和灰岩互层，厚30～130m；在莎霍阿依格尔山全部为灰绿色；乌鲁克恰提底部灰岩之上出现少量红色泥岩夹层；在巴什布拉克东出现红色膏泥岩及石膏夹层；库孜贡苏全变为红色泥岩、石膏和灰色钙质介壳灰岩互层；到西昆仑山麓地带，为红色山麓相砾岩、砂岩夹红、绿色条带状砂质泥岩。地处昆仑山前的皮山县，下部为正常海相灰岩、介壳灰岩，上部为泻湖相石膏和红色膏泥岩，厚仅20余米。

据图幅本组所产化石，其时代确定为始新世中期。

④乌拉根组

在天山山前为正常海相沉积绿色泥岩，厚5～35m，局部出现红色泥岩和石膏夹层。在克孜克阿尔特山区东部，沉积厚度达128m，上部出现块状砂岩夹层。西昆仑山麓地带为红色泥岩、砂岩互层夹少量暗红色砾岩及绿色泥岩条带，条带中产海相软体动物化石。在麦盖提县罗斯塔克、海米奇塔克等地，为灰绿、黄灰色泥岩夹泥质白云岩和介壳层（新疆地矿局，1999）。

据图幅本组所产化石，其时代确定为始新世中—晚期。

⑤巴什布拉克组

呈带状分布于天山山前、克孜克阿尔特山区、昆仑山前地带。标准岩相在西南天山之乌鲁克恰特及巴什布拉克一带，是以红色外貌为特征的暗红色泥岩、砂质泥岩与桔红色、灰红色块状砂岩、砾状砂岩互层夹石膏及砂质介壳层的滨海泻湖相沉积，牡蛎等双壳化石丰富。本组在大部分地区仅残存下部层位，不少地区全部缺失，如塔什皮萨克、乌拉根等地（新疆地矿局，1999）。

据史基安（2001）《塔里木盆地西部层序地层与沉积、成岩演化》，本组产有孔虫：*Cibicidoides pseudoingerianus*，*Nonion laevis*，*Baggina targidus*，*Pullenia quinquelob*，*Spiroplectammina howei*，*Dentalinamonroei* 等，时代为渐新世早—中期。

介形类组合 *Cytheretta virgulata-Ranocythere gloriosa* 是渐新世早期的常见分子，少数始新世晚期已出现；双壳类 *Fergania galeata*，*F. ferganensis*，*Cubitostrea tianshanensis*，*C. prona* 等均是始新世晚期至中渐新世地层中常见分子，故巴什布拉克组的沉积时代主要为渐新世，下部可跨入始新世末期。

（二）新近系

主要出露于图幅西北部的努尔巴格—塔什纳—棋盘尧勒一带，另在图幅东南部的伯日乌斯、柯克亚南、依格孜格尔、克里阳等地也有零星出露，总出露面积约480km²。与下伏古近系始—渐新统巴什布拉克组整合接触，与上覆第四系更新统西域组为微角度不整合接触。以陆源碎屑岩为主，中部夹薄石膏层，共两个沉积旋回，自下而上分为乌恰群和阿图什组。

1. 剖面描述

（1）莎车县塔什纳塔尔西—曲曼迪克北乌恰群实测地层剖面（图2-35）

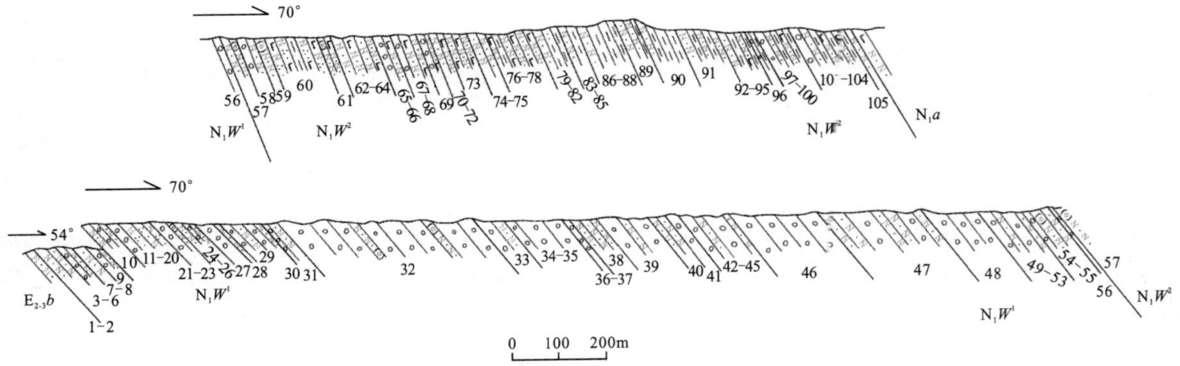

图2-35 莎车县塔什纳塔尔西—曲曼迪克北乌恰群（N_1W）实测地层剖面图

剖面位于新疆莎车县达木斯乡塔什纳塔尔西—曲曼迪克北，起点坐标：X=4185 938，Y=13 641 372，H=1 758。地层露头好，发育完整，接触关系清楚，构造相对简单，交通状况良好。

上覆地层：新近系上新统阿图什组灰绿色薄层状钙质细粒长石砂岩

————整合————

新近系中新统乌恰群(N_1W) **厚 2 741m**

二段(N_1W^2) **厚 1 260m**

105. 灰红色厚层状中粒长石砂岩。底有 60cm 的细砾岩，砾径 0.5～1.3cm，约 65%。底为突变，向上渐细。顶部 2.2m 为又一个韵律，其底也有薄层细砾岩　10.21m
104. 下部 68cm 处为浅灰色中—厚层状中粒长石砂岩，向上为灰红色薄层状钙质细粒长石砂岩夹紫红色泥岩(二者比例 2∶1)，偶见浅灰色中层状中粒长石砂岩(约 10%)，单层厚 10～23cm　40.86m
103. 底为浅灰色厚层状细砾岩夹薄层状含砾中粒长石砂岩透镜体，向上为灰红色薄层状钙质细粒长石砂岩夹紫红色泥岩(二者比例 2∶1～3∶1)　25.54m
102. 下部 78cm 为浅灰色中—厚层状中粒长石砂岩，向上为灰红色薄层状钙质细粒长石砂岩与紫红色泥岩互层(二者比例 1∶1)。韵律厚 5～23cm　93.40m
101. 下部为浅灰色厚层状细砾岩夹薄层状含砾中粒长石砂岩，上部为灰红色薄层状钙质细粒长石砂岩夹紫红色泥岩(二者比例 10∶1)。砂岩单层 5～12cm，泥岩页理发育　23.36m
100. 下部 6m 为浅灰色中—厚层状中粒长石砂岩，局部含砾(砾径 0.2～0.9cm)，向上为紫红色泥岩与灰红色薄层状钙质细粒长石砂岩近等厚互层。砂岩单层厚 6cm 左右，上部夹 60cm 细砾岩层，砾径 0.5～2.4cm，约 70%，与上下层渐变　27.86m
99. 下部 3.1m 为浅灰色厚层状细砾岩夹薄层状含砾粗粒长石砂岩透镜体，向上为紫红色泥岩与灰红色薄层状钙质细粒长石砂岩互层　36.84m
98. 紫红色泥岩与灰红色薄层状钙质细粒长石砂岩近等厚互层。二者突变，泥岩页理发育，向上泥岩含量渐增　17.65m
97. 浅灰色厚层状细砾岩夹薄层状含砾粗粒长石砂岩。总体向上变粗又变细　2.37m
96. 暗灰色厚层状细砾岩与紫红色泥岩互层夹灰红色中—薄层状细粒长石砂岩。砾石砾径 0.2～1.1cm，约 60%，成分为砂岩、硅质岩及灰岩，次棱角状，分选差，填隙物为细砂；砾岩夹有含砾粗砂岩透镜体，底突变。韵律向上变细变薄，泥岩含量增加，共 5 个韵律　12.65m
95. 下部 1.2m 为浅灰红色中层状细粒长石砂岩夹紫红色泥岩，向上为灰红色薄层状钙质细粒长石砂岩与紫红色泥岩近等厚互层。共 3 个韵律　26.88m
94. 下部 2.1m 为浅灰色中层状细粒长石砂岩夹紫红色泥岩(二者比例 4∶1)，向上灰红色薄层状钙质细粒长石砂岩与紫红色泥岩近等厚互层。底为突变，向上变细　18.19m
93. 下部 1.6m 为浅灰红色中层状细粒长石砂岩夹紫红色泥岩(二者比例 5∶1)，向上灰红色薄层状钙质细粒长石砂岩与紫红色泥岩近等厚互层。底为突变，向上变细　9.92m
92. 暗红色厚层状砾质粗粒长石砂岩夹中厚层状细砾岩透镜体(约 10%)。二者渐变　2.48m
91. 紫红色泥岩与灰红色薄—中层状细粒长石砂岩近等厚互层。韵律厚 30～70cm　88.48m
90. 紫红色泥岩夹灰红色薄—中层状细粒长石砂岩。泥岩页理发育　67.25m
89. 灰红色薄—中层状细粒长石砂岩夹紫红色泥岩(二者比例3∶1)。泥岩页理发育，砂岩平行层理发育　35.72m
88. 紫红色泥岩夹灰红色薄—中层状细粒长石砂岩(二者比例4∶1)。基本不含石膏层。底部1.2m为薄层状砂岩夹泥岩　25.39m
87. 下部 11m 为灰红色中—厚层状细粒长石砂岩夹紫红色泥岩，向上为紫红色泥岩夹灰红色薄层状泥质粉砂岩。底部石膏层较多较厚，上部较少，仅少量见于较粗砂岩底部　30.65m
86. 紫红色泥岩夹灰红色中—薄层状细粒长石砂岩(二者比例 4∶1)，近砂岩底界处夹 1～2mm 的石膏层　19.27m
85. 灰红色薄—中层状细粒长石砂岩与紫红色泥岩不等厚互层(二者比例2∶1)。紫红色泥岩页理发育，顺层夹 1～3mm 的石膏层　8.76m
84. 浅灰色厚层状细粒长石砂岩、紫红色泥岩与灰红色薄层状钙质细粒长石砂岩互层。泥岩中夹石膏层　7.01m

83. 底部 65cm 为厚层状浅灰红色细粒长石砂岩，向上为紫红色泥岩与灰红色薄层状钙质细粒长石砂岩(二者比例 2∶1)。韵律厚 37cm，夹 0.3～2.7mm 的石膏层　16.64m
82. 紫红色泥岩夹薄层状泥质粉砂岩(二者比例 2∶1～3∶1)　11.38m
81. 浅灰色中—薄层状细粒长石砂岩与紫红色泥岩夹泥质粉砂岩透镜体互层(二者比例 1∶4)。泥岩页理发育，夹 0.2～3mm 的石膏层，砂岩顶底为突变　9.63m
80. 紫红色泥岩夹薄石膏层。泥岩页理发育。石膏顺层或沿节理分布，厚 0.8～3.8mm，含量 5%左右　7.01m
79. 紫红色泥岩与灰红色薄层状泥质粉砂岩夹浅灰色厚层状细粒长石砂岩近等厚互层。砂岩单层厚 60cm 左右　15.69m
78. 灰红色薄层状钙质细粒长石砂岩夹少量紫红色泥岩，局部夹浅灰红色中层状中粒长石砂岩。含厚 1.2～3.3mm 的石膏层，泥岩中的石膏层较厚、较多　46.97m
77. 灰红色薄层状钙质细粒长石砂岩夹浅灰、灰红色泥岩条带　15.36m
76. 灰红色薄层状钙质细粒长石砂岩夹紫红色泥岩(约 1/13，层厚 2～5cm)　17.46m
75. 灰红色中层状细粒长石砂岩夹 20～30cm 的浅灰红色中层状中粒长石砂岩　23.04m
74. 浅灰红色厚层状中粒长石砂岩。局部夹细砾岩透镜体，层厚约 15cm，砾石含量约 55%，砾径 0.4～1cm，与上下层渐变；中粒砂岩底为突变面，向上变粗变厚再变细变薄　6.98m
73. 灰红色薄层状钙质细粒长石砂岩。下部夹 28cm 的细砾岩，砾径 0.5～2.6cm，约 72%，次棱角状，分选差，球度一般；顶为 5～8cm 的浅灰色薄层状中粒长石砂岩条带，再向上有少量泥岩　41.90m
72. 暗灰红色厚层状中粒长石砂岩与灰红色薄层状钙质细粒长石砂岩不等厚互层(二者比例 3∶1)。基本层序厚 0.7～1.2m，向上变细，中粒砂岩局部含约 20%、0.3～2.8cm 的透镜状砾石层　14.32m
71. 紫红色泥岩。页理发育　5.37m
70. 灰红色薄层状钙质细粒长石砂岩夹灰红色中层状中粒长石砂岩。二者突变，后者约占 15%，单层厚 40cm 左右　13.43m
69. 灰红色薄层状钙质细粒长石砂岩与暗灰红色薄—厚层状细砾岩近等厚互层。韵律厚 0.7～3.1m，为砂岩→砾岩→砂岩　12.53m
68. 暗灰红色厚层状细砾岩夹薄层细砂岩透镜体　2.10m
67. 灰红色薄层状钙质细粒长石砂岩夹薄层细砾岩(约 20%)　54.47m
66. 暗灰红色薄—中层状细砾岩夹薄层状含砾粗砂岩透镜体。二者比例 4∶1，接触面突变，后者单层厚 3～11cm，中部较细　17.61m
65. 灰红色薄层状钙质细粒长石砂岩夹 10cm 的暗灰红色薄层细砾岩。砾径 0.5～1.3m，含量 64%左右　16.73m
64. 灰红色薄层状钙质细粒长石砂岩与暗灰红色薄层状中—粗粒长石砂岩互层。二者比例 2∶1，基本层序向上变细，底为突变　202.5m
63. 暗灰红色薄层状中—粗粒长石砂岩与灰红色薄层状钙质细粒长石砂岩互层。二者比例 2∶1，基本层序向上变细，底为突变　35.92m
62. 灰红色薄层状钙质细粒长石砂岩与暗灰红色薄层状中—粗粒长石砂岩互层。二者比例 3∶1，基本层序向上变细，底为突变　18.28m
61. 暗灰红色厚层状含砾粗粒长石砂岩夹薄层细砾岩透镜体与灰红色薄层状钙质细粒长石砂岩互层(二者比例 3∶1)。粗砂岩底为突变，顶部快速过渡。细砾岩砾径 0.5～3cm，含量 60%左右，次棱角状—次圆状，分选差，与粗砂岩渐变。粗砂岩中砾石砾径 0.2～1.3cm　23.50m
60. 灰红色薄层状钙质细粒长石石英砂岩夹紫红色泥岩条带(约 1/6)　98.26m
59. 暗灰红色薄层状含砾粗砂岩夹薄层细砾岩透镜体(约 1/3)。砾岩砾径 0.5～2cm，70%左右，粗砂岩中砾径 0.2～0.9cm，含量 5%～15%　19.30m
58. 灰红色薄层状细粒长石砂岩与灰红色薄层状细砾岩近等厚互层，砾石砾径 0.5～2cm，含量约 65%　32.89m
57. 暗灰色薄层状含砾粗粒长石砂岩与灰红色薄层状细粒长石砂岩互层　32.89m

————整合————

一段(N_1W^1) **厚 1 481m**

56. 暗灰红色厚层状砾岩夹灰红色薄层状粗粒长石砂岩透镜体(约 1/8),二者渐变。砾石成分为灰岩、砂岩、硅质岩及石膏,0.8～3.4cm,大者可达 8cm,呈透镜状,含量约 80%,次棱角—次圆状,分选差 5.06m
55. 暗灰色薄层状含砾粗粒长石砂岩与灰红色薄层状细粒长石砂岩互层(二者比例 2∶1～3∶1),局部夹细砾岩透镜体。砾石砾径 0.2～1.4cm,含量 5%～20% 41.32m
54. 暗灰红色厚层状砾岩。砾径 0.6～2.8cm,大者约 7cm,与第 53 层渐变,底为薄砂岩与薄细砾岩互层;下部向上砾岩变粗变厚,上部向上变细变薄 4.22m
53. 灰红色薄层状细粒长石砂岩 8.43m
52. 浅灰红色厚层状砾岩。局部夹薄层状细砂岩透镜体,与砾岩呈快速过渡。砾径 1～4.6cm,大者可达 20cm,含量 85%左右 41.32m
51. 灰红色薄层状细粒长石砂岩,上部夹薄细砾岩。底为一突变面,顶为渐变 2.53m
50. 暗灰红色厚层状砾岩。砾石含量 85%,2～7cm,大者可达 30cm 左右,顺层呈透镜状富集 24.97m
49. 灰红色薄层状细粒长石砂岩。与下伏砾岩突变 4.41m
48. 暗灰红色厚层状砾岩,局部夹灰红色薄层状细粒长石砂岩透镜体 96.95m
47. 灰红色薄层状细粒长石砂岩与暗灰红色厚层状砾岩互层。砾岩层厚约 1.2m,二者突变。底 3.6m 为薄层状砂岩与薄层砾岩呈透镜状互层,其二者比例下部 1∶1,上部 1∶2,顶 1∶3,砾岩砾石含量 86%左右,1.5～8cm,最大 60cm 左右 187.01m
46. 暗灰红色厚层状砾岩。基本不含砂质透镜体,最大的白云岩砾石 70cm 左右 172.08m
45. 灰红色薄层状细粒长石砂岩夹暗灰红色薄层状细砾岩 9.06m
44. 暗灰红色厚层状砾岩。局部富集砾径 8～17cm 的砾石,局部夹薄层砂岩透镜体 24.53m
43. 灰红色薄层状细粒长石砂岩,中部夹 1.3m 的厚层状砾岩 16.36m
42. 暗灰红色巨厚层状砾岩,中间夹 60cm 的薄层状中—粗砂岩夹薄层砾岩透镜体。砾岩砾石含量 85%,砾径 1.2～6cm,大的可达 50cm 16.36m
41. 暗灰红色厚层状砾岩夹灰红色薄层状中—粗粒长石砂岩透镜体。后者岩层厚 2～5cm,约占 12% 31.23m
40. 灰红色薄层状细粒长石砂岩夹 82cm 的厚层状砾岩。与上下层渐变 28.25m
39. 暗灰红色厚层状砾岩。砾石含量 87%左右,砾径 0.4～5cm,大的达 40cm,局部夹薄粗砂岩透镜体,与砾岩快速过渡,边界平直 30.85m
38. 灰红色薄层状细粒长石砂岩。中部夹 54cm 的砾岩,与上下砂岩突变。与第 37 层渐变 18.16m
37. 浅灰色厚—薄层状砾岩夹灰红色薄层状含砾粗中粒长石砂岩透镜体。向上变细变薄,砂质体含量增加 3.10m
36. 浅灰色薄层状细砾岩与灰红色薄层状细粒长石砂岩近等厚互层。砾岩呈透镜状,与砂岩渐变,砾径 0.8～3cm,含量 78%左右 0.89m
35. 浅灰色厚层状砾岩。砾径 0.8～5cm,最大 30～40cm,含量 80%左右 72.64m
34. 浅灰色薄层状砾岩。局部夹砂质透镜体 2.34m
33. 浅灰色薄层状砾岩与灰红色薄层状细粒长石砂岩近等厚互层。砾径 0.4～3cm,二者突变,局部砾、砂岩为渐变 42.18m
32. 浅灰色厚层状砾岩夹灰红色薄层状含砾粗粒长石砂岩(二者比例 8∶1～15∶1)。向上砂质体增多,韵律为变细或变粗再变细 117.71m
31. 灰红色薄层状细粒长石砂岩夹 30cm 的细砾岩透镜体 9.35m
30. 浅灰色厚层状砾岩。底为突变,夹含砾粗砂岩透镜体(砾石含量约 7%),砾岩中砾石含量 86%左右,砾径一般小于 12cm,个别达 32cm,次圆—次棱角状 4.99m
29. 灰红色薄层状细粒长石砂岩与浅灰色中层状砾岩互层。二者比例 3∶1～1∶1,突变,砾岩厚 7～2.6cm,基本层序为砾→砂岩夹薄层砾岩,底为突变,向上变细变薄 92.73m
28. 灰红色薄层状细粒长石砂岩夹浅灰色薄层状砾岩(约 1/7)。二者突变 10.94m
27. 浅灰色厚层状砾岩夹灰红色薄层状含砾细—粗粒长石砂岩透镜体。二者比例 3∶1～5∶1,砂岩呈透镜状 27.34m
26. 灰红色薄层状细粒长石砂岩与浅灰色中—厚层状砾岩近等厚互层 11.72m

25. 灰红色薄层状细粒长石砂岩。与下渐变，与上突变　13.28m

24. 灰红色薄层状细粒长石砂岩夹浅灰色中层状砾岩(1/2～1/5)。二者突变　18.75m

23. 浅灰色中层状砾岩。中部夹 4.3m 的灰红色薄层状细粒长石砂岩透镜体，砂岩中也含少量砾岩透镜体　30.46m

22. 灰红色薄层状含砾中—粗粒长石砂岩夹浅灰色薄层状砾岩(约 1/3)。上部砾岩减少，以砂岩为主　6.25m

21. 浅灰色厚层状砾岩夹薄层状粗砂岩透镜体　7.81m

20—11. 浅灰色薄层状砾岩与灰红色薄层状细粒长石石英砂岩。共 10 个韵律，自上而下分别厚 3.91m、7.03m、10.15m、9.33m、12.6m、11.28m、2.65m、3.32m、12.79m 和 17.05m。底部砾岩厚 30cm～3.1m，底为突变面，砾岩中夹薄层状砂岩透镜体，与上、下快速过渡，砾石成分为灰岩、白云岩、砂岩，含量 85%左右，砾径 0.4～4.1cm，最大 9cm，次棱角—次圆状，球度一般，分选差，填隙物为较小砾石及细砂，总体向上变细　90.11m

10. 灰红色薄层状细粒长石石英砂岩夹浅灰色薄层状砾岩(约 25%)。砾岩底为突变，向上变细变薄　11.94m

9. 浅灰色厚层状砾岩与灰红色中粗粒长石砂岩互层。二者比例 3：2，底为突变，略有起伏，顶面较平。砾石含量 87%，砾径 0.5～5.8cm　25.30m

8. 灰红色薄层状细粒长石砂岩。与上下层突变　22.56m

7. 灰红色厚层状中粗粒长石砂岩夹浅灰色砾岩透镜体(约 1/9)。底突变，较弯曲，顶面平直　4.10m

6. 灰红色薄层状细粒长石砂岩。平行层理发育　12.99m

5. 浅灰色厚层状砾岩夹薄层状含砾粗粒长石砂岩透镜体。特征同第 3 层　8.33m

4. 灰红色薄层状细粒长石砂岩　2.78m

3. 浅灰色厚层状砾岩夹薄层状含砾粗粒长石砂岩透镜体(1/10～1/8)。砾径 0.5～4.1cm，大的 13cm，含量 82%左右，底为突变，上与砂岩突变或快速过渡　4.16m

2. 灰红色薄层状细粒长石砂岩。单层厚 8～22cm，总体向上变细变薄　19.43m

1. 灰红色厚层状细—中粒长石砂岩。楔状交错层理发育，底为一冲刷面，略有起伏，切割下伏层理，夹厚 17cm 左右的砾岩透镜体，共 3 个韵律　3.47m

————整合————

下伏地层：古近系始—渐新统巴什布拉克组灰红色薄层状细粒长石砂岩

(2)叶城县柯克亚南新近系上新统阿图什组(N_2a)、中新统乌恰群(N_1W)实测地层剖面(图 2-36)

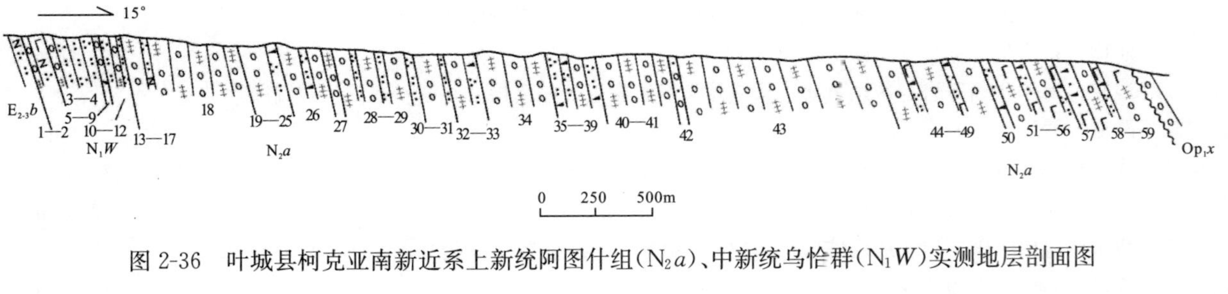

图 2-36　叶城县柯克亚南新近系上新统阿图什组(N_2a)、中新统乌恰群(N_1W)实测地层剖面图

剖面位于叶城县柯克亚南，起点坐标：X=4 137 421，Y=13 687 537，H=2 125。基岩露头连续，接触关系清楚，构造相对简单，交通状况良好。

上覆地层：第四系下更新统西域组褐灰色厚层状钙质复成分砾岩

～～～～～～微角度不整合～～～～～～

新近系上新统阿图什组(N_2a)　　厚 1 711.85m

59. 褐黄色中—厚层状钙质岩屑石英粉砂岩夹褐灰色薄层状复成分砾岩透镜体。与上下粉砂岩呈渐变过渡　5.51m

58. 褐灰色厚层状钙质复成分砾岩夹褐黄色薄层状钙质粉砂岩透镜体(约 1/15)。砾石砾径 0.7～12cm，最大 27cm，含量 85%左右　16.48m

57. 灰色厚层状钙质细粒岩屑砂岩夹白色薄石膏层。砂岩具大型槽状交错层理，石膏层约1%，厚0.5cm 8.79m
56. 褐黄色厚层状钙质岩屑石英粉砂岩夹膏泥岩条带。水平纹层发育，条带间距8～20cm，厚2～3cm。顶部为厚15cm的灰色膏泥岩，与第57层突变 8.79m
55. 褐黄色厚层状钙质复成分砾岩。特征同第51层 17.80m
54. 褐黄色厚层状钙质岩屑石英粉砂岩及含砾粉砂岩夹褐灰色钙质复成分砾岩透镜体。二者突变，局部夹细砾岩(厚5cm)，向上与粉砂岩快速过渡 13.05m
53. 褐黄色厚层状复成分砾岩。基本不夹粉砂岩透镜体 10.68m
52. 褐黄色厚层状钙质岩屑石英粉砂岩夹1.4m厚层状砾岩。二者突变，界面起伏较大。粉砂岩略显水平层理 3.98m
51. 褐黄色厚层状钙质复成分砾岩。砾石含量90%左右，砾径0.7～2.7cm，大的5～10cm，最大达98cm，次棱角—次圆状，以次圆状为主，分选差，球度高，小砾石球度差，表面较光滑，砾石成分有砂岩、泥岩、粉砂岩、膏质白云岩及花岗岩、片麻岩 15.16m
50. 褐黄色厚层状岩屑石英粉砂岩夹褐灰色砾岩透镜体。砾岩厚处达1.1m，共两层；二者突变，接触面不平，粉砂岩顺层夹0.1mm的白色石膏层 16.24m
49. 褐灰色厚层状复成分砾岩夹褐黄色薄层状钙质粉砂岩。粉砂岩厚5～28cm，上部以砾岩为主 33.10m
48. 底1m为浅黄褐色薄层状钙质岩屑石英粉砂岩夹细砾岩透镜体，向上为浅灰褐色厚层状砂砾岩夹薄层状钙质粉砂岩。由砂砾岩→粉砂岩渐变，上部夹40cm砾岩，局部见砂砾岩。顶部向上变粗，砾石增多，渐变为砾岩。水平层理发育，局部见槽状交错层理 6.18m
47. 褐灰色厚层状复成分砾岩夹褐黄色钙质粉砂岩透镜体。透镜体厚0.1～1.5m，较厚处粉砂岩中夹砾岩透镜体或相变为砂砾岩，砾石含量25%左右，砾径0.2～1.3cm，棱角—次棱角状，大小混杂。细砾岩砾石含量80%左右，砾径0.2～0.9cm 49.26m
46. 褐黄色厚层状钙质岩屑石英粉砂岩，偶夹薄层砾岩透镜体。上部见70cm砾岩(与砂岩渐变、相变)，特征同第42层，砾径0.5～3cm，含量34%左右 4.40m
45. 褐灰色厚层复成分砾岩夹褐黄色薄层钙质粉砂岩透镜体(约1/3)。二者突变 3.44m
44. 褐黄色薄层状钙质岩屑石英粉砂岩。与其上下砾岩渐变。上部夹1.4m砂砾岩，特征同第42层 6.16m
43. 褐灰色厚层状复成分砾岩夹褐黄色薄层状钙质岩屑石英粉砂岩透镜体(1/5～1/25)。粉砂岩水平层理发育 208.41m
42. 褐黄色厚层状砂砾岩与褐黄色薄—中层状钙质岩屑石英粉砂岩互层。砾石成分为砂岩、粉砂岩、灰岩、膏质白云岩及石英岩，砾径0.9～2.7cm，含量45%左右，棱角—次棱角状，分选差，球度高，表面粗糙，横向与粉砂岩相变，粉砂岩层间夹0.1～0.5mm的石膏线 3.62m
41. 褐灰色厚层复成分砾岩夹褐黄色薄层状粉砂岩透镜体(二者比例20∶1～10∶1) 139.56m
40. 褐灰色厚层状复成分砾岩与褐黄色薄层状粉砂岩不等厚互层(1/3～1/5)。砾石1～5cm，最大50cm，粉砂岩水平层理发育，顶底突变 12.00m
39. 褐黄色薄层状岩屑石英粉砂岩。水平层理发育，顶底突变，顶界面有起伏 6.31m
38. 褐灰色厚层状复成分砾岩夹褐黄色薄层状粉砂岩透镜体(约1/8)，下部夹1m薄层状粉砂岩 15.05m
37. 褐黄色薄—中层状岩屑石英粉砂岩夹褐灰色薄层状细砾岩(厚3cm)。水平层理发育，韵律为含砾粉砂岩→粉砂岩，顶0.3mm为褐红色薄层状 11.20m
36. 褐灰色厚层状复成分砾岩与褐黄色薄层状岩屑石英粉砂岩互层(1/4～1/7)，单层厚0.4～1.5m 27.56m
35. 褐黄夹褐红色条带状(条带比例2∶1～3∶1)薄层岩屑石英粉砂岩。具大型槽状交错层理，与上下层突变，局部渐变，条带厚5～35cm，其顶部常夹紫红色膏泥岩 21.12m
34. 褐红色厚层状钙质复成分砾岩夹褐黄色薄层状岩屑石英粉砂岩(1/10～1/25)。发育大型板状交错层理。砾石成分有砂岩、粉砂岩、灰岩、泥岩及膏质白云岩，砾径一般0.8～4cm，大的5～7cm，次圆—次棱角状，球度高，不光滑，小砾石呈次圆—圆状，二者突变，边界弯曲。韵律为砾→粉砂→泥→粉砂→含砾粉砂→砾，单层厚50cm左右 116.24m
33. 褐黄色薄—中层状岩屑石英粉砂岩，下部夹1.1m砾岩透镜体。粉砂岩水平层理发育，夹泥质薄膜，顺层或节理发育厚0.2～1mm的石膏层或脉 8.01m
32. 褐灰色厚层状复成分砾岩夹褐黄色薄层状石英粉砂岩透镜体。粉砂岩占1/5～1/30，共5层，厚20～60cm，砾岩砾径最大达40cm 79.13m

31. 褐黄色薄—中层状石英粉砂岩夹两层褐灰色钙质复成分砾岩(分别厚40cm、90cm)及少量细砾岩透镜体(厚3cm) 18.76m
30. 褐灰色厚层状复成分砾岩夹褐黄色厚层状石英粉砂岩透镜体。二者比例2∶1～3∶1,砾石砾径0.2～3cm,大的5～7cm,最大28cm 54.08m
29. 褐黄色薄层状钙质岩屑石英粉砂岩夹透镜状灰色细砾岩。单韵律厚25cm左右,向上变细 3.57m
28. 褐灰色厚层复成分砾岩夹褐黄色薄层岩屑石英粉砂岩(1/30～1/40),二者突变。砾岩砾径0.6～3.8cm,大的达60cm,含量85%左右,特征同第34层 14.02m
27. 褐灰色厚层状复成分砾岩,偶夹褐黄色中层状岩屑石英粉砂岩透镜体。后者单层厚30cm左右 29.33m
26. 褐灰色中—厚层状复成分砾岩与褐黄色薄层状岩屑石英粉砂岩互层。二者比例2∶1～5∶1,向上变细,砾径0.5～2.1cm,大的12cm 136.50m
25. 褐黄色薄层状岩屑石英粉砂岩。岩层间夹1cm的紫红色膏泥岩及2cm的细砾岩透镜体,韵律向上变细 5.25m
24. 褐灰色厚层状复成分砾岩。砾石向上变小 3.94m
23. 褐黄色薄层状岩屑石英粉砂岩。岩层间夹1cm的紫红色膏泥岩及2cm的细砾岩透镜体,韵律向上变细 5.25m
22. 浅褐灰色厚层状复成分砾岩夹褐黄色薄层状岩屑石英粉砂岩(约1/25),偶见细砾岩透镜体。砾径0.9～5cm,大的36cm,其他特征同第34层 71.29m
21. 褐黄色薄—中层状钙质岩屑石英粉砂岩。单层厚13～38cm,顶部为0.7cm的紫红色泥岩 2.89m
20. 浅褐灰色厚层状复成分砾岩夹褐黄色薄层状岩屑石英粉砂岩(约1/35)。砾径1～3cm,大的7cm,含量约90% 38.99m
19. 褐黄色薄层状岩屑石英粉砂岩夹褐灰色细砾岩透镜体(约1/5)。粉砂岩单层厚8～20cm,砾岩单层厚2～10cm,韵律为细砾岩→粉砂岩→泥岩 2.16m
18. 浅褐灰色厚层状复成分砾岩,偶夹褐黄色钙质岩屑石英粉砂岩透镜体(1/10～1/35)。透镜体厚5～8cm,砾径0.4～5cm,大的45cm,含量90%左右 256.88m
17. 褐红色厚层状钙质长石石英粉砂岩。与上下突变,界面弯曲 1.43m
16. 浅褐灰色厚层状复成分砾岩。偶夹粉砂岩透镜体 21.44m
15. 浅褐灰色厚层状复成分砾岩夹褐红色中层状钙质粉砂岩(1/3～1/12)。粉砂岩厚10～30cm,偶达80cm,多呈透镜状 7.82m
14. 浅褐红色薄—中层状钙质石英粉砂岩夹膏泥岩层。后者层厚1～2cm,水平层理发育,韵律厚8～43cm 1.30m
13. 浅褐灰色厚层状复成分砾岩。向上变细,砾石含量90%左右,砾石成分有砂岩、灰岩、泥岩、石英岩及少量花岗岩、砾岩,填隙物为较小砾石及细砂,泥钙胶结。砾径0.8～9cm,大的8cm,次棱角状—次圆状,球度高。小砾石呈圆—次圆状,球度低。砾石表面光滑,底为突变,略有起伏,切割下伏层理 27.50m

————整合————

新近系中新统乌恰群(N_1W)　厚308.1m

12. 褐红色薄—中层状石英粉砂岩夹膏泥岩层。韵律厚10～50cm,距顶60cm夹厚25cm的砾岩层,砾径0.4～9cm,含量80%左右 17.17m
11. 褐灰色厚层状复成分砾岩夹两层褐红色厚层状石英粉砂岩(分别厚1.9m、2.5m)。砾岩砾石含量90%左右,砾径0.5～3.1m,大砾石呈次圆—次棱角状,球度高。小砾石呈圆状,球度低,泥钙质胶结。底顶为突变,略有起伏 17.88m
10. 褐红色薄—厚层状石英粉砂岩夹3层厚20～70cm的细砾岩及紫红色薄层膏泥岩。韵律厚10～97cm,向上变细。粉砂岩厚10～40cm,水平层理发育 42.91m
9. 褐灰色厚层状复成分砾岩夹褐红色石英粉砂岩(1/10～1/3)。砾岩底为突变,略有起伏,向上变细 10.73m
8. 褐灰色薄层状细砾岩或砾质砂岩→褐红色薄层状石英粉砂岩→紫红色薄层膏泥岩。韵律厚10～20cm 3.8m
7. 褐灰色厚层状复成分砾岩。砾石大的达46cm,圆—次圆状,底为突变,底面起伏较大 6.64m
6. 褐灰色中—厚层状岩屑长石石英粉砂岩夹细砾岩透镜体及薄层膏泥岩。砾径0.3～1cm,含量

85%左右　4.75m

5. 浅灰色厚层状复成分砾岩。砾径 0.3～2.7cm，大的 13cm 左右；底界起伏较大，切割下伏层理　1.9m

4. 褐红色薄—中层石英粉砂岩偶夹细砾岩透镜体。底为突变，向上变细为含膏泥岩　170.83m

3. 褐灰色厚层状复成分砾岩。砾径 0.4～3.7cm，大的 13cm，含量约 85%，其他特征同第 1 层　14.73m

2. 褐红色厚层状钙质长石石英粉砂岩。水平纹理发育　10.40m

1. 褐灰色薄层状复成分砾岩夹钙质粉砂岩透镜体。透镜体厚 3～8cm，含量 5%左右，砾石成分有砂岩、粉砂岩、石英岩、砂屑灰岩，砾径 0.8～3cm，大的 5cm，含量 90%左右，次圆—圆状，表面光滑，球度高，填隙物为较小砾石及粉砂。底为突变　6.36m

————整合————

下伏地层：古近系始—渐新统巴什布拉克组浅褐红色中—厚层状长石石英粉砂岩

2. 岩石地层划分及其特征

(1)地层沿革及岩石地层划分

①乌恰群

1952—1953 年苏联地质保矿部第十三航测大队在喀什地区进行 1∶20 万区测时将这套地层命名为玛萨盖特岩系；新疆石油管理局王志武(1957)将出露于乌恰一带中新统的一套碎屑岩创名为乌恰统；新疆石油管理局 18—120 分队(1960)将其称为乌恰群，其后一直沿用。《新疆维吾尔自治区岩石地层》(1999)将其自下而上分为克孜洛依组、安居安组和帕卡布拉克组。由于本区乌恰群岩石组合及岩石学特征与创名地相差较大，难以与创名地各组一一对比，故本次工作将该群自下而上分为一段、二段，并以砾岩出现作为该群底界。

②阿图什组

苏联学者别良耶夫斯基等(1944)将这套地层和其下伏的地层一并划为上新统＋下更新统；田在艺等(1956)将该套地层划归上新统上部至下更新统；地质部第十三大队张良臣、吕正等(1957)在昆仑山前进行 1∶20 万填图时沿用了苏联地质保矿部第十三航测大队所划的安吉然岩系；新疆石油管理局 110 等队(1971)将该套地层与准噶尔盆地南缘独山子地区的上新统苍棕色组对比，并引用了这一地层名称；1981 年新疆区域地层表编写组(1981)在阿图什市西北约 20km 的塔浪河西岸创名阿图什组，并沿用至今。

(2)岩石地层特征

①乌恰群(N_1W)

在图幅西北部沉积厚度巨大，碎屑粒度粗，向东南变细变薄，与下伏巴什布拉克组及上覆阿图什组为整合接触。在莎车县达木斯乡塔什纳塔尔西厚 2 741m。其中一段厚 1 481m，下部为灰红色薄层状细粒长石砂岩夹浅灰色薄—厚层状砾岩，上部为浅灰色厚层状砾岩夹浅灰色薄层状砾岩、长石砂岩透镜体；砾岩底为突变，向上变细变薄或变粗变厚再变细变薄，砂岩发育楔状交错层理，为冲积扇沉积；二段厚 1 260m，主要岩石组合为暗灰色薄层状细砾岩、灰红色薄层状钙质细粒长石砂岩、细粒长石砂岩及灰红色泥岩夹薄石膏层，为湖泊三角洲平原相晚期退化沉积，基本层序为总体向上变细变薄，再变粗变厚。在柯克亚南厚 431.21m，主要岩石组合为褐红色厚层状长石石英粉砂岩、薄—厚层状石英粉砂岩夹褐灰色厚—薄层状细砾岩，上部粉砂岩中夹薄层状膏泥岩，基本层序为向上变细变薄，粉砂岩水平层理发育。

②阿图什组(N_2a)

幅内沉积厚度大，碎屑粒度粗，与下伏乌恰群整合接触。在图幅西北部，其底部及顶部为灰绿色厚层状细粒岩屑长石砂岩，并以此与乌恰群及西域组分界，中部为厚度巨大的褐灰色厚层状钙质复成分砾岩，夹薄层状细粒长石砂岩及细砾岩。柯克亚南剖面厚 1 712m，主体为褐灰色厚层状复成分砾岩夹褐黄色薄层状岩屑石英粉砂岩，粉砂岩水平层理发育，下部粉砂岩夹褐红色膏泥岩条带。总体为冲积扇沉积。该组地层倾角由老至新(由南、西向北、东)逐渐变缓(由 74°渐变为 15°～20°)，为同沉积构造活动的反映。

3. 区域地层对比及时代确定

①乌恰群

本群大体上可分为前天山相区及前昆仑山相区两个相区。前天山相区横向岩相变化较大，在康苏到乌帕尔一线以东，沉积较细，中部有绿色层，可明显分为三个组——克孜洛依组(N_1k)、安居安组(N_1a)、帕卡布拉克组(N_1p)，厚 2 000～3 000m；以西为红色层、粒粗层，化石贫乏，最厚达 6 000m 以上。前昆仑山相区以红色层为主，不夹大段绿色层，也难以细分组，莎车以西厚度大，颗粒细；以东岩性较单一，为棕红色巨厚层状细砂岩夹少量砂质泥岩、泥岩。图幅西北部以砾岩为主。

区域上本群见少量有孔虫、介形虫、轮藻及孢粉化石。蒋显庭等 1995 年将克孜洛依组的介形类总结为 *Hemicyprinotus-Mediocypris* 组合下部的 *Hemicyprideis intercedens* 亚组合，时代为中新世早期。安居安组及帕卡布拉克组的介形动物群属 *Hemicyprinotus-Mediovypris* 组合上部的 *Cyprinotus baturini* 亚组合，时代为中中新世—晚中新世。故乌恰群时代确定为中新世。

②阿图什组

在疏附、喀什、阿图什一带发育最佳，厚约 3 000m，以泥岩、粉砂岩、砂岩等湖相沉积为主。在昆仑山前，呈狭窄条带状展布，岩性变化很大，山麓地带为砂砾岩，而近平原地区为一套厚度很大的具苍棕色外观的砂岩和泥岩。在叶城、皮山县以东地区，多相变为山麓河流相，以灰棕、土黄和苍棕色砾岩夹砂岩为主。在卡巴加特山西昆仑山前岩性明显变粗，为灰色砾岩和砂岩。

据蒋显庭(1995)研究，本组产出的介形动物群为 *Linocypris-Subalacypris* 组合，以上新世色彩为主，故将阿图什组时代置为上新世。

4. 新生界沉积盆地分析

(1) 沉积层序划分及其沉积相组合

按照旋回层序及层序界面的划分原则，对图幅内的新生界做了层序地层划分，分出一级层序 1 个($Ⅰ_4$)，二级层序 2 个，三级层序 5 个(图 2-37、图 2-38)。一级层序底界为古近系古新统阿尔塔什组中部灰岩之底，石膏层顶界，为Ⅱ型界面，上未见顶，属Ⅱ型层序。

①$Ⅱ_1$ 层序

其底界同$Ⅰ_4$层序底界，顶界为古近系始—渐新统巴什布拉克组顶界，为Ⅱ型界面。共划分为两个三级层序。以达木斯剖面为主叙述如下。

$Ⅲ_1$ 层序：包括阿尔塔什组上部和齐姆根组，底界同$Ⅰ_4$ 型层序底界，顶界为齐姆根组顶界，均为Ⅱ型界面，属Ⅱ型层序，由海侵体系域和高水位体系域组成。

海侵体系域 由阿尔塔什组上部组成，达木斯剖面第 33—38 层为海湾边滩沉积，基本层序有 3 个(第 33—35，第 36—37 和第 38 层)：第一个基本层序由亮晶团粒灰岩→砂质介壳灰岩→含粉砂生物屑泥晶灰岩组成，向上变细；第二个基本层序由亮晶团粒灰岩→含粉砂生物屑泥晶灰岩组成；第三个基本层序由含生物屑钙质石英砂岩→介壳结晶灰岩组成。都是由滩相→滩后沉积，由下而上海水动能渐大，海水渐深，故构成海侵体系域，为退积沉积，最大海泛面为第 38 层中上部最细、最薄处。

高水位体系域 由阿尔塔什组顶部第 38—39 层及齐姆根组组成，齐姆根组底部灰绿色泥岩为海湾边滩泥坪相沉积，向上紫红色泥岩夹粉砂质泥岩平行层理发育，为局限台地泻湖相沉积，向上逐渐淤积，海水渐浅。

$Ⅲ_2$层序：由卡拉塔尔组、乌拉根组和巴什布拉克组(顶部第 5—7 层除外)组成，底界为卡拉塔尔组亮晶含砂屑生物屑灰岩底界，为Ⅱ型界面，顶界面为巴什布拉克组顶界，为Ⅱ型界面，属Ⅱ型层序，由海侵体系域和高水位体系域组成。

海侵体系域 由卡拉乌依组下部(达木斯剖面第 43—45 层)组成，为亮晶含砂屑生物屑灰岩→含海绿石细粒石英砂岩(发育板状交错层理)→钙质石英粉砂岩夹含海绿石组粒石英砂岩，向上变细，海水渐深，动能渐小，海绿石形成于浅海环境。总体为退积沉积。

高水位体系域 包括卡拉塔尔组第 46—47 层和乌拉根组、巴什布拉克组(顶部第 5—7 层除外)。其中第 46 层为薄—厚层状细粒石英砂岩，下部平行层理发育，上部板状交错层理发育，也为砂滩沉积，但向上变粗，海水渐浅，动能渐大，为进积沉积，第 47 层介壳灰岩中的双壳为非造礁生物，沉积于砂滩障壁之后；乌拉根组为海湾边滩泥坪沉积；巴什布克组主体为潮坪沉积，基本层序为泥坪→砂泥混合坪→泥坪。

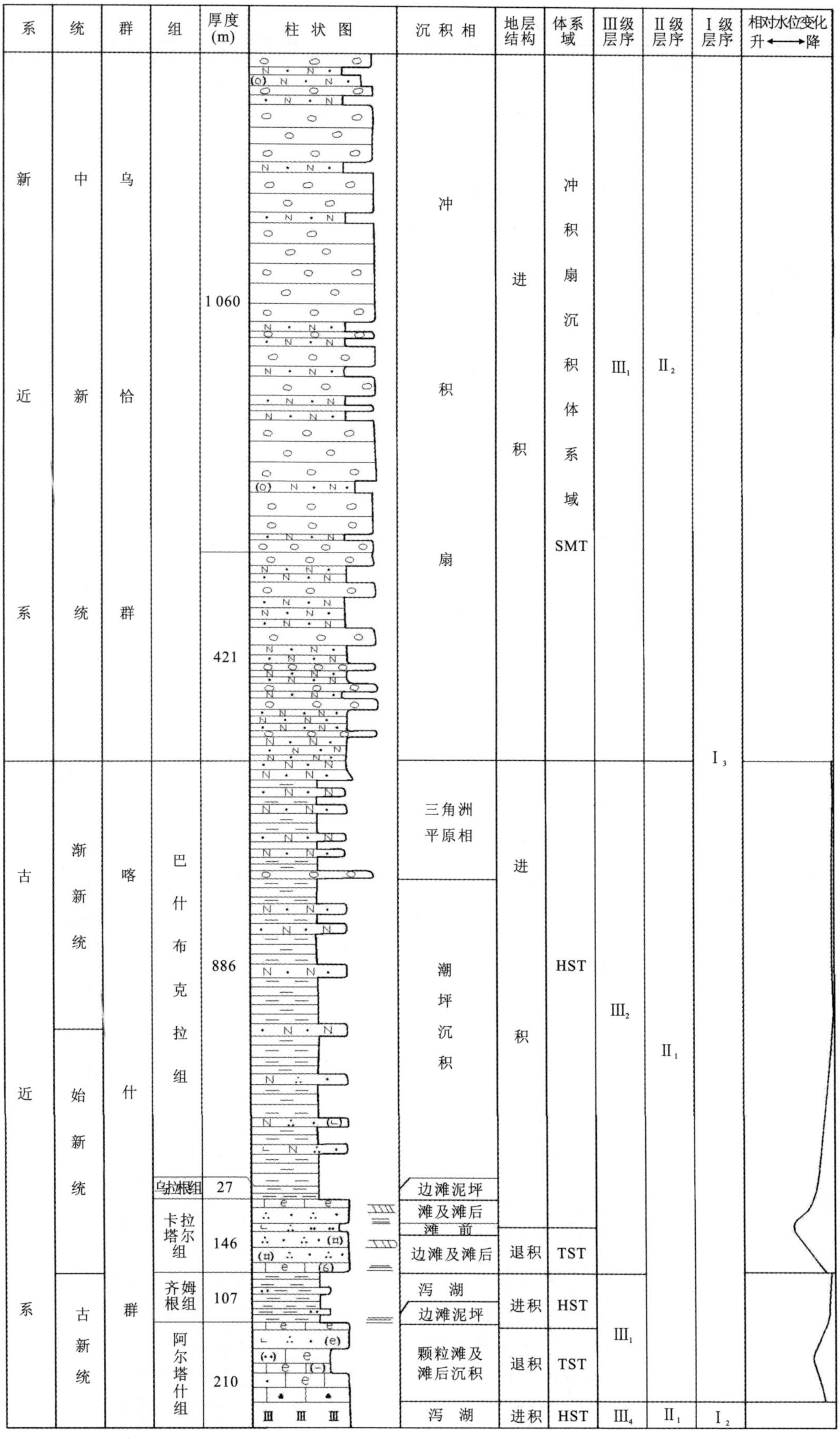

图 2-37　塔南地层分区新生界层序地层特征(1)

系	统	群	组	厚度(m)	柱状图	沉积相	地层结构	体系域	III级层序	II级层序	I级层序	相对水位变化 升←→降
第四系	全新统				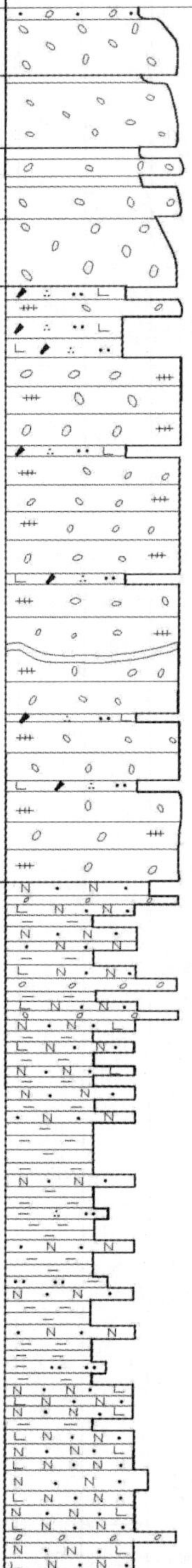	洪冲积	进积		III_6			
	上更新统					洪冲积	进积		III_5			
	中更新统					洪冲扇	进积		III_4			
	下更新统					洪冲扇	进积		III_3			
新近系	上新统		阿图什组	1 171		冲积扇	进积		III_2	II_2	I_3	
	中新统	乌恰群		1 260		湖泊-三角洲平原相	进积	湖泊-三角洲沉积体系域	III_1			

图 2-38　塔南地层分区新生界层序地层特征(2)

②Ⅱ$_2$层序

底界为巴什布拉克组顶部薄砾岩层底界，为Ⅱ型界面，未见顶，划分为3个三级层序。

Ⅲ$_1$层序：包括巴什布拉克组顶部和乌恰群，底界同Ⅱ$_2$底界，顶界为乌恰群顶界。由冲积扇沉积体系域、湖泊-河流相沉积体系域组成。

冲积扇沉积体系域　由巴什布拉克顶部和乌恰群一段组成，由下向上为砂岩夹薄层状砾岩→厚层状砾岩夹薄层状砂岩透镜体→薄层状砂岩夹薄层状砾岩，总体向上变粗再变细，分别为扇缘→扇根→扇顶（辫状河沉积体系），基本层序内向上变粗再变细或向上变细。

湖泊-三角洲沉积体系域　由乌恰群二段组成，基本层序为薄层状砾岩→厚层状细砂岩→薄层状细砂岩与紫红色泥岩互层，并夹石膏层，总体向上变细，为三角洲平原相沉积。顶部为河流沉积即三角洲平原相水上沉积部分。

Ⅲ$_2$及Ⅲ$_3$层序：分别由阿图什组及西域组组成，为受局部构造运动的陆相冲积扇沉积，层序由细粒岩屑长石砂岩（槽状交错层理发育）→厚层状复成分砾岩夹钙质粉砂岩透镜体（粉砂岩水平层理发育）→细粒岩屑长石砂岩组成，总体向上变粗再变细。其中，Ⅲ$_3$层序由于地壳抬升未见顶。

Ⅲ$_4$、Ⅲ$_5$和Ⅲ$_6$层序：受构造运动和局部地形控制，分别对应于第四系Qp_2、Qp_3、Qh砂砾石层，在山区沟谷中为河流沉积，构成河岸阶地，在山前河口地带为冲积扇沉积，逐次向前推进。

（2）沉积盆地分析

古新世塔里木盆地西部再次下降，海水侵漫南部拗陷区西部，图幅内共发生两次海侵，分别形成阿尔塔什组海湾边滩沉积→齐姆根组泻湖沉积和卡拉塔尔组海湾边滩沉积→巴什布拉克组潮坪沉积。图幅东部海侵不明显，在克里阳一带主要为潮坪沉积，厚度较小。到新近纪，由于印度板块向北与欧亚板块的持续碰撞，西昆仑抬升显著，剥蚀速率加快，在盆地边缘沉积了粒度较粗的冲积扇碎屑岩，乌恰群下部为冲积扇，上部为湖泊三角洲沉积，由西北向东南本群砾石层变细、变薄；柯克亚一带变为三角洲平原相-浅湖相沉积。阿图什组和西域组为盆缘拗陷的冲积扇，砾石物源主要为喀什群，其地层倾角向东、北部渐缓，同时向东南粒度总体变细，厚度变薄。综上所述，新生代盆地古地理地势西部低、东南部高。由早到晚碎屑岩为石英砂岩→长石石英砂岩→长石砂岩，成熟度渐低。第四纪时期，盆地边缘仍持续拗陷，其沉积区向盆地推进，以砂砾石沉积为主，物源主要来自阿图什组和西域组砾岩，全新世以来沉降幅度渐小，沉积物粒度渐细，在山前地带形成了大片绿洲。

（三）第四系

广泛分布于图幅除西部、南部外的大部分地区，面积约9 900km^2，占图幅面积约2/3。成因类型有冲积、洪冲积、坡积、冲积、洪积、风积等。沉积物具有复杂多变的特点。

1. 剖面描述

（1）叶城县拜什铁热克北西下更新统西域组（Qp_1x）中上部实测剖面（图2-39）

剖面位于叶城县拜什铁热克北西新-藏公路边，起点坐标：X=4 173 532，Y=13 713 590，H=1 632。露头好，出露连续，构造相对简单，未见顶底，交通状况良好。

下更新统西域组（Qp_1 x）中上部　　**厚>137.13m**

（未见顶）

9. 褐灰色厚层状复成分砾岩。砾径稍大，呈未胶结状，填隙物为较小砾石及细砂	12.00m
8. 褐灰色厚层状复成分砾岩夹浅灰色薄层状钙质细粒岩屑石英砂岩透镜体（约占1/45），泥钙质胶结	18.00m
7. 灰黄色薄层状细砂土与砾石层近等厚互层。单层厚0.3～1m	3.56m
6. 褐灰色厚层状复成分砾岩	4.28m
5. 浅灰黄色薄层状细砂土，其间夹厚60cm砾石层	5.70m
4. 浅褐灰色厚层状复成分砾岩夹浅灰色薄层状细粒岩屑砂岩透镜体	57.30m
3. 褐黄色厚层状钙质泥岩。下部较粗，普含膏泥结核	3.97m
2. 灰色厚层状复成分砾岩。普遍见有浅灰绿色岩屑长石砂岩透镜体，含量10%左右	27.04m

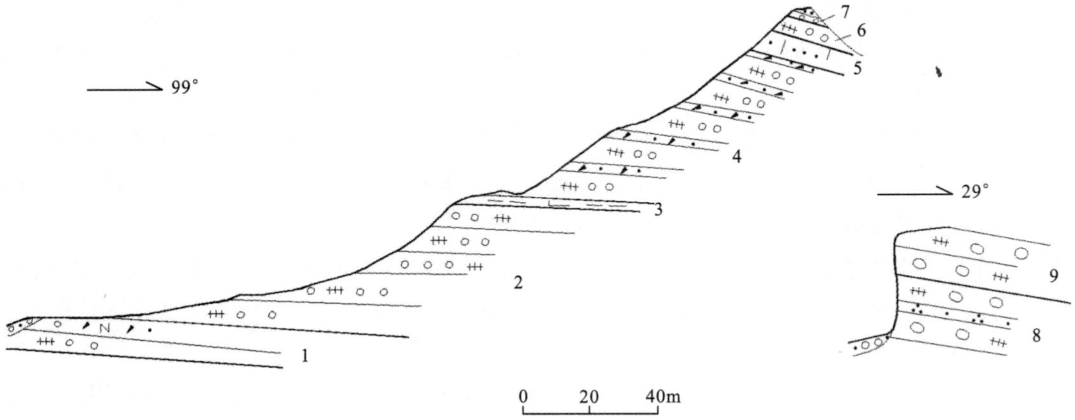

图 2-39　叶城县拜什铁热克北西下更新统西域组(Qp_1x)中上部实测地层剖面图

1. 灰色砾岩、砂砾岩与浅灰色砾质砂岩、含砾砂岩、中粒岩屑砂岩互层	5.28m
（未见底）	

(2)莎车县厄格孜亚吐东下更新统西域组(Qp_1x)下部实测地层剖面(图 2-40)

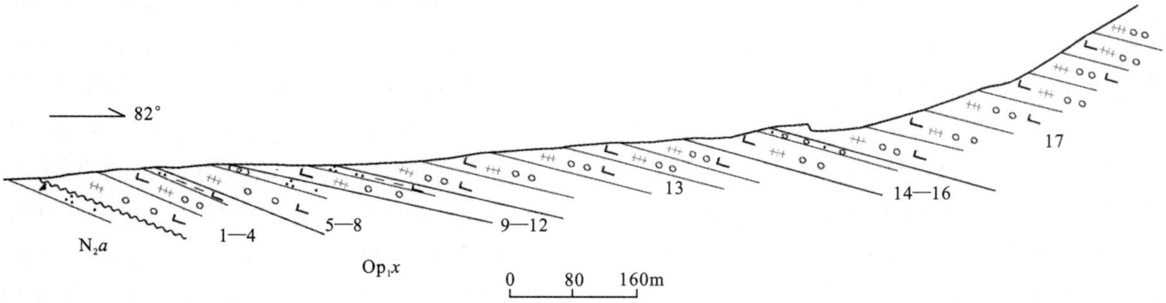

图 2-40　莎东县厄格孜亚吐东下更新统西域组(Qp_1x)实测地层剖面图

剖面位于莎车县霍什拉甫乡厄格孜亚吐东，起点坐标：X=4 190 638，Y=13 649 067，H=1 757。地层露头好，接触关系清楚，交通状况良好。

下更新统西域组(Qp_1x)下部	**厚>608.59m**
（未见顶）	
17. 褐灰色厚层状钙质复成分砾岩。下部偶夹褐黄色粉砂岩条带，厚 3～5cm	289.54m
16. 褐灰色中—厚层状砂砾岩夹褐黄色含砾岩屑石英粉砂岩透镜体	2.01m
15. 褐灰色厚层状钙质复成分砾岩。上部夹厚 80cm 褐黄色钙质粉砂岩透镜体	1.50m
14. 褐黄色厚层状钙质复成分砂砾岩。偶夹灰绿色岩屑砂岩、含砾岩屑粉沙岩透镜体，厚 20～50cm	11.62m
13. 褐灰色厚层状钙质复成分砾岩。中上部夹褐黄色厚层状钙质粉砂岩(厚 1m、长 50m)及浅灰绿色岩屑长石砂岩透镜体(厚 25cm、长 2.1m)	163.72m
12. 褐黄色夹褐红色条带钙质石英粉砂质泥岩。水平层理发育	3.06m
11. 褐灰色厚层状钙质复成分砾岩	12.93m
10. 褐黄色薄层状透镜状含砾细砂岩夹薄砾石层。向上粒度变细	2.28m
9. 褐灰色厚层状钙质复成分砾岩。下部夹褐黄色砂岩、粉砂质泥岩透镜体(厚 3.5m、长 10m 左右)	22.75m
8. 浅灰色厚层状含砾细粒岩屑石英砂岩	2.3m
7. 褐灰色厚层状钙质复成分砾岩	9.1m
6. 浅灰色厚层状含砾岩屑石英砂岩。向上砾石渐多、渐大，与第 7 层过渡	0.98m
5. 褐灰色厚层状复成分砾岩	23.22m
4. 褐黄色薄—中层状钙质粉砂质泥岩。水平层理发育	2.08m

3. 褐灰色厚层状复成分砾岩　22.55m

2. 褐黄色薄—中层状钙质粉砂质泥岩。水平层理发育，上部夹薄砾石层透镜体　3.42m

1. 褐灰色厚层状复成分砾岩　35.53m

~~~~~~~微角度不整合~~~~~~~

下伏地层：新近系上新统阿图什组灰绿色厚层状含砾细粒岩屑砂岩

(3)叶城县阿拉尔北中更新统洪积(Qp_2^{pl})实测剖面(图 2-41)

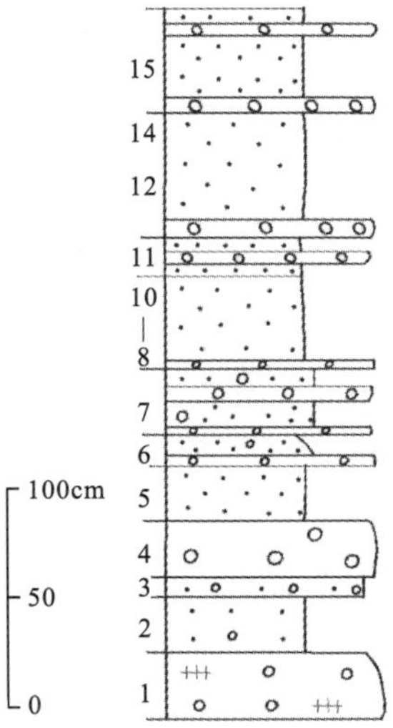

图 2-41　叶城县阿拉尔北中更新统洪积物(Qp_2^{pl})实测剖面图

剖面位于叶城县柯克亚南，起点坐标：X=4 137 761，Y=13 688 281，H=2 094。露头好，为一陡坎，交通状况良好。

中更新统洪积层　**厚>3.58m**

(未见顶)

15. 底 10cm 为浅灰色砾石层，向上为土黄色砾质细砂土，上部夹 3 层厚 3～5cm 的细砾石层　54cm

14. 底 13cm 为砾石层，向上为土黄色细亚砂土层，偶含砾石　32cm

13. 底 7cm 为砾石层，偶含大砾石，向上为细亚砂土层，含极细白色网纹。总体向上变细　22cm

12. 下部 4cm 为细砾石层，偶含 8cm 砾石，上部为 6cm 细亚砂土层　10cm

11. 土黄色细亚砂土层夹砾石层(中部 7cm，偶含 10cm 大砾石)。与上下层渐变，横向上变化较快　18cm

10. 土黄色细亚砂土层。底为一突变面，底部偶含小砾石，发育斜层理　19cm

9. 褐黄色细亚砂土层。含植物根系，上部 2cm 为褐色条带，粒度相对细，底部界面不平，偶含小砾石　4cm

8. 土黄色细亚砂土层。底部 1cm 为细砾石层，砾径 0.2～0.5cm，含量 85%左右，与下层突变，与上层快速渐变，砂土层波状层理发育　24cm

7. 土黄色含砾细砂土层。底 2cm 为透镜状砾石层，中上部 8cm 砾石含量渐增，砾径 0.3～0.9cm，与上下层渐变　33cm

6. 底 4cm 为砾石层，向上为土黄色含砾细亚砂土层。向上变细　16cm

5. 土黄色细亚砂土层。中部含砾　23cm

4. 浅灰色复成分砾石层。砾石含量 87%左右，砾径 1.8～5cm，大的 30cm，棱角—次圆状，球度一般，砾石表面粗糙，大小混杂　33cm

3. 浅灰色细砂砾石层。横向上呈透镜状尖灭，与下伏细砂层快速过渡　7cm

2. 土黄色细亚砂土，局部含 0.2～0.4mm 小砾石。与上下层突变　30cm

1. 浅灰色复成分砾石层。横向上呈透镜状尖灭，砾石成分主要有花岗岩、岩屑砂岩、泥岩、
~~~~~~~

硅质岩、灰岩、玄武岩等，砾石含量87%，砾径1～4cm，大可达9cm，棱角—次圆，个别呈圆状，分选差，砾石表面光滑及粗糙的均有，球度差，填隙物为土黄色粉砂，未固结　　33cm

（未见底）

(4)叶城县艾格其克依格力北上更新统风积物(Qp_3^{eol})实测剖面(图2-42)

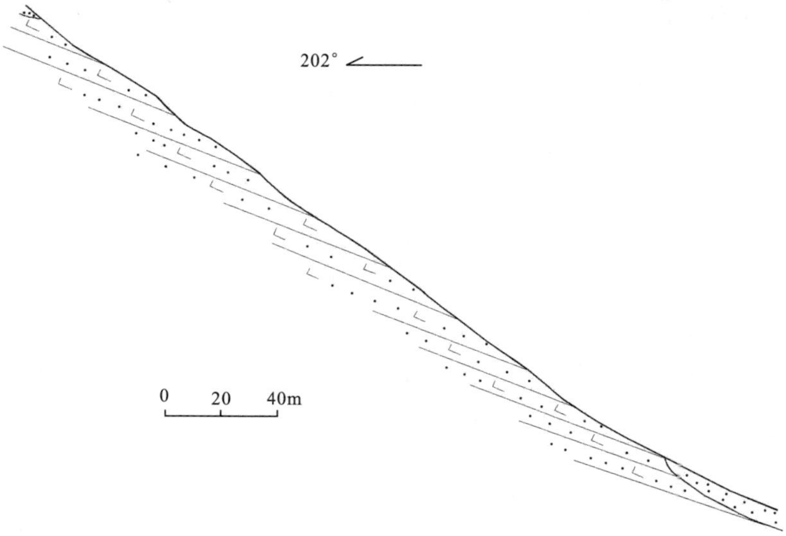

图2-42　叶城县艾格其克依格力北上更新统风积物(Qp_3^{eol})实测剖面图

剖面位于叶城县艾格其克依格力北，起点坐标：$X=4\ 134\ 747$，$Y=13\ 727\ 603$，$H=2\ 065$。露头较好，为一陡坎，但与上下层接触关系不清，交通状况一般。

剖面岩性为土黄色钙质细砂土堆积，厚度大于86m，颗粒细，分选好，质地较结实，形成一陡坎，水平纹理发育，厚1～3mm。上部见厚0.5mm、长1.2m的灰色钙质结壳层，明显切穿层理，为后期沿节理钙质淋滤所致。由于坡积物覆盖，未见顶底。

(5)叶城县叶克沙依东提孜那普河流阶地$Qh^{al}-Qp_2^{pl}$实测剖面(图2-43)

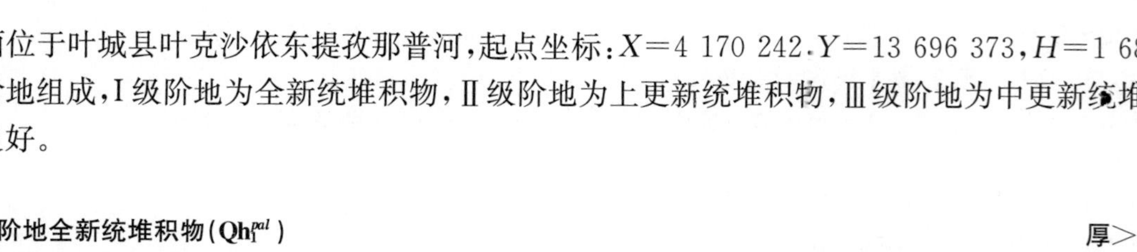

图2-43　叶城县叶克沙依东提孜那普河流阶地($Qh_1^{al}-Qp_2^{pl}$)实测剖面图

剖面位于叶城县叶克沙依东提孜那普河，起点坐标：$X=4\ 170\ 242$，$Y=13\ 696\ 373$，$H=1\ 683$。由三级河流阶地组成，Ⅰ级阶地为全新统堆积物，Ⅱ级阶地为上更新统堆积物，Ⅲ级阶地为中更新统堆积物，交通状况良好。

Ⅰ级阶地全新统堆积物(Qh_1^{pal})　　**厚>67cm**

Ⅰ₁. 土黄色细砂土堆积。地势平坦，地表长满杂草。淤洪道细砂土覆盖较厚，地表盖有一层亚粘土质薄皮，局部见有浅灰白色盐碱膜　　>25cm

Ⅰ₂. 土黄色亚粘土堆积物。地势平坦，地表有杂草，与Ⅰ₁高差15cm左右　　38cm

Ⅰ₃. 下部2.8m为洪积砂砾石堆积，上部1.2m为土黄色砾质细砂土堆积。冲积砂砾石层砾石含量70%左右，成分有花岗岩、闪长岩、安山岩、片麻岩、砂岩、混合岩、玄武岩等，砾径4～

11cm，大可达 20cm 左右，磨圆好，次圆—圆状，个别呈次棱角状，分选差，填隙物为较小砾石和细砂，以细砂为主，未固结；土黄色砾质细砂土水平纹理发育，砾石含量 10%左右，局部含有团块状砾石层，砾石呈棱角—次棱角状，大小 0.2～1.3cm，分选差　　4cm

Ⅱ级阶地上更新统洪冲积物（Qp_3^{pal}）　　**厚>12cm**

基底为西域组砾岩，其上为厚 1m 的楔状洪积砾石层，砾石成分有花岗岩、闪长岩、长石石英砂岩、混合岩、片麻岩、石英岩等，含量 85%左右，砾径 3～7cm，大的 50cm，圆—次圆状（椭球状），表面光滑，分选差，填隙物为细砂及少量较小砾石，未固结；顶 50cm 见较多疏松、白色盐碱物。总体下粗上细，地表地势平缓，地表有大于 5cm 细砂土盖层　　>12cm

Ⅲ级阶地中更新统洪积层（Qp_2^{pl}）　　**厚>3cm**

下部以洪积砾石层为主夹有灰黄色细亚砂土层。砾石成分有花岗岩、玄武岩、闪长岩、砂岩等，含量 85%～93%，砾径 1.0～4.1cm，大砾石呈圆—次圆状，小砾石呈棱角—次棱角状，填隙物为细砂及少量小砾石，顶有厚 5～98cm 细砂土盖层，普见膏盐结壳　　>3cm

现代河流冲积物（Qh_2^{al}）：河道间漫滩覆盖有 10cm 的土黄或浅灰色细砂土，其中浅灰色细砂土粒度稍粗，分布在下部，含水分较多，地表水流波痕发育。河道砂砾石成分复杂，主要有花岗岩、闪长岩、混合岩、玄武岩、砾岩，砾石含量大于 80%，砾径 5～10cm，大的 25cm，磨圆较好，呈次圆—圆状，球度一般，表面光滑，大都呈椭球状，长短轴之比为 2∶1～3.9∶1，分选较一般，填隙物为较小砾石及细砂。

（6）叶城县西河甫南东提孜那普河流阶地实测剖面（图 2-44）

剖面位于叶城县西河甫南东，起点坐标：X=4 156 233，Y=13 685 349，H=1 774。露头较好，共测制Ⅱ、Ⅲ级阶地，前者为上更新统洪冲积堆积物，后者为上更新统风积物，交通状况良好。

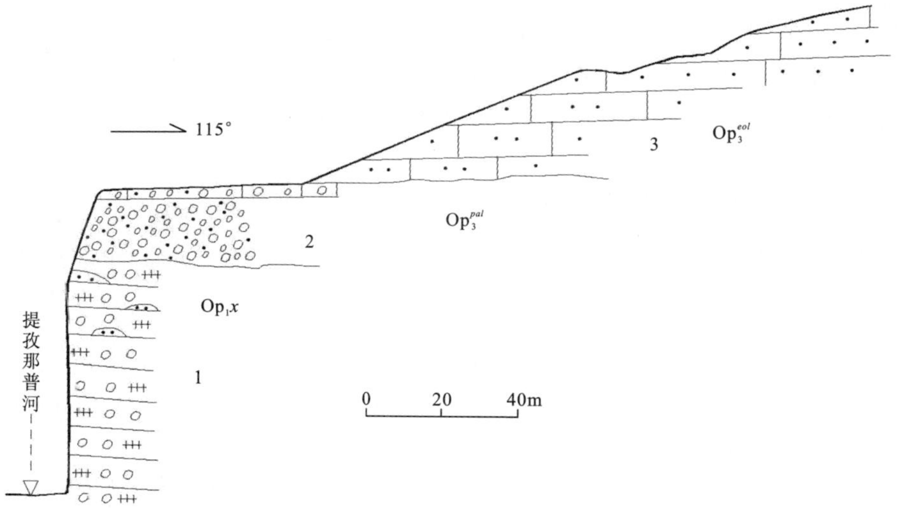

图 2-44　叶城县西河甫南东提孜那普河流阶地实测剖面图

上更新统风积物（Qp_3^{eol}）　　**（未见顶）**

3. 土黄色粘土质细砂土堆积。单层厚 5～40cm，水平纹理发育，层间夹有 0.1mm 浅褐色粘土质薄皮，构成Ⅲ级阶地　　49m

～～～～～～楔状不整合～～～～～～

上更新统洪冲积堆积物（Qp_3^{pal}）

2. 浅灰黄色洪冲积砾石层。砾石成分有花岗岩、闪长岩、玄武岩、砂岩、片麻岩等，含量 87%左右，砾径 2.7～8cm，大的 42cm，呈圆状，表面光滑，球度一般，大小混杂；填隙物为细砂及较小砾石；表层有 10cm 左右浅褐色细砂土，表皮粘土质含量高，构成Ⅱ级阶地　　17m

～～～～～～冲积不整合～～～～～～

下伏地层：第四系下更新统西域组砾岩

(7)叶城县科什乌斯坦艾肯洪冲积扇 Qh^{pal}—Qp_2^{pal} 实测剖面(图2-45)

剖面位于叶城县科什乌斯坦艾肯西,起点坐标:X=4 179 970,Y=13 731 914,H=1 494。露头较差,由沟口洪冲积扇构成三级阶地。交通状况良好。

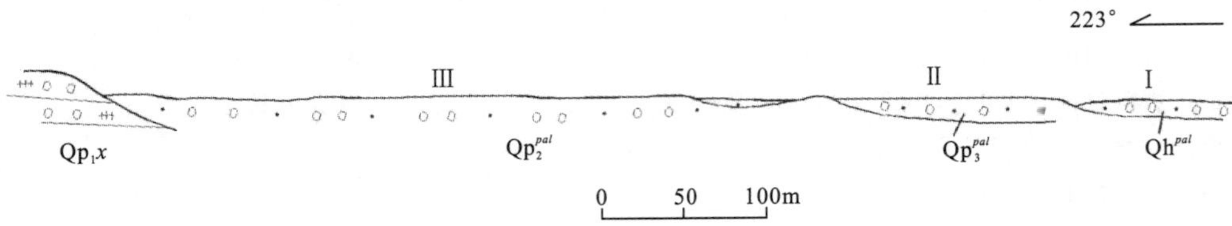

图2-45 叶城县科什乌斯坦艾肯洪冲积扇(Qh^{pal}—Qp_2^{pal})实测剖面图

剖面组成如下:

河道冲积堆积物(Qh_2^{pal}):以土黄色细砂土为主,地势平坦,下粗上细,与Ⅰ级阶地高差2.35m。

Ⅰ级阶地全新统洪冲积扇(Qh^{pal}):以砾石层为主,砾石成分复杂,有花岗岩、片麻岩、闪长岩、石英砂岩、泥岩、灰岩、安山岩等,砾径1.5~3.0cm,大的15cm左右,含量87%左右,次棱角—次圆状,砾石表面光滑,球度一般,大砾石呈球—椭球状,一般为扁平状,半定向,向上粒度变细,填隙物为细砂土及小砾石。地表细砂土增多,长有小草。

Ⅱ级阶地上更新统洪冲积扇(Qp_3^{pal}):与Ⅰ级阶地间高差1m左右,与Ⅲ级阶地高差1.2m。仍以砾石层为主,砾石成分有泥岩、砂岩、硅质岩、砂屑灰岩、闪长岩、片麻岩等,砾径1~3cm,大的5cm,个别20cm左右,次圆—圆状,球度较好,分选差,填隙物为较小砾石和细砂,以细砂为主。地表普见疏松白色膏盐结壳,表层为厚15cm细砂土。

Ⅲ级阶地中更新统洪冲积扇(Qp_2^{pal}):地表有土黄色细砂土覆盖,长有稀疏小草,普见较致密膏盐结壳。

附近一陡坎高7.54m(Qp_2^{pl}),分层如下(图2-46)。

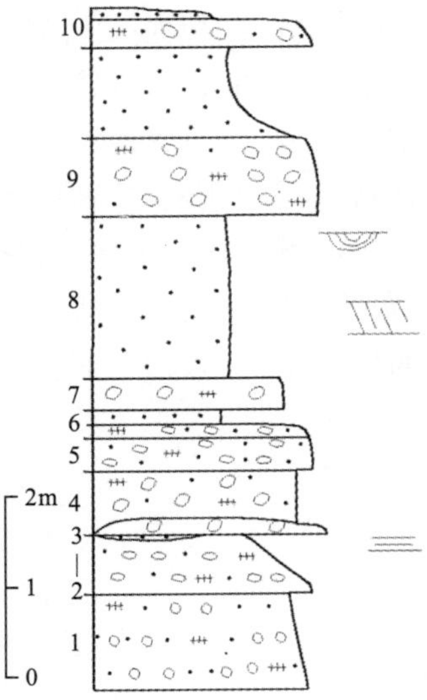

图2-46 叶城县科什乌斯坦肯Ⅲ级阶地中更新统洪冲积扇(Qp_2^{pal})剖面图

(未见顶)

10. 灰色复成分砂砾石堆积。地表有5cm厚粘土质砂,坡上普含钙质结核,含量大于80%,砾径1~2cm,少数小于0.5cm,分选差	40cm
9. 下部60cm为灰色复成分砾石层,大小混杂,一般3~5cm,大的10cm,磨圆及球度好;向上为土黄色细砂土层,单层厚10~40cm,底部含小砾石,向上变细,夹泥皮,与细砾石层渐变,渐变带宽10cm左右	190cm
8. 土黄色细砂土层。总体向上变细,含砾较少,发育槽状及板状交错层理,呈透镜状,单层厚10~30cm	195cm
7. 灰色复成分砂砾石层。厚5cm左右,砾石含量大于80%,砾径小于0.5cm,少数1~3cm	35cm
6. 灰色复成分砂砾石层与土黄色细砂土堆积。前者单层厚9cm,后者8cm左右。细砂岩呈透镜状。砾石大小1~3cm,含量65%	25cm
5. 土黄色砂砾石层。砾石成分以花岗岩、片麻岩为主,含量40%左右,砾径3~5cm,圆度及球度均较好	30cm
4. 灰色砂砾石层。砾径小于1cm,底夹有砾径为2~5cm砾石层	74cm
3. 灰色复成分砾石层。砾径下部1~3cm,顶部小于0.5cm,向上变细,顶1cm为土黄色砾质细砂土	24cm
2. 灰色复成分砾石层。底为突变,向上变细,顶见2cm左右土黄色细砂质透镜体,横向延伸10m	47cm
1. 灰色复成分砾石堆积。向上变细,砾石成分有灰岩、砾岩、砂岩、泥岩、闪长岩、花岗岩、硅	

质岩等，含量大于80%，砾径1～3cm，大的3～5cm，次棱角—次圆状，表面粗糙，球度差，大小混杂，填隙物为较小砾石、细砂　105cm

（未见底）

2. 岩石地层划分及其成因类型

(1)下更新统西域组(Qp_1x)

广布于莎车县喀群—皮山县八十兰干一带低山丘陵顶部或陡坎处，为陆相冲积扇沉积。近扇根处为褐灰色厚层状复成分砾岩夹褐黄色薄—中层状钙质细粒岩屑石英砂岩、粉砂质泥岩透镜体；扇缘为褐灰色厚层状复成分砾岩与灰绿色厚层状细粒岩屑长石砂岩互层，砾石主要来源于喀什群，含量多大于80%，砾径一般1.6～8.7cm，分选差，磨圆好，球度高，填隙物为细砂及较小砾石，泥钙质半固结，部分未固结状，总体向上粒度变细，砂岩含量增多，砾径稍小。其地层倾角由老到新由35°渐变缓为12°，为同沉积构造活动的反映。与下伏阿图什组为微角度不整合接触，表明二者之间存在短暂间断。

(2)中更新统

①中更新统冲洪积层(Qp_2^{pal})

主要分布在棋盘东—苏盖提一带，小面积分布于库瓦希北，零星分布于柯克亚南、萨扎木、喀尔曼等地，为山前洪积扇的残余部分，地貌上出露于较高的剥蚀残余高地或冲沟陡坎处。岩性主要为浅灰色砾石层、砂砾石层与土黄色含砾细亚砂土层、细亚砂土层互层。砾石成分复杂，有花岗岩、岩屑砂岩、泥岩、硅质岩、灰岩、玄武岩等，砾石含量80%～90%，砾径0.3～7cm，大者达30～40cm，棱角—次圆状，分选差，砾石表面较粗糙，填隙物为较小砾石及粘土质细砂，在近山麓处砾粗，以砾石层为主，在扇缘处砾细，以砂砾石和细砂层为主。地表普见较致密的膏盐结壳和厚5～98cm的含砾黄色细砂土堆积，砾石多数为西域组砾岩砾石再搬运产物，大砾石呈圆—次圆状，较小砾石呈棱角—次棱角状。

②中更新统洪积层(Qp_2^{pl})

分布于山前带较大河谷两侧及冲积平原地区。山前带河谷阶地一般组成高阶地3～6级，高出Ⅱ级阶地2～6m。常以角度不整合覆盖在西域组或中更新统洪积层之上。岩性及沉积特点具分带性，在水平方向上，自山麓向平原由粗变细，由单一的卵砾石层逐渐过渡为砂砾石、中—细砂夹薄层状亚砂土、粉砂；至冲积平原区，岩性为中、细砂夹薄层状亚砂土层，并被晚期冲积层覆盖。埋藏深度总体向北变厚，其砾石成分复杂，含量70%～85%，砾径一般2～7cm，大的36cm，呈次棱角—圆状，大砾石呈圆状，小砾石呈次棱角状，砾石表面大砾石光滑，小砾石较粗糙，分选较好，地表地势平缓，向平原区缓斜，普见较致密的膏盐结壳，地表一般有5cm左右土黄色细砂土层，构成戈壁滩。

(3)上更新统

①上更新统风积层(Qp_3^{eol})

广泛分布于图幅中部棋盘—克里阳一带低山丘陵区，不整合覆盖在不同层位之上，下伏基岩仅于沟谷较陡处出露。其岩性较单一，为土黄色细砂土堆积，较致密，粒度极细，分选极好，水平层理发育，厚随地形而异，由几米至70米。其地势平缓，地表一般有一层粘土含量高的薄皮，长有稀疏小草，山坡上因冲蚀一般有平行状向下的V型谷。在克里阳采获电子自旋共振年龄样品，其年龄值分别为(32.1±0.8) ka和(19.4±3.3) ka，艾格其克依格力样品年龄值为(46.4±5.7) ka，属晚更新世。

②上更新统坡积层(Qp_3^{dl})

主要分布在拜什铁热克、阿依坎特西域组露头南部较陡坡下部凹坡段，前缘覆盖在上更新统洪积层之上，又被全新统风积物覆盖。沉积物为粘土质细砂土夹棱角状小石块，向下砾石变少，粒度变细，分选差，层理不明显。物源主要来自西域组。

③上更新统冲积层(Qp_3^{al})

主要分布于玉斯希什—玉祖木吕克提孜那普河两岸Ⅱ级阶地，与Ⅰ级阶地高差达15～23m，不整合覆盖在西域组砾岩之上，厚1m左右，为冲积砾石层。砾石成分有花岗岩、闪长岩、长石石英砂岩、混合岩、片麻岩、石英岩等，含量85%左右，砾径3～7cm，大的达50cm，呈圆—次圆状、椭球状，表面光滑，分选差，大小不一，填隙物为细砂及小砾石，未固结。地表有大于5cm的细砂土盖层，表面分布有较多0.4～6cm的尖棱角状残积碎石，地势平缓，地表长有稀疏小草，表层普见疏松的膏盐结壳（图版Ⅸ，6）。在西河甫南采获电子自旋共振年龄样品，年龄值分别为（65.2±7.5）ka、（48.9±8.1）ka 和（32.5±2.5）ka，属晚更新世。

④上更新统冲洪积层（Qp_3^{pal}）

广泛分布于山前地带，组成倾斜扇形洪积裙，位于河流的Ⅱ级阶地，与Ⅰ级阶地高差 10～38m，常不整合覆盖在中更新统之上，地势平坦，地表长有稀疏小草，表层有 5～15cm 细砂土。地表有棱角状碎石，一般 0.5～2.5cm，大的 5cm，与 III 级阶地高差 1m 左右，由浅灰色砾石层与细砂辫状互层组成，砾石成分复杂，有泥岩、砂岩、硅质岩、砂屑灰岩、闪长岩、片麻岩等，砾径 1～3cm，大的 5cm，个别 20cm 左右，呈次圆—圆状，球度较好，分选差，填隙物为较小砾石及细砂，以细砂为主，形成戈壁滩，表层普见膏盐化。扇缘粒度相对较细。

⑤上更新统洪积层（Qp_3^{pl}）

主要分布在喀群—依格孜牙北一带，小面积分布于阿木提鲁克、拜什铁热克西等地，不整合覆盖在中更新统洪积层及西域组之上，岩性特征基本同中更新统洪积层，但砾石较小（0.2～5cm），含量较低（40%左右），表层以砾质细砂土为主。地貌位置较高，上更新统冲洪积层位于较低阶地呈楔状不整合覆盖在其上。阿拉尔本层位采获电子自旋共振样品，年龄值结果为（47.4±3.2）ka，时代属晚更新世。

（4）全新统

①全新统风积层（Qh^{eol}）

主要分布于图幅东北角卡尔阔太克—秋拉克道班一线北东，在图幅中部的棋盘、玉斯希什—柯克亚、乌夏巴什、克里阳南、艾山帕西母等地小面积分布，覆盖层较薄，其沉积物主要为土黄色细砂土，粒度较细，0.1～0.5mm，成分主要为石英、长石及云母，分选很好，在图幅北东部发育有较大的砂垅、沙丘，高 2～15m，在图幅中部沙丘高数十厘米至 1m，大部分覆盖在戈壁滩上，在沙垅间低凹处长有灌木丛，多为移动沙丘，向周围扩展较快，较疏松堆积。

②全新统冲洪积层（Qh^{pal}）

主要分布在也随西—八十兰干一带较大河谷两侧较低凹开阔处及色日克阿塔—秋拉克道班一带山前河口处，构成明显的扇体或扇体群，或构成河道Ⅰ级阶地，地势平坦，其早期堆积与上更新统冲洪积层特征一致，以砾石层为主，磨圆好，分选较差，球度高，表面光滑，易破碎，酷似西域组砾岩，且大部分来源于该砾岩，填隙物为较小砾石和细砂，未固结。由于后期风蚀形成戈壁滩，其上一般有土黄色细砂土堆积，在低凹处及前缘形成大面积的绿洲，如乌夏巴什、八十兰干、叶城县等地，分布于戈壁滩和沙漠之间。高出河床水面 30～80cm。在叶城县北本层位采获电子自旋共振样品，其年龄值分别为（8.3±0.5）ka 和（5.6±0.7）ka，时代属全新世。

③全新统冲积物（Qh^{al}）

主要分布在各河流的河谷中，形成河床的砂砾石冲积堆积物及河漫滩细砂土堆积，具下粗上细的二元结构。其砾石层成分复杂，主要有花岗岩、闪长岩、混合岩、玄武岩、砾岩等，砾石含量大于 80%，砾径 5～15cm，大的 36cm 左右，磨圆好，次圆—圆状，球度一般，表面光滑，大都呈椭球状，分选一般，填隙物为较小砾石和细砂，总体由南向北变细。

3. 第四系小结

新生代以来，随着青藏高原的持续隆起，塔里木盆地沉积逐渐向盆地内迁移。因此，昆仑山前第四系露头由老至新向盆地推移。下中更新统以洪积相、冲洪积相为主，呈扇形洪积裙在山前带出露；上更新统洪积、冲洪积相和全新统早期冲洪积相组成倾斜扇形洪积裙，为戈壁滩的主要组成部分；全新统晚期冲洪积相、冲积相广布于盆地内部。其分布地貌由老到新依次降低。受盆地内局部地貌地势影响，在也随西—八十兰干一带形成凹地，后期沉积物分布于前期沉积物剥蚀形成的凹地中，故上更新统—全新统沉积物的分布形成两个条带，但其总体分布格局不变，即由老到新其阶地高度依次降低，更趋低处分布。上述堆积物来源于昆仑山，以水力搬运为主，因此，砾石从南往北由粗变细，由砾石层逐渐过渡为上更新统—全新统砂层。风积层以风力作用为主，但其较大程度受地形地貌的影响，随着地势掀斜，沉积中心由南向北迁移明显。

第四系堆积物地貌由老到新沉积阶地依次降低。由山区向盆地阶地高差明显变大，陡坎处多处出露西域组砾岩，说明西南部山区相对抬升幅度向盆地渐减。区内最高阶地为 Qp_3^{pal} 阶地与 Qh^{pal} 阶地，在西、南部山区一般达 20～30m，并切蚀下伏西域组砾岩，说明上更新统—全新统抬升幅度较大，而 Qh^{pal} 阶地与现代河床高差不明显，仅数十厘米，说明近代新构造运动渐趋稳定，抬升不明显，而下更新统西域组掀斜抬升幅度及沉积厚度巨大(100～3 000m)，是下更新统以来洪积堆积厚度不可比拟的。

表层膏盐结壳是由于风化淋滤的盐积水在低凹处长期富积、蒸发浓缩的结果，一般中更新统戈壁滩表层膏盐结壳致密而坚硬，上更新统戈壁滩膏盐结壳较疏松，全新统戈壁滩表层未见膏盐结壳。

第三章　岩浆岩

图幅内岩浆岩侵入及喷发活动均不强烈，岩浆岩主要分布于南部要龙—阿卡孜—坎埃孜一带。构造位置处于西昆仑山前逆冲推覆带的南北两侧，出露面积约 1 200km²，占图幅总面积的 8%，其中岩浆侵入活动稍强于喷发活动(图 3-1)。根据岩浆岩的时空分布及演化规律，以哈拉斯坦河断裂带为界划分为北部的西昆北和南部的西昆中两个构造岩浆岩带。

本报告岩浆岩按构造旋回分期表示，其时代界限按全国地层委员会 2001 年编制的《中国地层指南及中国地层指南说明书》所推荐的中国年代地层表进行划分；岩浆岩的分类命名按 1999 年实施的国家标准《火成岩分类和命名方案》进行，其中 APQF 分类中的 3a 区仍沿用正长花岗岩一术语。

第一节　基性—超基性侵入岩

该类侵入岩仅涉及克里阳钾镁煌斑岩脉及阿依保龙蚀变辉长岩墙(库地蛇绿岩的组成部分)。

一、克里阳钾镁煌斑岩脉

1. 地质特征

位于图幅东南部克里阳的坎埃孜南侧沟中，填图中发现两条近东西向的岩脉，脉宽分别为 0.5m 和 3m，产状分别为 175°∠35°和 175°∠52°，围岩为中元古界蓟县系博查特塔格组碳质粉砂岩、微晶灰岩或白云岩，层理产状为 140°～180°∠50°～72°。

2. 岩石学特征

岩石呈绿黑色、灰褐色，均具煌斑结构，基质为片状—粒状结构，块状构造。斑晶有金云母、霓辉石、含霓透辉石、透长石及假象白榴石等，基质由金云母、单斜辉石、钾长石以及方解石、铁白云石囊团等组成。

据矿物探针分析结果，金云母成分显示自内而外 FeO 和 TiO_2 含量升高、Al_2O_3 含量不变或略升高、MgO 和 Cr_2O_3 含量降低的环带趋势，与美国白榴石山的铝质白云母特征相似；透辉石的 Al_2O_3 含量偏高，在 Ca-Mg-Fe 三角图上大部分点位于白榴石山钾镁煌斑岩的透辉石成分区；透长石的 Fe_2O_3、Na_2O 值处于国外钾镁煌斑岩的低限；角闪石为钙质角闪石。矿物成分总体上与不含金刚石的钾镁煌斑岩成分相近，但 Al_2O_3 含量较高。

3. 岩石化学特征

克里阳钾镁煌斑岩的岩石化学成分见表 3-1，其成分与不含金刚石的钾镁煌斑岩相近。同含金刚石者相比，Al_2O_3 含量偏高，MgO、TiO_2 含量均较低。在煌斑岩的 SiO_2、K_2O 成分范围图中，平均成分点落入超钾、过钾质及钾镁煌斑岩区，与超镁铁质煌斑岩、碱性煌斑岩、钙碱性煌斑岩和钾长煌斑岩有明显区别。

4. 岩石地球化学特征

克里阳钾镁煌斑岩的微量元素和稀土元素含量及有关参数分别见表 3-2 和表 3-3。相容元素贫 Cr、Ni，富 V、Cu；不相容元素 Ba、Sr 含量低，与南非 I 型金伯利岩和阿盖钾镁煌斑岩的 Ba、Sr 值接近；Nb、Ta、Zr、Hf、Th 均较亏损，与前苏联穆伦、秘鲁南部的钾镁煌斑岩可以对比。其地球化学型式见图 3-2，Rb、Ce、Sm 具明显正异常，Nb、Zr 具明显负异常。

表 3-1　叶城县幅侵入岩化学成分(%)及有关参数表

	岩体	样　号	岩　性	Si_2O	TiO_2	Ai_2O_3	Fe_2O_3	FeO	MnO	MgO	CaO	Na_2O	K_2O	P_2O_5
西昆仑北带	阿卡孜	GS 190/1	* 正长花岗岩	74.83	0.23	11.95	1.22	1.37	0.02	0.24	0.80	2.32	5.93	0.03
		⊙ 88		73.80	0.18	12.25	1.40	1.05	0.03	0.17	0.70	2.56	6.15	
		⊙ AKZ-28		72.82	0.10	13.03	0.62	1.28	0.06	0.60	1.00	2.21	6.50	0.05
		⊙ AKZ-6		68.70	0.27	14.69	1.55	1.85	0.09	0.70	1.40	2.92	6.10	0.12
		⊙ AKZ-31	* 二长花岗岩	64.78	0.69	14.46	2.83	2.47	0.12	1.11	2.20	3.11	5.30	0.17
	探勒克	GS 132/1	* 英云闪长岩	69.92	0.67	14.52	0.45	2.20	0.06	0.51	2.74	3.08	4.56	0.15
	克里阳钾镁煌斑岩脉	# 96b01	钾镁煌斑岩	43.78	0.83	14.55	3.94	5.43	0.12	8.09	9.83	0.43	5.37	0.15
		# 96b02		38.83	0.82	13.18	4.54	6.56	0.12	10.10	10.95	0.47	3.87	0.12
		# K4-2		38.56	0.75	13.55	3.93	4.77	0.14	6.55	12.71	3.54	1.99	0.16
		# K4-3		41.84	0.75	13.73	3.99	5.21	0.13	8.97	10.93	1.23	4.78	0.19
		# K4-11		40.22	0.70	12.63	3.95	4.35	0.14	7.60	12.78	2.05	3.46	0.17
		# K4-12		42.42	0.75	12.69	4.33	5.05	0.13	9.67	12.06	1.65	3.58	0.16
		# Kly-1		42.75	0.76	13.97	7.23	2.65	0.09	10.09	9.83	0.67	5.41	0.25
		# Kly-2		43.07	0.75	14.22	6.72	2.98	0.08	9.98	8.84	1.31	4.88	0.26
		# Zkl-1		42.15	0.84	12.10	6.30	2.40	0.08	11.67	12.11	1.34	3.86	0.17
西昆仑中带	丘克苏	⊙	二长花岗岩	73.67	0.14	13.21	0.20	1.84	0.07	0.36	1.47	3.49	4.12	
		GS 107/1	斑状二长花岗岩	73.29	0.28	12.89	0.77	1.48	0.05	0.31	0.98	2.93	5.62	0.07
		GS 106/1	细粒花岗闪长岩	72.52	0.23	14.55	0.13	1.20	0.04	0.51	1.33	3.78	4.01	0.03
	大同西侧	GS 2572-3	斑状角闪正长岩	60.52	0.73	17.29	2.09	2.18	0.10	1.28	4.96	3.83	5.41	0.25
		⊙ 36	花岗闪长岩	62.99	0.56	15.55	2.19	3.45	0.10	2.66	4.95	2.64	3.85	
		⊙		62.80	0.61	15.64	2.11	3.23	0.10	2.50	4.89	2.44	3.74	0.22
		GS 125/1	石英二长闪长岩	69.40	0.28	13.92	2.28	2.87	0.11	0.42	1.95	4.62	3.01	0.05
		GS 124/1		76.80	0.14	11.84	0.38	1.03	0.03	0.30	0.75	3.40	4.45	0.02
		GS 126/1		77.11	0.13	11.87	0.31	1.03	0.03	0.19	0.53	3.30	4.72	0.01
		GS 2579-3		68.26	0.47	13.78	1.71	1.93	0.08	1.45	3.80	2.63	4.17	0.19
		GS 1150-1		60.32	0.71	15.60	3.20	2.75	0.12	2.45	5.32	3.72	3.83	0.37
		GS 2566-1	* 石英二长闪长岩	61.20	0.51	16.23	1.57	3.37	0.11	2.49	5.91	2.59	3.93	0.29
		GS5242-南 1	细粒石英闪长岩	74.81	0.16	13.47	0.35	0.68	0.03	0.23	1.76	3.08	4.41	0.03
		GS 2580-5	细粒闪长岩	53.95	0.63	9.86	2.34	6.13	0.20	8.20	11.05	1.59	3.42	0.50
	新-藏公路128km	⊙ 128-14	花岗闪长岩	61.85	0.44	17.35	2.00	2.83	0.15	1.60	4.31	3.46	2.62	0.16
		⊙⊙ δO3	石英闪长岩	58.98	0.57	15.86	1.65	4.60	0.14	2.74	6.56	3.11	3.77	
		⊙⊙ KX2		59.59	0.63	16.82	1.68	4.71	0.124	2.76	5.22	3.36	3.01	0.362
		⊙⊙ HX7		63.05	0.50	16.55	1.71	2.82	0.08	1.89	4.98	3.98	2.38	0.23
		GS 1043-1	* 石英二长闪长岩	57.44	0.71	15.55	2.36	5.02	0.15	3.11	6.72	2.90	3.42	0.46
	尤仑	GS 113/1	* 细粒花岗闪长岩	66.80	0.55	13.87	2.88	1.97	0.09	1.66	3.79	2.22	4.37	0.18
		GS 110/1	斑状石英闪长岩	56.05	1.00	15.60	5.75	3.13	0.17	3.26	7.25	2.51	2.45	0.47
	西河休河-一些克沟蛇绿岩	⊙⊙ HX25	安山岩	54.38	1.04	13.31	1.30	8.65	0.179	1.86	6.86	3.34	0.26	0.146
		⊙⊙ HX26	玄武安山岩	53.06	1.35	12.77	4.87	7.86	0.221	5.15	6.16	5.29	0.11	0.179
		⊙⊙		52.83	1.17	12.87	5.15	6.64	0.228	4.67	7.25	5.87	0.09	0.157
		⊙⊙ HX27		50.01	1.00	12.76	3.67	6.54	0.17	5.22	10.26	4.61	0.06	0.148
		⊙⊙ HX24	玄武岩	48.85	0.17	15.15	3.14	3.94	0.084	8.93	6.68	1.02	0.43	0.026
		⊙⊙ HX28		48.37	1.17	12.59	3.51	6.89	0.159	5.69	10.39	3.79	0.05	0.170
		GS103/35-1	枕状玄武岩	51.59	0.49	12.73	6.58	6.87	0.22	6.07	11.07	1.57	0.16	0.05
		GS102/24-1	蚀变辉长岩	48.02	0.70	14.49	2.91	6.83	0.17	8.00	13.52	1.58	0.11	0.05
		GS 101/南 1		48.07	0.54	11.16	3.14	6.77	0.18	9.90	15.60	1.00	0.07	0.03
		GS 101/5-1		45.26	0.35	12.48	2.13	6.77	0.16	13.28	13.98	0.86	0.06	0.03

⊙ 数据来源于《昆仑-阿尔金岩浆活动及成矿作用》；⊙⊙ 数据来源于《西昆仑造山带与盆地》；# 数据来源于《西昆仑克里阳地区钾镁煌斑岩岩石学特征及其意义》；＊ 岩石具片麻状构造

续表 3-1

	岩体	样　号	岩　性	H_2O^+	CO_2	Lost	总量	A	K/Na	δ	A/CNK	Mg#	R_1	R_2
西昆仑北带	阿卡孜	GS 190/1	* 正长花岗岩	0.68	0.21	0.63	100.46	8.25	2.56	2.14	1.023	23.80	2 699.0	332.5
		⊙ 88					98.29	8.71	2.40	2.46	1.009	22.40	2 499.7	324.5
		⊙ AKZ-28		1.07		0.09	99.43	8.71	2.94	2.54	1.044	45.53	2 492.4	394.0
		⊙ AKZ-6		0.70		0.05	99.14	9.02	2.09	3.17	1.053	40.28	2 015.5	475.2
		⊙ AKZ-31	* 二长花岗岩	0.87		0.90	99.01	8.41	1.70	3.25	0.974	44.48	1 812.6	577.5
	探勒克	GS 132/1	* 英云闪长岩	0.62	0.04	0.31	99.83	7.64	1.48	2.17	0.969	29.24	2 405.9	605.0
	克里阳钾镁煌斑岩脉	# 96b01	钾镁煌斑岩	4.06	2.33	0.598	99.47	5.8	12.49	43.13	0.597	72.64	1 235.3	1 742.0
		# 96b02		5.58	3.99	0.85	100.14	4.34	8.23	4.52	0.530	73.28	1 195.5	1 934.7
		# K4-2		4.03	8.89	0.93	100.17	5.53	0.56	6.89	0.436	70.98	593.8	1 954.6
		# K4-3		3.30	4.00	0.493	99.52	6.01	3.89	31.14	0.507	75.41	967.0	1 887.5
		# K4-11		3.36	7.45	0.729	99.55	5.51	1.69	10.92	0.416	75.69	902.6	1 996.2
		# K4-12		2.58	3.95	0.503	99.48	5.23	2.17	47.16	0.445	77.33	1 132.6	2 022.8
		# Kly-1		3.02	3.06	0.78	100.05	6.08	8.07	147.87	0.563	87.15	1 069.1	1 829.0
		# Kly-2		0.36	3.19	0.459	100.33	6.19	3.73	547.37	0.605	85.65	990.9	1 722.3
		# Zkl-1		0.35	4.78	0.462	100.50	5.2	2.88	31.81	0.426	89.65	1 181.2	2 114.4
西昆仑中带	丘克苏	⊙	二长花岗岩				98.57	7.61	1.18	1.89	1.026	25.86	2 644.0	436.2
		GS 107/1	斑状二长花岗岩	1.02	0.15	0.91	100.75	8.55	1.92	2.41	1.016	27.19	2 459.1	374.5
		GS 106/1	细粒花岗闪长岩	1.11	0.12	0.96	100.52	7.79	1.06	2.06	1.121	43.11	2 507.2	454.1
	大同西侧	GS 2572-3	斑状角闪正长岩	0.77	0.08	0.47	99.96	9.24	1.41	4.87	0.817	51.14	1 273.2	936.2
		⊙ 36	花岗闪长岩				98.94	6.49	1.46	2.11	0.888	57.89	2 191.2	969.5
		⊙				1.58	99.86	6.18	1.53	1.93	0.923	57.98	2 281.9	956.9
		GS 125/1	石英二长闪长岩	0.74	0.15	0.53	100.33	7.63	0.65	2.21	0.967	20.69	2 133.0	505.6
		GS 124/1		0.58	0.08	0.35	100.15	7.85	1.31	1.82	1.006	34.18	2 825.3	328.2
		GS 126/1		0.53	0.06	0.31	100.13	8.02	1.43	1.89	1.032	24.75	2 820.5	299.8
		GS 2579-3		1.18	0.08	0.90	100.63	6.80	1.59	1.83	0.875	57.26	2 527.8	751.1
		GS 1150-1		1.27		0.93	100.59	7.55	1.03	3.29	0.783	61.37	1 624.7	1 000.2
		GS 2566-1	* 石英二长闪长岩	1.47	0.08	1.09	100.84	6.52	1.52	2.34	0.843	56.85	2 090.3	1 077.3
		GS5242-南 1	细粒石英闪长岩	0.66	0.08	0.59	100.34	7.49	1.43	1.76	1.033	37.62	2 825.7	464.8
		GS 2580-5	细粒闪长岩	1.43	0.45	1.18	100.93	5.01	2.15	2.29	0.373	70.46	1 982.1	1 788.2
	新—藏公路128km	⊙ 128-14	花岗闪长岩	1.09		1.23	99.09	6.08	0.76	1.96	1.060	50.20	2 136.8	885.1
		⊙⊙ δO_3	石英闪长岩				97.98	6.88	1.21	2.96	0.751	51.50	1 757.3	1 152.9
		⊙⊙ KX2					98.266	6.37	0.90	2.45	0.920	51.09	1 881.1	1 028.9
		⊙⊙ HX7					98.17	6.36	0.60	2.02	0.911	54.44	2 094.0	953.5
		GS 1043-1	* 石英二长闪长岩	1.64		1.27	100.75	6.32	1.18	2.77	0.752	52.48	1 777.6	1 182.6
	尤仑	GS 113/1	* 细粒花岗闪长岩	1.30	0.10	0.93	100.71	6.59	1.97	1.82	0.908	60.04	2 496.7	762.5
		GS 110/1	斑状石英闪长岩	1.90	0.17	1.55	101.26	4.96	0.98	1.89	0.782	65.00	2 009.4	1 248.3
	西河休河—一些克沟蛇绿岩	⊙⊙ HX25	安山岩	2.90	7.38		101.605	3.60	0.08	1.14	0.729	27.71	2 071.6	1 092.4
		⊙⊙ HX26	玄武安山岩	1.82	1.90		100.578 9	5.40	0.02	2.90	0.638	53.88	1 250.3	1 171.4
		⊙⊙		1.48	2.27		100.675	5.96	0.02	3.61	0.561	55.63	1 065.8	1 266.3
		⊙⊙ HX27		2.00	4.47		100.918	4.67	0.01	3.11	0.485	58.73	1 377.0	1 611.9
		⊙⊙ HX24	玄武岩	4.60	10.90		103.92	1.45	0.42	0.35	1.060	80.16	2 596.8	1 457.4
		⊙⊙ HX28		2.44	5.95		101.169	3.84	0.01	2.75	0.500	59.55	1 550.7	1 645.5
		GS103/35-1	枕状玄武岩	2.35	0.06	1.29	101.1	1.73	0.10	0.35	0.556	61.17	2 470.2	1 741.5
		GS102/24-1	蚀变辉长岩	2.88	0.58	2.74	102.58	1.69	0.07	0.57	0.531	67.62	2 327.8	2 132.5
		GS 101/南 1		2.43	0.94	2.94	102.77	1.07	0.07	0.23	0.371	72.28	2 546.8	2 384.3
		GS 101/5-1		3.40	1.05	4.02	103.83	0.92	0.07	0.37	0.464	77.76	2 442.4	2 404.1

表 3-2 叶城县幅侵入岩微量元素含量($\times 10^{-6}$)及有关参数表

	岩体	样 号	岩 性	Rb	Sr	Ba	Zr	Nb	Ta	Hf	Sc	V	Cr	Co	Ni
西昆仑北带	阿卡孜	WL 190/1	*正长花岗岩	177	91	595	308	11	<0.5	8.8	3.1	14	25	24	7.8
		⊙ AKZ-28		251	65.6	501	82.6	13.8		0.84		36.1		2.42	4.80
		⊙ AKZ-6		197	253	1 431	23.3	19.6				17.0		3.42	5.35
		⊙ AKZ-31	*二长花岗岩	213	295	1 357	20.2	29.5	8.70			43.2		7.50	3.57
	探勒克	WL 132/1	*英云闪长岩	111	313	3 364	298	17	1.0	8.0	2.3	21	17	17	5.6
	克里阳钾镁煌斑岩脉	# 96b01	钾镁煌斑岩	194.0	260.2	639.8	72.82	7.32	1.77	3.06	27.86	203.6	86.21	37.86	44.37
		# K4-2		108.8	282.6	99.4	111.8	14.79	1.85	5.01	13.87	177.6	119.4	42.29	48.17
		# K4-3		148.1	363.5	261.4	116.5	12.45	1.58	5.24	14.23	197.8	133.8	40.72	62.61
		# K4-12		72.83	318.9	144.7	107.2	11.99	2.88	4.94	13.77	196.6	207.4	37.35	65.49
		# Kly-1		231.7	531.2	614.6	121.4	15.13	2.21	5.72	10.99	194.4	120.7	32.20	43.70
		# Kly-2		90.42	922.5	372.3	117.4	14.11	1.73	5.21	15.41	189.7	127.6	45.17	61.46
		# Zkl-1		125.6	367.8	425.2	107.8	11.86	2.56	5.05	27.08	200.3	243.1	37.86	89.84
西昆仑南带	丘克苏	WL107/1	斑状二长花岗岩	322	64	367	203	24	2.0	5.3	3.3	18	8.2	22	2.6
		WL106/1	细粒花岗闪长岩	128	800	2 698	91	8.9	<0.5	2.2	2.2	14	25	13	10
	大同西侧	WL2572-3	斑状角闪正长岩	147	1 112	3 048	202	22	2.3	6.3	7.4	86	22	14	12
		WL125/1	石英二长闪长岩	96	114	730	602	20	1.3	15.8	9.1	14	14	6.2	5.6
		WL124/1		118	51	867	169	15	0.57	6.0	2.0	10	17	15	6.6
		WL126/1		113	46	848	184	14	1.1	7.3	1.7	8.5	11	17	5.1
		WL2579-3		183	496	1 103	140	16	1.7	4.7	8.0	73	30	22	12
		WL1150-1		124.3	801	1 425	156	14.4	1.5	4.6	11.9	104.4	22.2	16.3	14.9
		WL2566-1	*石英二长闪长岩	227	401	936	136	17	1.4	3.9	12	99	61	18	25
		WL5242 南 1	细粒石英闪长岩	167	286	1 207	98	10	0.6	3.2	1.6	11	7.7	20	5
		WL2580-5	细粒闪长岩	128	280	816	184	38	1.4	3.9	36	202	399	35	71
	新-藏公路128km	⊙ 128-14	花岗闪长岩	121	975	1 143	108	12.9		0.96		73.1		9.05	7.40
		WL 1043-1	*石英二长闪长岩	127	697	1 043	227	20.5	0.9	5.0	18.5	117.7	29.7	22.9	12.2
	尤仑	WL 113/1	*细粒花岗闪长岩	212	255	918	214	24	1.9	5.2	10	83	20	15	7.7
		WL 110/1	斑状石英闪长岩	87	567	1 239	290	22	1.3	6.6	17	154	30	22	14
	西河休河一带蛇绿岩	⊙⊙ HX25	安山岩	11.6	68.5	54.0	55.6	13.4				226.4	73.3		19.7
		⊙⊙ HX26	玄武安山岩	10.0	76.8	78.1	80.8	10.9				290.0	97.8		34.0
		⊙⊙ HX29		10.0	78.1	71.9	70.8	11.0				226.1	88.9		29.5
		⊙⊙ HX27		10.0	98.5	31.2	55.2	9.4				314.2	269.4		46.8
		⊙⊙ HX24	玄武岩	16.3	46.7	27.8	12.8	8.5				225.3	406.7		38.1
		⊙⊙ HX28		11.2	58.2	67.9	66.1	12.0				340.3	314.8		53.0
		WL103/35-1	枕状玄武岩	5.1	69	93	46	4.5	<0.5	1.2	51	288	119	55	82
		WL02/24-1	蚀变辉长岩	<3	114	47	51	4.8	<0.5	0.67	48	231	303	42	106
		WL101/南 1		3.0	91	34	42	4.1	<0.5	1.3	55	217	1092	45	147
		WL101/5-1		<3	69	34	37	2.8	<0.5	0.57	36	134	973	61	345

⊙ 数据来源于《昆仑-阿尔金岩浆活动及成矿作用》；⊙⊙ 数据来源于《西昆仑造山带与盆地》；# 数据来源于《西昆仑克里阳地区钾镁煌斑岩岩石学特征及其意义》；* 岩石具片麻状构造

续表 3-2

	岩体	样号	岩性	Th	W	Sn	Mo	Be	Ga	Li	Se	Rb/Sr	Ba/Sr	K/Rb	Th/Ta
西昆仑北带	阿卡孜	WL 190/1	*正长花岗岩	44	240	<1	1.3	1.3	20		0.029	1.95	6.54	278.1	>88
		⊙ AKZ-28		78.0				0.10	22.0	6.44		3.83	7.64	214.8	
		⊙ AKZ-6		20.6		0.051	1.36	1.18	21.8	11.9		0.78	5.66	256.9	
		⊙ AKZ-31	*二长花岗岩	4.82			0.98	0.72	22.8	19.4		0.72	4.60	206.5	0.55
	探勒克	WL 132/1	*英云闪长岩	1.5	203	<1	0.67	1.3	15		0.037	0.35	10.75	340.9	1.50
	克里阳钾镁煌斑岩脉	# 96b01	钾镁煌斑岩	1.62						88.97		0.75	2.66	229.7	0.92
		# K4-2		6.08						51.30		0.38	0.35	151.8	3.12
		# K4-3		7.59						63.16		0.41	0.72	267.9	4.80
		# K4-12		5.97						53.95		0.19	0.45	408.0	2.07
		# Kly-1		7.26						64.55		0.44	1.16	193.8	3.29
		# Kly-4		5.54						72.13		0.10	0.40		3.20
		# Zkl-1		3.74						47.68		0.34	1.16	255.1	1.46
西昆仑南带	丘克苏	WL107/1	斑状二长花岗岩	65	300	5.8	0.33	4.7	15		0.069	5.03	5.73	144.9	32.50
		WL106/1	细粒花岗闪长岩	3.7	123	2.6	<0.2	2.2	13		0.037	0.16	3.37	260.0	>7.4
	大同西侧	WL2572-3	斑状角闪正长岩	77	77	1.5	1.1	3.3	25		0.036	0.13	2.74	305.4	33.48
		WL125/1	石英二长闪长岩	11	67	5.3	2.0	3.4	20		0.021	0.84	6.40	260.1	8.46
		WL124/1		13	28	1.7	0.61	2.2	19		0.034	2.31	17.00	312.9	22.81
		WL126/1		13	221	2.2	1.1	2.4	18		0.043	2.46	18.43	346.6	11.82
		WL2579-3		15	230	5.0	0.47	2.7	18		0.040	0.37	2.22	189.1	8.82
		WL1150-1		14.2	72.4	1.9	0.8	2.9	28.0	10.5	<0.5	0.16	1.78	255.7	9.47
		WL2566-1	*石英二长闪长岩	24	74	1.8	1.2	3.5	19		0.036	0.57	2.33	143.6	17.14
		WL5242南1	细粒石英闪长岩	6.2	308	3.0	<0.2	2.9	17		0.040	0.58	4.22	219.1	10.33
		WL2580-5	细粒闪长岩	8.1	81	4.0	0.75	2.7	13		0.088	0.46	2.91	221.7	5.79
	新-藏公路128km	⊙ 128-14	花岗闪长岩			2.22	0.55	2.35	24.2	23.7		0.12	1.17	179.7	
		WL 1043-1	*石英二长闪长岩	18.4	80.8	2.3	0.7	3.4	20.3	13.3	0.08	0.18	1.50	223.4	20.44
	尤仑	WL 113/1	*细粒花岗闪长岩	29	74	4.7	1.2	3.0	18		0.044	0.83	3.60	171.0	15.26
		WL 110/1	斑状石英闪长岩	9.2	41	3.3	0.82	3.0	17		0.042	0.15	2.19	233.6	7.08
	西河休河一带蛇绿岩	⊙⊙ HX25	安山岩	2.8					10.4			0.17	0.79	186.0	
		⊙⊙ HX26	玄武安山岩	2.2					10.9			0.13	1.02	91.2	
		⊙⊙ HX29		2.0					8.8			0.13	0.92	74.7	
		⊙⊙ HX27		2.1					9.3			0.10	0.32	49.8	
		⊙⊙ HX24	玄武岩	2.4					10.4			0.35	0.60	218.9	
		⊙⊙ HX28		2.2					10.1			0.19	1.17	37.1	
		WL103/35-1	枕状玄武岩	<1	40	10	0.74	0.42	11		0.310	0.07	1.35	260.4	2
		WL02/24-1	蚀变辉长岩	<1	147	3.1	0.25	0.62	11		0.037		0.41	0.0	2
		WL101/南1		<1	15	4.4	<0.2	0.45	7.5		0.040	0.03	0.37	193.7	2
		WL101/5-1		<	4	3.4	0.63	0.34	6.0		0.034		0.49	0.0	

表 3-3 叶城县幅侵入岩稀土元素含量(×10^{-6})及有关参数表

	岩体	样 号	岩 性	La	Ce	Pr	Nd	Sm	Eu	Gd	Tb	Dy	Ho
西昆仑北带	阿卡孜	XT190/1	正长花岗岩	200.10	408.60	48.64	166.00	30.98	1.52	27.13	3.85	20.38	3.56
		⊙ AKZ-28		33.6	65.1	7.29	27.3	6.04	0.52	5.65	0.91	3.44	0.69
		⊙ AKZ-6		119	194	25.7	98.7	16.0	2.79	13.6	2.07	8.19	1.76
		⊙ AKZ-31	* 二长花岗岩	66.6	130	15.5	64.6	12.0	2.88	10.4	1.66	7.40	1.64
	探勒克	XT132/1	* 英云闪长岩	14.09	23.10	3.02	9.77	1.71	1.84	1.47	0.23	1.20	0.25
	克里阳钾镁煌斑岩脉	# 96b01	钾镁煌斑岩	21.66	52.80	7.50	29.99	6.93	1.51	5.60	0.81	2.06	0.33
		# K4-2		37.92	92.81	11.29	45.16	8.83	1.66	7.08	1.01	5.23	1.00
		# K4-3		35.70	85.96	10.48	41.93	8.35	1.64	6.54	0.92	4.61	0.94
		# K4-12		31.26	80.55	9.90	39.85	8.49	1.73	6.55	0.90	4.35	0.84
		# Kly-1		37.28	90.54	11.20	45.11	8.43	1.84	6.95	0.97	4.77	0.74
		# Kly-4		30.16	75.11	9.51	38.05	7.71	1.57	6.18	0.86	4.19	0.67
		# Zkl-1		26.75	67.07	8.89	35.52	7.65	1.50	5.98	0.63	4.04	0.80
西昆仑中带	丘克苏	XT107/1	斑状二长花岗岩	71.75	143.90	16.78	54.58	10.32	0.80	8.29	1.47	8.57	1.69
		XT106/1	细粒花岗闪长岩	20.18	29.41	3.47	10.12	1.55	0.55	1.16	0.17	1.00	0.21
	大同西侧	XT2572-3	斑状角闪正长岩	61.25	134.40	16.42	60.96	10.71	2.39	7.97	1.08	6.11	1.24
		XT125/1	石英二长闪长岩	35.45	74.91	9.94	42.78	10.63	2.61	12.04	2.20	15.11	3.26
		XT124/1		33.32	69.72	9.88	36.92	9.03	1.26	9.37	1.62	10.09	2.09
		XT126/1		33.74	68.52	9.28	34.67	8.27	1.24	8.62	1.55	9.87	2.03
		XT2579-3		41.46	80.55	9.22	31.77	5.41	1.16	3.89	0.53	2.82	0.58
		XT1150-1		53.94	101.80	13.28	45.18	8.33	2.09	6.42	0.90	4.98	1.05
		XT2566-1	* 石英二长闪长岩	33.09	65.05	7.65	29.57	5.82	1.37	4.68	0.71	3.99	0.82
		XT5242-南 1	细粒石英闪长岩	16.03	28.73	3.79	11.97	2.25	0.50	1.74	0.28	1.61	0.34
		XT2580-5	细粒闪长岩	58.33	135.70	16.40	60.28	10.72	2.22	8.84	1.31	6.87	1.25
	新-藏公路 128km	⊙ 128-14	花岗闪长岩	67.1	116	12.0	46.1	7.32	1.96	5.60	0.75	2.93	0.60
		⊙⊙ HX2	石英闪长岩	72.8	131.1	13.4	49.5	8.6	2.2	6.3	0.78	4.59	0.90
		⊙⊙ HX17		56.1	97.3	11.0	39.9	7.1	1.5	4.7	0.66	3.29	0.67
		XT1043-1	* 石英二长闪长岩	65.78	132.30	17.44	64.80	11.41	2.74	8.87	1.28	6.36	1.20
	尤仑	XT113/1	* 细粒花岗闪长岩	70.07	132.80	15.47	50.79	8.76	1.43	6.81	1.02	5.63	1.10
		XT110/1	斑状石英闪长岩	57.60	118.40	15.04	55.75	10.18	2.25	8.06	1.17	6.27	1.22
	西河休河-一些克沟蛇绿岩	⊙⊙ HX25	安山岩	4.42	9.70	1.61	8.79	2.76	1.00	4.32	0.74	4.53	1.06
		⊙⊙ HX29	玄武安山岩	8.70	18.20	2.74	11.00	2.87	1.03	3.62	0.65	3.97	0.96
		⊙⊙ HX24	玄武岩	1.22	3.60	0.20	1.74	0.55	0.23	0.77	0.12	0.68	0.17
		XT103/35-1	枕状玄武岩	2.41	5.21	0.75	3.41	1.17	0.46	1.79	0.38	2.74	0.64
		XT102/24-1	蚀变辉长岩	2.40	6.96	1.02	5.15	1.72	0.63	2.24	0.42	2.85	0.59
		XT101/南 1		2.08	4.62	0.75	3.44	1.22	0.49	1.63	0.30	2.01	0.42
		XT101/5-1		1.54	3.56	0.54	2.60	0.90	0.35	1.12	0.21	1.38	0.29

⊙数据来源于《昆仑-阿尔金岩浆活动及成矿作用》;⊙⊙数据来源于《西昆仑造山带与盆地》;# 数据来源于《西昆仑克里阳地区钾镁煌斑岩岩石学特征及其意义》;* 岩石具片麻状构造

续表 3-3

	岩体	样　号	岩　性	Er	Tm	Yb	Lu	Y	∑REE	LREE/HREE	δEU	$(La/Yb)_N$	Eu/Sm
西昆仑北带	阿卡孜	XT190/1	正长花岗岩	7.56	0.88	4.43	0.58	67.92	992.1	12.52	0.16	30.45	0.05
		⊙ AKZ-28		1.43	0.20	0.96	0.11	12.9	166.14	10.44	0.27	23.60	0.09
		⊙ AKZ-6		4.20	0.67	3.42	0.45	35.8	526.35	13.28	0.56	23.46	0.17
		⊙ AKZ-31	* 二长花岗岩	4.25	0.70	4.14	0.57	38.6	360.94	9.48	0.77	10.85	0.24
	探勒克	XT132/1	* 英云闪长岩	0.71	0.11	0.72	0.12	5.96	64.3	11.13	3.47	13.19	1.08
	克里阳钾镁煌斑岩脉	# 96b01	钾镁煌斑岩	1.90	0.33	1.90	0.34	17.33	150.99	9.07	0.72	7.53	0.58
		# K4-2		2.18	0.36	2.14	0.35	20.99	238.01	10.22	0.63	11.70	0.50
		# K4-3		2.33	0.35	1.87	0.33	17.85	219.8	10.29	0.66	12.61	0.52
		# K4-12		1.76	0.29	1.72	0.31	17.15	205.65	10.27	0.69	12.00	0.54
		# Kly-1		1.60	0.23	1.92	0.33	19.34	231.25	11.10	0.72	12.82	0.58
		# Kly-4		1.45	0.19	1.63	0.31	16.23	193.82	10.47	0.68	12.22	0.54
		# Zkl-1		1.50	0.25	1.59	0.31	15.09	177.57	9.76	0.66	11.11	0.52
西昆仑中带	丘克苏	XT107/1	斑状二长花岗岩	4.74	0.76	4.75	0.65	44.65	373.7	9.64	0.26	10.18	0.08
		XT106/1	细粒花岗闪长岩	0.60	0.10	0.62	0.10	5.24	74.5	16.48	1.20	21.94	0.35
	大同西侧	XT2572-3	斑状角闪正长岩	3.27	0.52	3.37	0.50	31.16	341.3	11.89	0.76	12.25	0.22
		XT125/1	石英二长闪长岩	9.89	1.60	10.60	1.66	84.62	317.3	3.13	0.70	2.25	0.25
		XT124/1		6.07	0.96	6.14	0.96	50.78	248.2	4.29	0.42	3.66	0.14
		XT126/1		5.88	0.94	5.90	0.91	51.14	241.5	4.36	0.45	3.86	0.15
		XT2579-3		1.51	0.23	1.55	0.24	14.00	194.9	14.94	0.74	18.03	0.21
		XT1150-1		2.80	0.44	2.77	0.40	24.53	268.91	11.37	0.84	13.13	0.25
		XT2566-1	* 石英二长闪长岩	2.21	0.38	2.32	0.36	20.79	178.8	9.21	0.78	9.62	0.24
		XT5242-南 1	细粒石英闪长岩	1.02	0.17	1.08	0.18	8.80	78.5	9.86	0.75	10.01	0.22
		XT2580-5	细粒闪长岩	3.62	0.58	3.71	0.58	32.69	343.1	10.60	0.68	10.60	0.21
	新-藏公路128km	⊙ 128-14	花岗闪长岩	1.51	0.27	1.54	0.20	15.6	279.48	18.69	0.90	29.38	0.27
		⊙⊙ HX2	石英闪长岩	2.48	0.33	2.09	0.30		317.58	15.62	0.87	23.48	0.26
		⊙⊙ HX17		1.71	0.26	1.51	0.25		242.74	16.31	0.75	25.05	0.21
		XT1043-1	* 石英二长闪长岩	3.05	0.47	2.68	0.38	28.81	347.57	12.12	0.80	16.55	0.24
	尤仑	XT113/1	* 细粒花岗闪长岩	3.01	0.51	3.13	0.48	27.67	328.7	12.88	0.55	15.09	0.16
		XT110/1	斑状石英闪长岩	3.22	0.52	3.19	0.47	32.18	315.5	10.75	0.73	12.17	0.22
	西河休河—些克沟蛇绿岩	⊙⊙ HX25	安山岩	3.20	0.53	3.17	0.55	28.31	74.68	1.56	0.88	0.94	0.36
		⊙⊙ HX29	玄武安山岩	2.68	0.42	2.47	0.39	22.20	81.90	2.94	0.98	2.37	0.36
		⊙⊙ HX24	玄武岩	0.44	0.08	0.43	0.07	4.20	14.50	2.73	1.08	1.91	0.42
		XT103/35-1	枕状玄武岩	1.97	0.36	2.32	0.37	22.94	46.9	1.27	0.97	0.70	0.39
		XT102/24-1	蚀变辉长岩	1.71	0.26	1.73	0.26	15.09	43.0	1.78	0.98	0.94	0.37
		XT101/南 1		1.20	0.19	1.22	0.18	10.63	30.4	1.76	1.06	1.15	0.40
		XT101/5-1		0.80	0.13	0.81	0.12	11.60	26.0	1.95	1.07	1.28	0.39

岩石稀土元素丰度总体偏低($\Sigma REE=150.99\times10^{-6}\sim238.01\times10^{-6}$),$(La/Yb)_N=9.07\sim11.1$。稀土配分模式(图3-3)为右缓倾的轻稀土富集型,重稀土含量较高,各样品曲线变化一致,曲线具中等Eu负异常。总体特征与不含金刚石的前苏联穆伦和西班牙的钾镁煌斑岩脉相似。

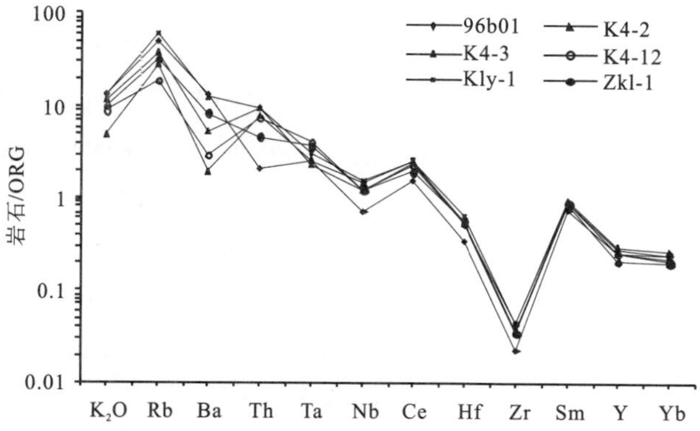

图3-2　克里阳钾镁煌斑岩脉地球化学型式

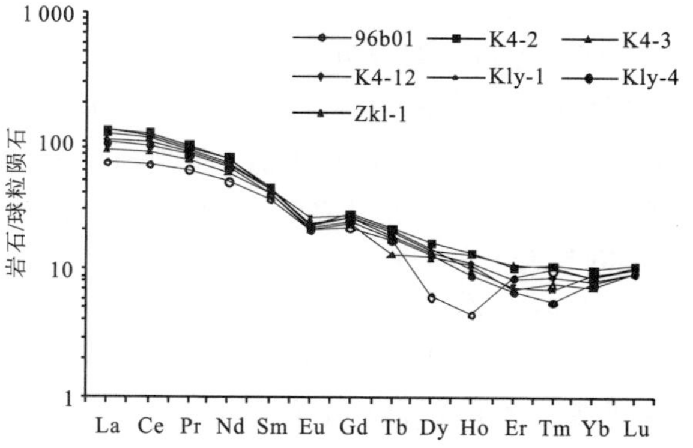

图3-3　克里阳钾镁煌斑岩稀土元素配分模式

克里阳钾镁煌斑岩的C、O稳定同位素分别为$\delta^{13}C_{PDB}=-2.7‰\sim-3.3‰$,$\delta^{18}O_{SMOW}=+14.57‰\sim+16.43‰$,二者均偏高,推测地表混染可能是稳定同位素偏高的原因之一。其$^{87}Sr/^{86}Sr$初始比值为0.708 0,$^{286}Pb/^{204}Pb$为18.355 6,与西班牙钾镁煌斑岩接近,可能反映了亏损地幔和再循环的壳源物质的混合作用。

5. 成因及形成环境分析

据2000年赵磊等的计算,克里阳钾镁煌斑岩辉石结晶温度为1 026.3～1 098.2℃,压力为1.74～3.49 Gpa,相当于57.4～115.2km的深度,表明岩浆起源深度不小于115km,未达到金刚石的稳定区。克里阳钾镁煌斑岩富Al表明其形成于较低压条件(来源较浅),贫Mg、Cr和Ni反映源区地幔亏损程度较低,贫Ti和Ni、Ta表明岩浆的产生可能与古俯冲作用有关。

6. 形成时代

克里阳煌斑岩脉侵入于中元古界蓟县系博查特塔格组,岩脉Rb-Sr等时线年龄为300Ma左右。因此将其形成时代置于华力西期。

二、库地蛇绿岩

1. 地质特征

该蛇绿岩大部分分布于南邻幅内,图幅内仅出露其北部的一小部分,以火山岩为主。侵入岩部分图幅内仅见阿依保龙一条宽约4m的蚀变辉长岩墙,南邻图幅的西河休河两侧出露较多、较宽,与加里东期新-藏公路128km处岩体(角闪石K-Ar年龄527.6Ma,锆石Pb-Pb同位素年龄(495±18)Ma)、雀普河岩体构造(强片理化及糜棱岩化)接触,被华力西期丘克苏岩体侵入。

2. 岩石学特征

实测剖面见第二章(图2-25)。从剖面可以看出,其侵入岩部分主要在南端以岩株或岩墙出现,岩性为蚀变辉长岩;喷出岩在图内部分主要由枕状—块状玄武岩及少量安山岩组成,仅有少量硅质岩夹层。南邻图幅一些克沟内还见到有火山碎屑岩及火山碎屑沉积岩产出,现将主要岩性描述如下。

①蚀变辉长岩

岩石呈黑色、绿黑色,残余辉长结构、嵌晶结构,块状构造(图版Ⅷ,3)。主要矿物:斜长石30%～60%(平均46.5%),半自形板柱状或粒状,强烈碳酸盐化及钠黝帘石化,大小0.8mm×0.3mm～6mm×3mm,

少数具残留双晶，An=54～57，为拉长石；次闪石 45%～70%（平均 53.5%），呈半自形短柱状、柱粒状，大小 1.5mm×1mm～7.5mm×3.5mm，具辉石假象，系由辉石蚀变而来。副矿物主要为磁铁矿，少量榍石及钛铁矿，前者少数向褐铁矿转化，后两者向白钛石变化。

②枕状玄武岩

岩石呈灰绿—墨绿色，枕体大小不一（0.1～2.5m），形状多为面包状、枕状，次为椭球状、球状及流线状，枕体长轴定向排列、垒叠，主要形状枕体凸面上拱（图版Ⅷ，4），枕心常有红色燧石或白色石英团块。枕体由玄武岩组成，内部暗色矿物含量高，向外暗色矿物含量渐低且具杏仁状构造（图版Ⅷ，5）。枕体外侧常有厚 0.3～2cm 的冷凝外壳（玻璃质）。岩石具残余斑状结构，基质具间粒结构，块状—杏仁状构造。主要矿物：斜长石 10%～20%（平均 15%），呈小板条状，大小 0.1mm×0.05mm～0.5mm×0.05mm，个别大者呈半自形板柱状（0.2mm×0.1mm～0.6mm×0.3mm），形成斑晶，具绿帘石化及绢云母化；角闪石80%～90%（平均 85%），呈柱状，大小 0.1mm×0.2mm～0.4mm×0.2mm，具纤闪石化、绿泥石化及阳起石化，个别见辉石残留或假像，应为辉石变来。副矿物白钛石呈板状、粒状或星点状，大小 0.05～0.2mm。少量杏仁体，呈圆形，大小 0.1～0.2mm，由石英、绿泥石、绿帘石等组成。

③蚀变玄武岩

岩石呈灰黑色，残余斑状结构，基质为间粒结构，块状构造。斑晶由斜长石及角闪石组成，斜长石小于 5%（平均 1.7%），呈半自形板柱状，大小 0.3mm×0.25mm～1.7mm×1mm，双晶不清；角闪石 0～17%（平均 4%），呈柱状，大小 0.2mm×0.1mm～2.5mm×0.5mm。基质中斜长石含量 15%～45%（平均 31%），呈小板条状，大小 0.2mm×0.05mm～0.1mm×0.1mm，An=55～56，系拉长石；角闪石含量 55%～75%（平均 62.9%），呈柱状，大小 0.1mm×0.01mm～1mm×0.5mm，可见辉石残留，系辉石变化而来。副矿物磁铁矿小于 3%（平均 0.4%），个别向褐铁矿变化；白钛石微量。

④玻基玄武岩

岩石呈灰黑色，玻基斑状结构，块状构造。斑晶为少量的小板条状斜长石，大小 0.2～0.25mm，零星分布，基质为玻璃质，已脱玻化，形成一些角闪石微晶。

⑤玻基安山岩

呈灰绿色，玻基斑状结构、交织结构，块状构造，斑晶为斜长石（<2%），自形—半自形板柱状，大小 0.1～0.2mm，零星分布。基质为玻璃质（>98%），已脱玻化，形成一些角闪石微晶，微显定向性。

⑥中酸性角砾熔岩

岩石呈杂色，角砾斑状结构，基质为微晶结构，块状构造。岩石由碎屑物（20%）和胶结物（80%）两部分组成。碎屑物为玻基安山岩角砾，棱角状，大小 2～20mm。胶结物为中酸性熔岩，具斑状结构，斑晶为角闪石（10%）和斜长石（少量），基质由微晶、霏细状石英组成，另有少量次生方解石。

⑦含粉砂质硅质岩

岩石呈绿灰色，粉砂隐晶质结构，层状构造。主要由硅质（80%±）及石英粉砂（20%±）组成。硅质已结晶成纤状玉髓及微晶石英，分布微显定向，石英及磁铁矿（少量）粉砂呈次圆状—棱角状，大小小于 0.05mm，磁铁矿多向褐铁矿变化，星散分布。

3. 岩石化学特征

该蛇绿岩的岩石化学成分及有关参数见表 3-1。其中辉长岩 3 个样品与黎彤（1962）的辉长岩相比，除 SiO_2（45.26%～48.07%）接近，MgO（8%～13.28%）及 CaO（13.52%～13.98%）偏高外，其他均偏低，总碱值（0.92%～1.69%）低、富钠，里特曼指数 0.25～0.57，属钙性系列，铝指数 0.371～0.531，属贫铝系列岩石，在 R_1-R_2 命名图（图 3-4）上投点均落入橄榄岩类区。西河休河——一些克沟的火山岩与库地附近火山岩相比，SiO_2 含量明显偏高，且变化范围大，48%（玄武岩）～54%［块状（玄武）安山岩］；TiO_2 含量也略偏高，基本接近或大于 1%；Al_2O_3 含量也略偏低，在 12%～13%之间；Na_2O 含量明显较高，一般大于 3.0%，少数可达 5%；K_2O 含量相近。与大洋中脊玄武岩相比，除 Al_2O_3 较低外，其他都接近，与塞浦路斯蛇绿岩中的枕状玄武岩相当。在火山岩化学分类的全碱-硅（TAS）图解上，玄武岩分布于玄武岩区，（玄武）安山岩落入玄武质粗面安山岩区；在 R_1-R_2 命名图（图 3-4）上，玄武岩落入拉斑玄武岩及玄武岩区，安山

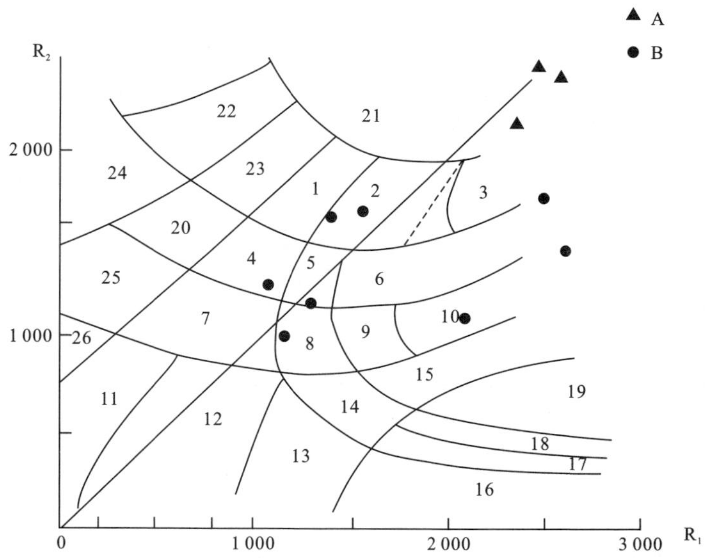

图 3-4 R_1-R_2 命名图(De La Rache 等,1980)

2. 橄榄辉长岩(橄榄玄武岩);3. 辉长苏长岩(拉斑玄武岩);5. 二长辉长岩(粗安玄武岩);6. 辉长岩(玄武岩);8. 二长岩(粗安岩);10. 闪长岩(安山岩);21. 橄榄岩(苦橄岩);A 侵入岩;B 火山岩

岩落入安山岩区,(玄武)安山岩落入橄榄玄武岩-粗面玄武岩-粗安玄武岩区。

在 SiO_2 与 A · R 的岩石碱性、钙碱性分类图中,火山岩投点落入弱碱性—钙碱性区,可能代表原始岩浆既具洋壳特点,又含有较多陆源成分,说明它们是在硅铝质陆壳基础上发育起来的向洋壳发展的岩石类型。

在反映 SiO_2 饱和程度和碱性程度的 SiO_2 全碱的分类图中,火山岩多落入碱性玄武岩系,仅两个玄武岩样品落入拉斑玄武岩系中。

在火山岩 TFeO /MgO-SiO_2 及 AFM 的火山岩钙碱质及拉斑质的分类图中,投点多数落入拉斑玄武岩区,具大洋成因特点,但少数落入钙碱质区附近。

在 FeO /MgO-FeO 的火山岩成因构造判别图中,多数落入大洋玄武岩区,少数落入其与拉斑玄武岩分界线附近。

火山岩的大洋指数(KO_1)均小于 8,应以大陆玄武岩为主,而从 N/K 值多大于 10 来看,则以大洋拉斑玄武岩为主。在 TiO_2-K_2O-P_2O_5 的构造分类图中,多数落入大洋玄武岩区,少数落入板内与大洋玄武岩分界处;在 FeO-MgO-Al_2O_3 的构造判别图中,大部分落入大陆系;在 TiO_2-MnO$*$10-$P_2O_5$$*$10 构造判别图中,多数落入岛弧拉斑玄武岩区,少数为钙碱性玄武岩区;在 R_1-R_2 构造环境判别图上,前述辉长岩及玄武岩落入地幔分离区,(玄武)安山岩落入活动陆缘区。

4. 微量元素特征

该蛇绿岩的微量元素含量及有关参数见表 3-2,地球化学型式见图 3-5。微量元素以总体接近于洋中脊和富集大离子亲石元素为特征,相当于有较多硅铝质壳成分的大陆边缘盆地玄武岩(具有洋脊及岛弧的过渡性质)。在 Ti/100-Zr-Y · 3 微量元素判别图中,投点集中于板内拉斑玄武岩区;在 2 · Nb-Zr/4-y 微量元素判别图中,除枕状玄武岩落入洋脊玄武岩区外,其余集中在板内碱性玄武岩区;在 Ti/100-Zr-Sr/2 微量元素判别图中,除一个样品落入岛弧玄武岩区外,其余集中于洋底玄武岩区;在 Ti-Cr 元素分类图中,(玄武)安山岩落于岛弧拉斑玄武岩区,玄武岩落于洋底玄武岩区;在 Rb-Y+Nb 和 Rb-Yb+Ta 图解(图 3-6)上,该套蛇绿岩投点均落入火山弧岩石区。

综合上述岩石化学及微量元素特征,该套蛇绿岩可能最初形成于靠近板块边缘的板内拉张环境,之后由于板块的持续俯冲,逐渐演化为岛弧环境。

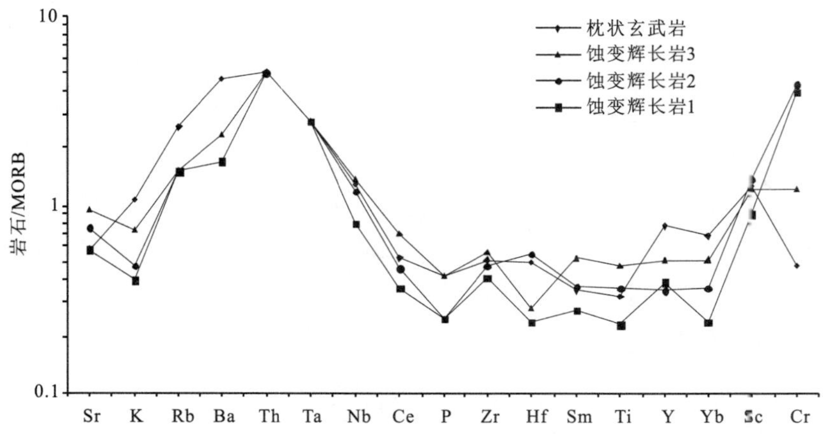

图 3-5　西河休河-一些克沟蛇绿岩地球化学型式

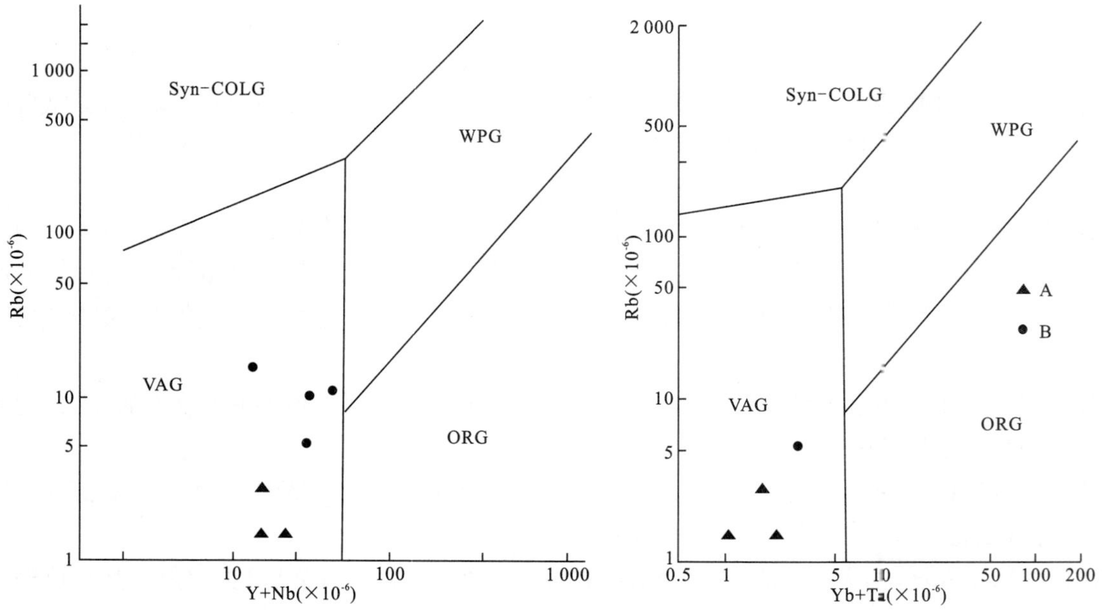

图 3-6　Rb-Y+Nb 及 Rb-Yb+ Ta 环境判别图(J. A. Pearce,1984)

VAG. 火山弧花岗岩;WPG. 板内花岗岩;ORG. 洋中脊花岗岩;Syn-COLG. 同碰撞花岗岩;A 侵入岩;B 火山岩

5. 稀土元素特征

该蛇绿岩的稀土元素含量及有关参数见表 3-3,稀土元素配分模式见图 3-7。其稀土总量为 $14.5\times10^{-6}\sim81.9\times10^{-6}$,相当于陈德潜(1982)的基性、超基性岩。$\Sigma Ce/\Sigma Y=0.4\sim1.19$,其中的(玄武)安山岩、玄武岩大于 1,属标准大陆拉斑玄武岩,其余为大洋拉斑玄武岩。$(La/Yb)_N=0.7\sim2.39$,其中的(玄武)安山岩、玄武岩大于 1.7,属过渡型玄武岩,其余为标准洋中脊型玄武岩。稀土模式总体平缓,轻稀土 ΣCe 弱亏损,代表其接近洋中脊玄武岩的特征,弱富集代表向岛弧岩过渡的特点。因此,从稀土特征上再次说明该蛇绿岩具有从洋脊向岛弧发展的过程。

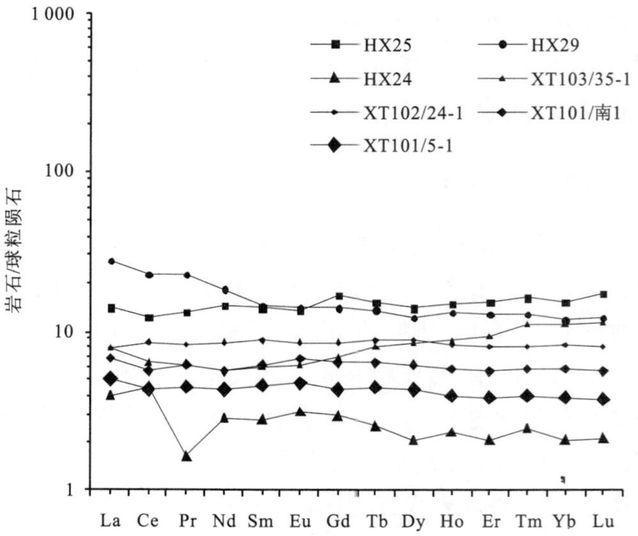

图 3-7　西河休河一带蛇绿岩稀土元素配分模式

6. 同位素地质特征

邓万明等(1992)对一些克沟火山岩进行了 Sr、Nd 同位素分析:5 个样品的$^{87}Sr/^{86}Sr$变化范围为 0.705 4～0.706 9(平均 0.706 3),4 个样品的$^{143}Nd/^{144}Nd$变化范围在 0.512 71～0.512 87 之间,Nd 同位素组成略高于球粒陨石均一库的原始值(0.512 636),所计算出的 εNd 全为正值(+1.4～+4.4)。表明玄武岩的源区是弱亏损的地幔,为亏损地幔源区部分熔融的产物。

7. 形成时代讨论

据周辉及方爱民等(1998)在一些克沟复理石段发现古生代 *Spumellaria* sp. 和晚泥盆世—早石炭世 *Pylentonema* cf. *typical-Entactinia* cf. *valgaris* 两个放射虫组合及姜春发等(1992)在一些克沟基性熔岩中取得 Rb-Sr 等时线年龄为 359～297Ma,认为该蛇绿岩的形成时代主要应为早石炭世。

另外,该蛇绿岩还有较多新元古—早古生代的年龄数据,如依莎克群枕状玄武岩全岩 K-Ar 同位素年龄 916.66Ma(新疆第二地质大队汪玉珍等,1983),侵入于库地超镁铁质岩的伟晶角闪岩脉绝对年龄 860.5Ma(汪玉珍,1982),库地超镁铁质岩全岩 Sm-Nd 等时线年龄为(651±53)Ma(丁道桂等,1994),一些克沟依萨克群玄武岩-(玄武)安山岩 Rb-Sr、Sm-Nd 模式年龄为 698.36～976.78Ma(邓万明等,1992),肖序常(2003)在超镁铁质岩中浅色岩系获得锆石 U-Pb SHRIMP 年龄 510Ma。由此不难看出所列年龄值时间跨度很大,反映出超镁铁质岩与熔岩不是同期产物,岩石地球化学特征也反映了它们为不同大地构造环境的产物,就区内而言,其主体应为早石炭世。

8. 小结

综合以上分析,西河休河-一些克沟火山岩以玄武岩为主,出现有(玄武)安山岩-安山岩及火山碎屑岩。前人研究及本次工作结果表明,无论从地质特征还是岩石化学、微量元素及稀土成分,库地蛇绿岩早期具成熟扩张脊的特点,因而在库地曾出现过大洋。从时代上看,大洋可能开始于新元古代晚期,并延续了较长时间,或者说可能是多个构造阶段蛇绿岩的复合体;其后,由于构造体制的改变,出现了洋内俯冲,导致了西河休河-一些克沟依莎克群内安山质岩石出现具有岛弧特点的火山岩组合。

第二节 中酸性侵入岩

一、概况

图幅中的中酸性侵入岩主要位于西南部要龙—阿卡孜一带,总面积约 660km²。按形成时期分为古元古代、加里东期和华力西期。产状以岩株为主,少数呈岩滴或岩基产出。其中,酸性侵入岩约占 42%,中性侵入岩约占 58%。共划分出 8 个岩体,其中西昆北带 3 个岩体,西昆中带 5 个岩体,各岩体的概略地质特征见表 3-4。

二、西昆北构造岩浆岩带

该带仅有古元古代花岗岩侵入,共划分出 3 个岩体,总面积 115.16km²,分别为探勒克片麻状细粒英云闪长岩体(0.16km²)、阿卡孜二长花岗岩体(19km²)和布维吐卫片麻状细中粒黑云二长花岗岩体(96km²)。现以阿卡孜岩体为例叙述。其他两岩体特征见表 3-4。

1. 地质特征

阿卡孜岩体分布于叶城县阿卡孜大坂北侧,呈近东西向不规则透镜状岩株产出,长约 9.5km,最宽处约 3km,出露面积 19km²。岩体北部、西部侵入古元古界赫罗斯坦岩群(但界限不清),南部与长城系塞拉加兹塔格群、中元古界库浪那古岩群呈断层接触,东部被蓟县系博查特塔格群不整合覆盖(图 3-8)。

表 3-4　图幅中的中酸性侵入岩简表

	期次	代　号	岩体名称	面积(km^2)	形　态	岩石名称	结　构	构造	接触关系	同位素年龄(Ma)	岩体位置
西昆中带	华里西晚期	$\eta\gamma_4^3$	丘克苏岩体	160(共 178)	呈近东西向展布的带状,长 49km,最宽 9km	斑状中粒黑云二长花岗岩、细—中粒花岗闪长岩	似斑状、细—中粒花岗结构	块状	侵入 $Pt_2K.$、$C_1\gamma$、C_2Ke 及新-藏公路 128km 岩体、尤仑岩体		东起哈拉斯坦河,西经保龙,向西进入塔什库尔干幅
西昆中带	加里东中期	$\eta\delta o_3^2$	雀普河岩体	18(共 55)	北西向不规则长透镜状,北西部被后期岩体隔断	细—中粒石英二长闪长岩	细-中粒半自形粒状	块状	侵入 $Pt_2K.$,被丘克苏岩体侵入吞噬、隔断		叶城县西河休乡素尼,向西进入塔什库尔干幅
西昆中带	加里东中期	$\gamma\delta\text{-}\delta_3^2$	大同西岩体	171(共 2 130)	北西向不规则带状岩基,图内长 27km,宽 10km	中粒石英闪长岩、中粒花岗闪长岩	中粒花岗岩、中粒半自形粒状	块状、定向片麻状	侵入 $Pt_2K.$,与 $Pt_1H.$、布维吐卫岩体呈断层接触	U-Pb(Zr) 480.43±5	哈拉斯坦河大转弯向西进入塔什库尔干幅
西昆中带	加里东早期	$\eta\delta o_3^1$	新-藏公路 128km 处岩体	50	图内呈近东西向不规则带状	中粒石英二长闪长岩	斑状、细—中粒半自形粒状	块状、定向	侵入 $Pt_2K.$,与 $ChSl$、C_1T 呈断层接触,被丘克苏岩体侵入吞噬	K-Ar(Hb) 527.6、U-Pb(Zr)495	新-藏公路 130～135km 穿过其东段,向西延至西河休河西侧
西昆中带	加里东早期	$\eta\delta o_3^1$	尤仑岩体	147(共 172)	近东西向不规则带状	中斑中粒石英二长闪长岩	似斑状、基质细中—中粗半自形粒状	块状、个别定向片麻状	侵入 $PtK.$,被丘克苏岩体侵入吞噬,东端被山断裂所截		叶城县雀普河与哈拉斯坦河之间
西昆北带	古元古代	$\eta\gamma_2^1$	布维吐卫岩体	96	北北西向椭圆形岩株	片麻状细中粒黑云二长花岗岩(主体)、片麻状细中粒石英二长闪长岩	鳞片粒状变晶纤状、粒状变晶、似斑状、半自形粒状	块状、片麻状纹理条带	侵入 $Pt_1H.$,与 $Pt_2K.$ 和大同西岩体呈断层接触,东多被 $Jxbc$ 不整合覆盖		叶城县棋盘河上游一带
西昆北带	古元古代	$\eta\gamma_2^1$	阿卡孜岩体	19	近东西向不规则长透镜状	细粒二长花岗岩、细粒钾长花岗岩	细粒花岗	块状、微显定向性	北部及西部侵入 $Pt_1H.$,南与 $Pt_2K.$、$ChSl$ 呈断层接触,东部被 $Jxbc$ 不整合覆盖	U-Pb(全岩) 2 261＋95/－75、Rb-Sr(全岩)1 408、(Hf)1 508	叶城县阿卡孜达坂北侧
西昆北带	古元古代	γo_2^1	探勒克岩体	0.16	北西向透镜状小岩株	片麻状细粒英云闪长岩	细粒花岗	片麻状	侵入 $Pt_1H.$		叶城县柯克亚乡探勒克

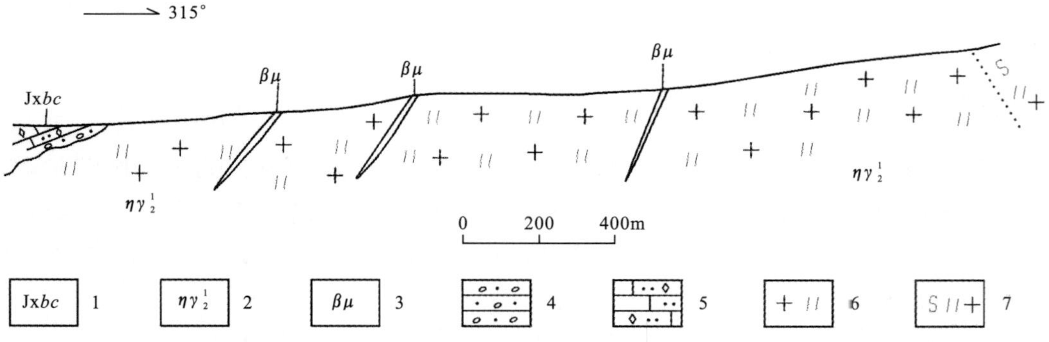

图 3-8　叶城县阿卡孜大坂东阿卡孜岩体实测剖面

1. 蓟县系博查特塔格组;2. 古元古代阿卡孜岩体;3. 辉绿岩脉;4. 砂砾岩;5. 含粉砂质微晶灰岩;6. 细粒二长花岗岩;7. 片麻状细粒二长花岗岩

据野外观察,该岩体岩石定向构造明显,定向面理向北北西方向以 60°以上倾角倾斜;岩体内局部可见较小的斜长角闪岩捕虏体产出;相关岩脉主要为灰黑色辉绿岩墙,岩墙宽窄不等(0.35～10m),产状 123°～170°∠60°～70°。岩体中部以细粒正长花岗岩为主,边部以细粒二长花岗岩为主。

2. 岩石学特征

岩石呈灰红、浅灰白色，细粒花岗结构，块状构造、微定向构造、片麻状构造。平均矿物成分：钾长石45.7%，斜长石29.7%，石英20.5%，黑云母3.9%，角闪石0.2%，磁铁矿少量。其中钾长石、斜长石均呈半自形板柱状、粒状，大小0.4mm×0.3mm～2mm×1.5mm，钾长石具格子、卡式双晶，包裹并交代斜长石；石英呈他形粒状，粒径大小0.2～1.5mm，波状消光；黑云母呈片状，片径0.2～1mm，常聚集成条纹条带定向分布；粒状矿物不均匀分布。

3. 岩石化学特征

该岩体岩石化学成分及有关参数见表3-1。其SiO_2含量(64.78%～74.83%)较高，富钾(碱总量8.25%～9.02%)，里特曼指数2.14～3.25，属钙碱性岩系，铝指数在0.97～1.05之间，为铝饱和型花岗岩。在R_1-R_2命名图(图3-9)上，投点主要落入二长花岗岩及正长花岗岩区。

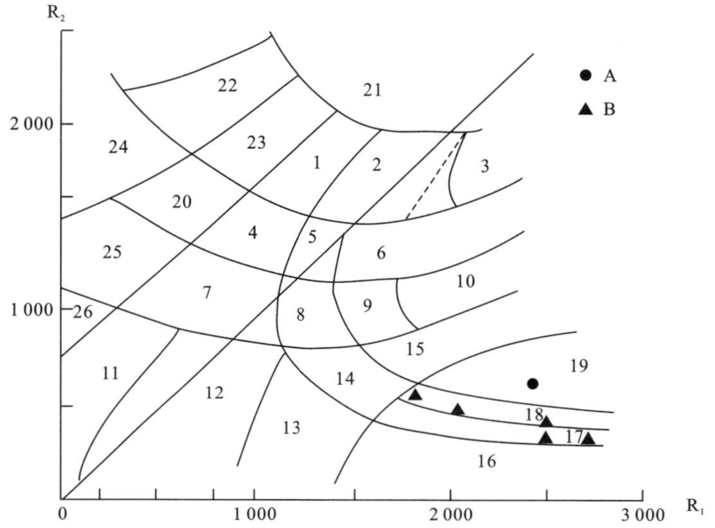

图3-9 R_1-R_2命名图(De La Rache等，1980)

17.正长花岗岩；18.二长花岗岩；19.花岗闪长岩；A 探勒克岩体；B 阿卡孜岩体

4. 岩石地球化学特征

岩石微量元素和稀土元素含量及有关参数分别见表3-2和表3-3。其中，Rb、Th、Ce、Sm富集，Ba、Nb、Hf、Zr及Yb亏损，地球化学型式见图3-10。而相应的探勒克英云闪长岩在Ba处出现强烈正异常，并富集Nb、Hf和Zr，在Th、Ce和Sm处出现负异常。

阿卡孜岩体岩石稀土元素丰度总体偏高($\Sigma REE=166.14\times10^{-6}\sim992.1\times10^{-6}$)，斜率$(La/Yb)_N=10.85\sim30.45$，稀土配分模式(图3-11)为向右中等倾斜的轻稀土富集型之平滑曲线，曲线具微弱—强烈Eu负异常($\delta Eu=0.16\sim0.77$)。相应的探勒克英云闪长岩稀土元素丰度低($\Sigma REE=64.3\times10^{-6}$)，曲线为右缓倾的轻稀土富集型，具强烈Eu正异常($\delta Eu=3.47$)。

5. 成因及形成环境分析

该岩体的化学成分在A-C-F图解上均落入"S"型花岗岩区，微量元素比值K/Rb=206.5～278.1，Rb/Sr=0.72～3.83，Rb/Li=10.98～38.98，均属同熔型花岗岩，另据岩体与围岩关系及岩石富硅、碱、高钾、铝指数及稀土总量偏高等综合判断，其成因应属地壳交代型，相当于"S"型花岗岩。而其中石英的$\delta^{18}O=11.8\%$，属高$\delta^{18}O$花岗岩，也说明其属"S"型花岗岩。

阿卡孜岩体在Rb-Y+Nb和Rb-Yb+Ta图解(图3-12)上均落入板内花岗岩区域，在R_1-R_2构造环境分类图上均落入造山晚期(接近同碰撞)花岗岩区，地球化学型式(图3-10)与苏丹萨巴洛卡板内花岗岩类

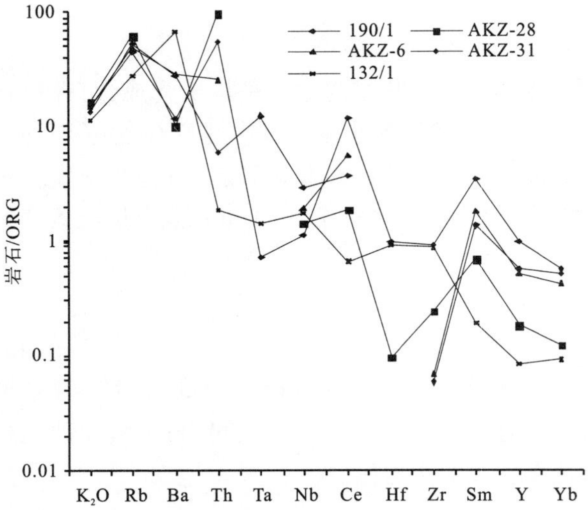

图 3-10　阿卡孜、探勒克岩体地球化学型式

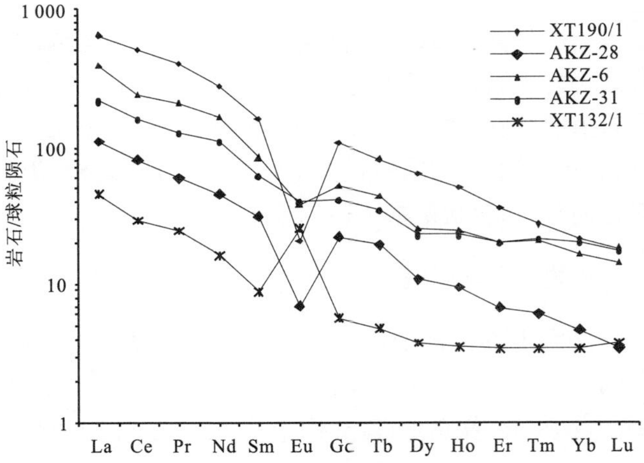

图 3-11　阿卡孜、探勒克岩体稀土元素配分模式

似，综合判定其形成环境为板内同碰撞期—造山晚期。而探勒克岩体在上面三种图上显示为碰撞前消减板块边缘的火山弧环境，与纽芬兰火山弧花岗岩相当。

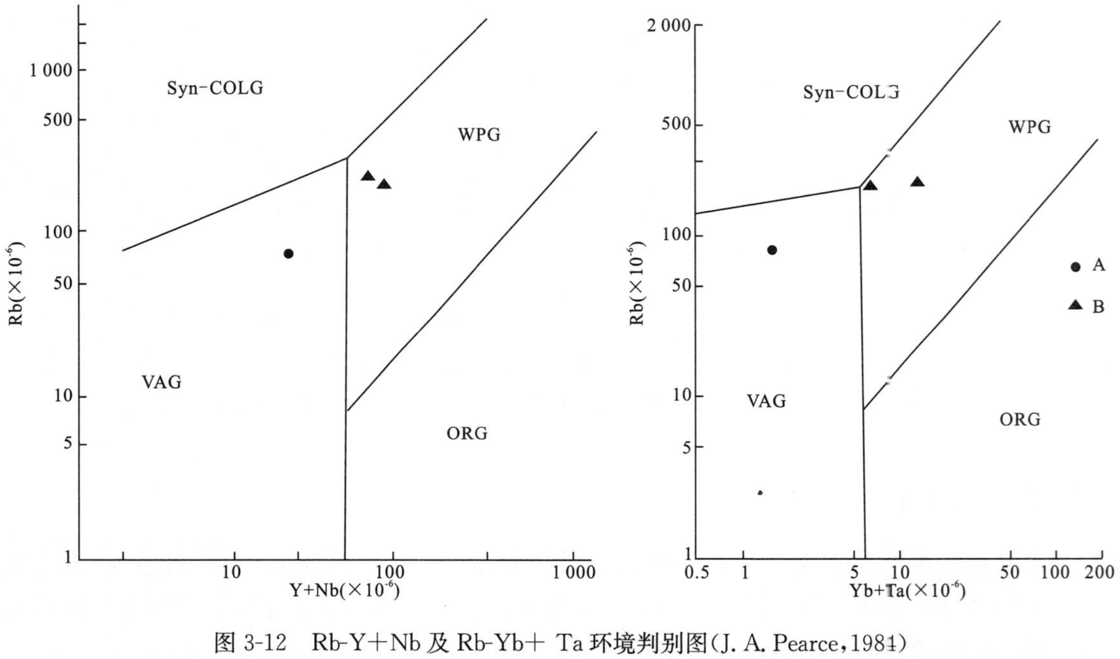

图 3-12　Rb-Y+Nb 及 Rb-Yb+ Ta 环境判别图(J. A. Pearce，1984)

VAG. 火山弧花岗岩；WPG. 板内花岗岩；ORG. 洋中脊花岗岩；Syn-COLG. 同碰撞花岗岩；A. 探勒克岩体；B. 阿卡孜岩体

6. 形成时代

据前述接触关系可判定该岩体形成时代早于蓟县纪，晚于新太古代。岩体锆石 U-Pb 谐和曲线上交点年龄为(2 261+95/−75)Ma(许荣华等，1992)，侵入其中的浅色角闪正长花岗岩株、岩脉钾长石 Rb-Sr 模式年龄为 1 508.0Ma(汪玉珍，1987)，全岩等时线年龄为 1 408.0Ma。综合判断形成于古元古代。

三、西昆中构造岩浆岩带

该带分布有加里东早、中期及华力西期侵入岩，共划分为 5 个岩体，总面积 546km^2。加里东早期有新-藏公路 128km 处岩体和尤仑岩体，加里东中期有大同西岩体和雀普河岩体，华力西晚期仅有丘克苏岩体。该带的侵入岩由早至晚构造环境逐渐变迁，加里东早期为地幔分离—板块碰撞，前、中期为板块碰撞前一造山晚期，华力西期为造山晚期环境。

(一)加里东早期新-藏公路 128km 处岩体和尤仑岩体

1. 地质特征

这两个岩体的地质特征分别见表 3-4，图内总面积 179km^2。新-藏公路 128km 处岩体中有片理化玄武岩包体(韧性剪切带)产出；尤仑岩体中发育细粒闪长质包体(图版Ⅷ,6)、少量透长阳起透辉岩、大理岩捕虏体和花岗岩、花岗伟晶岩及闪斜煌斑岩脉。

2. 岩石学特征

新-藏公路 128km 处岩体主体岩性为片麻状中粒石英二长闪长岩，西、南部出现较宽的细—中粒石英闪长岩，西河休河实测剖面见图 3-13。其中石英二长闪长岩呈灰色，中粒半自形粒状结构，块状—片麻状构造；主要矿物斜长石 45%～60%(平均 52.5%)，呈半自形板柱状，大小 0.8mm×0.5mm～4mm×2mm，个别显双晶，An=26～28，系更长石及中长石，个别被钾长石交代；钾长石 10%～20%(平均 16.67%)，半自形板柱状，大小 0.5mm×0.3mm～4mm×2mm，显格子、卡式双晶，有的具条纹结构；角闪石 20%～25%(平均 21.67%)，呈柱状，大小 0.3mm×0.25mm～3.5mm×1.5mm，绿色，多色性、吸收性明显，C∧Ng=21°～25°；次要矿物石英 5%～10%(平均 7.5%)，呈他形粒状，大小 0.1～0.8mm，波状消光；黑云母少量～10%(平均 1.66%)，呈片状，大小 0.1～0.8mm，部分已变为绿泥石；副矿物为磁铁矿、磷灰石及榍石。石英闪长岩呈灰(黑)色，细—中粒半自形粒状结构，块状—片麻状构造，局部具纹理构造；主要矿物斜长石 50%～65%(平均 57.71%)，半自形板柱状，大小 0.8mm×0.3mm～2.5mm×1.3mm，个别显双晶，以更长石为主，少数 An=34，属中长石；角闪石 20%～42%(平均 31%)，呈柱状，大小 0.5mm×0.3mm～3.5mm×3.5mm，绿色，多色性吸收性明显，C∧Ng=25°；次要矿物石英 3%～10%(平均 6.14%)，他形粒状，粒径 0.05～0.5mm；钾长石 0～5%(平均 3.29%)，半自形板柱状，大小 0.5mm×0.25mm～2.5mm×0.7mm，具格子、卡式双晶；黑云母少量～5%(平均 1.86%)，片径 0.1～0.5mm，向绿泥石转化；副矿物为榍石、磷灰石、褐帘石及磁铁矿。

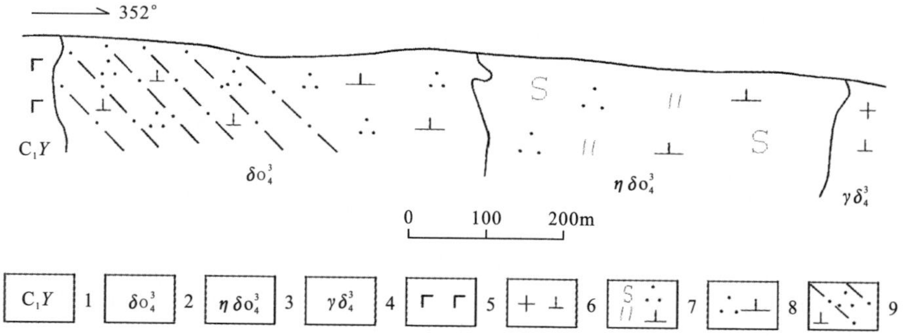

图 3-13 叶城县西河休河新-藏公路 128km 处岩体实测剖面

1. 依莎克群；2. 华里西晚期丘克岩体；3、4. 加里东期新-藏公路 128km 处岩体；5. 片理化蚀变玄武岩；6. 细粒花岗闪长岩；7. 片麻岩中粒石英二长闪长岩；8. 中粒石英闪长岩；9. 糜棱岩化石英闪长岩

尤仑岩体主体岩性为中斑中粒黑云角闪石英二长闪长岩，北有较宽的弱片麻状细粒花岗闪长岩，西北部边部出现有细粒石英闪长岩，西河休河实测剖面见图 3-14。主体岩性呈灰—灰白色，具似斑状结构，基质为细中—中粒半自形粒状结构，块状构造，少量定向—片麻状构造；斑晶主要为钾长石，少量斜长石及角闪石，含量 5%～25%，大小 4.5mm×2mm～25mm×15mm，不均匀分布，长石呈半自形板柱状，角闪石呈柱状，斜长石微显双晶，钾长石具卡式、格子双晶及条纹结构。岩石总体矿物平均成分：斜长石 54.3%、角闪石 18.3%、钾长石 13.3%、石英 8.3%、黑云母 5.7%，副矿物为磁铁矿、榍石。基质中的长石多呈半形板柱状、粒状，大小 2mm×1.2mm～4mm×2mm，斜长石牌号 24—35 系中—更长石；钾长石具格子、卡式双晶；石英呈他形粒状；角闪石为柱状；黑云母为片状。

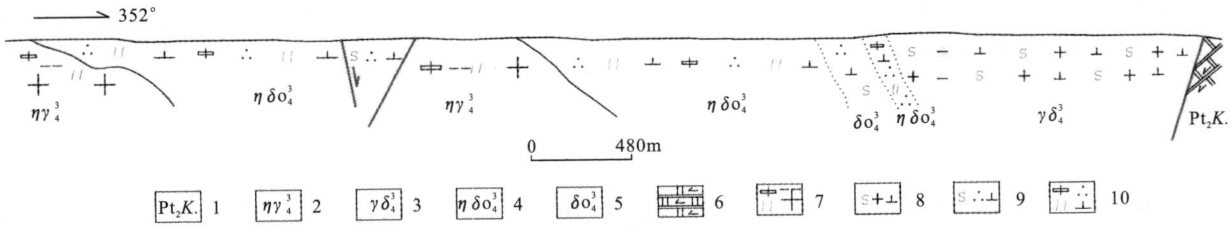

图 3-14　叶城县西河休河尤仑岩体实测剖面

1. 古元古界库浪那古群；2. 华力西晚期丘克苏岩体；3、4、5. 加里东早期尤仑岩体；6. 透辉石大理岩；7. 小斑中粒黑云二长花岗岩；8. 片麻状细粒花岗闪长岩；9. 中斑中粒石英二长闪长岩；10. 片麻状细粒石英闪长岩

3. 岩石化学特征

新-藏公路128km处岩体和尤仑岩体的岩石化学成分及有关参数见表3-1。128km处岩体的SiO_2含量为57.44%～61.85%，碱值6.08%～6.88%，钾钠含量接近(K/Na平均0.95)，里特曼指数1.96～2.77，属钙碱性岩系，铝指数在0.751～1.06之间，属低铝型岩石，在R_1-R_2命名的图(图3-15)上投点落入辉长苏长岩-闪长岩-英云闪长岩区内；尤仑岩体SiO_2含量56.05%～66.8%，碱值4.96%～6.5%，稍富钾(K/Na=0.98～1.97)，里特曼指数1.82～1.89，铝指数在0.782～0.908之间，仍属钙碱性岩，系低铝型岩石，在R_1-R_2命名图(图3-15)上投点落入闪长岩及花岗闪长岩区。

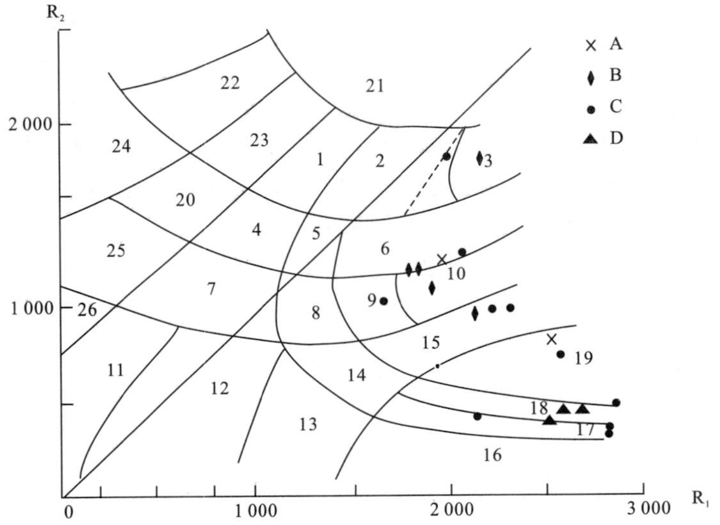

图 3-15　R_1-R_2命名图(De La Rache等，1980)

2. 橄榄辉长岩；3. 辉长苏长岩；6. 辉长岩；7. 正长闪长岩；8. 二长岩；9. 二长闪长岩；10. 闪长岩；15. 英云闪长岩；16. 碱性花岗岩；17. 正长花岗岩；18. 二长花岗岩；19. 花岗闪长岩；A. 尤仑岩体；B. 新-藏公路128km岩体；C. 大同西岩体；D. 丘克苏岩体

4. 岩石地球化学特征

这两个岩体的微量元素和稀土元素含量及有关参数分别见表3-2及表3-3。与闪长岩维氏值相比，岩石强烈富集W、Ba、Hf及Sc，稍富集Ce、Th、Be、Ta、Co、Nd、K，而Rb、Sr、Cr、Ni值低。其地球化学型式分别见图3-16和图3-17，分别在Rb、Th、Ce、Sm处形成正异常，在Ta、Hf处形成明显负异常。

新-藏公路128km处岩体稀土元素总量高($242.74\times10^{-6}\sim347.57\times10^{-6}$)，斜率$(La/Yb)_N$=16.55～29.38，稀土配分模式(图3-18)为向右缓倾斜的轻稀土富集重稀土较平缓型，具弱的Eu负异常(δEu=0.75～0.90)；尤仑岩体稀土元素总量也高($315.5\times10^{-6}\sim328.7\times10^{-3}$)，斜率$(La/Yb)_N$=15.09～12.17，相对稍低，稀土配分模式(图3-19)为向右缓倾斜的轻稀土富集重稀土平坦型，具中等Eu负异常(δEu=0.73～0.55)。

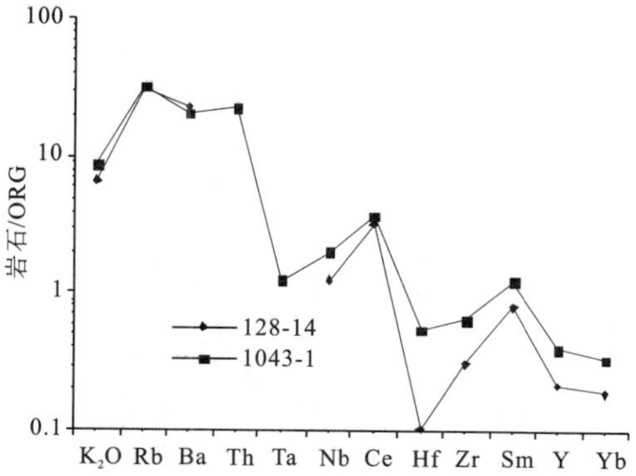

图 3-16　新-藏公路 128km 处岩体地球化学型式

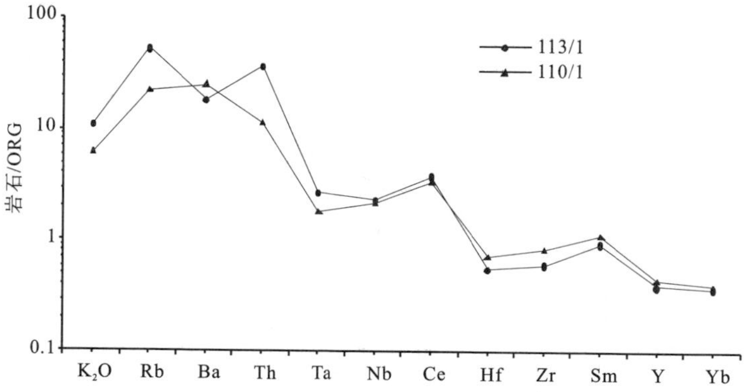

图 3-17　尤仑岩体地球化学型式

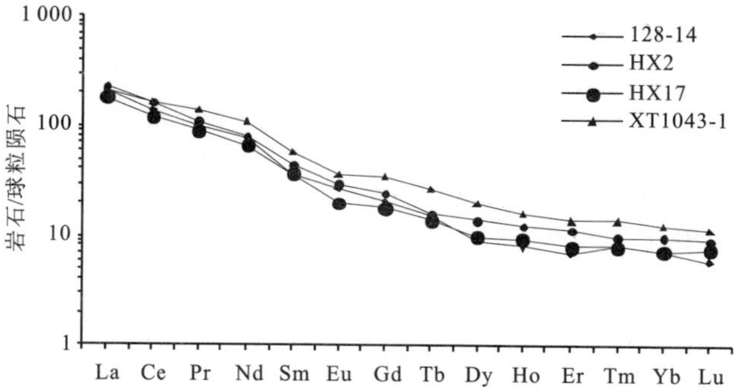

图 3-18　新-藏公路 128km 处岩体稀土配分模式

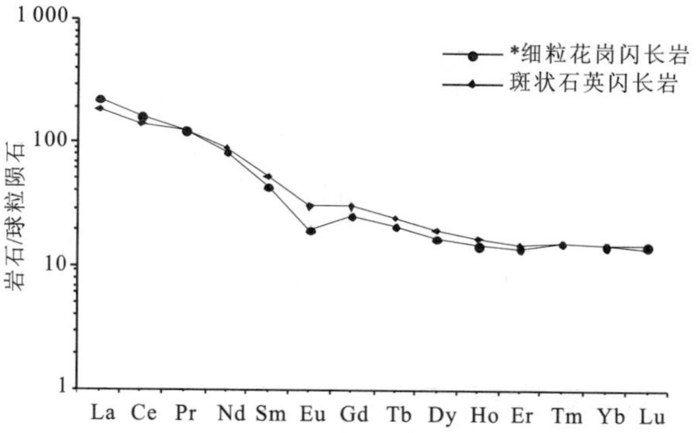

图 3-19　尤仑岩体稀土元素配分模式

5. 成因及形成环境分析

这两种岩体的化学成分在 A-C-F 图解上均落入 I、S 型花岗岩分界线附近，结合其与围岩的接触关系、铝指数小于 1 且 Al_2O_3大于碱量、钙碱性岩系、富钙贫钾、暗色矿物以角闪石为主的特点，综合判断为以幔源为主的壳幔混合源。尤仑岩体氧同位素($\delta^{18}O$)分析结果(石英 14.6‰～11.1‰、黑云母 4.1‰、角闪石 8.0‰)也支持上述观点。

在 Rb-Y+Nb 和 Rb-Yb+Ta 图解(图 3-20)上，新-藏公路 128km 处岩体落入火山弧与板内花岗岩二区的分界线附近，尤仑岩体落入火山弧、板内、同碰撞花岗岩区的分界线附近；在 R_1-R_2 构造环境分类图上，新-藏公路 128km 处岩体落入地幔分离和板块碰撞前区内，尤仑岩体落在板块碰撞前区内；新-藏公路 128km 处地球化学型式与智利火山弧花岗岩类似，尤仑岩体地球化学型式分别与智利火山弧花岗岩及斯凯尔加德板内花岗岩类似。综合判定两岩体的形成环境为板块碰撞前活动大陆边缘的火山弧。

6. 形成时代

据前述接触关系，其时代应晚于库浪那古群，早于丘克苏岩体。根据新-藏公路 128km 处岩体角闪石 K-Ar 年龄 527.6Ma(新疆第一区调队，1982)和单颗粒锆石 Pb-Pb 蒸发年龄(495±18)Ma(李永安等，1993)等，判定其形成时代为加里东早期。尤仑岩体主要特征可与新-藏公路 128km 处岩体对比，因此两岩体的形成时代均定为加里东早期。

(二)加里东中期大同西岩体和雀普河岩体

1. 地质特征

二岩体的地质特征分别见表 3-4，图内总面积约 189km^2。

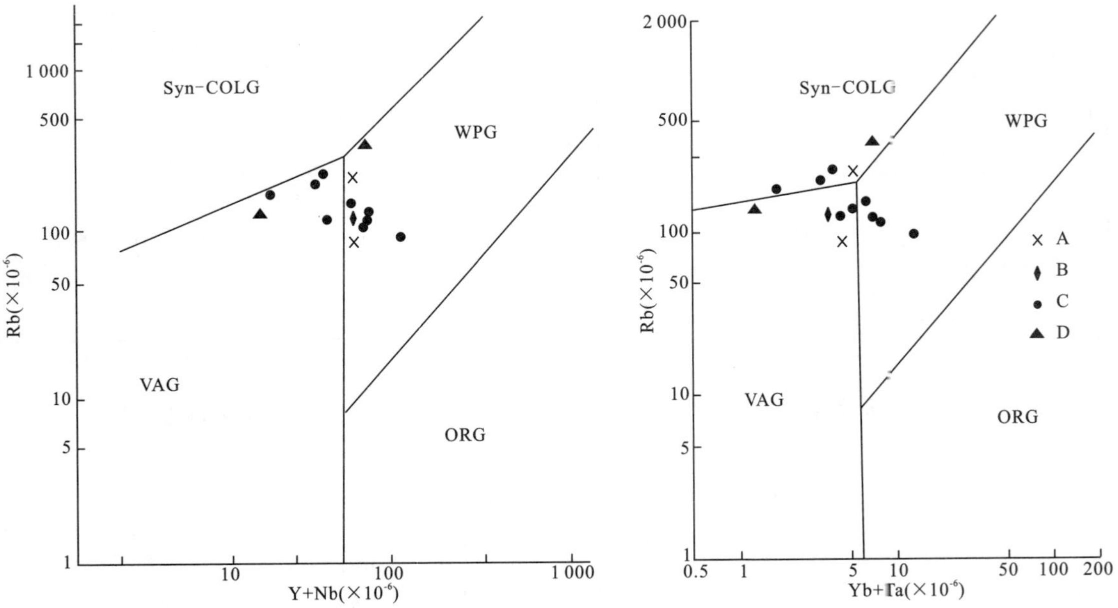

图 3-20　Rb-Y+Nb 及 Rb-Yb+Ta 环境判别图(J. A. Pearce,1984)

VAG. 火山弧花岗岩;WPG. 板内花岗岩;ORG. 洋中脊花岗岩;Syn-COLG. 同碰撞花岗岩;

A. 尤仑岩体;B. 新-藏公路 128km 处岩体;C. 大同西岩体;D. 丘克苏岩体

2. 岩石学特征

大同西岩体主体在西邻幅内,主体岩性为石英二长闪长岩,本图幅内仅为其很小一部分,出露的岩性主体为中粒花岗闪长岩,图幅边部出露少量细粒二长闪长岩。主体岩性中粒花岗闪长岩呈灰白色,岩石为细中—中粒花岗结构,局部见似斑状结构,块状构造,主要矿物斜长石约 49%,呈半自形板柱状,大小 1mm×0.7mm～3mm×3mm,个别微显双晶,双晶纹细而密且近平行消光,系更长石;微斜长石(约 25%)之形态、大小同斜长石,个别大者形成 5mm×3mm～12mm×7.5mm 的斑晶,具格子双晶,包裹斜长石及黑云母等矿物,局部交代斜长石构成交代、蠕英结构;石英(20%)呈他形粒状,粒径 0.2～2mm,波状消光明显;次要矿物黑云母(4%)为褐色片状,片径 0.25～1mm,个别向绿泥石转化;角闪石(2%)红色柱状,大小 0.2mm×0.2mm～3mm×1.5mm,多色性、吸收性明显,C∧Ng=21°;副矿物磁铁矿微量,多向褐铁矿变化;上述矿物为不均匀分布。

雀普河岩体岩性为细中粒石英二长闪长岩,岩石呈灰色,细中粒半自形粒状结构,块状构造。主要矿物斜长石(平均 60%)呈半自形板柱状,个别微显双晶,双晶纹细而密并近平行消光为更长石;钾长石(平均 20%)呈半自形板柱状,个别显格子双晶,包裹斜长石等;石英(15%)呈他形粒状;黑云母(5%)呈片状;副矿物磁铁矿微量。上述矿物为不均匀分布,长英矿物粒度 2mm×1.5mm～4mm×3mm。

3. 岩石化学特征

大同西岩体的岩石化学成分及有关参数见表 3-1。其 SiO_2 含量(53.95%～74.81%)和 Al_2O_3 含量(9.86%～16.23%)变化范围大,碱值 5.01%～9.24%,钾钠比值多大于 1,属富钾岩石,里特曼指数在 1.76～3.29 之间变化(仅一块石英二长岩为 4.87),主体为钙碱性岩系,铝指数为 0.783～1.033,属准铝—铝饱和型。在 R_1-R_2 命名图(图 3-15)上投点落入辉长苏长岩→闪长岩→二长闪长岩→英云闪长岩→二长花岗岩→正长花岗岩区以及二长岩区。

4. 岩石地球化学特征

大同西岩体的微量元素和稀土元素含量及有关参数见表 3-2 和表 3-3。与闪长岩维氏值相比,岩石富集 W、Th、Ba、Be、Ta、Hf 和 Co,贫 Rb、Sr、Zr 和 Ni 等。地球化学型式见图 3-21,分别在 Rb、Th、Ce、Sm

及 Y 处形成正异常，在 Ta、Hf、Zr 处形成负异常。

大同西岩体的稀土元素总量变化范围较大（$78.5\times10^{-6}\sim343.1\times10^{-6}$），总体较高（平均 245.83×10^{-6}），斜率$(La/Yb)_N=2.25\sim18.3$，稀土配分模式（图 3-22）为轻稀土富集重稀土较平缓型，具弱—中等的 Eu 负异常（$\delta Eu=0.42\sim0.90$）。

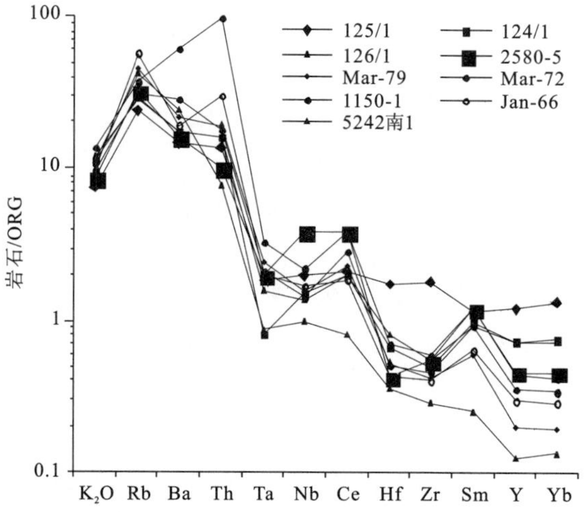

图 3-21 大同西侧岩体地球化学型式

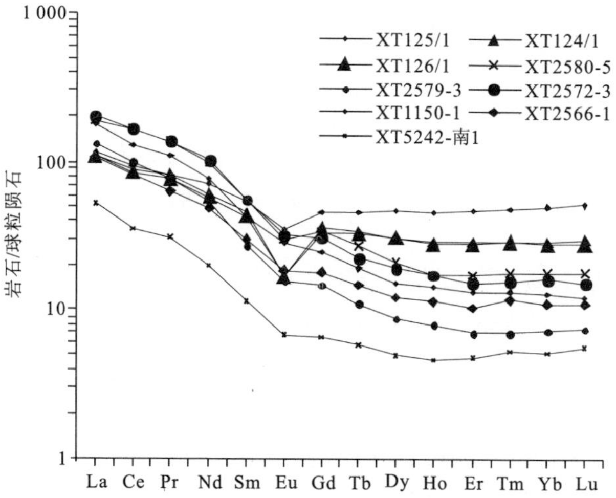

图 3-22 大同西侧岩体稀土元素配分模式

5. 成因及形成环境分析

大同西岩体 11 个样品在 A-C-F 图解上均落入“I”型花岗岩区域，少数落入靠近“I”、“S”分界线的“S”型花岗岩区。结合其与围岩的接触关系、铝指数大多小于 1 且属钙碱性岩系、富钙稍富钾、含暗色矿物角闪石及稀土分配模式平缓以及氧同位素（$\delta^{18}O$）分析结果（石英 13‰～14.4‰、斜长石 12.4‰、角闪石 6.4‰～7.7‰）等特征，综合判断其成因为以幔源为主的壳幔混合源。

大同西岩体在 Rb-Y+Nb 和 Rb-Yb+Ta 图解（图 3-20）上，大多数样品落在火山弧及板内花岗岩分界线附近，仅有 3 个样品在 Rb-Yb+Ta 图上落入同碰撞花岗岩区内；在 R_1-R_2 构造环境分类图上，大多数样品投点落入板块碰撞前环境区内，仅少数落入碰撞后的隆起和造山晚期环境区内；地球化学型式与智利火山弧花岗岩及斯凯尔加德板内花岗岩均类似。

6. 形成时代

据前述接触关系，两岩体的形成时代应晚于库浪那古群，早于丘克苏岩体。在西邻图幅塔什库尔干县大同乡西的石英闪长岩中获得锆石 U-Pb（480.43±5）Ma 的年龄值（方锡廉、汪玉珍等，1987），说明大同西岩体形成于加里东中期，而雀普河岩体的主要特征可与其对比，也归为加里东中期。但大同西岩体内的花岗岩、二长岩形成时代可能要晚一些。

（三）华里西晚期丘克苏岩体

1. 地质特征

丘克苏岩体的地质特征详见表 3-4，图内面积 160km²，岩体内有较多的灰白色含斑细—中粒黑云二长花岗岩包体产出（图版Ⅷ，7，8），并有少量细粒花岗岩脉及石英脉穿插。

2. 岩石学特征

岩体的主体岩性为中斑中粒黑云二长花岗岩，南部出现较宽的细粒花岗闪长岩，北部有较窄的小斑中粒黑云二长花岗岩出现，西河休河实测剖面见图 3-23。

中斑中粒黑云二长花岗岩呈灰白—浅灰白（浅红）色，似斑状结构，基质为中粒花岗结构，块状构造。

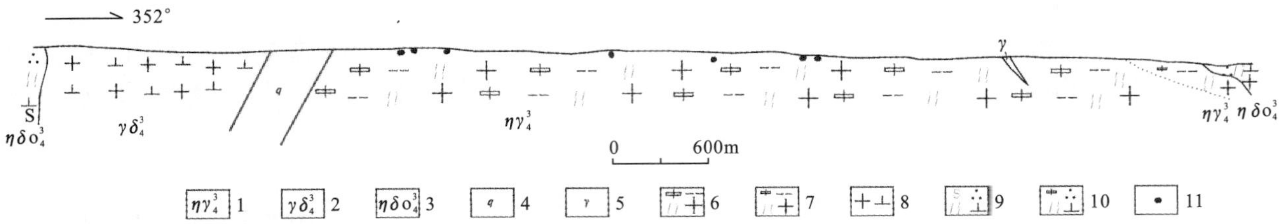

图 3-23 叶城县西河休河丘克苏岩体实测剖面

1、2. 华里西晚期丘克苏岩体；3. 加里东早期 128km 处岩体(南端)、尤仑岩体(北端)；
4. 石英脉；5. 花岗岩脉；6. 中斑中粒黑云二长花岗岩；7. 小斑中粒黑云二长花岗岩；8. 细粒花岗闪长岩；
9. 片麻状中粒石英二长闪长岩；10. 中斑中粒石英二长闪长岩；11. 含斑细—中粒黑云二长花岗岩包体

斑晶为微斜条纹长石，含量 5%～30%(平均 15%)，呈半自形板柱状但边缘不规则，大小 7mm×6mm～23mm×15mm，显格子、卡式双晶及条纹结构，包括斜长石、黑云母、石英等，不均匀分布。基质中的长石呈半自形柱状，大小 0.5mm×0.25mm～5mm×1.8mm，杂乱分布；斜长石含量 25%～45%(平均 34%)，个别显双晶，An=23～28，系更长石；钾长石含量 10%～40%(平均 23.1%)，显格子双晶、卡式双晶及条纹结构，包裹斜长石等；石英含量 20%～30%(平均 24%)，呈他形粒状，粒径 0.3～5.5mm，不均匀分布于长石粒间；黑云母含量 2%～5%(平均 3.9%)，呈褐色片状，片径 0.2～1.8mm，不均匀分布。副矿物为磁铁矿及榍石。

细粒花岗闪长岩呈灰色，具细粒半自形粒状结构，块状—定向构造(图版Ⅸ，1)。主要矿物长石呈半自形板柱状，大小 0.6mm×0.3mm～2mm×1.5mm，杂乱分布；斜长石含量 45%～67%(平均 59.34%)，多系更长石，微显双晶，An=26～27；钾长石含量 10%～25%(平均 15.83%)，多具格子双晶，包裹斜长石、黑云母等，并交代斜长石形成蠕英结构；石英含量 20%～25%(平均 20.83%)，呈他形粒状，粒径 0.1～0.7mm；次要矿物黑云母含量 2%～10%(平均 4%)，呈片状，片径 0.1～0.6mm，多向绿泥石转化。副矿物为磁铁矿及榍石等。

3. 岩石化学特征

该岩体的岩石化学成分及有关参数见表 3-1，其 SiO_2 含量 72.52%～73.67%，Al_2O_3 含量 12.89%～14.55%，碱值 7.61%～8.55%，与黎彤(1962)的花岗岩成分值基本一致。其钾钠比值为 1.06～1.92，属富钾岩石，里特曼指数 1.89～2.41，属钙碱性岩系，铝指数 1.016～1.121，属铝饱和—过铝型。其在 R_1-R_2 命名图(图 3-15)上投点落入二长花岗岩和正长花岗岩区。

4. 岩石地球化学特征

该岩体岩石的微量元素和稀土元素含量及有关参数见表 3-2 和表 3-3。与维氏花岗岩值相比，总体上 W、Hf、V 和 Co 高，贫 Ta、Mo、Be 和 Ga，除此之外，二长花岗岩的 Rb、Th、Zr、Nb、Sn、Se、Ce、Nd、Yb 及 Y 也高且贫 Sr、Ba、Cr 和 Ni，花岗闪长岩中的 Sr、Ba、Ni 高，贫 Rb、Th、Zr、Ce、Nd、Yb、Y。它们的地球化学型式见图 3-24，分别在 Rb、Ce 和 Sm 处形成正异常，在 Ta、Hf 处形成明显负异常。

二长花岗岩稀土总量较高(373.7×10^{-6})，斜率相对较小，$(La/Yb)_N=10.18$；而花岗闪长岩稀土总量较低(74.5×10^{-6})，斜率相对较大，$(La/Yb)_N=21.94$。两者稀土配分模式(图 3-25)均为向右中等倾斜的轻稀土富集重稀土较平坦型。花岗闪长岩具微弱 Eu 正异常($\delta Eu=1.2$)，二长花岗岩具较强烈的 Eu 负异常($\delta Eu=0.26$)。

5. 成因及形成环境分析

该岩体的化学成分在 A-C-F 图解上投点，花岗闪长岩落入“I”、“S”型花岗岩分界处，二长花岗岩落入“S”型花岗岩区。结合与围岩的接触关系、铝指数大于 1、钙碱性岩系、贫钙富钾、暗色及片状矿物为黑云母及稀土配分模式等特征，综合判断其成因为以壳源为主的壳幔混合源。二长花岗岩中石英的 $\delta^{18}O=$

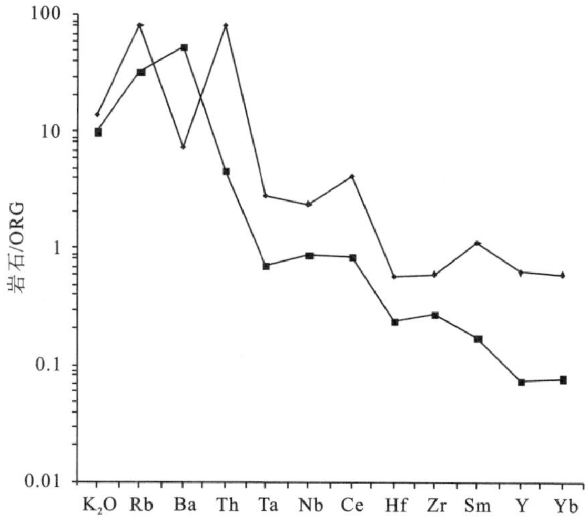

图 3-24 丘克苏岩体地球化学型式

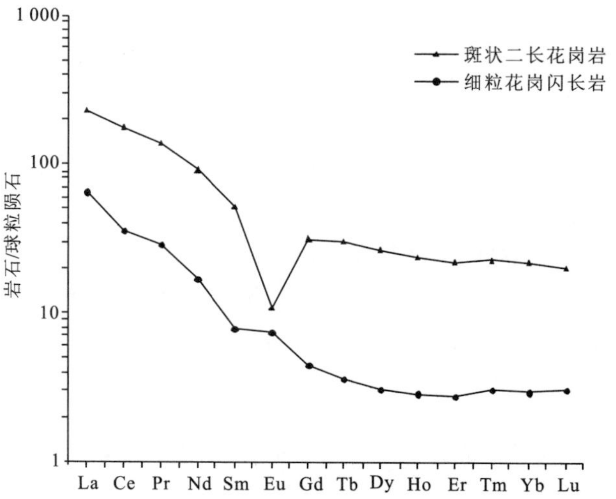

图 3-25 丘克苏岩体稀土元素配分模式

15.2%，属高 $\delta^{18}O$ 花岗岩。

在 Rb-Y+Nb 和 Rb-Yb+Ta 图解(图 3-20)上投点，花岗闪长岩落入火山弧近同碰撞花岗岩区，二长花岗岩分别落入板内和同碰撞花岗岩区；在 R_1-R_2 构造环境分类图上，两者样品均落入造山晚期花岗岩环境区；二长花岗岩和花岗闪长岩的地球化学型式分别与比利牛斯山构造后弧花岗岩和阿曼同造山花岗岩相似。

6. 形成时代讨论

据前述接触关系可知：该岩体侵入的较晚地质体为加里东早期新-藏公路 128km 处岩体的尤仑岩体、加里东中期雀普河岩体，侵入的最晚地质体为晚石炭世库尔良群。因此，该岩体形成时代应晚于晚石炭世。由于无较新地质体的覆盖或侵入，上限无法确定，参照以往资料，暂将其形成时代放于华力西晚期。

四、侵入岩小结

1. 图幅内侵入岩主要分布于图幅西南部，形成时期主要有古元古代、加里东期和华力西期三期，以哈拉斯坦河断裂带为界分为北部的西昆北和南部的西昆中两个构造岩浆岩带。

2. 西昆北带侵入岩主要为古元古代酸性侵入岩，岩石类型以二长花岗岩为主，少量英云闪长岩、石英二长花岗岩及正长花岗岩，属地壳交代型成因，构造环境可能为同碰撞—造山晚期花岗岩。

3. 西昆中带侵入岩为加里东期和华力西期。加里东期以石英二长闪长岩为主，少量花岗闪长岩及(石英)闪长岩，属以幔源为主的壳幔混合源成因，构造环境以板块碰撞前削减板块边缘的岛弧环境为主，从时间、空间、成因及构造环境演化上看，该期侵入岩与库地蛇绿岩关系密切，它们共同形成了蛇绿混杂岩带，从一个侧面反映库地蛇绿岩可能是由至少两个时期(早、晚古生代)的蛇绿岩共同组成的复杂蛇绿混杂岩带；华力西期以二长花岗岩为主，少量花岗闪长岩，属于以壳源为主的壳幔混合源成因，主要为同碰撞—造山晚期环境下的产物。

4. 塔里木盆地西南缘，克里阳钾镁煌斑岩可能形成于华力西期，岩浆形成深度 115km 左右，并未达到金刚石的稳定区，尽管不利于金刚石原生矿的形成和保存，但从地球物理特征反映的岩石圈信息以及地质构造条件来看，西昆仑应该有含金刚石的源岩存在。

5. 库地蛇绿岩带主要发育在晚古生代的原特提斯的大洋盆地环境，蛇绿岩以玄武岩为主，具有从洋中脊向岛弧环境发展的演化过程。

第三节　火山岩

测区南部处于塔里木板块与青藏板块的结合部位，岩浆活动频繁，不仅有多期次的侵入活动，而且火山活动也较强烈。火山活动以海相喷发为主，伴有少量爆发活动，形成了广泛分布的元古宙、晚古生代基性（少量中酸性）海相火山岩。火山岩出露面积约 660km^2，占测区基岩面积的 15％左右。测区火山活动多与区域性断裂构造密切相关，不同时代、不同构造背景下的火山岩往往表现出不同的岩石组合和地球化学特征。元古宙火山岩发生轻微—低级变质和较为强烈的变形，晚古生代火山岩基本未变质，变形相对较弱。

一、元古宙塞拉加兹塔格群火山岩

元古宙火山岩主要由长城纪塞拉加兹塔格群火山岩组成。

1. 地质特征

塞拉加兹塔格群火山岩分布于图幅南部阿卡孜—玉珊格勒—牙尔依格力一带，向南东延出图外。该套火山岩基本沿铁克里克断隆南缘分布，除中部被青白口纪博查特塔格组不整合超覆外，与周围其他地层（岩体）均呈断层接触关系，出露面积 364km^2。火山岩为塞拉加兹塔格群的主体岩性，属典型的细碧-石英角斑岩系。火山岩内部夹有少量海相沉积岩。受构造影响，在阿卡孜一带岩石具较强烈变质变形（绿片岩相为主）。

2. 火山岩相划分

根据火山活动产物的产出形态、岩石组合特征、空间分布等，参照《火山岩地区填图方法指南》将塞拉加兹塔格群火山岩划分为溢流相、爆发相及火山沉积相。

（1）溢流相

广泛分布于塞拉加兹塔格群中部，为火山岩的主体，由细碧岩、石英角斑岩及少量玄武岩组成。其单层厚度大，发育气孔-杏仁构造，内部有大理岩、碎屑岩等海相沉积夹层。岩石变质变形较强烈，褶皱发育，在阿卡孜一带多呈片岩形式出现。

（2）爆发相

出露少而零星，分布于玉珊格勒西一带，产于火山岩中上部。喷发单层厚几米～几十米，多为酸性熔结角砾岩，伴有少量凝灰岩。

（3）火山沉积相

零星出露于玉珊格勒西的细碧-石英角斑岩系中上部，主要为沉凝灰岩，多与凝灰岩相伴出现，单层厚 5～20cm。

3. 岩石类型

根据岩石成因、结构构造及产出形态划分为火山熔岩、火山碎屑岩、火山碎屑沉积岩等。

（1）火山熔岩

细碧-角斑岩系是否可以当作是一个独立的偏碱性火山岩石系列（宋尔和，1973）或只能看作变质的火山岩系（李兆鼐，1984）尚无统一意见。本次主要参考夏林圻、夏祖春（1987）对细碧角斑岩系编制的与习惯火山岩分类相平行的分类简表（表 3-5），把区内火山熔岩划分为细碧岩和石英角斑岩。它们约占塞拉加兹塔格火山岩的 90％，构成火山岩的主体。

①细碧岩

细碧岩广泛分布于塞拉加兹塔格群火山岩中，为主体岩性，约占火山岩系的 50％，岩石呈灰绿色，变质深者为绿泥石片岩、斜长角闪片岩。一般为间粒结构，交织构造，少数为斑状结构，块状构造、定向构造、气孔-杏仁状构造。斑晶为少量钠长石和角闪石。钠长石呈半自形柱状，大小0.5mm×0.2mm～1mm×0.3mm；角闪石为柱状，大小0.6mm×0.25mm～0.7mm×0.25mm，多向绿泥石变化。基质由斜长石（35%～80%）、角闪石（0～55%）、绿帘石（3%～20%）、磁铁矿（0～15%±）及少量方解石、透闪石、石英组成。斜长石为板条状，大小0.1～0.35mm，为钠长石、钠更长石；角闪石为柱状，大小0.15～0.3mm，多向绿泥石、阳起石转化；绿帘石为0.05～0.3mm的粒状；磁铁矿为0.05～0.2mm的粒状，不均匀分布。

表3-5 细碧-角斑质火山岩分类简表（夏林圻、夏祖春，1987）

SiO_2（w_B%）	相	类	族	Na_2O+K_2O（w_B%）	特征矿物
＞70	火山 次火山 浅成侵入	酸性	石英角斑岩 石英钠长斑岩、钠长花岗斑岩 钠长花岗岩、钠长微花岗岩	5～13	钠长石、石英出现于斑晶和基质中
55～70	火山 次火山 浅成侵入	中性	角斑岩 钠长花岗闪长岩、钠长闪长玢岩 钠长花岗闪长岩、钠长闪长岩	5～13	钠长石（钠更长石）、石英仅出现于基质中
45～55	火山 次火山 浅成侵入	基性	细碧岩、细碧玢岩、钠长粒玄岩 钠长粒玄岩、钠长辉绿岩 钠长辉长岩	4～10	钠长石（钠更长石）、绿泥石

②石英角斑岩

与细碧岩共生，为火山岩的另一主要岩性，约占火山岩系的35%。岩石呈褐红色、灰褐色。具斑状结构，基质为霏细结构，块状构造、片状构造、定向构造。斑晶由钠长石、钠更长石（10%～30%）、石英（少量～10%）组成。钠长石呈半自形板柱状，0.8mm×0.3mm～5mm×3mm，裂纹发育，石英呈0.3～1mm的熔蚀粒状，基质多由隐晶—霏细状长英质（65%～87%）、粒状磁铁矿（2%～3%）及少量绿泥石、绢云母组成。偶尔可见到在微晶状石英基底上不均匀地嵌布着针状钠长石，构成微嵌晶结构。

（2）火山碎屑岩

火山碎屑岩在塞格加兹塔格群中不太发育，分布也较零星，约占火山岩系的10%，包括由酸性熔结角砾岩和凝灰岩组成的正常火山碎屑岩及由沉凝灰岩组成的沉火山碎屑岩，后者因分布极少，不作描述。

①酸性熔结角砾岩

呈浅褐红色、角砾状结构，块状—层状构造。碎屑物由酸性火山角砾（76%～85%）、岩屑（0～20%）及少量磁铁矿组成。火山角砾为同源火山岩，由钠长石、石英斑晶及霏细状长英质组成。它与岩屑均呈棱角状、次棱角状，角砾砾径2～8mm，少数可达5cm，微显定向性。胶结物由酸性熔岩（5%～10%）及少量铁质组成，不均匀地分布在碎屑物颗粒间，并伴有少量绢云母产出。

②凝灰岩

岩石呈灰黑色，变余晶屑凝灰结构，定向构造。晶屑主要为斜长石及少量石英组成，呈棱角状，大小0.2～1.5mm，含量5%～15%，胶结物为火山灰，含量大于80%，多已脱玻化，形成一些长英质矿物微晶。

4. 岩石地球化学特征

（1）化学成分

化学成分及有关参数见表3-6。细碧岩与中国同类岩石（刘其言，1980）相比，高TiO_2、K_2O、P_2O_5，低SiO_2、Al_2O_3，其他成分接近，与大陆拉斑玄武岩（林建英，1980）的成分十分接近；石英角斑岩与具裂谷性质的青海面碱沟钾石英角斑岩（夏林圻等，1991）相比，除高TiO_2、低MgO外，其他成分接近，显示裂谷特征。

在SiO_2-Na_2O+K_2O图解（图3-26）上，细碧岩落在碱性区内，其中K_2O= 0.5～1.34，平均0.9（＜2），为钠细碧岩（夏林圻等，1991）；石英角斑岩落在亚碱性区内。

在F-A-M图解（图3-27）上显示石英角斑岩为钙碱性系列，其K_2O(6.18)≥Na_2O(2.11)，为钾长石英角斑岩，说明塞拉加兹塔格火山岩兼有碱性系列及钙碱性系列，具大陆裂谷的岩石系列特征。

表 3-6　测区火山岩岩石化学成分(%)及有关参数

序号	地层单位	岩性	样品号	SiO_2	TiO_2	Al_2O_3	Fe_2O_3	FeO	MnO	MgO	CaO	Na_2O
1	塞拉加兹塔格群	细碧岩	GS301/1	46.45	3.83	13.52	13	4.7	0.25	4.13	5.06	3.97
2		细碧岩	GS320/1	49.12	2.38	13.48	5.74	6.95	0.21	6.07	7.87	3.26
3		细碧岩	Q1	45.11	1.54	14.56	8.07	5.09	0.20	8.11	6.93	3.98
4		3个样品平均值		46.89	2.58	13.85	8.94	5.58	0.22	6.10	6.62	3.74
5		石英角斑岩	GS319/1	71.39	0.46	12.61	3.19	0.58	0.05	0.52	1.19	2.23
6		石英角斑岩	GS320/2	70.34	0.45	12.59	3.65	0.57	0.06	0.61	1.52	1.99
7		2个样品平均值		70.87	0.46	12.60	3.42	0.58	0.06	0.57	1.36	2.11
8	棋盘组	玄武岩	GS214/56-1	45.73	3.96	13.47	8.08	8.4	0.18	4.46	7.68	2.39
9		玄武岩	Q2	49.61	0.64	15.96	3.87	8.5	0.16	6.02	4.94	2.58
10		玄武岩	Q5	45.23	4.16	13.61	11.31	4.3	0.19	5.03	7.7	3.4
11		玄武岩	Q6	45.63	4.23	13.83	10.63	4.1	0.21	4.61	7.74	3.51
12		4个样品平均值		46.55	3.25	14.22	8.47	6.33	0.19	5.03	7.02	2.97

序号	地层单位	岩性	样号	K_2O	P_2O_5	H_2O	CO_2	Loss	总量	Na_2O+K_2O	K_2O/Na_2O	δ
1	塞拉加兹塔格群	细碧岩	GS301/1	0.87	0.54	2.9	0.58	2.95	102.75	4.84	0.22	6.79
2		细碧岩	GS320/1	1.34	0.36	2.85	0.12	2.3	102.05	4.60	0.41	3.46
3		细碧岩	Q1	0.50					94.09	4.48	0.13	9.51
4		3个样品平均值		0.90	0.45	2.88	0.35	2.63	99.90	4.64	0.24	5.53
5		石英角斑岩	GS319/1	6.3	0.07	0.78	0.47	1.13	100.97	8.53	2.83	2.56
6		石英角斑岩	GS320/2	6.06	0.07	1.05	0.84	1.82	101.62	8.05	3.05	2.37
7		2个样品平均值		6.18	0.07	0.92	0.66	1.48	101.30	8.29	2.94	2.47
8	棋盘组	玄武岩	GS214/56-1	1.42	1.19	2.74	0.04	1.97	101.71	3.81	0.59	5.32
9		玄武岩	Q2	0.34					92.62	2.92	0.13	1.29
10		玄武岩	Q5	1.54					96.47	4.94	0.45	10.94
11		玄武岩	Q6	1.33					95.82	4.84	0.38	8.91
12		4个样品平均值		1.16					96.66	4.13	0.39	6.61

序号	地层单位	岩性	样号	AR	Mg#	Fe*(全铁分子数)	A/MF	C/MF	CaO/Na_2O	Fe_t/Fe_t+MgO	A/NCK	A/NK
1	塞拉加兹塔格群	细碧岩	GS301/1	1.70	61.02	0.23	0.40	0.27	1.27	0.80	0.81	1.81
2		细碧岩	GS320/1	1.55	60.88	0.17	0.41	0.44	2.41	0.67	0.64	1.98
3		细碧岩	Q1	1.53	73.95	0.17	0.38	0.33	1.74	0.60	0.74	2.05
4		3个样品平均值		1.59	66.09	0.19	0.40	0.35	1.77	0.69	0.72	1.94
5		石英角斑岩	GS319/1	4.24	61.50	0.05	2.03	0.35	0.53	0.87	1.00	1.20
6		石英角斑岩	GS320/2	3.66	65.60	0.05	1.79	0.39	0.76	0.86	1.00	1.28
7		2个样品平均值		3.95	63.55	0.05	1.91	0.37	0.65	0.87	1.00	1.24
8	棋盘组	玄武岩	GS214/56-1	1.44	48.61	0.22	0.40	0.42	3.21	0.78	0.69	2.46
9		玄武岩	Q2	1.32	55.79	0.17	0.49	0.28	1.91	0.67	1.17	3.46
10		玄武岩	Q5	1.60	67.58	0.20	0.41	0.42	2.26	0.74	0.64	1.87
11		玄武岩	Q6	1.58	66.70	0.19	0.45	0.45	2.21	0.75	0.65	1.92
12		4个样品平均值		1.49	59.67	0.19	0.44	0.39	2.40	0.73	0.79	2.43

注：Q1—Q6为1∶50万新疆南疆西部地质图、矿产图说明书资料，其余为本次工作资料。

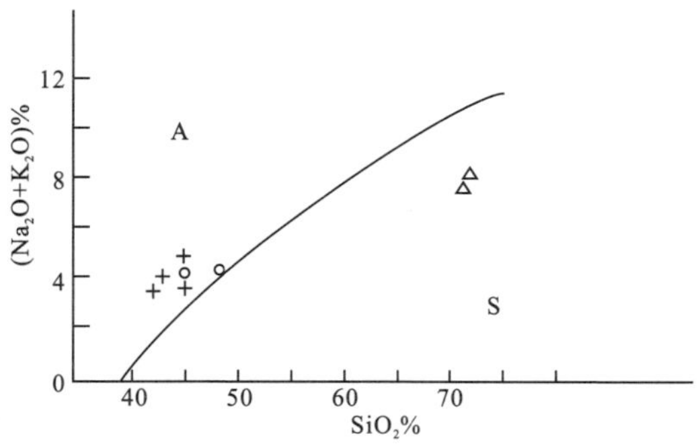

图 3-26　SiO_2-Na_2O+K_2O 图解
(T. N. lrvine, 1971)
A. 碱性系列；B. 亚碱性系列；
○. 塞拉加兹塔格群细碧岩；△. 塞拉加兹塔格群石英角斑岩；
+. 棋盘组火山岩

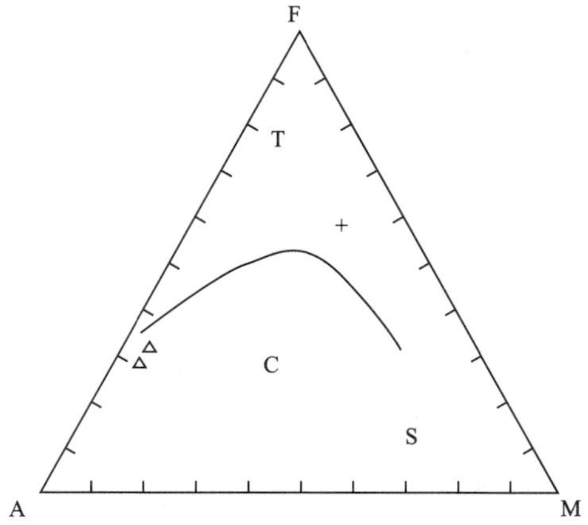

图 3-27　F-A-M 图解
(T. N. lrvine, 1971)
T. 拉斑玄武岩系列；C. 钙碱性系列；
△. 塞拉加兹塔格群石英角斑岩；+. 棋盘组火山岩

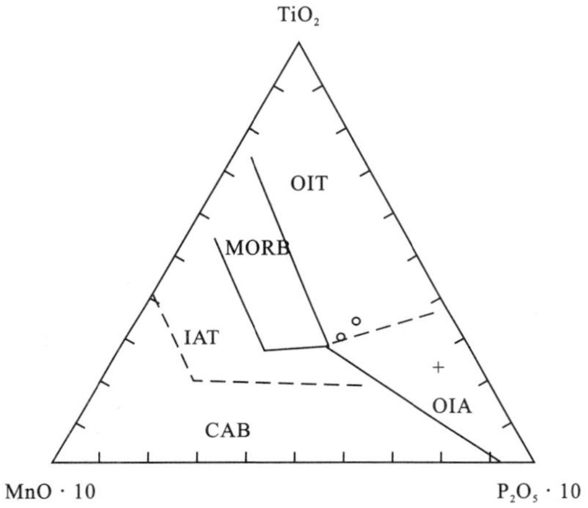

图 3-28　TiO_2-$MnO*10$-P_2O_5*10 图解
(E. D. Mullen, 1983)
OIT. 大洋岛屿拉斑玄武岩；OIA. 大洋岛屿碱性玄武岩；
MORB. 洋中脊玄武岩；IAT. 岛屿拉斑玄武岩；
CAB. 钙碱性玄武岩；○. 塞拉加兹塔格群细碧岩；+. 棋盘组火山岩

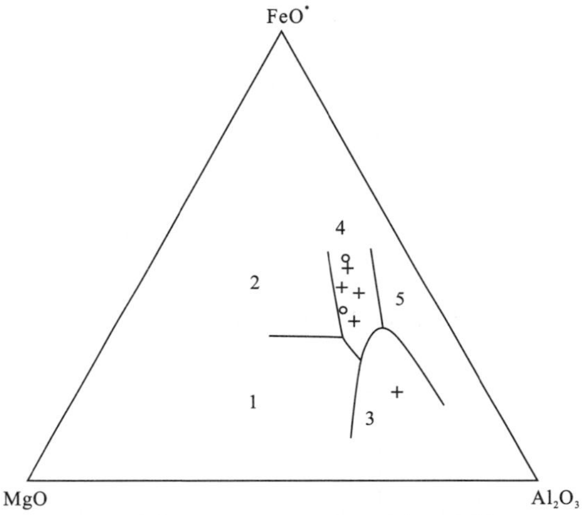

图 3-29　FeO^*-MgO-Al_2O_3 图解
(T. H. Peaece, 1977)
1. 洋中脊及洋底；2. 大洋岛屿；3. 造山带；
4. 大陆板块内部；5. 扩张中心岛屿(冰岛)；
○. 塞拉加兹塔格群细碧岩；+. 棋盘组火山岩

另外据 Дбрдеов(1975)资料，ко($MgO+2TiO_2+3K_2O$)值为 7.5～10 的玄武岩为裂谷玄武岩，<7.5 为大陆玄武岩，>10 为大洋或岛弧玄武岩。塞拉加兹塔格群细碧岩 ко 值平均 13.96(>10)，显示大洋或岛弧玄武岩的特征，这可能意味着塞拉加兹塔格群火山岩是在陆壳基础上裂解的向大洋发展的火山岩系。

在 TiO_2-$MnO*10$-P_2O_5*10 图解(图 3-28)中，样品均落在大洋岛屿拉斑玄武岩中。

在 FeO^*-MgO-Al_2O_3 环境判别图解(图 3-29)中，细碧岩均落入大陆板块内部，这与上述判断一致。

由 SiO_2、(FeO)、MgO、TiO_2等比较惰性的组分投影于 Miyashiro(1975)的火山岩分类图解(图 3-30)中，可以看出细碧岩的成分点均落在拉斑玄武岩中。其样品的分布与深海拉斑玄武岩变异趋势非常接近，随着分异作用的增强，其 TiO_2 明显增加。

从塞拉加兹塔格群火山岩化学成分可以看出：SiO_2 含量集中在 46%～49%及 62%～71%两个区间内，缺失中间单元，从图 3-31A 中可以看出两者(两套岩石)具有不同的演化趋势，为不同源岩浆分异的产物。

(2)微量元素特征

微量元素含量见表 3-7，其成分与大陆元素丰度十分接近，而与洋壳丰度相去甚远(Taylor et al,

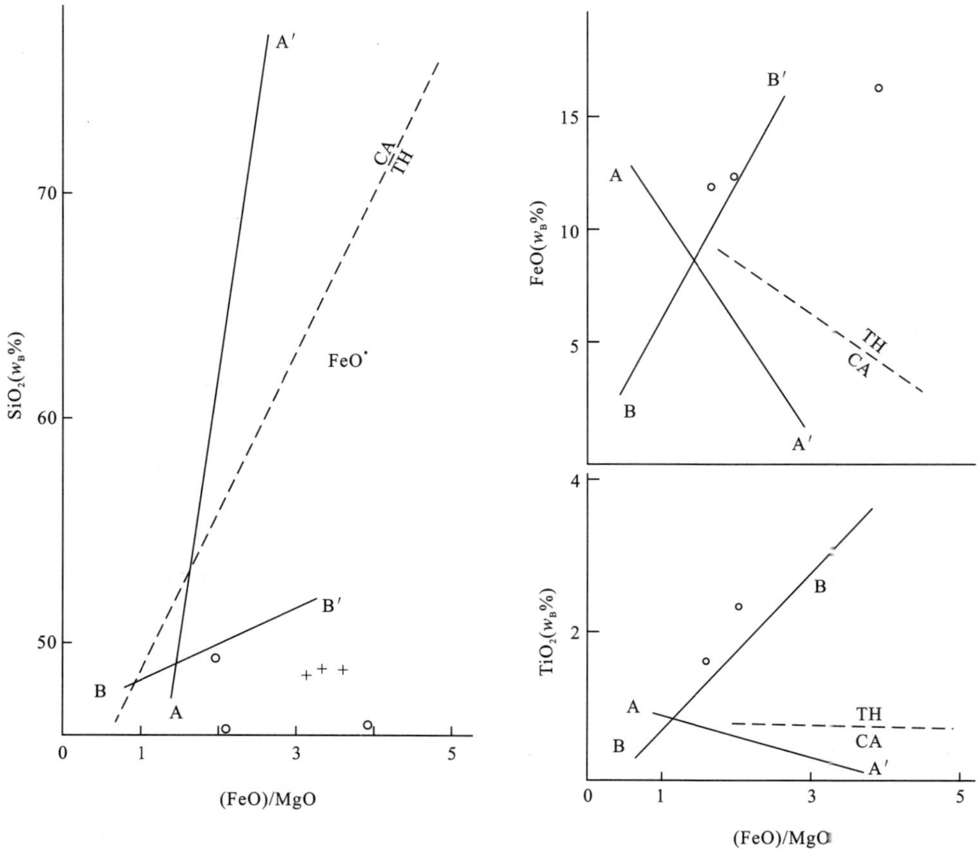

图 3-30　塞拉加兹塔格群细碧岩在火山岩系分类图解中的位置

（都城秋穗，1975）

CA. 钙碱性火山岩系；TH. 拉斑玄武岩系；A—A′. 日本甘木岛钙碱性火山岩系变异趋势线；B—B′. 滨海拉斑玄武岩变异趋势线

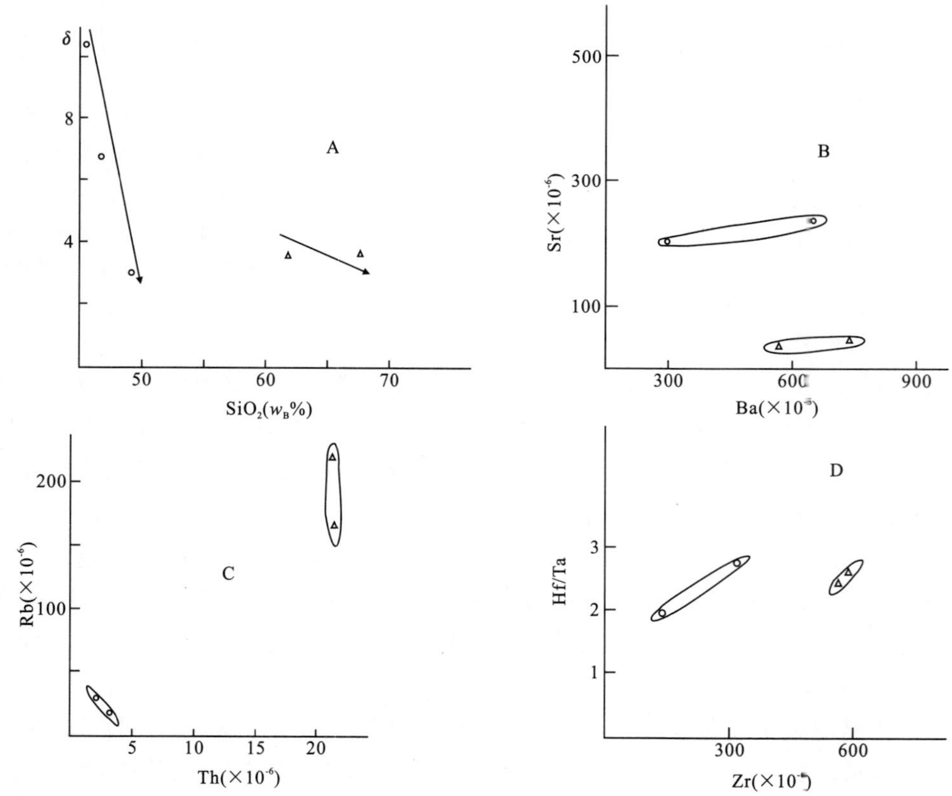

图 3-31　塞拉加兹塔格群火山岩 SiO_2-δ(A)、Sr-Ba(B)、Rb-Th(C)、Hf/Ta-Zr(D)图解

○. 细碧岩；△石英角斑岩

1985)，其中 Cr(69×10^{-6})、Ni(47×10^{-6})不仅远远低于洋壳平均值，而且与陆壳平均值差距较大，倒是与贫 Cr、Ni 的岛弧玄武岩特征一致。

表 3-7　测区火山岩微量元素含量($\times10^{-6}$)一览表

序号	地层单位	岩石名称	样号	Rb	Sr	Ba	Zr	Nb	Ta	Hf	Sc	V	Cr	Co
1	塞拉加兹塔格群	细碧岩	WL301/1	16	148	301	325	34	2.7	7.3	38	382	32	47
2		细碧岩	WL320/1	27	168	651	155	18	1.4	2.8	31	281	106	48
3		2 个样品平均值		21.5	158	476	240	26	2.05	5.05	34.5	331.5	69	47.5
4		石英角斑岩	WL319/1	221	44	578	573	70	5.6	13	3.7	39	15	12
5		石英角斑岩	WL320/2	172	55	737	580	69	5.4	14	3.9	38	18	12
6		2 个样品平均值		196.5	49.5	657.5	576.5	69.5	5.5	13.5	3.8	38.5	16.5	12
16	棋盘组	玄武岩	WL214/56-1	28	306	666	352	30	2	7	26	285	54	47
序号	地层单位	岩石名称	样号	Ni	Th	W	Sn	Mo	Be	Sn	Mo	Be	Ga	Se
1	塞拉加兹塔格群	细碧岩	WL301/1	33	3	1.9	4.2	0.84	3.9	4.2	0.84	3.9	19	0.02
2		细碧岩	WL320/1	62	2.2	4.3	3.9	0.52	2.6	3.9	0.52	2.6	15	0.04
3		2 个样品平均值		47.5	2.6	3.1	4.05	0.68	3.25	4.05	0.68	3.25	17	0.03
4		石英角斑岩	WL319/1	9.7	21	79	4.9	1.4	4.9	4.9	1.4	4.9	22	0.02
5		石英角斑岩	WL320/2	14	21	72	6.8	1.2	4.7	6.8	1.2	4.7	22	0.03
6		2 个样品平均值		11.85	21	75.5	5.85	1.3	4.8	5.85	1.3	4.8	22	0.02
16	棋盘组	玄武岩	WL214/56-1	59	4.1	3.8	3.5	1.5	4.4	3.5	1.5	4.4	22	0.08

据 Pearce(1982)的研究，不同构造环境下形成的玄武岩，其元素相容程度及分异程度各异。塞拉加兹塔格群火山岩用标准(N)型洋脊玄武岩标准化后的元素相容程度分配形式表示于图 3-32 中，细碧岩微量元素分配型式以其富集大离子亲石元素区别于亏损大离子亲石元素的快速扩张脊型胡安德富卡洋脊玄武岩，又因出现 Th 谷与“大隆起”型的亚述尔碱性板内玄武岩不尽相同，显示为二者的过渡型，表现为富集度宽，除 Yb、Cr、Y 外所有元素均富集，其中大部分亲石元素明显富集。

利用 Nb * 2-Zr/4-Y 环境判别图(图 3-33)，样品均落入板内碱性玄武岩区，在 Hf/3-Th-Ta 图解(图 3-34)上样品落入板内及洋中脊＋板内区域。

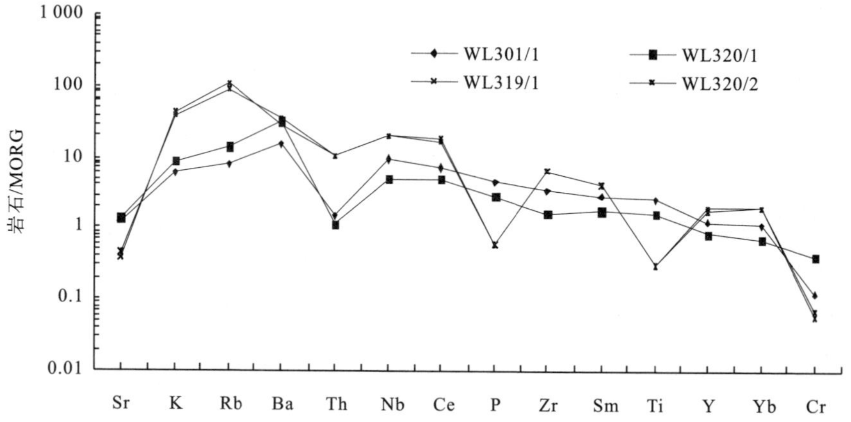

图 3-32　测区塞拉加孜塔格群火山岩微量元素配分模式

微量元素分配规律亦是判别同源岩浆的重要标志之一，在 Sr-Ba、Th-Rb、Hf/Ta-Zr 图解(图 3-31B、C、D)上均可看出基性火山岩与酸性火山岩分布在不同区域，微量元素分配模式也极不协调，表明两者不是同源岩体。

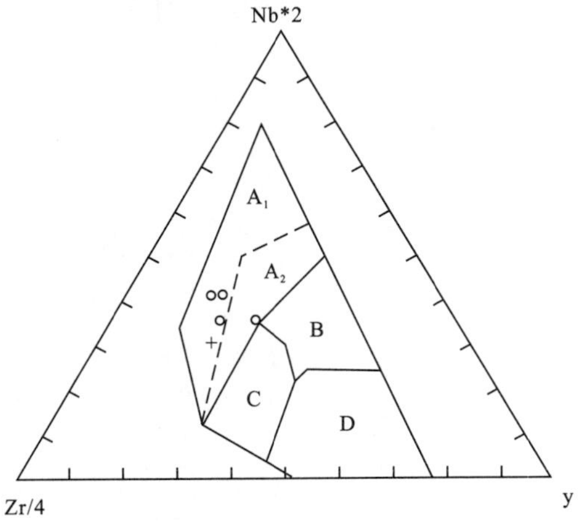

图 3-33　火山岩 Nb＊2-Zr/4-Y 分类图

(wood,1980)

A. 板内碱性玄武岩；B. 与地幔柱有关的洋中脊玄武岩；C. 板内拉斑玄武岩，火山弧玄武岩；D. N-MORB 洋脊玄武岩，火山弧玄武岩；
o. 塞拉加兹塔格群细碧岩；+. 棋盘组火山岩

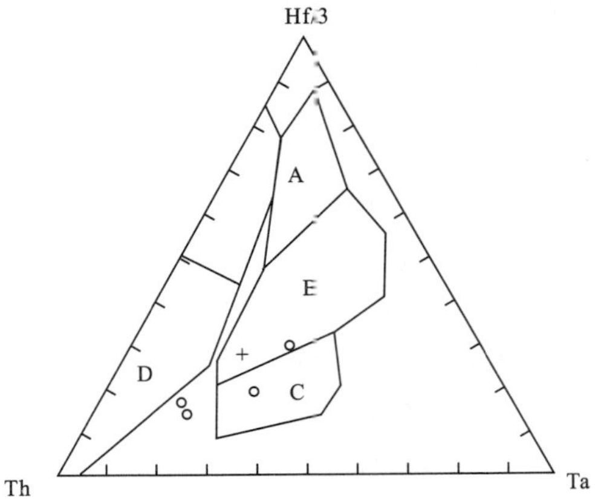

图 3-34　Hf/3-Th-Ta 图解

(wood,1980)

A. 正常型洋脊拉斑玄武岩；B. 异常型拉斑玄武岩和板内拉斑玄武岩及其分异产物；C. 板内碱性玄武岩及其分异产物；D. 板边岛屿玄武岩(破坏性板块边缘)及其分异产物；
o. 塞拉加兹塔格群细碧岩；+. 棋盘组火山岩

(3)稀土元素特征

塞拉加兹塔格群火山岩稀土元素丰度见表 3-8，细碧岩 ΣREE＝158.27×10^{-6}～240.77×10^{-6}，平均 199.52×10^{-6}，LREE/HREE＝5.73～5.74，δEu＝1.03，$(La/Yb)_N$＝8.98～9.14，平均 9.06，总体显示轻重稀土分馏程度低，LREE 轻度富集，局部熔融程度高，其配分曲线为略微右倾型，显轻微铕正异常；石英角斑岩 ΣREE 为 467.18×10^{-6}～491.59×10^{-6}，平均 479.39×10^{-6}，明显高于细碧岩，LREE/HREE 为 8.72～9.28，平均 9.0，$(La/Yb)_N$＝13.6～14.73，平均 14.16(>>1)，δEu 为 0.36 ～ 0.37，总体显示稀土含量较高，局部熔融程度低，轻稀土较为富集，并具明显铕负异常，稀土配分曲线为向右倾的不太明显的"V"字型(图 3-35)。

表 3-8　测区火山岩稀土元素含量(×10^{-6})及有关参数一览表

序号	地层单位	岩石名称	样号	La	Ce	Pr	Nd	Sm	Eu	Gd
1	塞拉加兹塔格群	细碧岩	WL301/1	34.17	73.81	10.25	41.73	9.78	3.25	9.53
2		细碧岩	WL320/1	22.63	48.22	6.72	26.68	6.11	2.08	6.08
3		2 个样品平均值		28.40	61.02	8.49	34.21	7.95	2.67	7.81
4		石英角斑岩	WL319/1	97.07	186.2	21.62	72.41	13.57	1.5	11.54
5		石英角斑岩	WL320/2	90.41	175.1	20.96	70.09	13.41	1.53	11.9
6		2 个样品平均值		93.74	180.65	21.29	71.25	13.49	1.52	11.72
16	棋盘组	玄武岩	XT214/56-1	43.56	87.49	11.51	49.81	10.21	3.29	10.44

序号	地层单位	岩石名称	样号	Tb	Dy	Ho	Er	Tm	Yb	Lu
1	塞拉加兹塔格群	细碧岩	WL301/1	1.48	8.21	1.6	4.15	0.64	3.74	0.85
2		细碧岩	WL320/1	0.97	5.37	1.05	2.78	0.43	2.52	0.39
3		2 个样品平均值		1.23	6.79	1.33	3.47	0.54	3.13	0.62
4		石英角斑岩	WL319/1	1.93	11.34	2.32	6.49	1.05	6.59	1.02
5		石英角斑岩	WL320/2	1.91	11.31	2.28	6.46	1.02	6.65	1.05
6		2 个样品平均值		1.92	11.33	2.30	6.48	1.04	6.62	1.04
16	棋盘组	玄武岩	XT214/56-1	1.64	8.72	1.67	4.37	0.67	3.8	0.58

续表 3-8

序号	地层单位	岩石名称	样号	Y	ΣREE	LREE	HREE	LREE/HREE	δEu	(La/Yb)
1	塞拉加兹塔格群	细碧岩	WL301/1	37.58	240.77	172.99	30.20	5.73	1.03	9.14
2		细碧岩	WL320/1	26.24	158.27	112.44	19.59	5.74	1.03	8.98
3		2个样品平均值		31.91	199.52	142.72	24.90	5.73	1.03	9.06
4		石英角斑岩	WL319/1	56.94	491.59	392.37	42.28	9.28	0.36	14.73
5		石英角斑岩	WL320/2	53.1	467.18	371.50	42.58	8.72	0.37	13.60
6		2个样品平均值		55.02	479.39	381.94	42.43	9.00	0.36	14.16
16	棋盘组	玄武岩	XT214/56-1	39.66	277.42	205.87	31.89	6.46	0.97	11.46

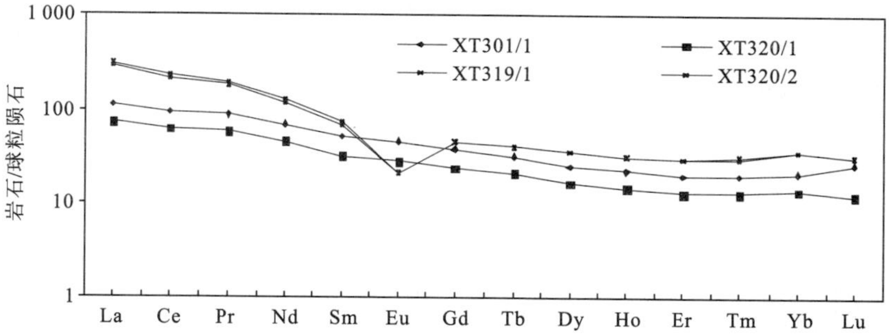

图 3-35 塞拉加兹塔格群火山岩稀土配分曲线

塞拉加兹塔格群火山岩稀土中细碧岩与石英角斑岩稀土总量相差悬殊，缺失中间单元，稀土配分曲线的极不协调也反映出它们为两种岩浆源形成。

结合其化学成分特征、微量元素、稀土元素特征，我们认为塞拉加兹塔格群火山岩由两种源岩的岩浆形成，具双峰式特征。

5. 构造背景

塞拉加兹塔格群火山岩分布于塔里木陆块南缘，处于铁克里克-阿尔盆中元古代裂谷带中，区域上不整合于古元古代兴地构造层埃连卡特群之上，南部明显受中元古代西昆仑陆缘活动带与铁克里克陆缘断隆结合部位的大断裂影响。塞拉加兹塔格群火山岩化学成分接近陆壳成分，具双峰式特征，为碱性系列及拉斑玄武岩系列，显示大陆裂谷拉张环境下的岩石组合特征。在 Zr/Y-Zr 环境判别图(图 3-36)上样品也落入板内玄武岩区。但另一方面又显示大洋特征又具有深海拉斑玄武岩的变异趋势。综合分析，我们认为，塞拉加兹格群火山岩为大陆壳基础上拉张的具有成熟洋盆(洋中脊)的一套火山岩组合；其微量稀土元素也显示兼有板内快速扩张脊及过渡特征，结合区域地质发展史不难看出，塔里木陆块南缘的古元古代硅铝质基底于兴地运动(相当于吕梁运动)后发生大陆断陷，这种断陷在中元古界得到加强，并快速扩张，在向大洋化发展的过程中生成塞拉加兹塔格群(双峰)火山岩。

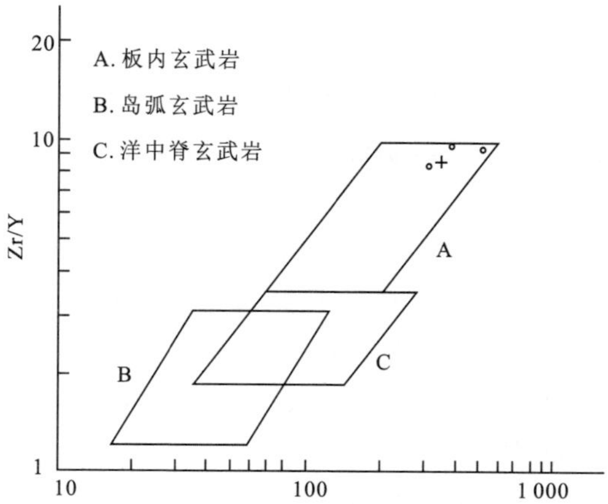

图 3-36 Zr/Y-Zr 图解

(Pearce *et al*.,1980)

o. 塞拉加兹塔格群细碧岩；+. 棋盘组火山岩

二、晚古生代二叠纪棋盘组火山岩

(一)概述

区内古生代火山岩发育,主要包括石炭纪依莎群火山岩和二叠纪棋盘组中呈夹层产出的火山岩。其中依莎群火山岩作为库地蛇绿岩的重要组成单元,在蛇绿岩章节中已作介绍,本节仅对二叠纪棋盘组中的火山岩加以介绍。

测区二叠纪火山活动较弱,主要分布于叶城县棋盘乡许许沟一带,呈夹层产于棋盘组中上部的长石石英砂岩、生物灰岩中。为一套基性熔岩,伴有少量中性火山碎屑岩,与上下层均为整合接触。在许许达腊阔郎一带接近喷发中心,出露最厚,层数也最多,但岩性单一,见 4 层 8~37m 的灰绿色块状、气孔状玄武岩组成,中间被长石石英砂岩、生物灰岩隔开,显示出 4 次喷溢的产物。总厚度约 80m,向东向北其厚度、层数减少,横向延伸不远。在拜勒都附近只见 2 层,下部为厚约 20m 的暗绿褐色块状、杏仁状玄武岩,上部为厚约 1m 的绿色安山质火山角砾岩,显示由基性—中性的演化趋势。再向北见不到火山岩。其单一的岩性和极其有限的规模,说明它是二叠纪一次极微弱的突发性火山活动事件的产物。

(二)岩性特征

①玄武岩

为棋盘组火山岩的主体岩性。呈灰绿色、暗绿褐色,具斑状结构,基质为间粒结构,块状构造、气孔-杏仁状构造。斑晶为次闪石(少量~2%),呈短柱状,大小 0.5~0.8mm。基质由斜长石(55%)、辉石(10%±)、角闪石(10%±)、黑云母(20%±)组成。杏仁状玄武岩的杏仁体由绿泥石等组成,杏仁体含量1%~5%,副矿物为磁铁矿等。

②安山质火山角砾岩

出露厚度不足 1m,产于玄武岩顶部。岩石呈绿色,角砾结构,块状构造。角砾呈次棱角状,大小 2cm×3cm~3cm×4cm,少数 12cm×25cm,含量 70%~80%。角砾成分为杏仁状安山岩。胶结物为玻璃质。

(三)岩石地球化学特征

1. 化学成分

化学成分及有关参数见表 3-6,与中国玄武岩(黎彤、饶纪龙,1962)相比,高 TiO_2、Fe_2O_3,低 SiO_2、Al_2O_3、MgO、K_2O,其他成分相当。总体上接近于大陆拉斑玄武岩(林建英,1980)的成分,具裂谷特征,$Mg^{\#}$ 平均 59.67,接近洋脊玄武岩初始值,其 ko 值为 14.98(>10),显示大洋或岛弧火山岩的特征(дбредов,1975)。

在 SiO_2-Na_2O+K_2O 图解(图 3-26)上,样品主要落入碱性系列区,个别落入亚碱性系列区,其 $Na_2O-2=0.97<K_2O(1.15)$,为钾质类型(Le Bas, 1986)。在硅-钾图(图 3-37)上样品多落入高钾玄武岩区,个别落入低钾玄武岩区,显示棋盘组火山岩为钾质碱性玄武岩。

在 TiO_2-$MnO*10$-P_2O_5*10 环境判别图(图 3-28)中落入大洋碱性玄武岩区,类似于初始裂谷岩浆活动的产物。

在 FeO^*-MgO-Al_2O_3 环境判别图解(图 3-29)上样品均落入大陆板块内部。

从以上岩石化学成分特征可以看出棋盘组火山岩应为在陆壳基础上发育的具有初始裂谷的岩浆活动的产物。

2. 微量元素

微量元素分析结果见表 3-7,其微量元素丰度接近陆壳元素丰度值(Taylor et al, 1985),其微量元素配分型式既不同于丰度接近于 1 的"N"型 MORB 平坦分配模式(Pearce,1982),也不同于具有 Rb、Ba、Th

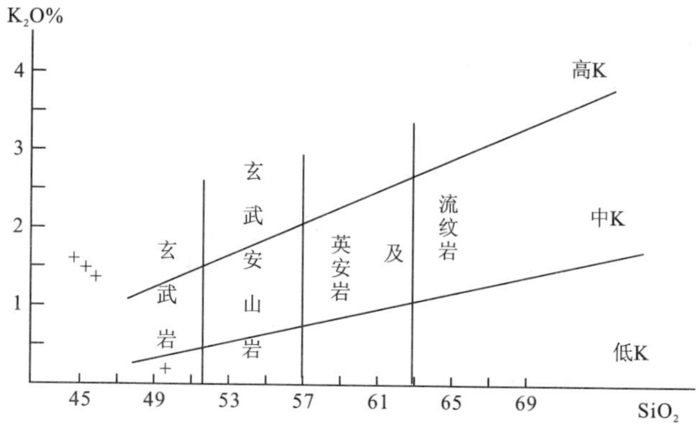

图 3-37　棋盘组火山岩硅-钾图

(Pecerillo 等,1976;Ewart,1979;IUGS,1989)

峰的 E 型 MORB(Holm,1985)配分模式,而与板内玄武岩中的亚述尔型一致(图 3-38)。表现为富集度宽,除 Cr 外,所有元素都富集,其中 K、Rb、Ba 及 Nb、Ce、P 富集明显,显“双隆起”型。

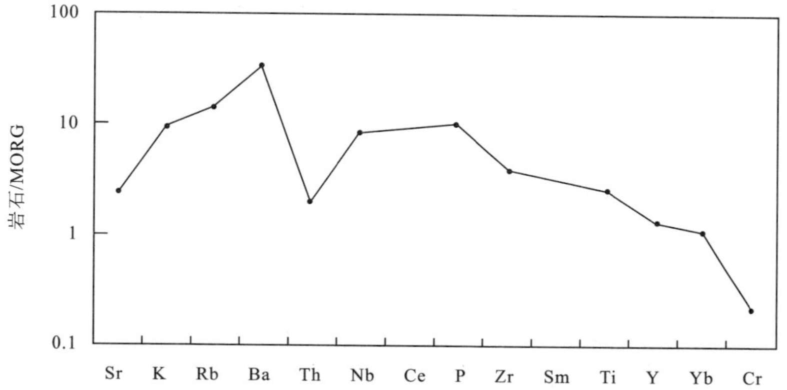

图 3-38　棋盘组火山微量元素配分模式

另外,利用 Pearce 等(1979)的 Nb ∗ 2-Zr/4-Y(图 3-33)及 Zr/Y-Zr(图 3-36)微量元素构造环境判别图解上可以看出棋盘组火山岩样品均落在板内玄武岩区。

3. 稀土元素

稀土元素含量及有关参数见表 3-8,其 ΣREE＝277.42×10^{-6},LREE/HREE＝6.46,δEu＝0.97,$(La/Yb)_N$＝11.46(>>1),总体显示轻稀土富集型,稀土配分曲线为左高右低型斜线(图 3-39),与日本岛弧大陆一侧的碱性玄武岩稀土曲线吻合。棋盘组火山岩稀土配分曲线中没有出现日本岛型 Ce 负异常,

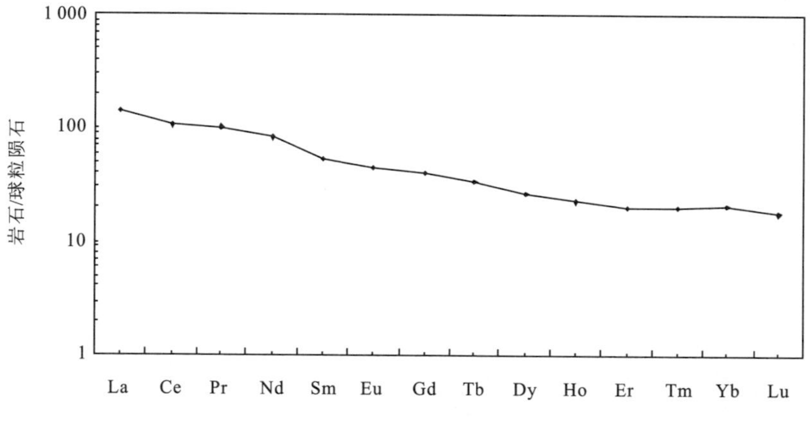

图 3-39　棋盘组火山岩稀土配分曲线

说明喷发环境可能为相对封闭的海洋(陆地封闭海)或沿海、边缘海(Shimizu 等,1977),这也与棋盘组三角洲及浅水陆棚沉积环境相吻合。

4. 构造环境

区域资料显示,棋盘组为二叠纪茅口期三角洲及浅水陆棚沉积,火山岩产于棋盘组上部砂岩及灰岩中,区域上稳定,岩性单一。化学成分为钾质碱性玄武岩,岩石学及岩石地球化学特征均显示其形成与陆壳裂解有关,它是塔里木陆块二叠纪一次间歇式拉张环境下岩浆活动的产物,也显露出塔里木陆块由相对稳定向相对活动转化。

第四章　变质岩

图幅西南及南部边缘靠近塔里木板块与西昆仑构造带的结合部位，不同时期、变质程度各异的变质岩集中出露于此，其分布与主要构造边界方向一致，大体上呈北西西向的不规则带状展布。依据不同的变质作用类型，可将区内变质岩石划分为区域变质岩、动力变质岩、接触变质岩、气-液变质岩和混合岩化岩石五大类，其中以区域变质岩最为发育，动力变质岩也较发育，但以脆性动力变质岩为主，韧性动力变质岩较少。接触变质岩、气-液变质岩、混合岩化岩石不发育，前两类变质岩仅在岩体边部零星出露，后者是区域中高温变质作用局部重熔的产物，分布局限。各类变质岩的发育情况见图 4-1。

本报告变质岩的分类与命名，主要采用 GB/T17412.3-1998——《变质岩岩石的分类和命名方案》，并根据图幅内变质岩石的矿物成分、结构构造等实际情况，同时参考程裕祺的变质岩石分类方案、长春地质学院变质岩石分类方案和中国地质大学动力变质岩分类方案等，个别略微进行了调整。

第一节　区域变质岩

区域变质岩是区内最为发育的变质岩石，根据变质岩石的时空分布、变质作用类型、原岩建造组合等特征，以哈拉斯坦河断裂带为界，自东而西划分为 2 个变质地区、3 个变质地带和 5 个变质岩带，其特征见表 4-1。依据变质岩的矿物成分、结构、构造及变质程度不同，主要分为轻微变质岩、板岩、千枚岩、片岩、片麻岩、角闪质岩、长英质粒状岩石、大理岩等八大类岩石。以变质岩石的变质矿物共生组合为基础，以特征变质矿物的首次出现为依据，结合测区实际情况，划分出绿泥石带、绢云母带、黑云母带、石榴石带、红柱石带、矽线石带、斜长石-普通角闪石带，划分为低绿片岩相、高绿片岩相、低角闪岩相、高角闪岩相等区域变质相。

表 4-1　区域变质单元划分及特征

<table>
<tr><th>变质地区</th><th colspan="2">变质地(岩)带</th><th>变质地层</th><th>变质作用类型</th><th>变质带</th><th>变质相</th><th>主变质时期</th></tr>
<tr><td rowspan="3">塔南变质地区</td><td rowspan="3">铁克里克变质地带</td><td>土安变质岩带(Ⅰ$_1^1$)</td><td>ChSl、Jxbc、Jxsm、Qbsk</td><td>区域埋深变质</td><td>绿泥石</td><td>低绿片岩相</td><td>新元古代晚期</td></tr>
<tr><td>坎埃孜变质岩带(Ⅰ$_1^2$)</td><td>Pt_1A.</td><td>区域低温动力变质</td><td>石榴石</td><td>高绿片岩相</td><td>中元古代早期</td></tr>
<tr><td>探勒克变质岩带(Ⅰ$_1^3$)</td><td>Pt_1H.</td><td>区域中高温变质</td><td>斜长石-角闪石</td><td>高角闪岩相</td><td>古元古代早期</td></tr>
<tr><td rowspan="2">西昆仑变质地区</td><td colspan="2">库尔良变质地(岩)带(Ⅱ$_1$)</td><td>C_1T、C_2Ke</td><td>区域低温动力变质</td><td>绢云母</td><td>低绿片岩相</td><td>华力西晚期</td></tr>
<tr><td colspan="2">库浪那古变质地(岩)带(Ⅱ$_2$)</td><td>Pt_2K.</td><td>区域动热变质</td><td>铁铝榴石-矽线石</td><td>绿片岩-角闪岩相</td><td>华力西期</td></tr>
</table>

一、塔南变质地区

图幅内，塔南变质地区的变质岩石主要分布于前震旦纪地层中，组成铁克里克陆缘断隆的变质结晶基底。区内以其南西侧的哈拉斯坦河断裂为界与西昆仑变质地区相邻，东西两侧均延出图幅。根据变质时期、变质岩石特征、变质作用类型、地理分布等将其划分为铁克里克变质地带土安变质岩带、坎埃孜变质岩带和探勒克变质岩带。

(一)土安变质岩带

位于图幅南部,沿库勒阿格孜—土安—琼克赛克一带呈弧形展布,东西两侧均延出图幅。变质地层有长城系塞拉加兹塔格群(Ch*Sl*)、蓟县系博查特塔格组(Jx*bc*)、苏玛兰组(Jx*sm*)和青白口系苏库罗克组(Qb*sk*),出露面积约 1 554km²。

土安变质岩带岩石变质程度较浅,从不变质到轻微变质,岩石类型主要为(变)碎屑岩类、碳酸盐岩类及(变)火山岩类。(变)碎屑岩类岩石表现为部分石英碎屑颗粒具次生加大边,硅质、钙质胶结物重结晶为微晶石英、方解石,泥质物部分变质为略定向的显微鳞片状绢云母。碳酸盐岩类主要表现为泥晶方解石重结晶和部分泥砂质外来碎屑的微弱重结晶。火山岩中斜长石向绢云母、绿泥石变化,角闪石向绿泥石、阳起石变化,玻璃质轻微脱玻化,形成一些针状斜长石和微晶石英。

在碎屑岩与火山岩中,新生的绢云母、绿泥石均呈集合体出现,集合体常保留着原始碎屑的形态。显微镜下,绿泥石为浅绿色,多色性明显,具墨黑蓝异常干涉色;绢云母为 2—3 级鲜亮干涉色。

土安变质岩带无递增变质带,变质矿物共生组合有:①泥砂质岩石为石英+绢云母、石英+绢云母+绿泥石、石英+绢云母+绿泥石+方解石;②碳酸盐岩为方解石+石英、方解石+绢云母;③火山岩类为钠长石+绢云母、钠长石+石英+绢云母、石英+方解石+绢云母、石英+绿泥石+方解石、绿帘石+方解石+阳起石。由此可知,该变质岩带内岩石变质轻微,属低级变质,以泥质岩石中有绿泥石、绢云母出现为依据,划为绿泥石-绢云母变质带,属低绿片岩相。

土安变质岩带岩石以基质不甚均匀的重结晶为主,保存了较多的原岩组构,缺乏板理、片理。该带变质岩石可能是震旦纪时期快速堆积的厚度巨大的沉积盖层产生的较高静压力引起的区域埋深变质作用的结果。变质时期为新元古代晚期。

(二)坎埃孜变质岩带

位于图幅东南部坎埃孜—吐孜依格力一带,与周边中、新元古界呈断层接触。变质地层为古元古界埃连卡特岩群($Pt_1A.$),出露面积约 390km²。

1. 岩石类型及特征

(1)片岩类

片岩类是埃连卡特岩群的主要岩石类型,均呈似层状产出,岩石具典型的鳞片粒状变晶结构,片状构造。主要岩石种类为黑云母片岩、黑云石英片岩、二云石英片岩等。岩石学特征如下。

黑云母片岩是主要岩石类型之一,常与黑云石英片岩互层产出。岩石呈浅灰绿色,具粒状鳞片变晶结构,片状构造、皱纹片状构造。主要矿物为黑云母(70%～80%)、石英(20%),次要矿物为白云母(0～5%)、更长石(0～5%),副矿物为磁铁矿。长英矿物呈 0.1～0.25mm 的不规则粒状,不均匀定向分布;云母矿物呈 0.2～0.5mm 的片状,连续定向分布;副矿物磁铁矿呈粒状零星散布。部分黑云母向绿泥石变化。

黑云石英片岩在埃连卡特岩群中是分布最广的岩石,呈深灰色,具鳞片粒状变晶结构,片状构造。主要矿物为石英(55%～65%)、黑云母(20%～30%)、更长石(5%～10%),次要矿物为白云母(3%～5%),副矿物为磁铁矿。长英矿物呈 0.1～0.25mm 的不规则粒状,不均匀定向分布;云母呈 0.1～0.4mm 的片状,在长英矿物颗粒间呈连续的定向分布;磁铁矿呈 0.05～0.2mm 的粒状不均匀散布,多向褐铁矿变化。岩石中黑云母部分或全部向绿泥石变化,部分成为黑云绿泥石英片岩。

二云石英片岩分布较少,呈夹层产出。岩石呈灰色,具鳞片粒状变晶结构,片状构造。主要由石英(50%～55%)、更长石(10%～20%)、黑云母(20%～25%)、白云母(10%～20%)组成,副矿物为磁铁矿。长英矿物呈 0.5～1mm 的不规则粒状,不均匀定向分布;云母呈 0.5～2mm 的片状,在长英矿物间连续定向分布;磁铁矿呈 0.05～0.2mm 的粒状,零星分布。

(2)长英质粒状岩类

该类岩石多为片岩中的夹层,出露不多,主要有长石石英岩、钙质长石石英岩、钙质浅粒岩等。岩石为灰白色，具鳞片粒状变晶结构，块状构造、微定向构造。主要矿物为石英、更长石、方解石，总含量90%±，均为0.2～0.5mm的粒状。其中钙质岩石中，方解石含量约25%，浅粒岩中长石含量约45%。次要矿物为黑云母，一般呈0.1～0.25mm的片状，在粒状矿物间微定向分布，部分或全部向绿泥石变化。副矿物磁铁矿为0.1～0.5mm的粒状，不均匀散布。

(3)大理岩类

大理岩是埃连卡特岩群中分布较少的岩石，呈白色，具粒状变晶结构，块状构造。主要由细晶方解石(95%～100%)与粒状石英(0～5%)组成。层状延伸稳定。

2. 主要变质矿物特征

埃连卡特岩群主要变质矿物有石英、更长石、方解石、黑云母、白云母等。主要特征如下。

石英是片岩、长英质粒状岩的主要矿物之一，在大理岩中也有少量分布。为不规则粒状晶体，部分有破碎、裂纹，波状消光，在岩石中较均匀分布。

更长石是分布广泛的矿物之一，为不规则粒状，多具聚片双晶，双晶纹细而密，近平行消光，An=24～26。部分绢云母化、绿帘石化，新生矿物未定向。在岩石中均匀分布。

方解石是大理岩、钙质浅粒岩中的主要矿物成分，呈不规则粒状晶体，部分有双晶纹扭曲和膝折，在岩石中均匀分布。

黑云母是片岩的主要矿物成分之一，在长英质粒状岩中亦有少量分布。为绿褐色，吸收性 $Ng \geq Nm > Np$，呈鳞片状晶体，有的晶面弯曲，波状消光，部分或全部向绿泥石变化，在岩石中定向分布，构成岩石的片状构造。

白云母为片岩的主要矿物成分之一，为鳞片状、细小条片状，部分晶体弯曲、揉皱，波状消光。常与黑云母聚集成条纹状集合体，构成岩石的片状构造和皱纹片状构造。

3. 原岩恢复

埃连卡特岩群为一套低级变质岩系，主要依据岩性、产状、组构特征、矿物组成等恢复原岩。各岩类主要矿物成分含量见表4-2。

表4-2　区域变质岩主要矿物成分

序号	样品编号	岩石名称	层位	主要矿物含量(%)		
				石英(Q)	长石(F)	铁镁矿物(M)
1	303/1	黑云石英片岩	$Pt_1A.$	65	10	25
2	307/1	黑云石英片岩	$Pt_1A.$	60	12	28
3	307/2	黑云母片岩	$Pt_1A.$	20	5	75
4	306/1	二云石英片岩	$Pt_1A.$	50	15	35
5	305/2	长石石英岩	$Pt_1A.$	70	20	10
6	306/6	长石石英岩	$Pt_1A.$	75	20	5
7	130/9	黑云二长片麻岩	$Pt_1H.$	20	70	10
8	131/2	黑云二长片麻岩	$Pt_1H.$	10	80	10
9	131/4	黑云二长片麻岩	$Pt_1H.$	20	65	15
10	132/5	黑云斜长片麻岩	$Pt_1H.$	10	80	10
11	132/6	角闪二长片麻岩	$Pt_1H.$	10	70	20
12	132/3	角闪斜长片麻岩	$Pt_1H.$	25	45	30
13	132/4	斜长角闪片麻岩	$Pt_1H.$	0	55	45
14	236-16	黑云石英片岩	$Pt_2K.$	50	10	40
15	238-17	黑云石英片岩	$Pt_2K.$	70	0	30
16	238-2	二云石英片岩	$Pt_2K.$	80	0	20
17	116/1-2	角闪黑云石英片岩	$Pt_2K.$	50	20	30
18	116/4-1	黑云斜长片麻岩	$Pt_2K.$	30	45	25
19	119/18-3	斜长角闪岩	$Pt_2K.$	10	20	70
20	116/1-3	斜长角闪片岩	$Pt_2K.$	0	40	60
21	118/15-1	石英岩	$Pt_2K.$	90	5	5
22	119/18-1	长石石英岩	$Pt_2K.$	90	10	0

(1)片岩类

空间上岩石层状展布特征明显，其间有石英岩、大理岩等特殊岩石的夹层。矿物组成以石英、云母为主，在变质矿物 Q-F-M 图解(图 4-2)中，投点均落入沉积岩区，其中黑云石英片岩、二云石英片岩投点落入杂砂岩区与页岩区边缘，原岩应为杂砂岩或泥质粉砂岩；黑云母片岩投点落入页岩区，原岩应为泥岩。

(2)长英质粒状岩类

常呈夹层与片岩类相伴产出，矿物组成以石英、更长石、方解石为主。在变质矿物 Q－F－M 图解(图 4-2)中，长石石英岩的投点均落入长石砂岩区与石英砂岩区之间，原岩应为长石石英砂岩；相应的钙质长石石英岩原岩应为钙质长石石英砂岩；钙质浅粒岩原岩应为钙质长石砂岩。

(3)大理岩

空间上层状展布，与片岩类相伴产出，其矿物成分几乎全为方解石，原岩应为泥晶灰岩。

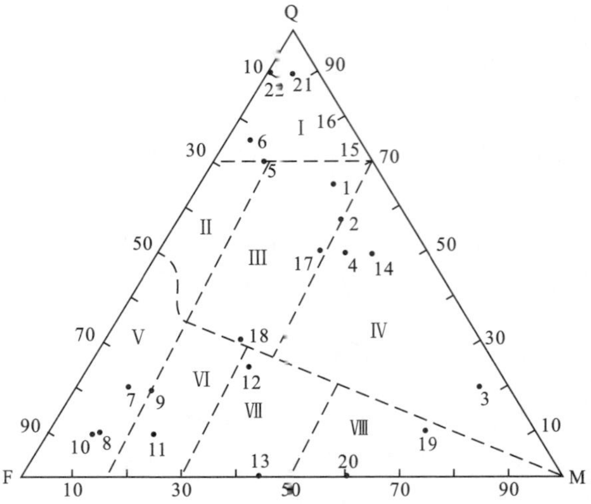

图 4-2　Q－F－M 图解

(Van de Kamp and Beakhouse，1979)

Ⅰ．石英岩；Ⅱ．长石砂岩；Ⅲ．杂砂岩；Ⅳ．页岩；Ⅴ．酸性岩；Ⅵ．中性岩；Ⅶ．基性岩；Ⅷ．超基性岩

(序列代表的地层单位和岩石名称见表 4-2)

4. 变质带、变质相、变质作用期

区内埃连卡特岩群明显经历了两期变质，第一期变质作用使泥砂质岩石变成了片岩、石英岩，灰岩变成了大理岩，为主期变质。第二期变质是退变质作用，变质轻微，表现为岩石中黑云母的绿泥石化。

坎埃孜变质岩带主期变质无较高级别的特征变质矿物，常见的矿物共生组合有：泥砂质岩为石英＋更长石、石英＋更长石＋黑云母＋白云母、石英＋更长石＋方解石、石英＋更长石＋黑云母＋方解石；碳酸盐岩为方解石＋石英。其中黑云母为绿褐色，片度较大，更长石 An＝23～26。区域上泥砂质变质岩中出现铁铝榴石，因此，该变质岩带的变质带划为铁铝榴石变质带，属中压型高绿片岩相。

埃连卡特岩群主期变质为单相高绿片岩相变质，片理、揉皱、褶皱普遍发育。该群内部及周边均未见有较高温矿物出现，明显为较强应力和均匀的较低温条件下变质变形产物。该变质作用为区域低温动力变质。本期变质作用可能形成于中元古代早期，是以埃连卡特岩群与塞拉加兹塔格群(1 764Ma)之间角度不整合为代表的构造运动造成的，相当于吕梁期。第二期变质当属后期构造剥蚀、抬升引起的退变质。

(三)探勒克变质岩带

主要分布于图幅西南探勒克—阿卡孜一带，南侧以哈拉斯坦河断裂为界，北侧以探勒克断裂为界，呈北西向的楔状展布，东侧被阿卡孜岩体吞噬，西侧延入邻幅。变质地层为古元古界赫罗斯坦岩群($Pt_1H.$)，区内出露面积约 183km^2。

1. 岩石类型及特征

区内的赫罗斯坦岩群主要为一套片麻岩，岩石种类有黑云二(钾)长片麻岩、黑云斜长片麻岩、角闪二长片麻岩、斜长角闪片麻岩，局部岩石有混合岩化现象(详见本章第四节)。

(1)黑云二(钾)长片麻岩

是赫罗斯坦岩群中的主要岩石类型，常呈面状产出。岩石一般呈深灰色、灰红色，具鳞片粒状变晶结构，片麻状构造、条带状构造。主要矿物成分为斜长石(20%～45%)、钾长石(30%～50%)、石英(10%～25%)、黑云母(7%～12%)，副矿物为磁铁矿等。长英矿物呈 0.3～2mm 的不规则粒状，不均匀定向分布；黑云母呈 0.2～0.4mm 的片状，定向分布；磁铁矿呈粒状，零星散布。岩石中的斜长石常被钾长石交代，使部分岩石向黑云钾长片麻岩变化。

(2)黑云斜长片麻岩

分布局限，岩石呈灰白色，具鳞片粒状变晶结构，片麻状构造。主要矿物为斜长石(50%～75%)、钾长石(5%～25%)、石英(10%～15%)、黑云母(10%～15%)，副矿物为绿帘石、磁铁矿。长英矿物为0.3～1.5mm的不规则粒状，不均匀定向分布，黑云母为0.2～2mm的片状，定向分布。部分斜长石被钾长石交代。

(3)角闪斜(二)长片麻岩

分布局限。岩石呈深灰、灰黑色，具粒状变晶结构、纤状粒状变晶结构，片麻状构造。主要矿物为斜长石(30%～60%)、钾长石(10%～40%)、石英(10%～20%)、角闪石(10%～20%)、黑云母(0～5%)。长英矿物为0.3～2mm的不规则粒状，不均匀定向分布；角闪石为0.15mm×1mm～0.3mm×1.5mm短柱状、粒状，多向纤闪石变化，呈纤维状，与片状黑云母一起在长英矿物颗粒间不均匀定向分布。部分斜长石被钾长石不均匀交代，使岩石向角闪二长片麻岩变化。

(4)斜长角闪片麻岩

分布局限。岩石呈黑色、墨绿色，具粒柱状变晶结构，片麻状构造。矿物成分主要有斜长石(20%～40%)、角闪石(50%～70%)、黑云母(5%～10%)、磁铁矿(0～5%)等。斜长石为粒状，个别为板柱状，大小0.3～1.5mm，杂乱分布，微显定向性；角闪石为柱状，大小0.2mm×0.8mm～0.3mm×1mm，与片状黑云母一起定向分布；磁铁矿为0.2mm左右的粒状，不均匀定向分布。

2. 主要变质矿物特征

赫罗斯坦岩群主要变质矿物有石英、斜长石、钾长石、角闪石、黑云母等。

石英是分布广泛的矿物之一。呈不规则粒状晶体，多聚集呈不规则条带状、透镜状、肠状等集合体定向分布，少数呈粒状不均匀分布于岩石中。石英晶体受应力作用明显，拉长、裂纹、波状消光、晶内位错、亚颗粒等发育，边部有动态重结晶形成的细粒化边。

斜长石是另一种分布最广泛的矿物，各类片麻岩均有大量分布。多数呈不规则粒状，在斜长角闪片麻岩中少部分为半自形板柱状。部分具聚片双晶，双晶纹细而密，多数变形弯曲，$(010)\wedge NP'=9°\sim12°$，N大于树胶，为An=26～28的更长石。部分斜长石被钾长石交代，交代不完全的斜长石呈不规则粒状包裹体残留于钾长石中。部分斜长石具绿帘石化、绢云母化。

钾长石也是分布较广的矿物，常与斜长石、石英伴生，并交代斜长石。多呈他形粒状晶体，具格子双晶，为微斜长石，有的波状消光。在岩石中不均匀分布。

角闪石为组成角闪质岩类的主要矿物成分，属普通角闪石。为褐色粒状、纤维状晶体，长轴定向与片麻理一致分布，多色性、吸收性明显，$C\wedge NP=25°$。多纤闪石化，部分向黑云母变化。

黑云母在各类片麻岩中均有少量分布。呈褐色片状，有的晶面弯曲，波状消光，吸收性$Ng\geqslant Nm>Np$，部分向绿泥石变化。在岩石中定向分布。

3. 岩石化学特征

赫罗斯坦岩群中黑云二长片麻岩与角闪二长片麻岩岩石化学成分分析结果列于表4-3中，尼格里岩石化学计算结果及特征参数列于表4-4中。

表4-3　区域变质岩常量元素含量(*Wt*%)

序号	层位	岩石名称	样号	SiO_2	TiO_2	Al_2O_3	Fe_2O_3	FeO	MnO	MgO	CaO	Na_2O	K_2O	P_2O_5	H_2O^+	CO_2	总量
1	$Pt_1H.$	黑云二长片麻岩	130/2	71.76	0.35	13.97	0.59	1.38	0.03	0.51	2.25	3.06	4.84	0.11	0.7	0.15	99.70
2	$Pt_1H.$	角闪二长片麻岩	132/2	63.62	1.32	12.77	2.57	6.05	0.13	0.97	4.22	2.76	3.75	0.44	1	0.08	99.68
3	$Pt_2K.$	二云石英片岩	238-7	63.71	0.85	16.64	0.99	6.3	0.14	2.14	0.57	0.29	4.32	0.06	3.76	0.06	99.83
4	$Pt_2K.$	二云石英片岩	238-19	70.65	0.73	10.86	1.24	4.83	0.08	2.83	3.02	1.45	1.66	0.19	2.18	0.1	99.82
5	$Pt_2K.$	红柱石黑云石英片岩	238-20	58.89	0.95	16.77	1.81	6.15	0.09	3.75	1.80	1.07	4.47	0.20	3.51	0.30	99.76
6	$Pt_2K.$	角闪斜长片麻岩	116/2-1	63	0.57	12.4	0.3	4.33	0.13	4.02	9.03	1.31	3.31	0.1	1	0.31	99.81
7	$Pt_2K.$	磁铁石英岩	238-12	88.6	0.24	4.2	0.25	0.7	0.01	0.6	0.29	0.65	1.13	0.06	2.95	0.1	99.78
8	$Pt_2K.$	斜长角闪片岩	238-27	48.53	1.35	15.24	2.04	7.93	0.16	6.95	11.49	1.61	1.97	0.2	2.26	0.08	99.81
9	$Pt_2K.$	含滑石大理岩	239-20	7.62	0.05	0.12	0.01	0.33	0.02	18.77	31.8	0.1	0.04	0.02	0.6	40.47	99.95

资料来源：本次工作；样品分析单位：国土资源部武汉综合岩矿测试中心

表 4-4　区域变质岩常量元素尼格里值及特征参数

序号	层位	岩石名称	样号	al	fm	c	alk	Si	k	mg	qz	t	A	C	F	A'	K	F
1	$Pt_1H.$	黑云二长片麻岩	130/2	43.14	12.49	12.65	31.72	376.01	0.51	0.32	114.87	−1.23	12.53	10.77	10.16	−0.45	61.74	38.71
2	$Pt_1H.$	角闪二长片麻岩	132/2	29.32	33.31	17.64	19.74	247.83	0.47	0.17	40.14	−8.06	24.69	27.50	47.81	−14.08	30.34	83.74
3	$Pt_2K.$	二云石英片岩	238-7	43.05	40.93	2.69	13.33	279.70	0.91	0.34	126.37	27.04	44.15	2.76	53.09	36.51	15.46	48.03
4	$Pt_2K.$	二云石英片岩	238-19	29.96	43.34	15.17	11.53	330.69	0.43	0.46	184.56	3.26	28.26	18.24	53.50	10.97	10.06	78.97
5	$Pt_2K.$	红柱石黑云石英片岩	238-20	35.46	43.67	6.93	13.95	211.26	0.73	0.46	55.47	14.58	35.61	6.64	57.75	25.72	15.53	58.75
6	$Pt_2K.$	角闪斜长片麻岩	116/2-1	24.10	32.81	31.95	11.15	207.73	0.62	0.60	24.29	−19.00	17.62	39.38	42.50	−91.50	34.22	157.28
7	$Pt_2K.$	磁铁石英岩	238-12	42.58	28.84	5.35	23.23	1 523.9	0.53	0.53	1 331	13.99	43.50	3.25	53.25	29.04	23.19	47.77
8	$Pt_2K.$	斜长角闪片岩	238-27	20.99	43.61	28.81	6.58	113.41	0.45	0.56	−56.14	−14.41	19.24	33.17	47.59	−41.63	9.70	131.93
9	$Pt_2K.$	含滑石大理岩	239-20	0.11	45.18	54.51	0.20	12.17	0.21	0.99	−88.36	−54.59	−0.68	−300.3	401.00	581.95	−0.44	−481.5

资料来源：本次工作；样品分析单位：国土资源部武汉综合岩矿测试中心

黑云二长片麻岩中 TFe＝1.91%，K_2O＝4.86%，表明岩石贫铁富钾。尼格里岩石化学值 alk＋C＞al＞alk，属正常系列碱金属不饱和类型；qz＝114.87，SiO_2过饱和。主要元素含量总体特征类似于花岗岩。

角闪二长片麻岩中尼格里岩石化学值 alk＋C＞al＞alk，t＞0，属正常系列碱金属不饱和类型，qz＝40.14，SiO_2过饱和。主要化学成分总体特征类似于英安岩。

4. 微量元素特征

黑云二长片麻岩与角闪二长片麻岩的微量元素含量见表 4-5。

表 4-5　区域变质岩微量元素含量（$\times10^{-6}$）

序号	层位	岩石名称	样号	Rb	Sr	Ba	Zr	Nb	Ta	Hf	Sc	V	Cr	Co	Ni	Th	W	Sn	Mo	Be	Ga	Se
1	$Pt_1H.$	黑云二长片麻岩	130/2	130	304	1 734	239	13	<0.5	7	2.7	27	15	18	7.6	61	189	1	0.31	1	17	0.057
2	$Pt_1H.$	角闪二长片麻岩	132/2	77	232	1 668	665	33	2.5	15	14	61	21	21	11	1.9	108	2.5	1.1	2.1	19	0.077
3	$Pt_2K.$	二云石英片岩	238-7	186	29	601	183	15	1.1	6	21	122	95	20	38	18	50	3.4	3.3	1.4	25	0.19
4	$Pt_2K.$	二云石英片岩	238-19	78	144	201	184	14	1.2	4.3	14	112	125	21	41	9.9	108	1.9	0.28	1.4	13	0.1
5	$Pt_2K.$	红柱石黑云石英片岩	238-20	167	99	839	192	17	1.2	3.9	25	173	135	26	62	14	21	4	0.2	2.3	20	0.053
6	$Pt_2K.$	角闪斜长片麻岩	116/2-1	120	195	737	220	16	1.1	5.4	11	63	52	18	27	12	76	5.5	0.3	2.3	14	0.03
7	$Pt_2K.$	磁铁石英岩	238-12	47	85	1 055	55	7	<0.5	0.75	5.4	267	53	29	45	3	506	2.7	13	1	7.7	1.59
8	$Pt_2K.$	斜长角闪片岩	238-27	90	193	367	114	11	0.78	1.8	37	220	217	36	42	1.2	15	9.2	0.6	1.7	18	0.043
9	$Pt_2K.$	含滑石大理岩	239-20	2.9	60	22	21	3.6	0.5	0.5	1.3	15	9.8	4.1	9	1	1.2	1.2	0.33	0.15	0.45	0.043
地壳元素丰度(泰勒,1964)				90	375	425	165	20	2	3	22	135	100	25	75	9.6	1.5	2	1.5	2.8	1.5	0.05
涂和魏(1961)微量元素丰度		玄武岩		30	465	330	140	19	1.1	2	30	250	170	48	130	4	0.7	1.5	1.5	1	17	0.05
		花岗岩		200	300	830	200	20	3.5	1	3	40	25	5	8	18	1.5	3	1	5.5	20	0.05
		砂岩		60	20	x	220	0.05	0.0x	3.9	1	20	35	0.3	2	1.7	1.6	0.x	0.2	0.x	12	0.05
		页岩		140	300	580	160	11	0.8	2.8	13	130	90	19	68	12	1.8	6	2.6	3	19	0.6

资料来源：本次工作；样品分析单位：国土资源部武汉综合岩矿测试中心

黑云二长片麻岩微量元素与泰勒（Taylor，1964）的地壳元素丰度相比，Rb、Ba、Zr、Hf、Th、W 明显富集，仅 Sn、Ga、Se 较为接近，其他元素均贫乏。与涂和魏（Turekian and Wedepohl，1961）的花岗岩相比，Rb、Sr、Zr、Sc、Ni、Sn、Mo、Ga、Se 均比较接近，Ba、Ta、Hf、Co、Th、W 较高，Nb、V、Cr、Be 略低。与涂和魏（Turekian and Wedepohl，1961）的砂岩相比，除 Cr 较低外，其余元素均较高。

角闪二长片麻岩微量元素与地壳元素丰度（泰勒，1964）相比，Rb、Sr、Ta、Co、Sn、Mo、Be、Ga、Se 比较接近，Ba、Zr、Nb、Hf、W、Ga 富集，Sc、V、Cr、Ni、Th 贫乏。与布维（Вннограпов，1962）的中性岩相比，Mo、Be、Ga、Se 较为接近，Rb、Sr、V、Cr、Ni、Th 较低，其余元素较高。

5. 稀土元素特征

黑云二长片麻岩与角闪二长片麻岩的稀土元素含量见表4-6。

黑云二长片麻岩稀土总量较高，$\Sigma REE=730.44\times10^{-6}$，轻重稀土比值$\Sigma Ce/\Sigma Y=30.99$，轻稀土富集而重稀土亏损；$\delta Eu$为0.34，显示负Eu异常；Eu/Sm为0.09，分馏程度$(La/Yb)_N$为113。稀土元素球粒陨石标准化分配模式（图4-3）显示轻、重稀土曲线斜率接近，向右较陡倾。

表4-6 变质岩稀土元素含量($\times10^{-6}$)及有关参数

序号	层位	岩石名称	样号	La	Ce	Pr	Nd	Sm	Eu	Gd	Tb	Dy	Ho
1	Pt_1H.	黑云二长片麻岩	130/2	181.9	328.2	37.45	122.2	19.58	1.7	12.17	1.38	5.28	0.84
2	Pt_1H.	角闪二长片麻岩	132/2	77.01	157.3	20.8	82.8	16.49	3.55	14.29	2.28	12.48	2.43
3	Pt_2K.	二云石英片岩	238-7	47.14	93.41	11.41	41.64	8.07	1.39	6.72	1.11	6.49	1.36
4	Pt_2K.	二云石英片岩	238-19	31.1	59.16	7.15	26.63	5.53	1.23	4.94	0.83	4.68	0.96
5	Pt_2K.	红柱石黑云石英片岩	238-20	35.99	67.23	8.9	31.41	6.51	1.41	5.84	0.97	5.43	1.14
6	Pt_2K.	角闪斜长片麻岩	116/2-1	39.78	77.41	9.53	35.37	6.81	1.21	5.96	0.93	5.64	1.12
7	Pt_2K.	磁铁石英岩	238-12	5.28	9.22	1.66	5.52	1.15	0.23	1.1	0.19	1.24	0.27
8	Pt_2K.	斜长角闪片岩	238-27	10.43	23.95	3.57	14.97	4.02	1.43	4.55	0.81	5.01	1.06
9	Pt_2K.	含滑石大理岩	239-20	0.95	2.55	0.32	0.96	0.25	0.06	0.22	0.03	0.21	0.05
22个球粒陨石平均				0.32	0.94	0.12	0.60	0.20	0.07	0.31	0.05	0.31	0.073

序号	层位	岩石名称	样号	Er	Tm	Yb	Lu	Y	ΣREE	ΣCe/ΣY	δEu	Eu/Sm	$(La/Yb)_N$
1	Pt_1H.	黑云二长片麻岩	130/2	1.54	0.18	0.81	0.1	17.11	730.44	30.99	0.34	0.09	133
2	Pt_1H.	角闪二长片麻岩	132/2	6.24	0.91	5.14	0.74	56.43	458.89	8.04	0.76	0.22	8.9
3	Pt_2K.	二云石英片岩	238-7	3.83	0.61	3.95	0.61	32.56	260.3	8.23	0.61	0.17	7.09
4	Pt_2K.	二云石英片岩	238-19	2.66	0.42	2.63	0.39	23.66	171.97	7.47	0.77	0.22	7.02
5	Pt_2K.	红柱石黑云石英片岩	238-20	3.19	0.49	3.14	0.49	28.84	200.98	7.32	0.75	0.22	6.81
6	Pt_2K.	角闪斜长片麻岩	116/2-1	3.14	0.52	3.29	0.51	28.9	220.12	8.06	0.62	0.18	7.18
7	Pt_2K.	磁铁石英岩	238-12	0.77	0.13	0.77	0.12	8.35	36	5.02	0.68	0.2	4.07
8	Pt_2K.	斜长角闪片岩	238-27	3	0.45	2.83	0.44	26.38	102.9	3.22	1.13	0.36	2.19
9	Pt_2K.	含滑石大理岩	239-20	0.12	0.02	0.09	0.01	2.30	8.14	6.79	0.84	0.24	6.27
22个球粒陨石平均				0.21	0.033	0.19	0.031	1.96					

资料来源：本次工作；样品分析单位：国土资源部武汉综合岩矿测试中心

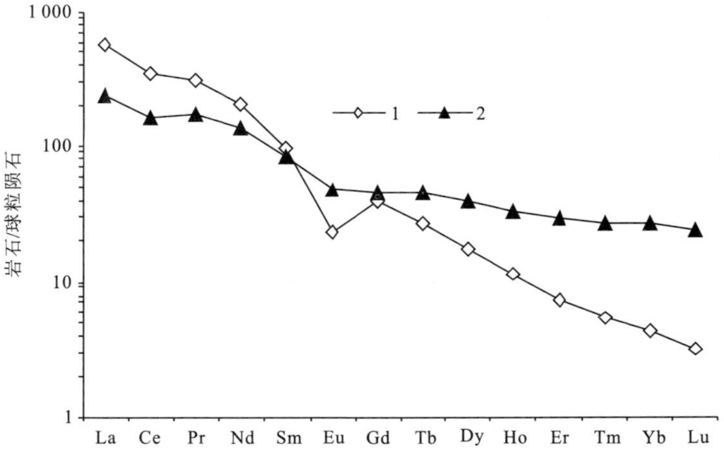

图4-3 赫罗斯坦岩群稀土元素分配模式

（序号代表的岩石名称同表4-6）

角闪二长片麻岩稀土总量 $\Sigma REE=458.89\times10^{-6}$，轻重稀土比值 $\Sigma Ce/\Sigma Y=8.04$，属轻稀土富集型。δEu 为 0.76，显示负 Eu 异常。Eu/Sm 为 0.22，分馏程度 $(La/Yb)_N$ 为 8.9。稀土元素球粒陨石标准化分配模式(图 4-3)显示轻稀土富集，向右较陡倾，重稀土较为平坦略右倾的形态。

6. 原岩恢复

赫罗斯坦岩群为一套片麻岩系，原岩结构、构造已无保留，主要依据岩石的矿物成分、产状、共生组合，结合岩石化学和地球化学特征进行原岩恢复。

赫罗斯坦岩群岩性单调，矿物成分含量(表 4-3)变化不大。其中黑云二长片麻岩、黑云斜长片麻岩、角闪二长片麻岩均呈面状分布，除片麻理外其他面理不发育，成层性不明显，宏观上具火成岩特征。斜长角闪片麻岩一般出露形态不规则，分布不连续，宏观上具"捕虏体"的形态。而部分地段斜长角闪片麻岩呈似层状，延伸较远。在 Q－F－M 图解(图 4-2)中，黑云二长片麻岩、黑云斜长片麻岩投点均落入酸性岩区，角闪二长片麻岩投点落入中性岩区，斜长角闪片麻岩落入基性岩区。在西蒙南图解(图 4-4)、Si-mg 图解(图 4-5)中，角闪二长片麻岩、黑云二长片麻岩投点均落入火成岩区。在 K－A－F 图解(图 4-6)中，黑云二长片麻岩投点落入花岗岩区，角闪二长片麻岩投点落入闪长岩区边缘。在 An-Ab-Or 分类图解(图 4-7)

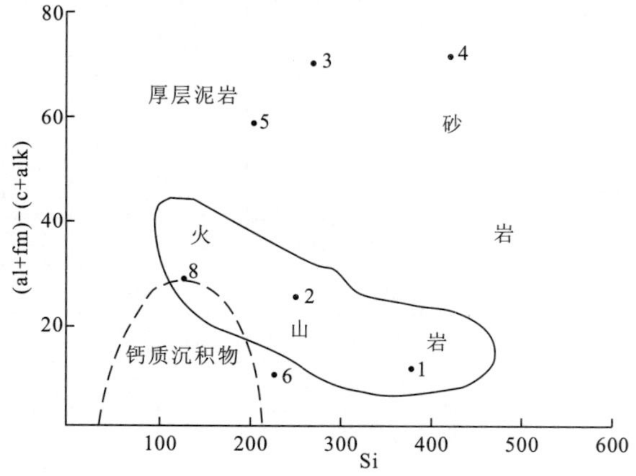

图 4-4　西蒙南图解
(after Symoner，1953)
(序号代表的地层单位和岩石名称见表 4-4)

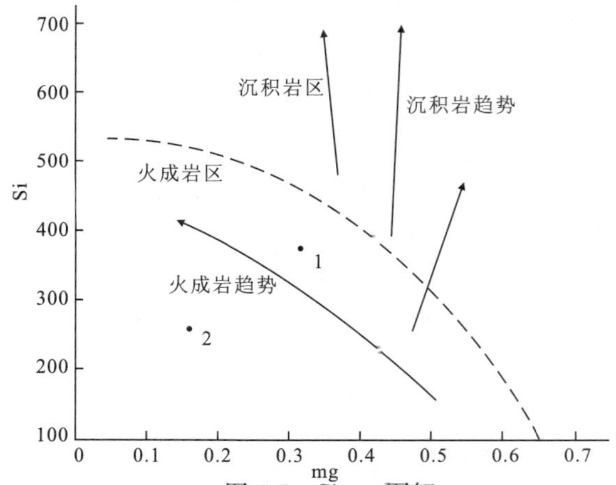

图 4-5　Si-mg 图解
(范德坎普、比克豪斯，1979)
(序号代表的地层单位和岩石名称见表 4-4)

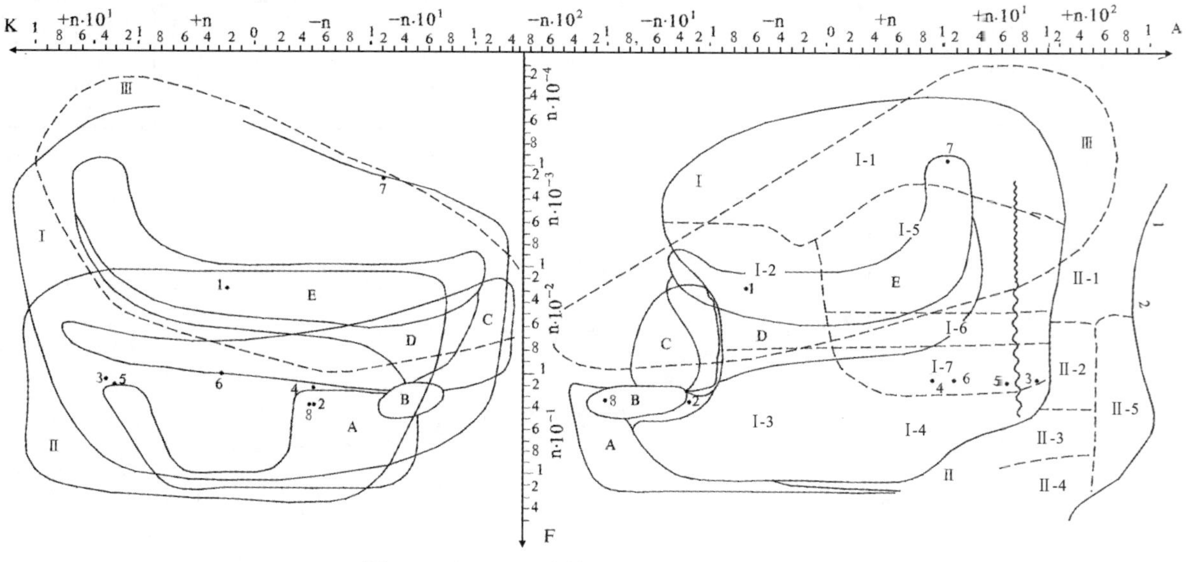

图 4-6　K－A－F 图解(据普列多夫斯基，1970)
(序号代表的地层单位和岩石名称见表 4-3)

Ⅰ. 粒状的和混合的沉积岩(Ⅰ-1. 石英岩；Ⅰ-2. 含酸性和中性物质的沉凝灰岩；Ⅰ-3. 含基性和超基性物质的沉凝灰岩；Ⅰ-4. 强烈风化的基性和超基性岩的混合物；Ⅰ-5. 长石绢云石英岩和长石砂岩；Ⅰ-6. 复矿物砂岩；Ⅰ-7. 杂砂岩)；Ⅱ. 泥质岩(Ⅱ-1. 高岭石粘土；Ⅱ-2. 水云母粘土；Ⅱ-3. 蒙脱石粘土；Ⅱ-4. 蛭石粘土；Ⅱ-5. 铝土矿粘土)；Ⅲ. 化学成因的硅质岩；A. 超基性岩；B. 基性岩；C. 正长岩及其喷出岩；D. 闪长岩、斜长花岗岩及其喷出岩(英安岩)；E. 花岗岩及其喷出岩中,角闪二长片麻岩投点落入石英二长岩区,黑云二长片麻岩投点落至石英二长岩与花岗岩区的边界处。在K-Na-Ca图解(图4-8)及Q-Ab-Or图解(图4-9)中,投点均落入钙碱性岩系区。可见,黑云二(斜)长片麻岩原岩主要为钙碱性花岗岩,角闪二长片麻岩原岩为钙碱性石英二长岩,而斜长角闪片麻岩应为基性火山岩。由于赫罗斯坦岩群变质程度深、变形强烈,部分地段已混合岩化,对其原岩恢复有一定困难。该套杂岩中除有老侵入体外,不排除有变质变形的中酸性火山岩存在。

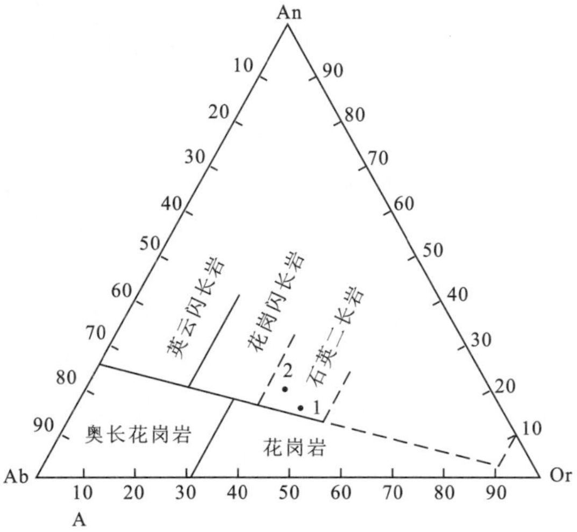

图4-7　An-Ab-Or分类图解

(奥康诺,1965)

(序号代表的地层单位和岩石名称见表4-3)

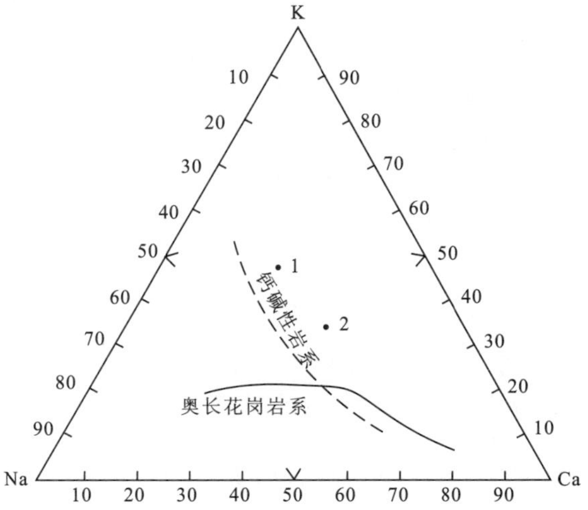

图4-8　K-Na-Ca图解

(巴克尔、阿恩,1976)

(序号代表的地层单位和岩石名称见表4-3)

7. 变质带、变质相

区内赫罗斯坦岩群长英质片麻岩的矿物共生组合为更长石+微斜长石+石英+黑云母、更长石+微斜长石+石英+角闪石+黑云母;斜长角闪质片麻岩的矿物共生组合为更长石+角闪石。以更长石在基性变质岩(斜长角闪片麻岩)中大量出现为标志,划为斜长石-普通角闪石带。该变质带中以高牌号更长石(An=26～28)、褐色普通角闪石出现为特征,属高角闪岩相。据与更长石共生的角闪石显褐色及有混合岩化现象,推测其形成的温压条件为 $P=0.4\sim1$ Gpa,$T=660\sim720$℃。

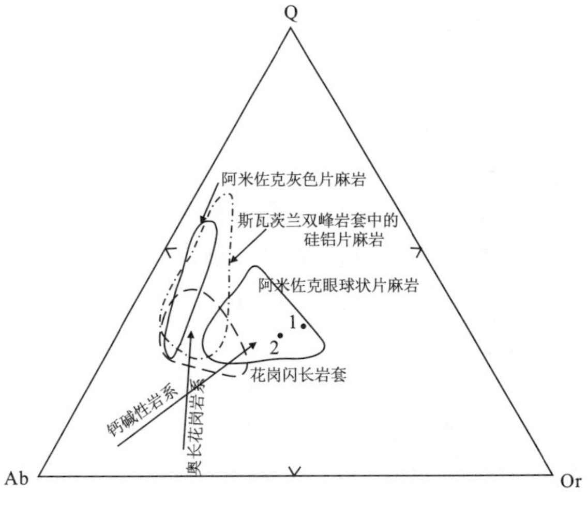

图4-9　Q-Ab-Or图解

(考列逊等,1979)

(序号代表的地层单位和岩石名称见表4-4)

8. 变质作用与变质时期

赫罗斯坦岩群为均匀的单相高角闪岩相变质,并伴有不同程度的混合岩化,主变质作用属区域中高温变质。该期变质作用与以阿卡孜岩体[(2 261±95) Ma]为代表的构造-岩浆活动事件有关,其变质年龄与阿卡孜岩体的形成年龄大体相当,为古元古代早期。

二、西昆仑变质地区

位于图幅西南角,北东侧以赫罗斯坦河断裂为界与塔南变质地区相邻,向南、向西均延出图幅。根据变质时期、变质岩石特征、变质作用类型、地理分布等,将其划分为库尔良变质地(岩)带、库浪那古河变质地(岩)带。

(一)库尔良变质地(岩)带

位于图幅南部边缘,受赫罗斯坦河断裂与库尔良断裂控制,向西呈楔状在喀勐塔尔一带尖灭,向南延出图幅,图幅内出露面积约 34km^2。变质地层为石炭系他龙群(C_1T)和库尔良群(C_2Ke)。

库尔良变质岩带岩石变质轻微,岩石类型有(变)碎屑岩与碳酸盐岩类,以碎屑物与基质的普遍重结晶为特征。(变)碎屑岩类表现为部分石英碎屑具次生加大边;硅质、钙质胶结物重结晶为微晶石英、方解石;泥质物部分或全部为鳞片状绢云母,不均匀定向分布,部分细碎屑岩已成为板岩。碳酸盐岩主要表现为泥晶方解石与碎屑物的重结晶。

库尔良变质(岩)带无递增变质带,泥砂质岩石的变质矿物共生组合为石英+绢云母、石英+绢云母+方解石;碳酸盐岩的变质矿物共生组合为方解石+石英。该变质岩带以泥砂质岩石中有细小鳞片状绢云母大量出现为特征,变质程度较低。据此,将其划为绢云母带,属低绿片岩相。据绢云母的出现推测其温压条件为 $P=0.2\sim0.5$ Gpa,$T=400\sim500$℃。

库尔良变质岩带为低绿片岩相变质,变质作用均匀,没有高热流值的矿物出现。微观上原岩结构保留较好,宏观上岩石中板劈理、千枚理、小褶(揉)皱十分发育,新生矿物均沿板理、千枚理定向排列,说明变质矿物与片理或千枚理大致是同期形成的,是华力西期构造运动引起的区域低温动力变质作用的结果。

(二)库浪那古河变质地(岩)带

位于图幅西南角,主体位于西邻图幅。北东侧以哈拉斯坦河断裂为界与塔南变质地区相邻。图幅内该变质地(岩)带变质岩石多被加里东期与华力西期岩体破坏,在要垅、阿卡孜等地呈不规则的块体分布。变质地层为库浪那古岩群($Pt_2K.$),图幅内出露面积约 90km^2。

1. 岩石类型及特征

库浪那古岩群为一套复杂变质岩系,变质岩石类型较多,有片岩类、片麻岩类、角闪质岩类、长英质粒状岩类及大理岩类。

(1)片岩类

主要分布在库浪那古岩群中部,岩石类型以云母石英片岩为主,云母片岩较少。

白云母片岩分布较少,仅为厚度不大的夹层产出。岩石为白色,具粒状鳞片变晶结构,片状构造。主要矿物为白云母(60%~70%)、石英(20%~25%),次要矿物为黑云母(5%±)、方解石(2%±),副矿物主要为磁铁矿。白云母为小于 0.3mm 的鳞片状;黑云母为 0.1~0.5mm 的褐色片状,均定向分布;石英为 0.05~0.25mm 的不规则粒状,不均匀分布;方解石晶粒与磁铁矿不均匀散布。

二云母片岩常为石英片岩中的夹层,分布较少。岩石为灰色,具粒状鳞片变晶结构,片状构造。主要矿物为白云母(40%±)、黑云母(30%±)、石英(30%±),副矿物为磁铁矿等。黑云母、白云母均为 0.1~0.3mm 的片状,不均匀连续定向分布;石英为 0.05~0.1mm 的不规则粒状,不均匀定向分布。

黑云石英片岩是库浪那古岩群中分布较多的岩石类型,根据次要矿物不同,岩石种类有角闪黑云石英片岩、含红柱石黑云石英片岩。均呈层状产出,延伸稳定。岩石呈深灰色、灰黑色,具斑状变晶结构、鳞片粒状变晶结构、纤状鳞片粒状变晶结构,片状构造。主要矿物为石英(50%~70%)、黑云母(20%~45%),次要矿物为斜长石(0~2%)、角闪石(0~10%)、白云母(0~5%)、红柱石(0~10%),副矿物为磁铁矿。长英矿物为 0.15~1mm 的粒状,不均匀定向分布;云母矿物为 0.1~0.5mm 的片状,定向分布;角闪石为 0.3mm×0.1mm~0.5mm×0.2mm 的粒状,不均匀定向分布;红柱石为 4.5mm×1.5mm~30mm×8mm 的柱状,不均匀定向分布;副矿物磁铁矿呈 0.03~0.25mm 的粒状,零星分布。

二云石英片岩也较发育,似层状展布。岩石呈灰色,具鳞片粒状变晶结构,片状构造。主要矿物为石英(50%~75%)、黑云母(10%~30%)、白云母(10%~40%),次要矿物为斜长石(0~10%)、方解石(0~2%)、石榴石(0~5%),副矿物为磁铁矿。长英矿物呈不规则粒状,大小 0.05~1mm,不均匀定向分布;云母类呈 0.2~0.7mm 的片状,连续定向分布;石榴石、方解石、磁铁矿均为 0.05~0.5mm 的粒状,不均匀散布。

(2)片麻岩类

片麻岩类是库浪那古岩群中最为发育的岩石类型，尤以黑云斜长片麻岩分布最多，黑云透辉斜长片麻岩、黑云阳起斜长片麻岩较少。岩石一般呈灰色、深灰色，具鳞片粒状变晶结构、鳞片纤状粒状变晶结构，片麻状构造。主要矿物为斜长石(45%～75%)、钾长石(0～5%)、石英(10%～40%)、黑云母(10%～25%)、角闪石(0～10%)、透辉石(0～20%)、阳起石(0～20%)，次要矿物为透闪石(0～3%)、石榴石(0～2%)，副矿物为磁铁矿。长英矿物一般为0.2～0.8mm(部分2mm)的粒状，不均匀略定向分布；角闪石、透辉石、阳起石、透闪石均为0.4mm×0.2mm～0.7mm×0.3mm的粒状，略定向分布；黑云母为0.2～1mm的片状在粒状矿物间不连续定向分布；石榴石、磁铁矿为0.3～0.7mm的粒状，不均匀散布。

(3)长英质粒状岩类

分布较多，多与片岩、片麻岩相伴或互层状产出。岩石种类有石英岩、浅粒岩、黑云斜长变粒岩等。

石英岩为灰色、灰白色。具粒状变晶结构，层状构造、定向构造。主要矿物为石英(90%±)，次要矿物为黑云母(10%±)，副矿物为磁铁矿。个别岩石中斜长石含量达30%或磁铁矿含量达15%，为长石石英岩和磁铁石英岩。长英矿物呈0.1～1.3mm的粒状略定向分布；云母矿物为0.15～0.5mm的片状，定向分布；磁铁矿为0.1～0.2mm的粒状，不均匀分布。

浅粒岩呈灰白色，具粒状变晶结构，层状构造。主要矿物成分为斜长石(50%～90%)、石英(10%～40%)，次要矿物为黑云母(2%～5%)、白云母(<3%)，副矿物为磁铁矿。长英矿物为0.05～0.2mm不规则粒状定向分布；云母矿物为0.1～0.15mm的片状，不均匀定向分布。

黑云斜长变粒岩分布较少，为片麻岩中的夹层。岩石呈灰黑色，具鳞片粒状变晶结构，定向构造。主要矿物为石英(5%～15%)、斜长石(45%～60%)、黑云母(20%～30%)，副矿物为磁铁矿。长英矿物呈0.1～0.5mm的粒状，不均匀分布；黑云母为0.2～0.5mm的粒状，不均匀定向分布；磁铁矿为0.2mm的粒状，零星分布。

(4)角闪质岩类

角闪质岩类是库浪那古岩群的主要岩石类型之一，层状展布稳定。主要岩石种类有斜长角闪岩、斜长角闪片岩、钙质角闪片岩、斜长角闪片麻岩等。

斜长角闪岩呈深灰—灰黑色，部分为墨绿色，具斑状变晶结构、粒状柱状变晶结构，块状构造、定向构造。主要矿物为角闪石(60%～80%)、斜长石(20%～30%)、石英(5%～10%)，次要矿物为黑云母(<3%)，副矿物为磁铁矿。长英矿物呈0.2～0.5mm的粒状，分布较均匀，略定向；角闪石呈0.3mm×0.2mm～0.5mm×0.3mm的短柱状，个别粒径达2～5mm，为变斑晶，分布不均匀，略定向；黑云母呈0.1～0.4mm的片状不均匀定向分布；磁铁矿物为0.05～0.15mm的粒状，零星分布。部分岩石向斜长角闪片岩过渡。

斜长角闪片岩呈灰黑色、墨绿色，具斑状变晶结构、粒状柱状变晶结构，片状构造。主要矿物为角闪石(40%～80%)、斜长石(20%～40%)、黑云母(5%～10%)，石英少量，副矿物为磁铁矿。长英矿物一般为0.1～0.3mm的不规则粒状，不均匀定向分布，个别长石粒径可达0.8～2mm，为变斑晶；角闪石为0.25mm×0.1mm～1mm×0.3mm的纤柱状，定向分布；磁铁矿为细小的粒状，零星分布。部分岩石中有约30%的方解石或20%的透辉石，为钙质角闪片岩与透辉角闪片岩。

斜长角闪片麻岩呈深灰色，具粒状纤状变晶结构，片麻状构造。主要矿物为斜长石(25%～45%)、角闪石(40%～50%)、石英(5%～30%)，钾长石与黑云母少量，副矿物有磁铁矿、榍石、磷灰石。长英矿物为0.3～1mm的粒状，不均匀定向分布；角闪石为0.2mm×1mm～0.8mm×2mm的柱状，不连续的定向分布；榍石、磷灰石为柱状，磁铁矿为粒状，零星分布。

(5)大理岩类

大理岩类是库浪那古岩群上部的主要岩石类型之一，层状产出，延伸稳定。岩石呈白色，具粒状变晶结构，层状构造。方解石含量90%～95%，石英含量0～5%，透闪石含量0～5%，绿泥石少量，副矿物为磁铁矿。方解石为0.4～1.5mm的晶粒微定向分布；透闪石为纤维状、绿泥石为片状，均略定向分布。

2. 主要变质矿物特征

库浪那古岩群岩石类型齐全，变质矿物丰富，主要变质矿物有石英、斜长石、方解石、角闪石、黑云母、红柱石、透辉石、石榴石等，主要特征如下。

石英分布最广，是长英质粒岩、片岩、片麻岩类的主要矿物成分，在其他岩类中也有少量分布。呈他形粒状、不规则粒状晶体，多数晶体被拉长，有破碎、裂纹，波状消光明显，部分晶体中有云母包裹体，略定向分布。

斜长石也是广泛分布的矿物之一，除大理岩外，其他岩类中均有分布。多为不规则粒状，双晶不发育，用⊥(010)切面的最大消光角法测得多数斜长石(010)∧NP′=7°～12°，N>树胶，An=24～28，为更长石；部分片麻岩中(010)∧NP′=17°，N>树胶，An=32，为中长石。斜长石颗粒在岩石中分布较均匀，略定向，部分粒径大者呈变斑晶产出。部分有钠黝帘石化、绢云母化或被钾长石交代的现象。

黑云母主要分布在片岩、片麻岩中，其他岩类中分布较少。自形—半自形晶体，褐色，多色性明显，平行消光。有的晶面弯曲、波状消光。多聚集成条纹在粒状矿物间呈连续的定向分布，构成岩石的片理、片麻理。部分向绿泥石变化。

角闪石是角闪质岩石的主要矿物成分，其他岩类中分布较少。属普通角闪石，多呈大小不等的长柱状、纤维状晶体，部分呈变斑晶产出。具绿色—浅褐色多色性，吸收性明显，C∧Ng=22°～25°。在岩石中定向分布，部分向黑云母变化。

方解石主要分布在大理岩中。多呈大小不等的不规则粒状晶体，常互相结合分布。部分双晶纹显扭曲和膝折。

透辉石在大理岩、片麻岩及角闪质岩石中有少量分布。短柱状晶体，C∧NP =38°，二轴晶，正光性。多数在岩石中不均匀散乱分布，部分定向分布，有的向透闪石变化。

红柱石分布在含红柱石黑云石英片岩中，呈变斑晶产出。为淡肉红色柱状晶体，单偏光下无色，正中突起，一级黄干涉色，平行消光，负延长。多被绢云母交代，在岩石中呈不均匀的定向分布。

石榴石呈变斑晶出现在二云石英片岩、片麻岩中，成分以铁铝榴石为主，棕红色等轴粒状，部分椭圆状，略定向分布，长轴方向与片理定向一致。在薄片中为无色或淡黄色，正突起，均质，具裂纹。

阳起石在片麻岩、大理岩及角闪质岩石中有少量分布。为淡绿色柱状晶体，C∧NP′=15°，在岩石中呈不连续的定向分布。

透闪石常与阳起石相伴产出，为柱状、纤维状晶体，C∧NP′=12°～14°，在岩石中呈不连续的定向分布。

钾长石仅在片麻岩及长英质粒岩中有少量分布。多为不规则粒状，部分为格子双晶，为微斜长石，常交代斜长石。

3. 岩石化学特征

库浪那古岩群各类变质岩岩石化学成分分析结果列于表 4-3 中，尼格里岩石化学计算结果及特征参数列于表 4-4 中。

(1)云母石英片岩中 SiO_2=59%～70%，Al_2O_3=10.86%～16.77%，TFe=6.07%～7.23%，MgO=2.14%～3.75%，Na_2O=0.2%～1.45%，K_2O=1.66%～4.47%，岩石化学成分与页岩平均化学成分(魏克曼，1954)相当。尼格里岩石化学值 qz=55.47～184.56，硅过饱和；t>0，属铝过饱和系列。在 Si-t 图解(图 4-10)中落入富铝岩系与长英质岩系。

(2)角闪斜长片麻岩中 SiO_2=63%，Al_2O_3=12.4%，TFe= 4.63%，Na_2O=1.31%，K_2O=3.31%，主要岩石化学成分与杂砂岩平均化学成分(佩蒂庄，1972)相当，但 CaO、MgO 明显偏高。尼格里岩石化学值 qz=24.29，硅过饱和；alk+c>al>alk，Si=207.73，t=－19，c=31.95，mg=0.6，说明岩石属正常系列富钙岩系。在 Si-t 图解(图 4-10)中落入富钙岩系。

(3)石英岩中 SiO_2=88.6%，Si=1 523.99，qz=1 334，表明岩石极富 SiO_2；t=13.99，属铝过饱和系列富硅岩系。其岩石化学成分与石英砂岩平均岩石化学成分基本一致。

(4)斜长角闪片岩中 SiO_2 = 48.53%，Al_2O_3 = 15.24%，TFe = 9.97%，MgO = 6.95%，CaO = 11.49%，Na_2O=1.61%，K_2O=1.97%，主要化学成分与玄武岩平均化学成分(黎彤、饶纪龙，1962)相当。尼格里值 Si=113.41，qz=－56.14，属硅不饱和型；alk+c>al>alk，t=－14.41，属正常系列基性岩系。在 Si-t 图解(图 4-10)中落入基性岩。

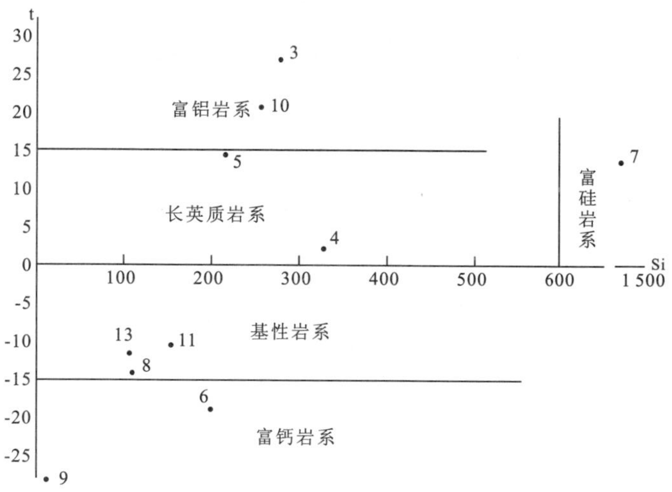

图 4-10　Si-t 图解

(序号代表的地层单位和岩石名称见表 4-4)

(5)大理岩中 SiO_2=7.62%,CaO=31.8%,CO_2=40.47%,MgO=18.77%,与含泥的白云质灰岩化学成分相当。尼格里值 Si=12.17,qz=-88.36,属硅不饱和型;alk>al,t=-54.59,c=54.51,属碱过饱和系列富钙岩系。在 Si-t 图解(图 4-10)中也落入富钙岩系。

4. 微量元素特征

库浪那古岩群各类岩石微量元素含量见表 4-5。

片岩类的微量元素具有共同特征。与泰勒(Taylor,1964)的地壳元素丰度相比,Rb、Zr、Nb、Sc、V、Co、Ga 较为接近,Sr、Ta、Ni、Mo 贫乏,其他元素富集。与涂和魏(Turekian and Wedepohl,1961)砂岩中微量元素平均含量相比,仅 Hf、Mo 较接近,Zr 贫乏,其他元素均明显偏高。与涂和魏页岩中微量元素平均含量相比,Rb、Sr、Ni、Sn、Mo、Be、Se 较低,Nb、Sc、V、Cr、W 较高,其他元素均较接近。可见库浪那古岩群片岩中微量元素含量大体上与泥质岩石较为接近。

角闪斜长片麻岩中微量元素与泰勒(Taylor,1964)的地壳元素丰度相比,Rb、Ba、Zr、W 富集,Sc、V、Cr、Co、Ni、Mo 贫乏,其他元素较为接近。与涂和魏(Turekian and Wedepohl,1961)砂岩中微量元素平均含量相比,仅 Zr、Mo、Se 较为接近,其他元素均较高。与涂和魏页岩中微量元素平均含量相比,Zr、Nb、Hf、W 偏高,Sr、V、Cr、Ni、Mo、Ga、Se 较低,其他元素较接近。

斜长角闪片岩中微量元素与泰勒的地壳元素丰度相比,Sc、V、Cr、Co、W、Sn 富集,Rb、Ba、Ga、Se 较为接近,其他元素明显贫乏。与涂和魏的玄武岩微量元素平均含量相比,Ba、Hf、Sc、Ga、Se 较接近,Rb、Cr、W、Sn、Be 富集,其他元素均贫乏。

大理岩中微量元素与泰勒的地壳元素丰度相比,仅 W 较为接近,其他元素均贫乏。与涂和魏碳酸盐岩微量元素平均含量相比,Rb、Sr、Ni、Se 偏低,Ba、Nb、Ta、Co、W、Sn 较高,其他元素较为接近。

5. 稀土元素特征

库浪那古岩群各类岩石稀土元素含量见表 4-6。

(1)片岩类稀土总量 $\Sigma REE=171.97\times10^{-6}\sim260.3\times10^{-6}$,轻重稀土比值 $\Sigma Ce/\Sigma Y=7.32\sim8.32$,轻稀土富集而重稀土亏损;$\delta Eu=0.61\sim0.77$,显示弱负铕异常;Eu/Sm=0.17~0.22,与沉积岩 Eu/Sm 值 0.2(赵振华,1974)接近;分馏程度 $(La/Yb)_N$ 为 6.81~7.09。稀土元素球粒陨石标准化分配模式(图 4-11)显示轻稀土富集,曲线右倾略陡,重稀土较为平坦。

(2)角闪斜长片麻岩稀土总量 $\Sigma REE=220.12\times10^{-6}$,轻重稀土比值 $\Sigma Ce/\Sigma Y=8.06$,轻稀土富集而重稀土亏损;$\delta Eu=0.62$,显示负铕异常;Eu/Sm=0.18,与沉积岩 Eu/Sm 值 0.2(赵振华,1974)接近;分馏程度 $(La/Yb)_N$ 为 7.18。稀土元素球粒陨石标准化分配模式(图 4-11)显示轻稀土曲线右倾略陡,重稀土

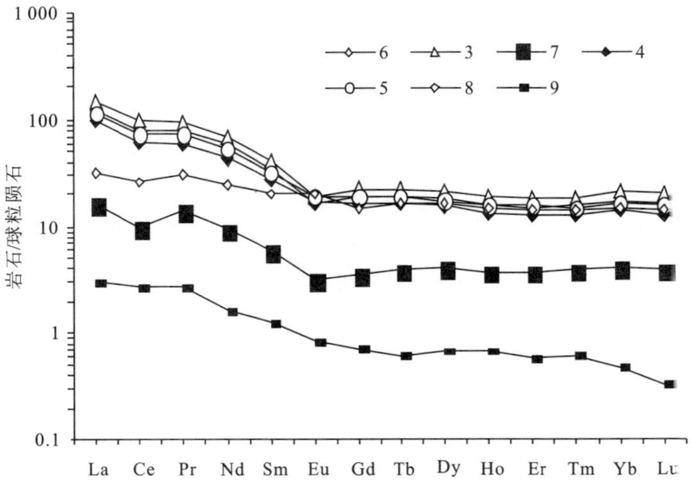

图 4-11 库浪那古岩群稀土元素分配模式
(序号代表的岩石名称同表 4-6)

曲线平坦。

(3)石英岩稀土总量较低,$\Sigma REE=36\times10^{-6}$,轻重稀土比值 $\Sigma Ce/\Sigma Y=5.02$,轻稀土富集而重稀土亏损;$\delta Eu=0.68$,弱负铕异常;$Eu/Sm=0.2$,与沉积岩 Eu/Sm 值 0.2(赵振华,1974)一致;分馏程度$(La/Yb)_N$为 4.07。稀土元素球粒陨石标准化分配模式(图 4-11)显示轻稀土富集,曲线右倾略陡,重稀土曲线近水平。

(4)斜长角闪片岩稀土总量 $\Sigma REE=102.9\times10^{-6}$,轻重稀土比值 $\Sigma Ce/\Sigma Y=3.22$,轻稀土富集而重稀土亏损;$\delta Eu=1.13$,显示为弱铕正异常;$Eu/Sm=0.36$,稍低于大洋拉斑玄武岩 Eu/Sm 值 0.44(赵振华,1974);分馏程度$(La/Yb)_N$为 2.19。稀土元素球粒陨石标准化分配模式(图 4-11)曲线近水平略向右缓倾斜,与大洋拉斑玄武岩稀土元素分配模式相同。

(5)大理岩稀土总量低,$\Sigma REE=8.14\times10^{-6}$,轻重稀土比值 $\Sigma Ce/\Sigma Y=6.79$,轻稀土富集而重稀土亏损;$\delta Eu=0.84$,为弱铕负异常;$Eu/Sm=0.24$,与赵振华(1974)的 Eu/Sm 值 0.2 接近;分馏程度$(La/Yb)_N$为 2.19。稀土元素球粒陨石标准化分配模式(图 4-11)为曲线近水平略向右缓倾的宽缓波状形态。

6. 原岩恢复

依据岩石的岩性、产状、岩石的共生组合结合岩石化学和地球化学等特征,将库浪那古岩群主要岩石类型的原岩恢复如下。

(1)片岩类

空间上岩石呈似层状展布,常有石英岩夹层或与之呈互层状。主要矿物成分(表 4-3)以石英、云母为主,在 Q-F-M 图解(图 4-2)中,投点均落入页岩区与杂砂岩区的边缘;在西蒙南图解(图 4-4)中投点均落在砂岩与泥岩区;在 K-A-F 图解(图 4-6)中,投点均落入杂砂岩区;在$(Al_2O_3+TiO_2)$-(SiO_2+K_2O)-Σ 图解(图 4-12)中,二云石英片岩投点分别落入复矿物砂岩区和陆相粘土岩区,红柱石黑云石英片岩投点落入强分异粘土区。可见,库浪那古岩群片岩类岩石的原岩应为泥质粉砂岩、粉砂质泥岩、泥岩。

(2)片麻岩类

空间上岩石呈似层状展布,其间常有石英岩与片岩夹层。其主要矿物成分(表 4-3)、副矿物、地球化学、岩石化学总体特征均与片岩相似。其中角闪黑云斜长片麻岩富钙。在西蒙南图解(图 4-4)上落入砂岩区;在 Q-F-M 图解(图 4-2)中投点落入杂砂岩区;在 K-A-F 图解(图 4-6)、$(Al_2O_3+TiO_2)$-(SiO_2+K_2O)-Σ图解(图 4-12)中投点落入杂砂岩区。说明片麻岩类原岩主要为杂砂岩,部分闪石类矿物含量较高的岩石原岩应为钙质砂岩。

(3)长英质粒状岩类

空间上为片岩、片麻岩中的夹层产出,矿物成分以石英、长石为主(表 4-3),岩石化学结果显示岩石极富 SiO_2。在西蒙南图解(图 4-4)中投点落入砂岩区;在 Q-F-M 图解(图 4-2)中投点落入石英岩区、长石

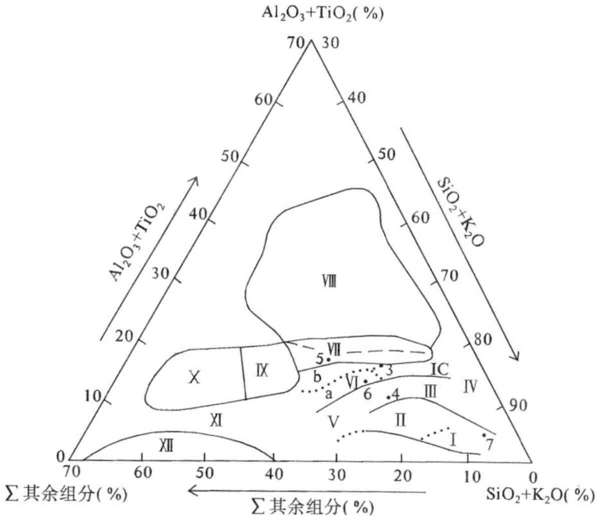

图 4-12　$(Al_2O_3+TiO_2)$-(SiO_2+K_2O)-Σ其余组分图解(HeeJIOB,1974)

(序号代表的地层单位和岩石名称见表 4-3)

Ⅰ.石英砂岩、石英岩区；Ⅱ.少矿物砂岩、石英岩质砂岩区；Ⅲ.复矿物砂岩区；Ⅳ.长石砂岩区；Ⅴ.钙砂岩和含铁砂岩区；Ⅵ.化学上弱分异的沉积物(a.主要为杂砂岩；b.主要为复矿物粉砂岩；c.泥质砂岩及寒带和温带气候的陆相粘土)；Ⅶ.化学上中等分异的粘土、寒带和温带气候的海相和陆相粘土区；Ⅷ.潮湿气候带化学上强分异的粘土区；Ⅸ.碳酸盐质粘土和含铁粘土区；Ⅹ.泥灰岩区；Ⅺ.硅质泥灰岩和含铁砂岩区；Ⅻ.含铁石英岩(碧玉铁质岩)区

砂岩区和杂砂岩区；在 K－A－F 图解(图 4-6)及$(Al_2O_3+TiO_2)$-(SiO_2+K_2O)-Σ图解(图 4-12)中，石英岩投点落入石英砂岩区。说明库浪那古岩群中石英岩原岩应为较纯的石英砂岩，长石石英岩原岩为长石石英砂岩，浅粒岩、变粒岩原岩应为长石砂岩、杂砂岩。

(4)角闪质岩类

空间上层状展布特征明显，或与片麻岩互层产出。矿物成分以斜长石、角闪石为主(表 4-3)，岩石化学结果显示其化学成分大体与黎彤的玄武岩平均值相当。在西蒙南图解(图 4-4)中投点落入火山岩区；在 Q－F－M 图解(图 4-2)中投点落入超基性岩区；在 K－A－F 图解(图 4-6)中投点落入基性岩区；在构造环境判别图解 Ti/100-Zr-3Y(图 4-13)与 Zr/Y-Zr(图 4-14)中投点分别落入岛弧钙碱性玄武岩区与板内玄武岩区。可见区内库浪那古岩群中的角闪质岩石原岩应为大陆玄武岩。

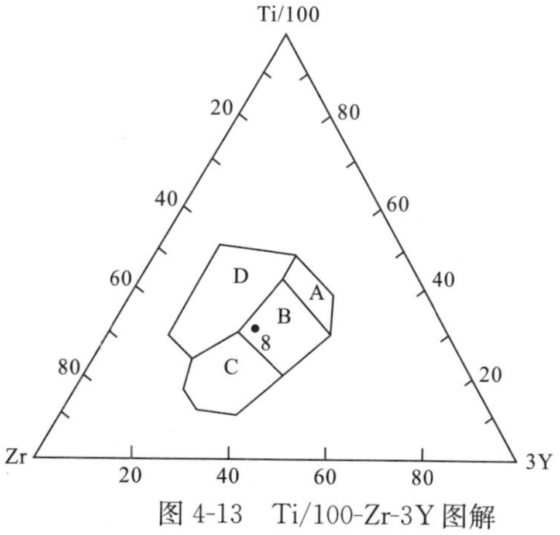

图 4-13　Ti/100-Zr-3Y 图解

(Pearce and Cann,1973)

A,B. 岛弧低钾拉斑玄武岩；B,C. 岛弧钙碱性玄武岩；B. 洋底(洋中脊)玄武岩；D. 板内玄武岩

(序号代表的地层单位和岩石名称见表 4-5)

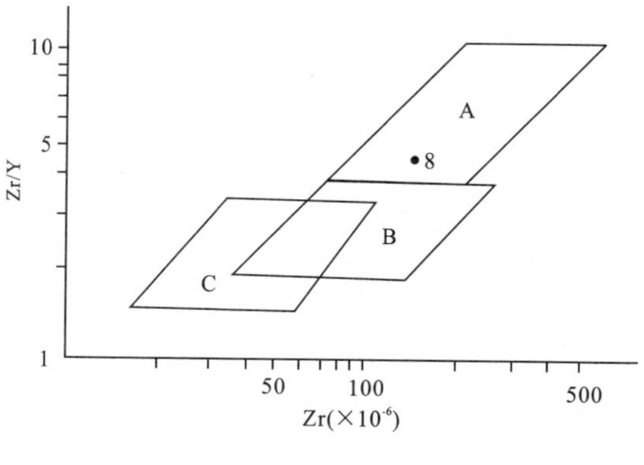

图 4-14　Zr/Y-Zr 图解

(Pearce and Norry,1979)

A. 板内玄武岩；B. 洋中脊玄武岩；C. 岛弧玄武岩

(序号代表的地层单位和岩石名称见表 4-5)

7. 变质带、变质相及相系

以变质原岩为基础，结合变质岩石的矿物共生组合特征，以特征变质矿物的首次出现为依据，将库浪

那古岩群变质岩石划分为铁铝榴石带、红柱石带、矽线石带。

(1)铁铝榴石带

主要分布于库浪那古岩群上部，岩石类型为大理岩、片岩、石英岩。大理石的矿物共生组合为：方解石＋石英、方解石＋石英＋透闪石。片岩的矿物共生组合为：白云母＋石英＋方解石、白云母＋黑云母＋石英＋铁铝榴石、黑云母＋石英＋斜长石。石英岩中的矿物共生组合为：石英＋黑云母、石英＋黑云母＋斜长石。该变质带以泥砂质变质岩中出现铁铝榴石为特征。

(2)红柱石带

仅在图幅边缘库勒阿克孜西侧有少量分布。主要岩石类型有红柱石黑云石英片岩、石榴二云石英片岩、石英岩。常见的矿物共生组合有：黑云母＋石英、黑云母＋石英＋红柱石、黑云母＋白云母＋石英、黑云母＋白云母＋石英＋铁铝榴石、黑云母＋白云母＋石英＋斜长石。该变质带以变泥质岩中有红柱石、铁铝榴石的出现为特征。

(3)矽线石带

分布范围大致相当于库浪那古岩群的下部层位。岩石类型以片麻岩、角闪质岩石为主，少量片岩呈夹层出现。常见的矿物共生组合有黑云母＋石英、黑云母＋石英＋斜长石、黑云母＋石英＋斜长石＋正长石、黑云母＋石英＋斜长石＋透辉石、角闪石＋斜长石、角闪石＋斜长石＋石英－黑云母。该变质带未见到特征变质矿物，但据其矿物共生组合及变泥质岩中出现少量正长石判断，岩石变质程度已达矽线石级，故划为矽线石带。

以矿物变质带的划分为基础，以矿物共生组合为依据，库浪那古岩群变质岩可划分为高绿片岩相、低角闪岩相、高角闪岩相，分布范围分别与铁铝榴石带、红柱石带、矽线石带的范围相当。在奎乃希相当于铁铝榴石带的斜长角闪片岩中，获得角闪石-斜长石矿物对应温度为456.4℃～554.8℃(表4-7)，其对应的

表 4-7　库浪那古岩群单矿物化学成分、参数及温压计算结果

样号	D116/1-5		D116/6-1		D236-13		D239-6	
岩石	黑云斜长角闪片岩		角闪斜长片麻岩		斜长角闪片岩		斜长角闪片岩	
矿物	角闪石	斜长石	角闪石	斜长石	角闪石	斜长石	角闪石	斜长石
SiO_2	52.938	53.752	54.28	48.749	50.85	55.333	46.381	60.624
TiO_2	0.393	0.000	0.257	0.000	0.414	0.000	0.55	0.000
Al_2O_3	4.651	29.432	3.604	33.573	5.711	28.446	11.324	26.288
FeO	10.15	0.000	10.589	0.027	13.161	0.012	13.846	0.048
MnO	0.137	0.000	0.184	0.000	0.211	0.024	0.147	0.000
MgO	16.034	0.000	16.56	0.000	14.057	0.000	11.379	0.000
CaO	12.373	11.778	12.642	16.85	12.577	10.653	12.171	7.314
Na_2O	0.437	4.818	0.232	2.128	0.662	5.501	1.263	7.578
K_2O	0.291	0.018	0.164	0.000	0.339	0.03	0.238	0.047
Cr_2O_3	0.000	0.000	0.000	0.000	0.156	0.000	0.000	0.000
$\sum$	97.404	99.798	98.512	101.327	98.138	99.999	97.299	101.899
Si	7.552	2.434	7.658	2.206	7.342	2.492	6.799	2.654
Ti	0.042	0.000	0.027	0.000	0.045	0.000	0.061	0.000
Al	0.782	1.571	0.599	1.790	0.972	1.510	1.956	1.356
Fe	1.211	0.000	1.249	0.001	1.589	0.000 5	1.697	0.002
Mn	0.017	0.000	0.022	0.000	0.026	0.000 9	0.018	0.000
Mg	3.410	0.000	3.483	0.000	3.026	0.000	2.487	0.000
Ca	1.891	0.571	1.911	0.817	1.946	0.514	1.911	0.343
Na	0.121	0.423	0.063	0.187	0.185	0.480	0.359	0.643
K	0.053	0.001	0.030	0.000	0.062	0.002	0.045	0.003
Cr	0.000	0.000	0.000	0.000	0.018	0.000	0.000	0.000
X_{Am}^{Ca}	0.916		0.954		0.887		0.826	
X_{Pl}^{Ca}		0.574		0.814		0.516		0.347
K_D	3.420		2.053		2.489		1.517	
温度	554.8℃		456.4℃		630.2℃		684.7℃	

注：用Blundy&Holland(1990)的钙质角闪石-斜长石地质温度计得出的温度

压力范围在 0.2GPa 左右(据 Winkler);在大同林场一带相当于矽线石带的斜长角闪岩中获得角闪石-斜长石矿物对应温度为 630.2℃～684.7℃(表 4-7),其对应的压力范围在 0.4GPa 左右。由此可知,库浪那古岩群变质温度条件为 T=456.4℃～684.7℃,P=0.2～0.4GPa,属高地温梯度变质,并有红柱石出现,说明库浪那古岩群变质岩石属低压相系,与柯岗结合带的拼贴、碰撞活动有关。

8. 变质作用及变质时期

库浪那古河变质岩带以出现明显递增变质带为特征,反映其主变质作用为动力热流变质作用。该期动力热流变质作用,形成了典型的低压高温变质岩系,说明与柯岗结合带俯冲有关,主变质期为华力西期。

第二节　动力变质岩

图幅处于塔里木板块与西昆仑造山带的衔接部位,西昆仑山前推覆带、哈拉斯坦韧性剪切带等大型边界断裂均通过区内,次级断裂也较发育,这些断裂具有性质复杂、规模悬殊、多期活动的特点,在区内形成了类型齐全的动力变质岩系列。

一、岩石类型及特征

根据动力变质岩的结构构造、碎裂程度及其形成时的动力性质和应力强度,将测区动力变质岩石分为脆性动力变质岩与韧性动力变质岩。区内以脆性动力变质岩为主,韧性动力变质岩次之。

1. 脆性动力变质岩

该类岩石主要分布于脆性断裂带上,在韧性断裂带上,由于后期碎裂岩化作用的叠加,也有脆性动力变质岩石分布。

(1)构造角砾岩

规模较大的断裂中均有分布,尤其在山前推覆带的锋带分布较多。由角砾和胶结物两部分组成。具角砾状结构,块状构造、微定向构造。角砾含量 30%～80%,大多为棱角状、次棱角状,杂乱分布;部分圆化为次圆状,微定向排列。角砾成分与围岩一致,有砂岩、粉砂岩、泥岩、灰岩、花岗岩、火山岩、片岩等,角砾大小悬殊,2～200mm 或更大,角砾中的石英颗粒多具波状消光。胶结物 20%～70%,多为次生石英、方解石、铁质、少量硅质、泥质,部分胶结物为岩石碎裂过程中形成的碎粉状石英、方解石。该类岩石,沿其裂隙有大量后期石英脉、方解石脉呈网脉状穿插,并有绿帘石化等蚀变现象。

(2)碎裂岩

区内最为发育的脆性动力变质岩石,大多数断裂均有发育。区内主要岩石类型有碎裂砂岩、碎裂板岩、碎裂泥岩、碎裂灰岩、碎裂花岗岩、碎裂火山岩、碎裂片麻岩等。岩石具碎裂结构,块状构造。大部分岩石原岩结构、构造得以保留,少部分岩石由于破碎强烈,原岩结构、构造消失。碎块 50%～80%,大小 2～50mm,个别达 100mm。碎块中的长石、方解石双晶纹普遍弯曲、断裂,部分颗粒定向拉长;石英裂纹发育,强烈波状消光;云母片具波状消光,双晶纹弯曲、褶皱、拉开等现象。碎块边缘碎粒化明显,裂隙中为磨碎的微粒石英、方解石与重结晶的石英、方解石及铁质等分布,并被石英、方解石、褐铁矿细脉穿插,部分沿裂隙强烈绿帘石化、绿泥石化。

(3)碎斑岩

在山前推覆带的中带、根带最为常见,其他断裂带中也有少量分布。岩石类型有花岗质碎斑岩、长英质碎斑岩、灰岩质碎斑岩等。岩石具碎斑结构,块状构造。岩石由碎斑和碎基两部分组成,岩石的碎粒化作用形成了碎基,碎裂化作用形成了碎斑。碎斑大小 0.5～2mm,边缘碎粒化,为岩石或矿物碎屑,其成分主要为方解石、长石、石英等,含量 30%～50%。石英具强烈的波状消光,无流变特征;长石、方解石双晶纹弯曲,云母扭折。碎基 50%～70%,大小 0.01～0.1mm,少量微粒石英、方解石有重结晶现象,局部有方解石细脉穿插。

(4)碎粒岩

在山前推覆带的根带中较发育。岩石破碎强度比碎斑岩更强,大部分矿物破碎为碎粒、碎粉,原岩结构已全部破坏。岩石具碎粒结构,块状构造。碎粒大小0.1～0.5mm,碎斑较少.碎基占50%～80%。碎粒较均一,且趋于圆化,其中可见塑性变形现象。所产围岩、岩石类型有长英质碎粒岩、钙质碎粒岩等,分布局限。

(5)碎粉岩(断层泥)

测区发育较少。岩石破碎强度进一步加强,形成0.01～0.05mm的细小颗粒,杂乱分布,无定向显示,原岩结构、构造全部消失。胶结疏松时为断层泥。

2. 韧性动力变质岩

主要分布在山前推覆带的根带-哈拉斯坦河韧性剪切带上,在坎埃孜等地也有少量分布。岩石类型有糜棱岩化岩石、初糜棱岩及糜棱岩。

(1)糜棱岩化岩石

多分布于韧性剪切带的边部,是较发育的岩石类型。区内以糜棱岩化花岗岩、糜棱岩化大理岩为主。具糜棱岩化结构、残留结构,块状构造、定向构造。岩石组成矿物部分被粒化、定向拉长,常聚集成不规则透镜状、条纹状,绕粗颗粒(碎斑)定向分布。但原岩结构保留较好。

(2)初糜棱岩

主要分布于韧性带边部。以花岗质初糜棱岩、钙质初糜棱岩最为发育,另有少量闪长质初糜棱岩。岩石具糜棱结构、残留原岩结构,条带纹理构造。岩石由碎斑和碎基组成,碎斑一般占50%～90%,有石英、长石等矿物及岩石碎块,多被压碎拉长呈长条带状、眼球状、透镜状,定向分布,大小0.5～2mm,石英碎斑强烈波状消光,方解石、长石碎斑双晶纹弯曲。碎基10%～50%,为矿物或岩石微粒,组成条纹状构造,条纹绕过碎斑分布。

(3)糜棱岩

主要分布于哈拉斯坦河韧性剪切带中。岩石类型主要为花岗质糜棱岩与钙质糜棱岩。岩石具糜棱结构、碎裂结构,眼球纹理构造、条带状构造。碎斑10%～30%,为长石、石英及方解石,大小0.1～1.5mm,碎斑被圆化,呈次圆状、眼球状和"S"状,沿长轴方向分布,碎斑裂纹发育,波状消光。斜长石双晶发生错位,部分具核幔构造;方解石双晶扭折弯曲,单晶体压扁拉长后L∶W=1∶2左右。基质70%～90%,大多为重结晶的方解石及长英质微晶矿物,常聚集成条纹绕碎斑分布。

二、主要动力变质带的组合特征

1. 西昆仑山前逆冲推覆带

在区内沿阿尔塔什—库勒阿克孜—科西依格力一带,总体呈向南西突出的弧形展布,波及宽度20km左右,由一系列近于平行的逆冲断层组成。各变质带中变形强度不同,其间的动力变质岩石组合明显不同。

(1)根带

沿哈拉斯坦河—阿卡孜一带NW—SE向展布,为宽度近1km的韧性剪切带。该韧性剪切带叠加在元古宙变质岩之上,形成了以钙质、花岗质为主的韧性动力变质岩系列。岩石分带性明显,剪切中心部位为高强度韧性变形带,以钙质糜棱岩、花岗质糜棱岩为主,并伴有"A"型褶皱、鞘褶皱等,宽度200～300m,向两侧变质变形减弱,过渡为初糜棱岩,宽度在50m左右。外侧为糜棱岩化岩石,出露宽度600m左右。该类岩石以糜棱岩化的花岗岩石为主,在土孜格南可见到糜棱岩化大理岩。该类岩石变质变形不均匀,呈强弱相间的不规则条带状分布。该韧性剪切带后期叠加有脆性动力变质作用,在韧性动力变质岩间不均匀分布有少量的碎裂岩、碎斑岩。

(2)中带

出露宽度大,涉及地层广,自元古界至古生界均受到了影响,但形成的岩石主要为脆性动力变质岩,以碎裂岩为主，碎斑岩次之。在单条逆冲断层中，靠近断面附近不均匀分布有少量碎粒岩、碎粉岩；向围岩一侧由碎裂岩逐渐过渡为碎岩化岩石。断层角砾岩极少发育在邻根带的地段，广泛发育透入性的板劈理，局部还可见有糜棱岩化岩石。

（3）锋带

紧邻塔里木盆地边缘，由一系列逆冲断层组成，受影响的地层为晚古生代及其以后岩石，在一系列脆性剪切应力的作用下，形成了类型齐全的脆性动力变质岩石。在断面附近一般可见到碎粉岩、碎粒岩，远离断面的地段以碎裂岩为主。碎裂岩出露的宽度与单条断层规模有关，其成分一般与围岩一致。规模较大的断层中常见有构造角砾岩，且软弱层除有明显的动力变质外，还伴有强烈的揉皱。在坎埃孜北侧，由于推覆构造晚期强烈挤压隆升，有深层次基质拆离带中的糜棱岩暴露于地表。

2. 要垅-库提里克达坂断裂带

展布于图幅西南的要垅-库提里克达坂断裂带，有数条近于平行、规模不等的断层组成。该断裂带NW—SE向展布，截切NE—SW向断裂，受影响的地质单元主要为火成岩系列。以脆性动力变质作用为主，形成了大量的花岗质、闪长质碎裂岩和碎斑岩，由断面向两侧动力变质作用减弱，以碎裂化岩石为主。构造角砾岩主要分布在两组断层相交部分，碎粉岩不发育。

第三节　其他变质岩

测区除发育区域变质岩及动力变质岩外，还分布有少量的接触变质岩石、气-液变质岩及混合岩化岩石。

一、接触变质岩

区内仅在要垅一带尤龙花岗闪长岩体与元古界库浪那古岩群大理岩的外接触带上分布有少量接触交代变质岩石，沿岩体边部呈鸡窝状不连续分布，最大出露宽度不足5m，岩石类型为石榴阳起透辉矽卡岩。岩石呈灰褐色，具柱粒状变晶结构，块状构造。矿物组成为透辉石（60%）、阳起石（20%）、钙铁榴石（10%）、斜长石（5%）、石英（5%）及少量黑云母、纤闪石。透辉石、阳起石均呈柱粒状，大小0.15～0.4mm，透辉石单偏光下无色，$C \wedge Ng=38°$，阳起石单偏光下呈淡淡的绿色，$C \wedge Ng=17°$，均杂乱分布；钙铁榴石呈0.5mm的不规则粒状，不均匀分布；斜长石、石英均呈不规则粒状，大小0.1～2.5mm，不均匀分布，有的聚集成条，脉状分布，斜长石内部多发生绢云母化；纤闪石呈纤状、柱状集合体在岩石中杂乱分布；黑云母为褐色片状，大小0.1～0.2mm，有的向绿泥石变化，不均匀分布。区内的矽卡岩，是岩体就位过程中高温汽水热液交代钙质围岩的结果。

二、气-液变质岩

区内气-液变质岩不发育，主要岩石类型有青盘岩化岩石、次生石英岩、透闪石岩等。

1. 青盘岩化岩石

依萨克群中有少量分布，为青盘岩化玄武岩。岩石呈灰绿色，残余斑状结构，块状构造。主要表现为辉石次闪石化、绿泥石化，蚀变强烈的岩石中辉石全部变为次闪石，仅部分保留辉石斑晶假象；斜长石出现绿帘石化、方解石化，部分绿泥石化、钠长石化；次闪石主要为次生的纤柱状透闪石与柱状阳起石，杂乱分布；钠长石为板柱状，绿泥石为鳞片状，绿帘石、方解石为粒状，均杂乱分布。

青盘岩化岩石多沿裂隙分布，呈不规则透镜状产出，并有伟晶方解石脉伴生，向两侧蚀变有明显减弱趋势，说明区内青盘岩化岩石主要是裂隙汽水热液交代玄武岩的结果。

2. 次生石英岩

产于要垅断裂东段，西河休河大拐弯一带，次生石英岩沿断层边部呈NW向的脉状、透镜状断续延伸，是断层热液交代酸性花岗岩的结果。岩石呈浅灰色，次生显微粒状结构，变余斑状结构，块状构造。矿物组成为次生石英(85%)、斜长石(10%)、钾长石(5%)。次生石英为不规则粒状，大小 0.05～0.3mm，呈不规则脉状分布；残留的斜长石、钾长石呈半自形板柱状，一般 0.3mm×0.25mm，部分为 1.3mm×2mm，呈残斑产出，裂隙发育，不均匀分布。该处岩石沿断层延伸长约 1 000m，宽约 100m，岩石半透明状，油脂光泽，属劣质东陵石。

3. 透闪石岩(软玉)

产于库卡阿孜南侧布鲁路克断层南盘元古界大理岩中，是断层热液交代库浪那古岩群镁质大理岩的结果。岩石呈灰白—浅青色，具微晶纤维状变晶结构，块状构造。主要矿物为透闪石(>90%)，次要矿物为阳起石。透闪石、阳起石均呈纤维状、粒状，小于 0.05mm，相互交织分布。该类岩石属软玉(青白玉)，局部地段已被开采利用。

第五章　地质构造及构造发展史

图幅位于塔里木板块与西昆仑造山带的结合部位(图 5-1),经历了漫长而复杂的地质构造演化历史,具有复杂的变质变形特征。西昆仑山前逆冲推覆带(该断裂在西邻图幅切截科岗结合带)将测区分割成两个各具不同组成、不同变质变形特征和相对独立演化历程(相邻块体相互之间有一定内在联系)的两个构造块体(单元),并呈现出多层次、多样式、多机制、多阶段复杂构造变形的特点。总体构造特征表现为:塔里木板块内部在地壳结构上具有地台式双层结构(基底和盖层)特点,基底岩系变质较深,变形亦较复杂,盖层岩系虽然亦具较强烈变形但变质轻微或未变质;西昆仑构造带在地壳结构上则基本不具前述特征,表现为被区域断裂所分割的一个个相对独立且变形复杂的构造块体。

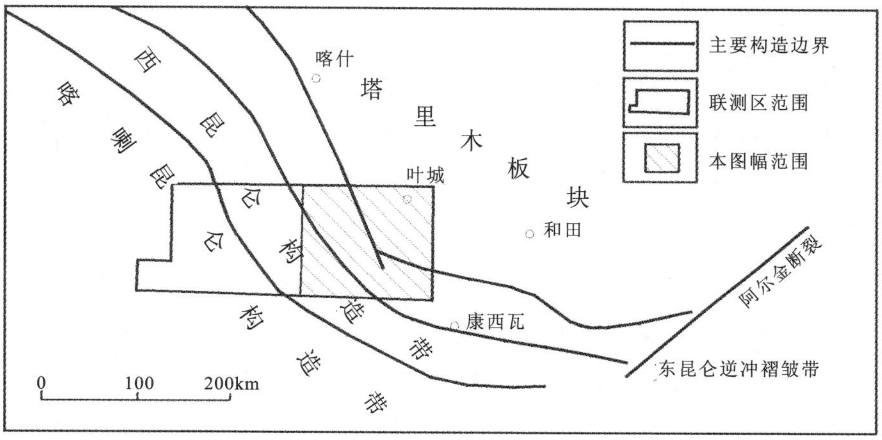

图 5-1　联测图幅大地构造略图

本报告中对构造层次的划分主要参考 Carter(1987)的大陆地壳构造综合模型。浅层次指岩石仅发生脆性破裂及宽缓褶皱的地区,大致相当于地表以下 0～5km 的深度范围,其中接近地表仅发生脆性破裂的部分称为表层次;中部层次指岩石发生韧-脆性剪切变形及低级别(绿片岩相以下)变质的地区,褶皱为紧闭状,发育轴面面理(片理),大致相当于地表以下 5～15km 的深度范围;深层次指岩石发生韧性变形、流变、部分熔融及中高级变质的地区,大致相当于地表以下大于 15km 的深度范围。相应的构造层次形成相应的构造变形相。根据本次工作特点将构造尺度划分为区域尺度、填图尺度、露头尺度、手标本尺度和显微尺度 5 种级别,大致分别相当于大于 1.5×10^6 cm、5×10^4～1.5×10^6 cm、30×10^4～5×10^4 cm、0.2～30cm 和 0.001～0.2cm 的范围。

第一节　构造阶段及构造单元划分

一、构造阶段划分

根据图幅内主要地质体形成的大地构造环境、变质变形特征、岩浆活动特征、区域性不整合特征及同位素测年资料,结合区域地质构造特征,将测区构造变形分为新太古—古元古代(＞1.6 Ga)、中—新元古代(1.6～0.540 Ga)、加里东期(540～410Ma)、华力西期(410～250Ma)、中—新生代(＜250Ma)等 5 个构造演化阶段，各构造阶段在不同构造单元内部表现为不同的构造变形特征。

二、构造单元划分

（一）构造单元的划分依据及原则

1. 划分依据

构造单元划分的依据主要是考虑区内以及区域上各地质块体的构造边界特征以及块体内部地质体的沉积建造特征、形成大地构造环境、岩浆活动特征、变质作用特征、构造变形特征等方面的异同情况。通过对上述特征的综合对比与研究并结合区域地质构造特征，特别是各构造边界的大地构造属性的分析，划分为不同级别的构造单元。

2. 构造单元的划分原则

构造单元的划分原则主要从两方面考虑。首先从构造边界特征方面，根据其组成特征、活动特征及规模历史、地球物理特征等确定其大地构造属性；其次考虑被构造边界所分割的各个地质块体内部在形成大地构造环境、构造岩浆活动和变质变形等方面的差异程度，进而划分不同级别的构造单元。一级构造单元为地质历史中曾相对独立地发展演化的板块或相当级别地质体，以板块结合带为构造边界，相邻板块在沉积建造、形成构造环境、岩浆活动、变质变形及构造演化历史等方面均有显著差异。二级构造单元为板块内部在建造和改造方面有较大差异的块体，分别称为断陷盆地或断隆，其边界为区域性断裂；同一板块内部二级构造单元之间在沉积建造、形成构造环境、岩浆活动及变质变形特征等方面虽有较大差异，但在某些方面往往具有内在联系，尤其是构造演化上。

（二）构造单元划分

根据上述划分原则，图幅内大致以西昆仑山前逆冲推覆带之根带断裂——哈拉斯坦河断裂带（该断裂在西邻图幅切截科岗结合带）为界，自北东至南西可分别划分为塔里木板块和西昆仑构造带两个一级大地构造单元，前者又以西昆仑山前逆冲推覆带前缘断裂为界，划分为塔里木中新生代断陷盆地和铁克里克陆缘断隆（西昆仑山前逆冲推覆带）两个二级大地构造单元（图 5-2，表 5-1）。

表 5-1　图幅构造单元划分表

一级构造单元	二级构造单元	边界断裂
塔里木板块	塔里木中新生代断陷盆地	— 西昆仑山前逆冲推覆带前缘断裂
	铁克里克陆缘断隆（西昆仑山前逆冲推覆带）	— 哈拉斯坦河断裂带
西昆仑构造带		

第二节　主要构造边界特征

区内最主要的构造边界为哈拉斯坦河断裂带，构成塔里木板块与西昆仑构造带的构造边界；其次，西昆仑山前逆冲推覆断裂带前缘断裂构成塔里木板块内部中新生代断陷盆地和铁克里克陆缘断隆两个二级构造单元的构造边界。

一、哈拉斯坦河断裂带

（一）空间展布特征

断裂带展布于图幅西南部叶城县库特鲁克提、探勒克、阿喀孜达坂南、喀勒塔尔北一带，其东南段基本

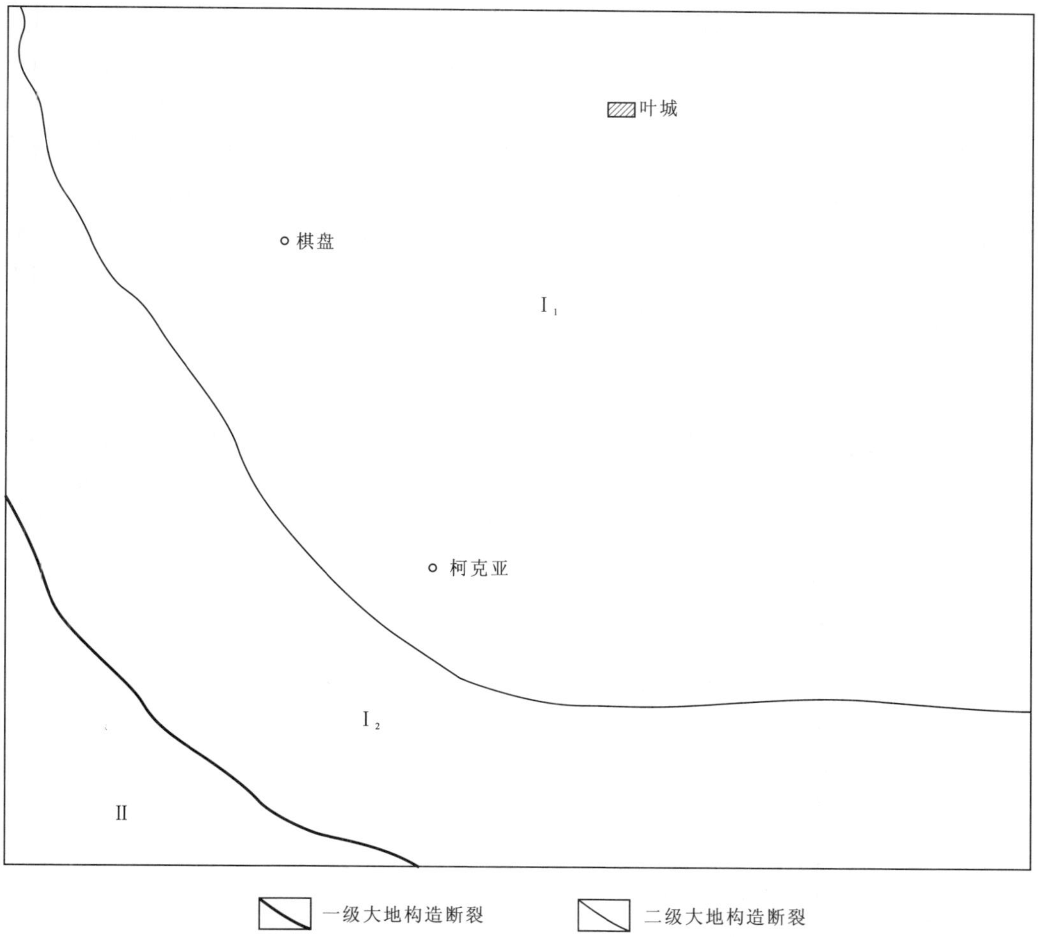

图 5-2　构造分区略图

Ⅰ. 塔里木板块；$Ⅰ_1$. 塔里木中新生代断陷盆地；$Ⅰ_2$. 铁克里克陆缘断隆(塔里木西南缘逆冲推覆带)；Ⅱ. 西昆仑构造带

沿哈拉斯坦河右(东北)岸展布，故称之为哈拉斯坦河断裂带。

该断裂总体走向为北西向，向北、东两侧延伸，走向分别渐变为近南北向和近东西向，并在西邻图幅科汗(柯岗)附近，截切柯岗结合带(该结合带为塔里木板块与西昆仑构造带的原始碰撞边界)。在图幅内，该断裂带总体呈一向南西凸出的弧形，出露长约 70km，宽数十米～数百米(整个逆冲推覆带区内波及宽度可达 20km 以上)，受多期变形改造影响，断面倾向变化较大，总体上以向南西倾为主，倾角 55°～80°，北西段局部向北东陡倾。

该断裂分割了塔里木地层区和秦-祁-昆地层区两套地层系统，是西昆仑山前逆冲推覆带的重要组成部分，在图幅内构成塔里木板块与西昆仑构造带的边界。断裂上(南西)盘出露西昆仑地层分区的中元古界库浪那古岩群变质碎屑岩-碳酸盐岩夹基性火山岩建造、下石炭统依莎克群蛇绿岩、石炭系他龙群和库尔良群碎屑岩以及加里东期、华力西期花岗闪长岩、二长花岗岩等，下(北东)盘出露塔里木地层区的古元古界赫罗斯坦岩群、中元古界长城系塞拉加兹塔格群细碧-石英角斑岩系、蓟县系博查特塔格组海相碳酸盐岩系、新元古界青白口系碎屑岩以及古元古代变质变形花岗岩等，划分性特征明显。

地貌上，该断裂带表现为一条北西—南东向线状负地形带，卫星影像上断裂两侧色调、纹理等特征均显著不同，线性构造特征明显，十分突出地反映了该断裂带的存在。

(二)变形特征

该断裂带主要表现为强烈的挤压逆冲活动特征。沿断裂带岩石强烈破碎，发育大量的构造角砾岩、碎斑岩、碎粉岩等，部分破碎带较宽区段可见断裂破碎带由多个更次一级的小型破碎带组成，中部为碎粉岩，向两侧渐变为碎斑岩及碎裂岩化岩石，共同组成叠瓦状断层系，单个逆冲断面多呈铲状，上陡下缓。破碎带旁侧岩石中近直立或向南西陡倾的节理或构造片理较密集发育，多指示自南西向北东方向的逆冲-推覆活动；叠瓦状断层系之间，岩层常形成紧闭不对称褶皱，其形态多为背斜(形)北翼陡(局部倒转)、南翼缓，轴面向南西倾，但褶皱枢纽常呈倾斜状，一般中、西段褶皱枢纽向南东倾(图版Ⅷ,1)，东段则有向西倾的趋势，同样指示主体为自南西向北东方向的逆冲-推覆活动，但由于构造单元边界条件的限制和影响(塔里木陆块边界在该区段正处于由近南北向向近东西向转折的部位)，构造性质发生了转换，西段兼具右行走滑性质，而东段则兼具左行走滑特征。在断裂带的局部地段(如图幅西本断裂带西段探勒克一带)，还可见到张性构造角砾岩(破碎带)改造早期压性构造岩的现象，反映该断裂带后期发生过张性正断层活动。另外，在古元古代变质变形花岗岩中发育较多颜色深浅相间、平行分布且常呈揉皱状的细密条纹状构造，有些构成构造角砾，显示其早期曾发生过韧性变形活动。

(三)地球物理特征

区域地球物理资料显示，该断裂带所处位置大致与西昆仑向南西凸出的弧形重力梯度带相对应，其北侧为塔里木西南缘相对重力高区(图 5-3)，反映该断裂带的影响深度至少已深达地壳下部；在大地电磁测深(MTS)及人工地震剖面上，该断裂带也有明显显示(图 5-4)。

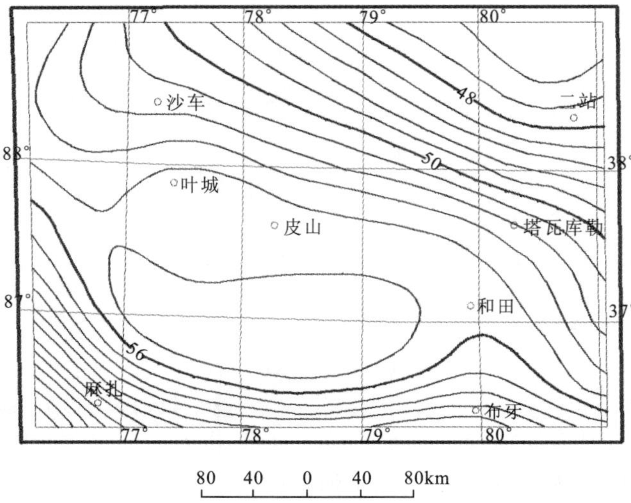

图 5-3　塔里木盆地西南地区布格重力异常图

(鲁更新等,1997)

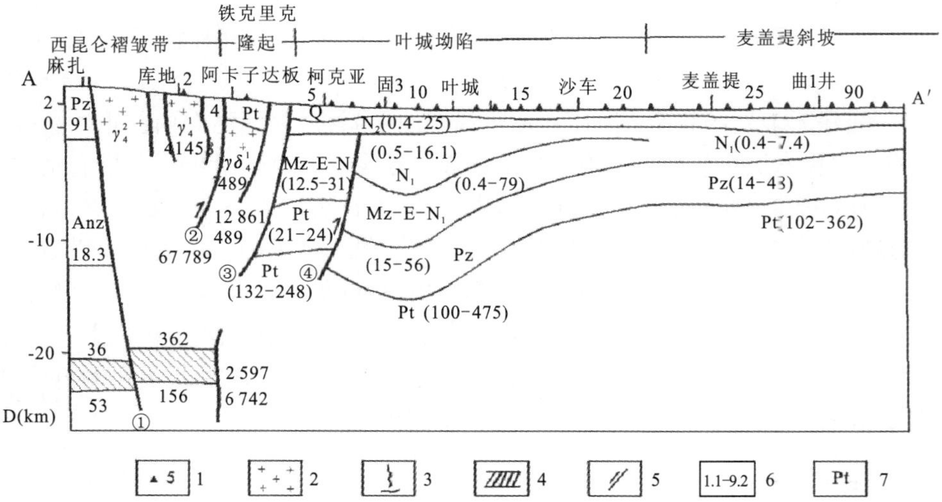

图 5-4　塔里木盆地西南缘大地电磁地质解译横剖面图(鲁更新等,1997)

①麻扎-康西瓦断裂；②赫罗斯坦河断裂；③铁克里克北缘断裂；④柯克亚-和田断裂

1. MT 测深点号；2. 花岗岩；3. 电性界面；4. 壳内高导层；5. 断裂；6. 电阻率值(Ω·m)；7. 地层代号

(四)活动期次、时代及其大地构造意义

根据以上断裂带的特征分析,该断裂带至少经历过3个大的构造活动期。

1. 早期韧性剪切活动

该期活动仅在古元古代杂岩(赫罗斯坦岩群及变质变形侵入岩)中有所显示,常在断裂后期活动形成的角砾中以碎块形式存在,原始位态已难以恢复。主要表现为颜色深浅相间、平行分布的细密条纹状构造,条纹常呈揉皱状,具深层次揉流变形特征,它应与元古宙时期古元古代杂岩早期的变质变形有关,具体变形特征已难以恢复。从严格意义上讲,它并不属于西昆仑山前逆冲推覆带的组成部分。

2. 逆冲推覆活动

该期活动表现最为强烈,断面主体南倾,是西昆仑山前逆冲推覆带的根带(后缘)断裂,常由一系列铲状断面共同组成叠瓦状断层系,断裂带南西(上)盘的库浪那古岩群、石炭系依莎克群、他龙群、库尔良群以及加里东期、华力西期岩体逆冲叠置于断裂带北东(下)盘的元古宙地层及岩体之上。断裂带在西邻图幅可见截切柯岗结合带,表明其最初可能随着西昆仑构造带(地体)与塔里木陆块陆-陆碰撞作用的发生而沿柯岗结合带东北侧塔里木陆块陆缘活动,随着逆冲推覆作用的持续进行,逐渐向柯岗结合带靠近并在碰撞强烈区段(如区内位于塔里木陆块的边界转折部位)截切柯岗结合带。因此,它可能在华力西晚期就已开始活动,并且是多次逆冲推覆活动的产物,但主要的活动期应在中新生代时期。随着陆-陆碰撞作用的持续发生,西昆仑构造带急剧上隆,形成与塔里木盆地高差达数千米的地形高差。又由于塔里木陆块边界形状的影响和限制,在推覆构造作用的中、后期阶段,该逆冲推覆带的性质发生了转换,西北段兼具右行走滑特征,而东段则兼具左行走滑特征。

3. 张性正断活动

该期活动形成一系列高角度正断层,断面倾向不一,仍以南倾为主,常破坏逆冲断层面,单个破碎带相对较宽,断面不平整,正断层特征明显。它应是推覆活动间歇期地壳应力短暂释放的结果,也应是多次构造作用的产物,只是相对每一次推覆活动而言,时间更晚一些。

综上所述,赫罗斯坦河断裂带是一条长期活动的断裂带,作为西昆仑山前逆冲推覆带的根带断裂(后缘断裂),早期随西昆仑构造带(地体)与塔里木陆块陆-陆碰撞作用的发生在塔里木陆块陆缘一侧活动,随着碰撞作用的持续进行,逐渐截切了柯岗结合带,成为塔里木板块与西昆仑构造带的分界断裂。在逆冲推覆活动的间歇期,由于地壳应力的短暂释放,在其上叠加了张性正断层。

二、西昆仑山前逆冲推覆断裂带前缘断裂带

(一)空间展布特征

断续展布于塔里木盆地西、南缘莎车县阿尔塔什、达木斯西、叶城县巴瓦格南一带,再向东被以风积层为主的第四系覆盖,从零星出露的地层的分布位置分析,大致位于叶城县莫木克、菩萨、皮山县克里阳一带。

该断裂带总体亦呈向南西凸出的弧形,北西段呈近南北—北北西走向,向南、东方向则依次逐渐变为北西、北西西、近东西向。图幅内西北段出露长度大于50km,连同第四系掩盖区一起,总长度大于170km,宽数米～数百米(整个逆冲推覆带区内波及宽度可达20km以上),由多个断裂面共同组成断层束或叠瓦状断层系,沿走向有分叉复合现象,断层面以向西、南西倾为主,倾角20°～75°,多呈铲状或波状,总体上陡下缓,少部分张性正断层断面向东或北东陡倾,倾角60°～80°。

该断裂带主要沿古生界与中、新生界的边界展布,部分次级断裂则切入两侧地层中,主断面构成塔里木中新生代断陷盆地与铁克里克陆缘断隆两个二级构造单元的边界,断裂上盘(西、南盘)主要出露石炭—二叠系台地碳酸盐岩、碎屑岩夹中基性火山岩系,下盘(东、北盘)主要出露中、新生界海-陆相碎屑岩、膏

岩、碳酸盐岩系，分划性特征较为明显。

该断裂带在地貌上特征明显，表现为一条近南北—北西向的线状地形突变带，东、北侧地形较为平坦，西、南侧则往往地形突然变得陡峻，常形成断层崖；卫星影像上断裂两侧色调、纹理等特征均显著不同，线性构造特征明显，十分突出地反映了该断裂带的存在。

(二)变形特征

该断裂带常形成叠瓦状逆冲断层系，主断面往往位于最下部(东、北侧)，构成向后(西、南)缘扩展的后展式叠瓦状逆冲断层系，破碎带内发育构造角砾岩、碎斑岩、碎粉岩等，碎斑及角砾多具强烈的研磨特征而呈浑圆状或次圆状，挤压逆冲活动特征表现明显。断层常造成大量地层缺失，如图幅西北角阿尔塔什西上石炭统深灰色灰岩以低缓的角度(约 20°)向东推覆于白垩系英吉莎群紫红色碎屑岩之上(图版Ⅷ,2)，达木斯-棋盘河西二叠系棋盘组碎屑岩夹灰岩等逆冲于侏罗系叶尔羌群煤系地层之上。断裂带的另一个显著变形特征是旁侧伴生的紧闭不对称-倒转褶皱发育，尤其是断裂上盘，发育大量不同尺度(以填图尺度—手标本尺度为主，显微尺度的小褶皱个别也可见到)的伴生紧闭不对称-倒转褶皱，褶皱形态基本一致，均为背斜东、北翼陡(局部倒转)，西、南翼缓的相似状，轴面向西或南西倾，倾角随断层面的变化而变化，常比断层面稍陡；断裂下盘的中新生代地层可形成一些露头—填图尺度的形态宽缓的褶皱，如阿尔塔什一带阿尔塔什组构成的宽缓斜歪褶皱(轴面西倾)，但更多的是通过地层产状的急剧变化反映出来，靠近断裂处的中、新生代地层，产状多为向东(西北段)或北(东段)陡倾，局部倒转，向远离断裂带的盆地内部方向，岩层产状逐渐变缓，直至近水平状，区内这种特征十分明显，显著地反映了受该断裂带影响的结果。

在断裂带的部分区段(如图幅西部叶尔羌河—棋盘河之间)，主逆冲断裂面两侧还发育一些高角度正断层，断面以向东或北东倾为主，造成地层少量缺失。断层破碎带内发育张性构造角砾岩，局部见改造早期压性构造岩，反映该断裂带后期发生过张性正断活动。

(三)地球物理特征

区域地球物理资料显示，该断裂带在大地电磁测深(MTS)及人工地震剖面上有较明显显示(图 5-4)，菩萨附近显示断裂南北两侧地壳结构有较明显差异，表明其为一重要的构造边界。但在重力资料上无明显显示(图 5-3)，反映该断裂带未达地壳更深部位，影响深度有限。

(四)活动期次、时代及其大地构造意义

根据以上断裂带的特征分析，该断裂带至少经历过两个大的构造活动期。

1. 逆冲推覆活动

该期活动表现最为强烈，断面主体西倾或南西倾、南倾，是西昆仑山前逆冲推覆带的前缘断裂带，常由一系列铲状断面共同组成叠瓦状断层系，断裂带上(西、南西、南)盘的石炭—二叠纪地层逆冲叠置于断裂带下(东、北东、北)盘的中、新生代地层之上。其形成应与西昆仑构造带(地体)与塔里木陆块陆-陆碰撞作用后所引发的地壳缩短、增厚继之隆升的活动有密切关系。前已述及，它可能在华力西晚期就已开始活动，并是多次逆冲推覆活动的产物，但本断裂带的主要活动期应在中、新生代时期，特别是新生代时期，因为盆地内新生代地层尤其是古近纪—新近纪地层已明显受其影响或遭到破坏。因而也表明，西昆仑山前逆冲推覆断裂带中单个断层系为后展式的叠瓦状逆冲断层系，而整个山前逆冲推覆断裂带则是前展式发展的。

2. 张性正断活动

该期活动形成一系列高角度正断层，断面倾向不一，但仍以向东或北东、北倾为主，部分破坏逆冲断层面，单个破碎带相对较宽，断面不平整，正断层特征明显。它应是推覆活动后地壳应力短暂释放、局部拉伸的结果。

综上所述，西昆仑山前逆冲推覆断裂带前缘断裂带作为西昆仑山前逆冲推覆带的前缘断裂，它的形成和发展演化与塔里木陆块和西昆仑构造带(地体)之间的陆-陆碰撞作用有密切关系，是碰撞后所引发的地壳缩短、增厚继之隆升、山前逆冲推覆断裂带逐渐向前扩展的结果。在逆冲推覆活动的后期，由于地壳应力的短暂释放，在其上叠加了张性正断层。

第三节　各构造单元内部构造变形特征

一、塔里木板块

大体以西昆仑山前逆冲推覆带前缘断裂为界划分为北部的塔里木中新生代断陷盆地和南部的铁克里克陆缘断隆带两个次级构造单元。

(一)塔里木中新生代断陷盆地

本单元总体上属塔里木盆地西南缘坳陷的一部分，区内绝大部分被中—新生代的近、现代沉积物覆盖，仅在盆地边缘局部地段出露少量古生代地层，总体上断裂、褶皱均不发育，地层产状平缓；在盆地边缘地带，由于受西昆仑山前逆冲推覆带的影响，地层产状变陡，局部地段倒转并形成轴面向西—南西—南倾的倒转褶皱及向盆地方向的推覆构造。除此之外，在古近纪地层中还见有断面北倾的逆冲断层(图 5-5)，应是挤压逆冲期局部边界条件改变所造成的反向逆冲。向盆地内部，褶皱渐趋正常、宽缓，断裂渐趋消失，变形微弱。

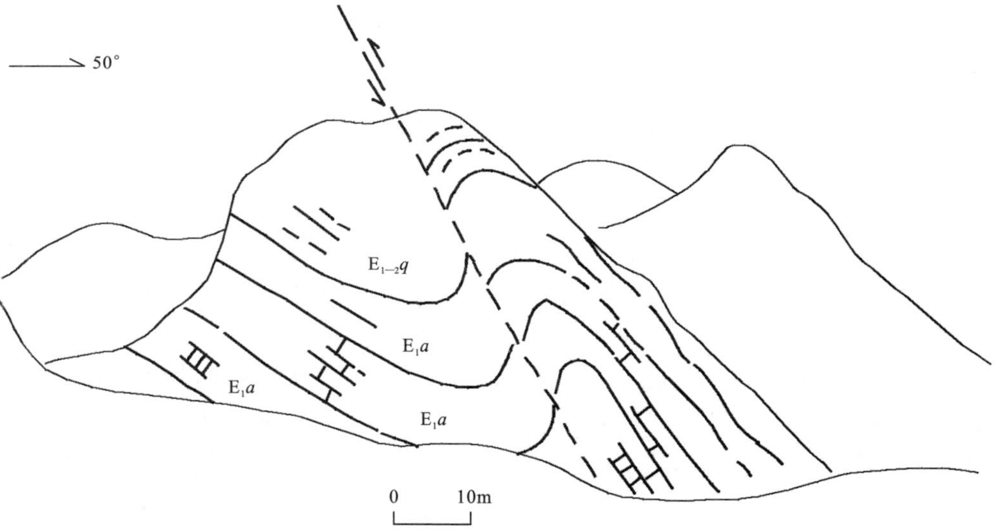

图 5-5　达木斯古近系南内部断层构造形态显示的逆冲小断层示意图

据石油物探及钻探资料，区内新生界沉积厚度可达万米以上，沉积中心位于盆地西南边缘(图 5-6)，表明该区至少自新生代以来相对于西昆仑造山带来说一直处于急剧沉降状态，这也反映了西昆仑山前逆冲推覆带的规模是非常巨大的。

(二)铁克里克陆缘断隆

该构造单元在区内与西昆仑山前逆冲推覆带大致重合，位于塔里木盆地外缘。沉积建造具有典型的基底与盖层的地台型双层结构特点，基底岩系为古元古界杂岩(赫罗斯坦岩群和同期变质变形侵入体)和埃连卡特岩群片岩系，均已遭受不同程度变质和较强烈变形；盖层岩系由长城系塞拉加兹塔格群细碧-石英角斑岩系、蓟县系博查特塔格组和苏玛兰组碳酸盐岩、青白口系苏库罗克组碎屑岩、震旦系碎屑岩、上古生界碎屑岩-碳酸盐岩-碎屑岩、中生界碎屑岩、新生界碎屑岩和膏岩、碳酸盐岩等构成，基本未变质或轻微

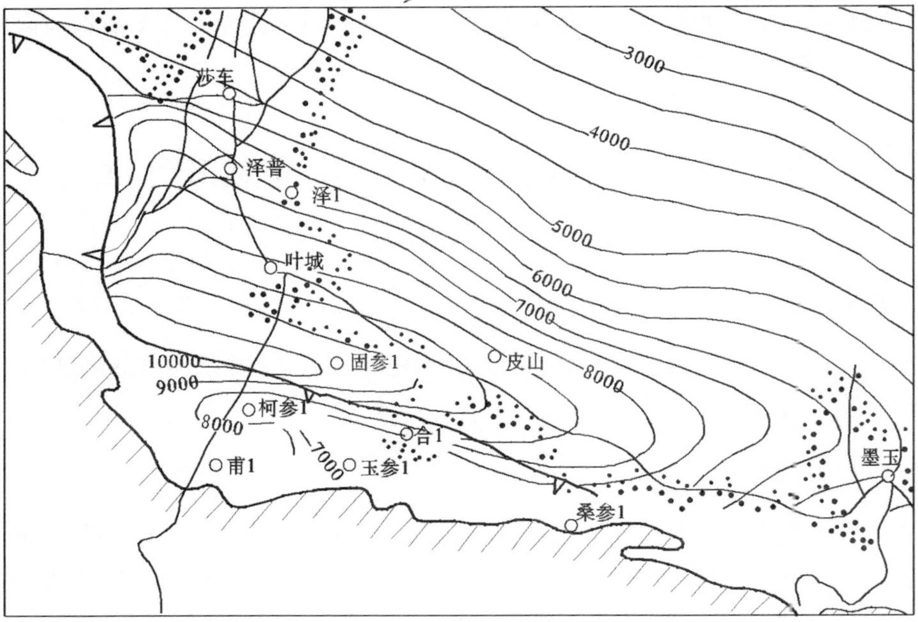

图 5-6　塔西南地区古近系及新近系厚度变化

(伍致中等,1997)

变质,变形主要受西昆仑山前逆冲推覆带影响,不同部位差异较大。岩浆活动不发育,主要为与赫罗斯坦岩群相伴出现的古元古代变质变形花岗岩等,另在埃连卡特岩群分布区内见少量钾镁煌斑岩脉。

1. 基底岩系变形特征

基底岩系在图幅西南部为赫罗斯坦岩群,东南部为埃连卡特岩群片岩,两岩系变质变形特征有所差异。

赫罗斯坦岩群及侵入其中的古元古代变质变形花岗岩变质程度达高角闪岩相,与其相对应的早期变形也以中深层次的揉流变形为主,通过岩石片麻理、表壳岩包体(尤其是长条状包体)、暗色包体的变形反映出来,主要表现为手标本—露头尺度的片内无根褶皱、揉流状褶皱和韧性剪切(构造片理化带、糜棱岩带等)等,区域片麻理走向以北西向为主,倾向及倾角变化均较大,变形基本上是透入性的,在大的尺度上(填图尺度以上)是均匀的。由于该期变形具流变学特征,不符合固体力学规律,加上西昆仑山前逆冲推覆带的叠加改造,大尺度的变形形迹已难以恢复。该类型变形在盖层岩系中未见,因此,其变形时代为古元古代无疑。由于该杂岩刚性程度较高,除了西昆仑山前逆冲推覆带对其产生较明显的改造、影响外,后期构造基本无反映。

埃连卡特岩群片岩系变质程度仅达高绿片岩相,以中浅层次变形为主,片理及片理褶(揉)皱普遍发育,面理置换强烈。区域片理总体以近东西走向为主,但局部走向、倾向、倾角变化都很大。与赫罗斯坦岩群相似,大尺度的变形形迹也难以恢复,但由于其刚性程度远不如赫罗斯坦岩群,后期变形对其的影响要明显、强烈得多,表现为发育大量露头—显微尺度的片理褶(揉)皱、断层等。褶皱轴线以近东西向为主,但褶皱形态多种多样,以紧闭不对称(相似型)褶皱为主,部分为宽缓型及平卧型(图 5-7、图 5-8),局部还见有叠加褶皱,从褶皱的不对称特征等分析,它们主要还是受西昆仑山前逆冲推覆带影响、改造的结果,也反映了该逆冲推覆带经历了长期、多次的逆冲推覆活动。当然,中元古代—早古生代时期的构造变形也对其产生了影响,但具体较难以区分。该群内断层以近东西—北西西走向为主,多为南倾、向北推覆的逆断层,也主要是西昆仑山前逆冲推覆带的组成部分,断层倾角大多在 30°～60°之间,个别断层向北倾,显示反向逆冲的特点。另外,还见少量规模较小的正断层。

主要褶皱、断层特征见表 5-2、表 5-3。

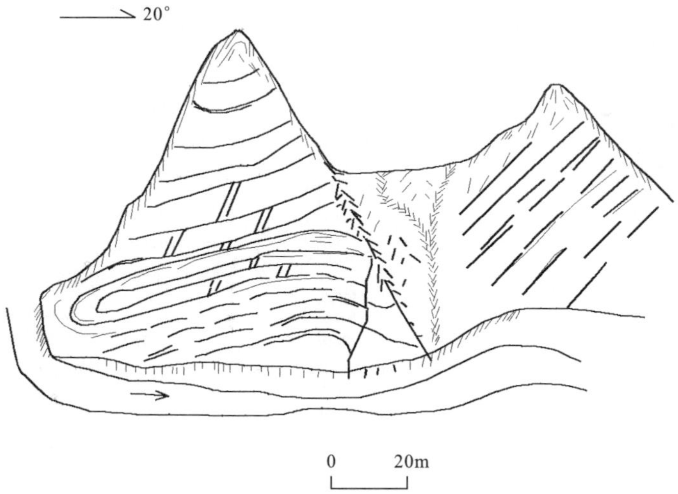

图 5-7　白云岩中顺层平卧褶皱素描图

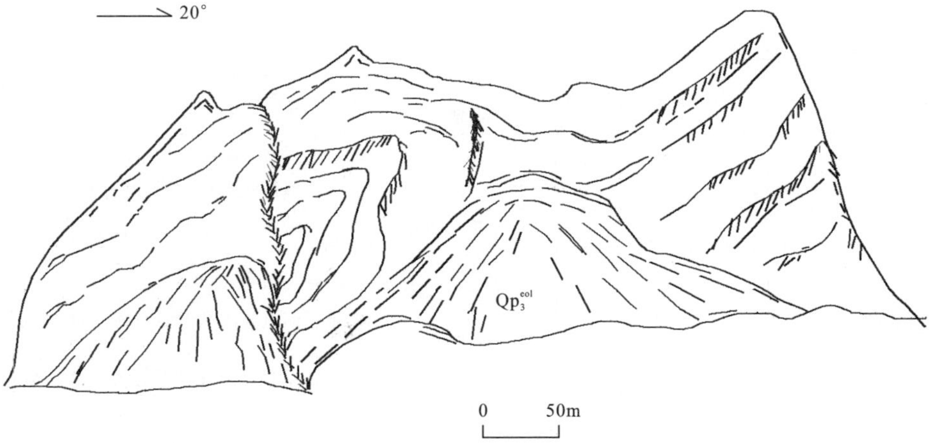

图 5-8　皮山县坎埃孜村西埃连卡特群云母石英片岩褶皱特征

2. 盖层岩系变形特征

盖层岩系中除最底部的塞拉加兹塔格群为火山建造、具过渡性构造层特征外，其余均属相对稳定的地台型沉积建造。中、新元古界（部分古生界）发生轻微变质，古生代及其以上地层基本未变质。其底部在区外可见不整合于埃连卡特岩群之上，内部分别在长城系塞拉加兹塔格群与蓟县系博查特塔格组之间、蓟县系苏玛兰组与青白口系苏库罗克组之间、苏库罗克组与震旦系之间、震旦系内部、震旦系与上古生界之间以及古生界与中生界之间存在多个不整合面，但除了盖层岩系底部和古生界与中生界之间的不整合面外，其余均为微角度不整合或平行不整合。表明构造运动主要发生于古元古代中晚期（基底变形）和中生代时期（西昆仑山前逆冲推覆构造），其他时期以差异性升降运动为主，构造变形不强烈。

该带位于西昆仑山前逆冲推覆带内，受其影响，向盆地方向的逆冲断裂及其相伴生的褶皱密集发育，占压倒性优势。此外，还发育少量同方向的高角度正断层和北东—北北东向的横断层（走滑断层，多为右行走滑）。西昆仑山前逆冲推覆带的具体构造变形特征见后述，主要褶皱、断层特征见表 5-2、表 5-3。

表 5-2　区内主要褶皱特征一览表

序号	名称	规模		走向	核部地层	两翼地层及产状	轴面	其他特征
		长(km)	宽(km)					
1	炮江沟背斜	12	1	160°	C_2k	东翼东倾 57° 西翼西倾 55°	向西陡倾	两翼为阿孜干组的对称褶皱,轴线波状起伏,枢纽向南倾伏,两侧翼部被断层破坏
2	托格勒塔什向斜	7	1	160°	C_2P_1t	东翼西倾 77° 西翼东倾 60°	东倾	发育在塔哈奇组中,对称的紧闭褶皱,枢纽向南倾伏
3	依其拜勒提背斜	5	1.2	150°	C_1h	东翼东倾 60° 西翼西倾 20°	西倾	轴线呈缓波状的斜歪褶皱,枢纽向北倾伏
4	阿瓦特厄格斯背斜	10	1	150°	P_2q	东翼东倾 70° 西翼西倾 30°	西倾	发育在塔哈奇组中的斜歪褶皱,枢纽近水平,两翼可见次级褶皱伴生
5	塔什塔木向斜	10	1	150°	P_2q	东翼西倾 50° 西翼东倾 70°	西倾	发育在塔哈奇组中的斜歪褶皱,两翼有伴生的次级褶皱,东翼被断层破坏
6	科克瓦什向斜	23	2	160°	P_3d	东翼西倾 40° 西翼西倾 15°	东倾	轴线呈波状的斜歪褶皱,两翼被断层破坏
7	阿瓦特阿孜背斜	15	3	160°	P_2q	东翼东倾 10° 西翼西倾 40°,	东倾	翼部为达里约尔组的宽缓斜歪褶皱,轴线呈缓波状,枢纽近水平,两翼被断层破坏
8	喀拉阔依厄格勒向斜	14	1	160°	P_3d	东翼西倾 40° 西翼东倾 40°	直立	两翼为棋盘组的对称褶皱,转折端宽缓,轴线呈波状,翼部被断层破坏
9	尤勒巴什北向斜	4	4	170°	$J_{1-2}Y$	西翼东倾 15° 东翼西倾 28°	西倾	发育在叶尔羌群中的小型宽缓褶皱,局部被断层破坏
10	乔克塔什背斜	14	2	125°	C_2P_1t	北东翼北东倾 21° 南西翼南西倾 31°	北东倾	发育在塔哈奇组中的近对称褶皱,枢纽近水平,轴线波状起伏,转折端为宽缓形态
11	库木托喀依背斜	4	1	125°	C_2P_1t	北东翼北东倾 50° 南西翼南西倾 32°	南西倾	发育在石炭系中的斜歪褶皱,转折端呈宽缓形态,枢纽近水平,两端没入第四系
12	库尔卡克达坂向斜	3		120°	Z_2kz	北翼南倾 8° 南翼北倾 12°	南倾	两翼为库尔卡克组,转折端宽缓,无次级褶皱
13	速巴底来克背斜	3	1	120°	$Jxbc$	北翼南倾 54° 南翼南倾 46°	南西倾	发育在博查特鲁格组中的小型背斜,枢纽向南东倾伏,东南端被断层破坏
14	库孜牙伊拉克背斜	10	0.5	80°	$ChSl$	北翼北倾 8° 南翼南倾 9°	向北陡倾	发育在塞拉加兹塔格组中的宽缓对称背斜,轴线呈缓波状,枢纽近水平
15	土安南向斜	20	1	90°	$ChSl$	北翼南倾 9° 南翼北倾 13°	南倾	发育在塞拉加兹塔格组中,形态宽缓,两翼对称
16	土孜格背斜	15	4	90°	$ChSl$	北翼北倾 26° 南翼南倾 67°	北倾	发育在塞拉加兹塔格组中的斜歪褶皱,枢纽向西倾伏
17	亚斯波龙向斜	13	3	90°	$ChSl$	北翼南倾 72° 南翼北倾 69°	南倾	发育在塞拉加兹塔格组中的紧闭褶皱,无伴生次级褶皱
18	艾玛硝克背斜	7	2	70°	Z_1q	北翼北倾 30° 南翼南倾 45°	北倾	发育在恰克马克力克组中的宽缓背斜,枢纽向西倾伏,南翼被东西向破坏
19	对维切克南向斜	5	2	90°	$Pt_1A.$	北翼南倾 35° 南翼南倾 27°	北倾	发育在埃连卡特岩群中,转折端宽缓,伴有紧闭型次级小褶皱
20	布依依格力背斜	7	2.5	90°	$Pt_1A.$	北翼北倾 27° 南翼南倾 46°	向北缓倾	发育在埃连卡特岩群中,总体为一宽缓背斜,伴有一系列次级平行排列的多个背、向斜
21	阿其克向斜	5	2	90°	$Pt_1A.$	北翼南倾 46° 南翼北倾 61°	南倾	发育在埃连卡特岩群中的斜歪褶皱,两翼有早期形成的紧闭平卧褶皱
22	通古孜依格力背斜	17	4	90°	$Pt_1A.$	北翼北倾 61° 南翼南倾 36°	南倾	发育在埃连卡特岩群中,形态宽缓,枢纽向西倾伏,次级褶皱发育
23	卡拉克其克向斜	20	5	90°	$Pt_1A.$	北翼南倾 52° 南翼北倾 20°	北倾	发育在埃连卡特岩群中,形态宽缓,两翼均有次级褶皱

表 5-3　主要断裂特征一览表

编号	断层名称	规模及产状					主　要　特　征	矿化蚀变	性质	时代
		长（km）	宽（m）	倾向	倾角	走向				
1	许许	＞52		240°～280°	75°	340°	上盘 C_2P_1t、P_2q，下盘 P_2q、P_3d，两侧岩层褶皱强烈		逆断层	印支期
2	坡江西北 1	10.5		260°	70°	350°	上盘 P_2q，下盘 C_2k、C_2P_1t，两侧岩石破碎，方解石脉发育，岩层（两侧）牵引	褐铁矿化	正断层	印支期
3	波江西 2	10		77°	70°	350°	上盘 C_2a、C_2P_1t，下盘 C_2k，岩石破碎强烈，发育构造角砾岩，西侧岩层产状西陡东缓，有较多的方解石脉产出		正断层	印支期
4	阿尔塔什西	20	30	255°～270°	20°～60°	350°～10°	上盘石炭系推覆到下盘 K_2Y、P_2q 之上，两侧岩层西缓东陡，方解石脉发育，上盘岩层褶皱强烈		逆断层	燕山期—喜马拉雅期
5	阿尧勒	54		250°～265°	35°～75°	340°～5°	上盘 P_2q、P_3d 推覆到 K_2Y、K_2kz、J_3K、$J_{1-2}Y$、E、P_3d 之上，上盘岩层褶皱强烈，下盘岩石破碎，有大量方解石脉，断面上有丁字阶步		逆断层兼右行	喜马拉雅期
6	英巴格西	54		80°	60°～80°	350°	上盘 E_2k—$E_{2-3}b$，下盘 $J_{1-2}Y$—E_1a，岩层产状上盘缓下盘陡，岩石硅化现象严重		正断层	喜马拉雅期
7	鲁克也尔	＞35		260°～300°	60°～65°	350°～30°	上盘 Pt_1H、$Jxbc$、D_3q、C_1k—C_2P_1t 推覆到下盘 Pt_1H、$Jxbc$、D_3q、C_1k—P_3d 之上，有断层泉，两侧岩层褶皱强烈		逆断层兼右行	印支期
8	萨依巴依	5		50°	80°	320°	两侧均为 N_2a，岩石破碎，产状零乱		正断层	喜马拉雅期
9	希特亚尔	7.3		215°	80°	295°	上盘 $E_{2-3}b$，下盘 $J_{1-2}Y$—$E_{2-3}b$，断层通过处岩石破碎，上盘岩层南缓倾，下盘东岩层向东中等角度倾斜		正断层	喜马拉雅期
10	巴瓦格	27	20	238°～248°	52°～70°	320°左右	上盘 P_2q—E_1q，下盘 C_2P_1t、P_3d—E_1a，断层磨光面发育。阶步清楚，附近产状错乱，牵引褶皱发育		逆断层	喜马拉雅期
11	尤喀吾让西	8		48°	75°	315°～320°	上盘 Qp_1x 和 N_2a，下盘 N_2a 岩石破碎		正断层	喜马拉雅期
12	托盖他格西	11.5		45°	60°	315°	上盘 $E_{2-3}b$、N_1W，下盘 $J_{1-2}Y$—$E_{2-3}b$，下盘产状陡向北倾，下盘岩层产状北东缓倾，附近岩石破碎		正断层	喜马拉雅期
13	阿其克达坂	＞20		200°～220°	30°～65°	280°～300°	上盘 C_1k—C_2P_1t 推覆到下盘 C_2P_1t 之上，两盘岩层褶皱强烈，被近南北向 7 号断层错断		逆断层	印支期
14	阔郎	23		220°～280°	50°	300°～5°	上盘 P_2q 产状向南西陡倾，下盘 P_2q 向北东缓倾，错断 7 号断层，两侧岩层褶皱		逆断层	印支期
15	佐尔厄格勒	22		180°～260°	32°～45°	270°～350°	上盘 P_2q、$J_{1-2}Y$，下盘 P_3d、$J_{1-2}Y$，地层产状上盘稍陡，下盘缓，断面弯曲		逆断层	燕山期
16	尤勒巴什	19		180°～270°	12°～15°	270°～360°	上盘 P_3d，下盘 P_2q，断层基本沿 P_2q 及 P_3d 接触面顺层，附近岩层破碎		正断层	燕山期
17	阿托什鲁克	12		220°～240°	40°	310°～330°	切断 C_2P_1t、P_2d，两侧岩层褶皱断面弯曲		逆断层	印支期
18	库勒阿格孜	29		30°～40°	59°～60°	320°～330°	下盘 D_3q—C_2P_1t，上盘 C_2k 及 C_2P_1t，附近岩石破碎，错断 13 号断层		正断层	印支期
19	哈拉斯坦河	75	350	195°～210°（局部 20°～40°）	55°～80°	285°～300°	南盘涉及 $Pt_2K.$、C_1T、C_2Ke 及古生代侵入岩，北盘涉及 Pt_1H、ChSl 及元古代侵入岩，由南向北变形，程度渐强，构造岩主要为钙质糜棱岩及碎裂大理岩等，内有旋转碎斑，发育片褶、N 型褶皱和变形石英脉，线理 140°～180°∠55°～56°		前期逆冲后期拉张	华力西期—喜马拉雅期
20	都维吐卫	17.5		180°～230°	60°	270°～320°	上盘主要为古元古代侵入岩，少量 $Jxbc$，下盘 $Jxbc$ 带内发育花岗质糜棱岩及钙质糜棱岩		逆断层	华力西期
21	克其克亚亚依拉克	7.2	30	10°～20°	70°～75°	340°～350°	断于加里东晚期花岗闪长岩体内，带内岩石破碎强烈，出现构造角砾岩及碎粉岩，卫片特征明显，地貌为一沟谷，被 19 号断层切割		正断层	华力西期
22	塔木桥克	17	15	35°～95°	23°	265°～325°	南盘 Pt_1H 及古元古代侵入岩，北盘 $Jxbc$—$Qbsk$，带内岩石破碎，局部出现片理化，被 20 号及 23 号断层切割		正断层	华力西期
23	探勒克	33	35	205°～215°	39°～47°	295°～305°	上盘 Pt_1H 及古元古代侵入岩推覆到下盘 $Jxbc$—Z_2k 之上，上盘岩石具糜棱岩化和片理化，两侧岩石牵引揉皱，局部破碎，卫片上线性明显，被近南北向及北东向断层截切		逆冲推覆	华力西期
24	依格尼希提	15		170°～200°	35°	260°～290°	南盘 Pt_1H 及古元古代侵入岩，北盘 $Jxbc$—$Qbsk$，带内岩石破碎，局部出现片理化，被 20 号及 23 号断层切割		逆冲推覆	华力西期
25	克舍克东	9	12	60°	70°	300°	上盘 C_2P_1t、Z_1q，下盘 $Qbsk$、Z_1q，带内岩石破碎，地层产状零乱		正断层	印支期
26	埃奈斜依格力	7.5	10	200°	75°	290°	上盘 C_2P_1t，两侧岩层褶皱强烈，下盘 $Jxbc$—$Qbsk$，带内岩石破碎，地层产状零乱		正断层	印支期

续表 5-3

编号	断层名称	规模及产状					主要特征	矿化蚀变	性质	时代
		长(km)	宽(m)	倾向	倾角	走向				
27	艾玛硝克	30	20	165°～170°	53°～59°	255°～260°	上盘 Qb*sk*、Z_1q，下盘 J*xsm*、Qb*sk*、Z_1q、C_2P_1t，两侧岩性及产状明显不一致，上盘岩层揉皱		逆断层	印支期
28	尤龙	33	20	210°～230°	60°～80°	300°～320°	上盘 Pt_2K. 及加里东期、华力西晚期侵入岩，下盘 C_1Y 及古生代侵入岩，带内平行劈理发育，断面岩石硅化、绿帘石化、碎裂岩化，局部出现碎粒岩、碎粉岩	产玉石	逆断层	印支期
29	塔卡特大坂南	15	10	200°～230°	52°～80°	290°～320°	上盘加里东期、华力西期侵入岩，下盘 Pt_2K. 及加里东期、华力西期侵入岩		逆断层	印支期
30	乌鲁孜阿提依其北	9	5	160°～180°	50°	250°～270°	上下盘均为 Pt_2K. 及 $\gamma\delta_3^2$，岩层褶皱，硅化强烈	褐铁矿化	逆断层	印支期
31	乌鲁孜阿提依其南	15	20	165°～180°	65°～73°	255°～270°	上盘加里东早期侵入岩，下盘加里东中期侵入岩及 Pt_2K.，岩石硅化，糜棱岩化强烈		逆断层	华力西期
32	阿的拉克	10	10	190°～210°	40°	280°～300°	上盘 Pt_2K.、$\eta\delta_3^2$，下盘 C_1Y、$\eta\delta_3^2$，带内岩石强烈，糜凌岩片理平行，断面明显		逆断层	华力西期
33	晒克日政克大坂	25	20	150°～170°	40°～79°	240°～260°	上盘 Ch*Sl*、C_1Y、C_1T 及加里东早期侵入岩，下盘 Ch*Sl*、C_1Y 及加里东早期、华力西晚期侵入岩，带内平行断面片理发育，岩石具硅化、绿帘石化，碳酸岩化比较强烈，卫片上线性构造明显		逆断层	华力西期
34	喀勒塔尔	18.5	15	165°～175°	60°	255°～265°	上盘及下盘均为 C_1Y 和加里东早期侵入岩，带内岩石片理化，糜棱岩化较强烈，火山岩层揉皱，侵入岩中矿物定向拉伸，卫片上线性构造明显		逆断层	华力西期
35	雨塘西	13	5		直立	10°～50°	左侧 J*xbc*、Qb*sk*、D_3q—C_2P_1t，右侧 J*xsm*、Qb*sk*、Z_1q、Z_2k、C_2P_1t，岩石硅化，糜棱岩化，岩层产状零乱		平移断层	华力西期
36	雨塘北	8.5	3		直立	10°～30°	左侧 Z_1q、Z_2k、C_2P_1t，右侧 Qb*sk*、Z_1q，沿断层第四系覆盖严重，局部见两侧岩层揉皱强烈		逆断层	华力西期
37	索克曼	35	15	145°～150°	48°～80°	235°～270°	上盘 Pt_2K.、Ch*Sl*、J*xbc* 及加里东早期侵入岩，下盘 Pt_2K.、J*xsm*、J*xbc* 及华力西期和古元古代侵入体，带内岩石具糜棱岩化、片理化强烈，发育花岗质糜棱岩钙质糜棱岩，局部岩石破碎，两侧岩层强烈揉皱		逆断层	华力西期
38	索克曼南	17	15	150°～180°	53°～80°	240°～290°	上盘 Ch*Sl*，下盘 J*xbc*，断层斜切两侧岩层，两侧岩层弯曲褶皱，产状不一致，带内发育强片理化岩石及矿化蚀变、碎斑岩、碎粉岩		逆断层	华力西期
39	索罗龙南	11	8	15°～25°	59°	335°～345°	上盘 Ch*Sl*，下盘 Ch*Sl*、J*xbc*，带内岩石片理化强烈，局部糜棱岩化、硅化等，两侧岩层褶皱发育		逆断层	华力西期
40	阔郎阿日南	50	10～100	140°～208°	35°～38°	230°～290°	平面弧形弯曲，上盘 Ch*Sl*、J*xbc*、J*xsm*，下盘 Ch*Sl*、J*xbc*、J*xsm*、Qb*sk*，带内岩石强片理化，发育碎粉岩、碎斑岩，断面下缓上陡，两侧岩层弯曲、褶皱，南侧岩层不对称褶皱，卫片上线性构造明显		逆断层	华力西期
41	牙儿拉嘎	18	15	150°～180°	65°	240°～270°	上盘 Ch*Sl*，下盘 J*xbc*，带内岩石片理化强烈，局部有碎裂岩化岩石，断层斜切两侧岩层		逆断层	华力西期
42	阔郎阿日南 2	23	5	195°～210°	80°	285°～300°	上盘 Ch*Sl*、J*xbc*，下盘 J*xbc*—Qb*sk*，两侧岩层强烈褶皱，带内岩石片理化强烈		逆断层	华力西期
43	吐孜依格力南 3	14	5	210°	35°～72°	300°	两盘 J*xbc*—Qb*sk*，断层斜切两侧岩层，两侧岩层褶皱		逆断层	华力西期
44	吐孜依格力南 2	5		210°	44°	300°	两盘地层 J*xbc*—Qb*sk*，断面平直，横向上波状弯曲，带内岩石顺层片理发育，破碎强烈，两侧岩层发育不同程度的褶皱及弯曲		正断层	华力西期
45	吐孜依格力	21.5		180°～230°	58°～50°	270°～320°	上盘 J*xbc*—Qb*sk*，下盘 Pt_1A.、Z_1q，两侧地层时代差别较大，带内岩石强烈岩化，地貌常为负地形		逆断层	华力西期
46	吐孜依格力南 1	8		90°～190°	76°	18°～280°	上盘 Ch*Sl*，下盘 J*xbc*，断层平面呈折线状，剖面上陡下缓，两侧岩层褶皱强烈		逆冲推覆	华力西期
47	吐孜依依力东	24		140°～185°	70°～78°	220°～275°	上盘 Pt_1A.，下盘 Pt_1A.、D_3q，附近岩层变形弯曲，挠曲及石英脉发育，带内岩石破碎，形成碎裂岩化-中心碎粉岩及碎粉岩，两侧为碎斑岩及碎裂岩化岩石		正断层	中—新生代
48	科西依格力	20		150°～190°	78°～79°	230°～280°	两侧 Pt_1A.、D_3q，断层两侧地层产状不一致，南侧岩层褶皱纹乱，带内岩石因覆盖严重，仅见碎裂岩		不明	
49	阿克硝南	16.5		195°～205°	78°～79°	230°～280°	南盘 Ch*Sl*，北盘 Pt_1A.、D_3q，两侧岩层褶皱，断层斜切两侧岩层		不明	
50	阿克硝东	9				295°～70°	两侧地层均为 D_3q，岩层曲波状弯曲，略显褶皱，带内局部见碎裂结构		不明	

3. 西昆仑山前逆冲推覆带

该逆冲推覆带构造线方向西段呈近南北—北北西向，东段呈北西西—近东西向，总体呈一向西南凸出的弧形，与山体走向基本一致。

该逆冲推覆带由多个叠瓦状断层系组成，自西向东或自南向北大致可分为三组。

第一组由逆冲推覆带的根带断裂(即后缘断裂)——赫罗斯坦河断裂及其旁侧次级断裂组成，造成西昆仑构造带逆推于铁克里克陆缘断隆之上，主断层为赫罗斯坦河断裂，伴随逆冲断层系，发育大量同斜—近平卧褶皱(图 5-7、图 5-8、图 5-9)；第二组由赫罗斯坦岩群北缘断裂、塞拉加兹塔格群北缘断裂及埃连卡特岩群北缘断裂以及其旁侧的次级断裂等组成，主要发育于前寒武纪地层中，主断层位于该组断层系的北侧，造成前寒武纪地层依次向北(或北东)逆推于新地层之上，亦相伴发育大量同斜—近平卧褶皱(图 5-10)；第三组由古生界与中新生界之间的阿尔塔什断裂及其西侧古生代地层中的平行展布的逆冲断层系组成，规模最为壮观，有 10 条之多(图 5-11—图 5-18)，主断裂为阿尔塔什断裂(图 5-16)，造成古生代地层依次逆推于新地层之上。伴随上述逆冲断层系，发育大量不对称斜歪褶皱或同斜—近平卧褶皱，褶皱轴面与相邻的断层面倾向一致但倾角往往更陡一些，西段向西倾(图 5-19、图 5-20)，东段向南倾。

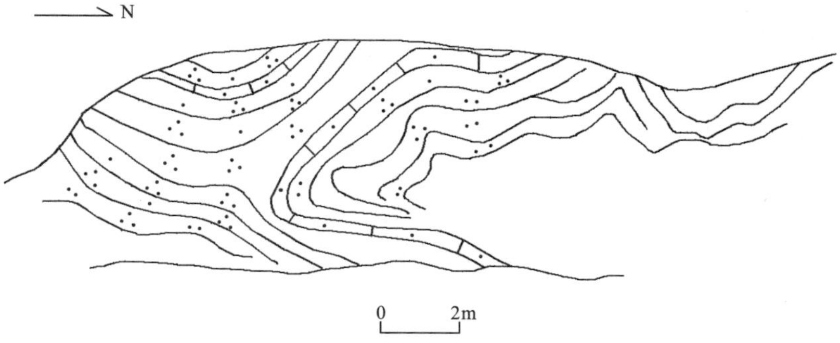

图 5-9　恼阿巴提水文站西侧石英岩褶皱特征

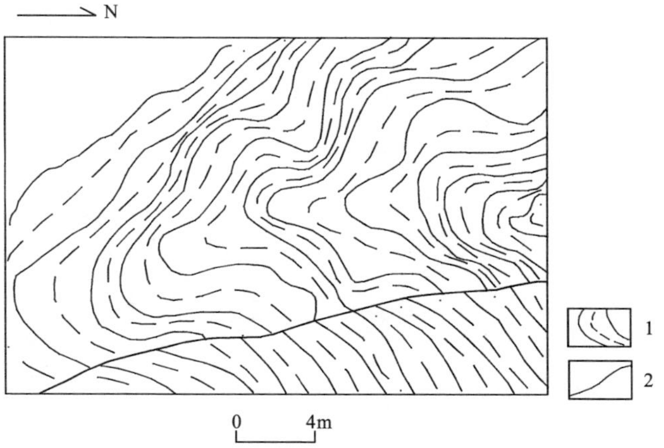

图 5-10　6506 点北 650m 处苏玛兰组瘤状泥岩中顺层掩卧褶皱形态素描图

1. 泥岩；2. 破裂面

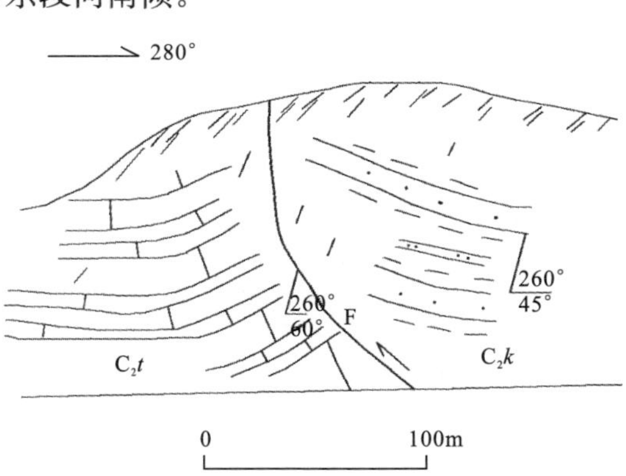

图 5-11　塔尔能阿格孜东南 2506 点断层素描图

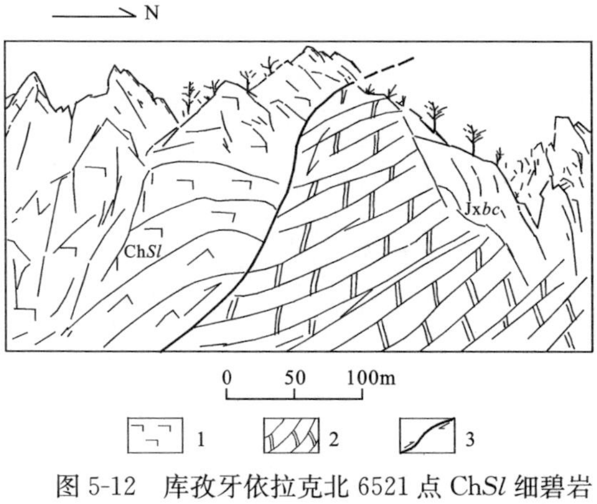

图 5-12　库孜牙依拉克北 6521 点 Ch*Sl* 细碧岩与 Jx*bc* 白云岩断层接触特征素描图

1. 细碧岩；2. 白云岩；3. 断裂及性质

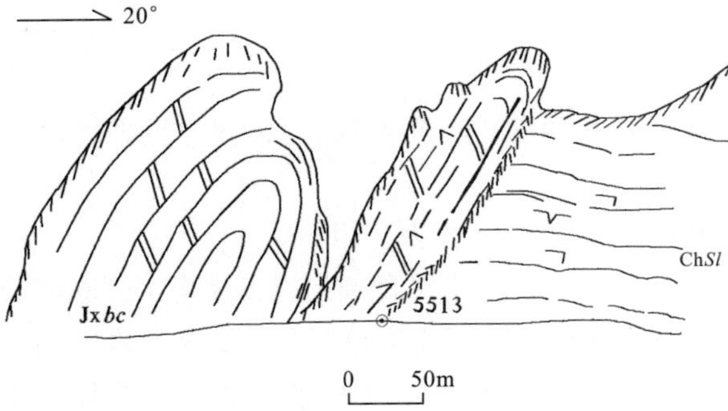

图 5-13　克里阳河上游 5513 地质点断裂特征

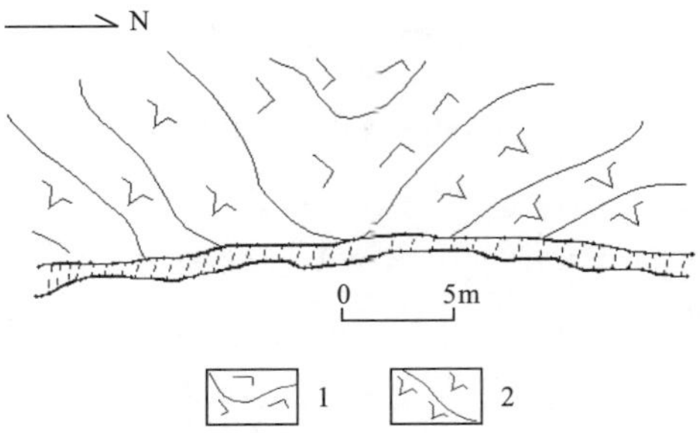

图 5-14　阿克齐吾斯塘∈517 点北 1 000m 处塞拉加兹塔格群岩层褶皱形态素描图

1. 细碧岩；2. 角斑岩

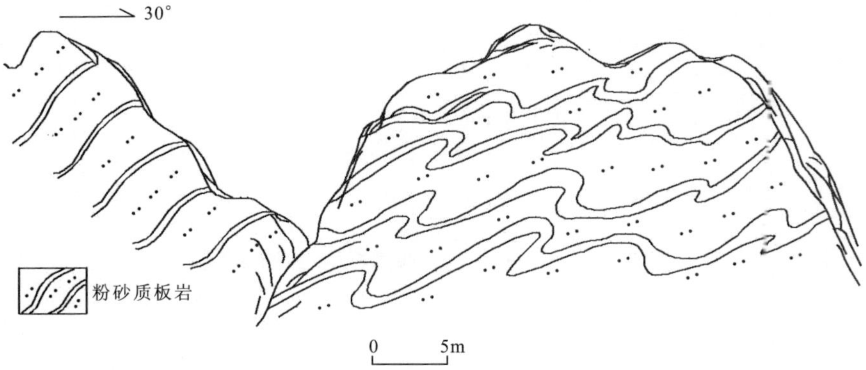

图 5-15　6502 点北西侧苏库罗克组粉砂质板岩

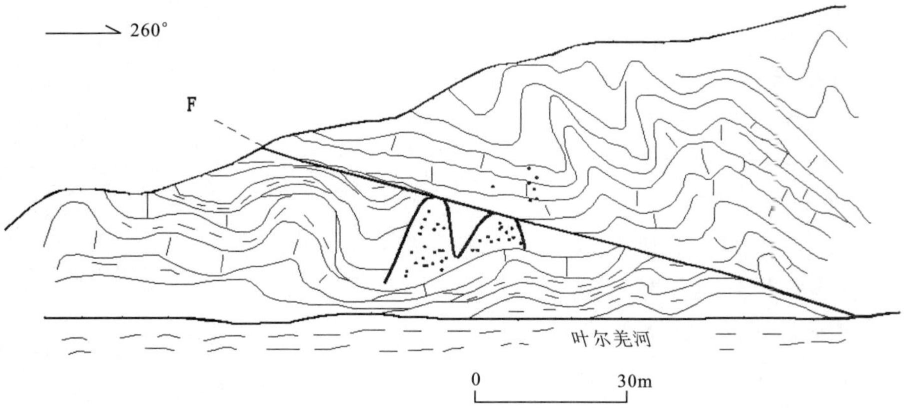

图 5-16　阿尔塔什西石炭系灰岩中发育的逆断层及褶皱

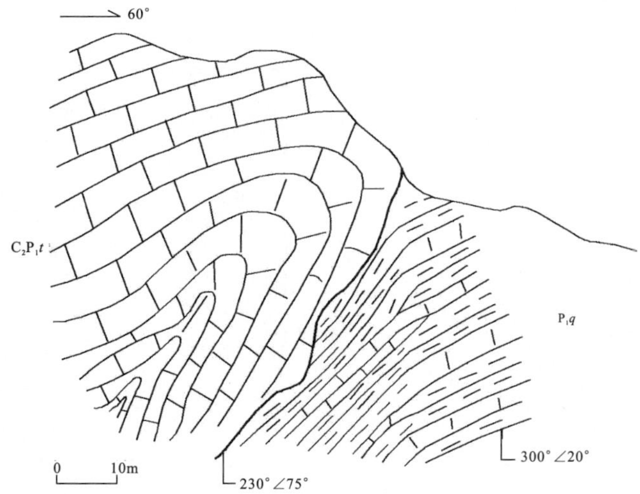

图 5-17　莎东县达木斯阿其克西断层特征

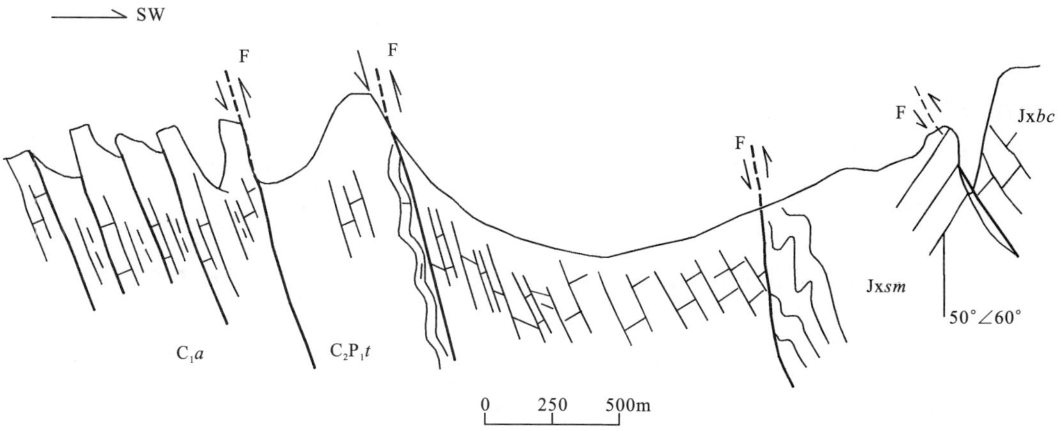

图 5-18　棋盘河上游发育的叠瓦状逆冲断层系

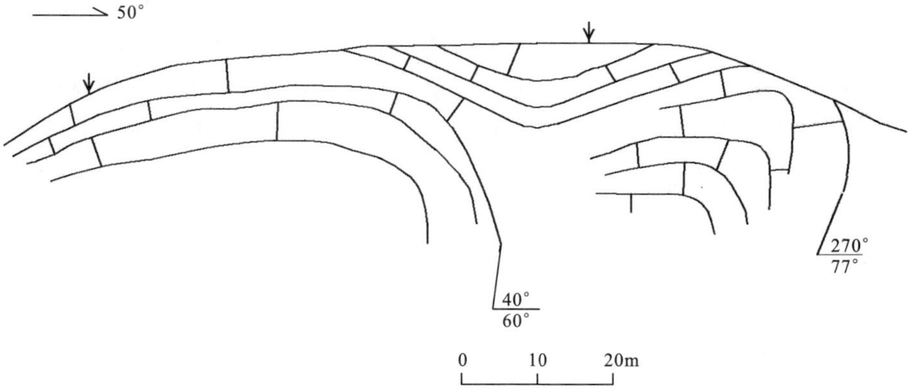

图 5-19　2506—2507 点褶皱型态素描图

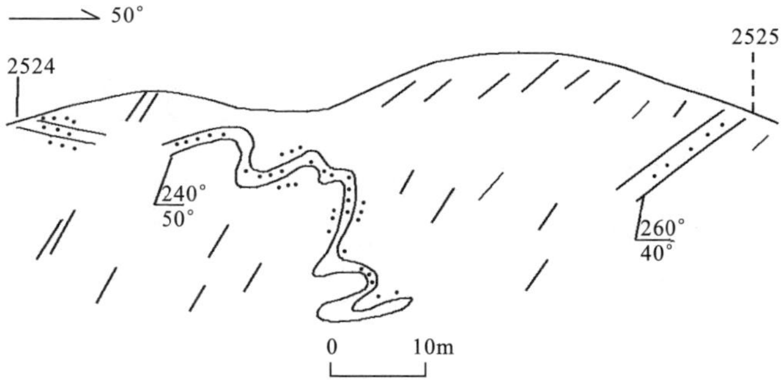

图 5-20　2524—2525 地质点之间达里约尔组岩层褶皱素描剖面图

与叠瓦状断层系伴生的褶皱形态特征具有如下规律：与第一、二组叠瓦状断层系相伴的褶皱往往形态更紧闭、更复杂，出现大量平卧褶皱，且常见同轴叠加特征，而与第三组叠瓦状断层系相伴的褶皱形态较规则，多为不对称斜歪褶皱，其背斜东(北)翼陡而短，西(南)翼缓而长，一致指向盆地方向的逆冲推覆活动，它们反映出整个西昆仑山前逆冲推覆带的发展、演化过程是从后缘向前缘逐步扩展的，即总体上是前展式递进发展演化的；从每一组叠瓦状断层系及其相伴的褶皱的内部组合特征来看，往往主断面产状更平缓，相伴的褶皱更紧闭，轴面倾角更缓，而其他断裂则倾角相对较陡，相伴的褶皱形态相对开阔，倾角也较陡，表明对每一个叠瓦状断层系来说，它们的扩展、演化顺序与整个逆冲推覆带的整体扩展方向相反，即是从主断裂面向后缘扩展的后展式。

从以上特征可以总结出西昆仑山前逆冲推覆带的构造变形特征具以下规律：①变形强度自逆冲带后缘向前缘逐渐减弱，总体上依次出现平卧叠加褶皱、紧闭同斜褶皱、倒转褶皱、斜歪褶皱和不对称宽缓褶皱；②变形影响地层自逆冲带后缘向前缘逐渐变新，其前缘新生代地层已受到影响和改造；③导致变形的应力应来源于塔里木板块与西昆仑构造带的陆-陆碰撞。地球物理资料表明，西昆仑构造带向北俯冲于塔里木板块之下，由于俯冲作用造成地壳横向缩短，西昆仑构造带陆壳增厚，继之在重力均衡补偿作用机制下西昆仑山体隆升，并发生向盆地方向的逆冲推覆活动；④变形时间西、南早，东、北晚，后缘断裂带可能从华力西期即已形成，而前缘断裂已至少影响到上新世地层。

二、西昆仑构造带

该构造单元仅出露于本图幅西南角，面积不足 1 000km^2，且大部分被岩浆岩本所占据，岩浆侵入活动强烈。

该构造单元火山-沉积建造主要包括中元古界库浪那古岩群中浅—中深变质碎屑岩-碳酸盐岩夹火山岩建造、下石炭统依莎克群中—基性火山岩建造(库地蛇绿岩的组成部分)、石炭系他龙群和库尔良群碎屑岩建造。由于岩体的吞噬，多呈残片或残块状出露。岩浆岩主要以加里东—印支期花岗岩类为主，有加里东期石英闪长岩和花岗闪长岩、华力西期石英闪长岩及花岗岩、花岗闪长岩、印支期钾镁煌斑岩等。

该构造单元变质变形均较强烈，但因地层被分割得支离破碎，加之构造面理置换较彻底，总体构造形态已难以恢复，多表现为手标本—露头尺度的片内褶皱和小型构造片理化带或韧性剪切带。褶皱在各地层单位中表现形式不尽相同。其中，库浪那古岩群中发育大量片内褶皱，其形态多为相似不对称状，两侧多为片理所分割，显示中等构造层次环境下的变形特征，应主要为前华力西期变形的产物；依莎克群因以枕状熔岩为主，岩层较厚，岩石能干性较高，仅形成少量小规模的宽缓褶皱；石炭系他龙群和库尔良群因其岩层较薄，岩石能干性较弱，层理小褶皱、挠曲发育，还见其内部同分泌石英细脉揉皱，局部被拉断呈斜列的小透镜体，显示出面理置换的初期特征。

该构造单元中断裂较发育，以北西向逆冲断层为主，断面多南倾，倾角 40°～80°，与西昆仑山前逆冲推覆带近于平行，其形成与活动显然与该构造带向塔里木盆地方向的逆冲推覆有关，形成与活动时间主要应为华力西期—印支期，少数断裂呈近东西向及北东向，并切错赫罗斯坦河断裂及上述北西向断裂，或受这些北西向断裂限制，它们应为中新生代时期变形产物。

主要断裂特征见表 5-3(第 28—34 号断裂)。

第四节　新构造运动

测区位于西昆仑山系与塔里木盆地接合部位，又地处印度板块与欧亚板块碰撞之“帕米尔构造结”外围，新构造运动非常活跃，主要表现在如下方面。

(一)山体急剧隆升

由于“帕米尔构造结”的影响以及塔里木板块的抵触作用，西昆仑山系急剧持续隆升，形成与塔里木盆地高达数千米的高差(图幅内相对高差已达 4 000m 以上)，西昆仑山脉隆升的结果，使得区内崩、塌、滑坡、泥石流等地质灾害多发，自然条件恶劣。

(二)活动断裂

西昆仑山前逆冲推覆带是一个典型的活动断裂带。它现今的活动除了受塔里木陆块与西昆仑构造带之间相向运动影响外，“帕米尔构造结”对其也不可避免地产生巨大影响。沿该断裂带及邻近地区常有地震发生，正是该逆冲推覆带现今正在活动的最直接证据。

第五节　地质发展史

根据以上所述，测区经历了长期、复杂的地质构造演化，依据图幅内各构造边界以及各构造单元内部的沉积作用特征、岩浆活动特征、变质变形特征、同位素测年资料、古生物资料以及岩石学、岩石地球化学、地球物理资料，结合区域相关地质构造特征，对测区地质构造演化序列及地质发展史作如下简要的恢复探讨。

（一）古元古代时期

区域资料显示，塔里木陆块可能在太古宙就已形成，到古元古代时期，陆块进一步扩大，在区内赫罗斯坦岩群和埃连卡特岩群形成。从该两种岩石单位的组成以及变质变形特征来看，古元古代早期的赫罗斯坦岩群岩浆活动强烈，变质变形复杂，似乎说明这一时期还处于陆核演化阶段，地壳较薄，热流值较高，岩浆活动强烈，地壳处于半塑性状态，极易发生变质变形，形成了赫罗斯坦岩群现今保存的早期变质变形面貌。至古元古代晚期，在原陆核外围，通过不断的增生，埃连卡特岩群沉积形成，这时固体陆块才真正形成。古元古代末期，陆块又遭受了一次区域变质变形作用，埃连卡特岩群发生绿片岩相变质和中浅构造层次变形，褶皱隆起，遭受剥蚀，并形成了埃连卡特岩群顶部的区域性不整合面。

（二）中—新元古代时期

中元古代早期长城纪时期，古塔里木陆块发生裂解，形成了塞拉加兹塔格群细碧-石英角斑岩建造，使古塔里木陆块进一步增厚、扩大，奠定了该陆块的稳定盖层的基础。只是这时的建造组合还远未达到真正的地台盖层的稳定程度，因此，它具有过渡性盖层的特征。至长城纪末期，又发生了一次较大规模的构造运动，裂谷闭合，形成了其顶部的区域性不整合面。

中元古代晚期蓟县纪时期，该区才有了真正意义上的地台型盖层沉积。于塞拉加兹塔格群之上，沉积形成了博查特塔格组和苏玛兰组以碳酸盐岩建造为主的沉积组合。这一时期，塔里木陆块以差异性升降为主，变形作用微弱，在其顶部形成微角度不整合和平行不整合面。

在这一时期，西昆仑构造带内库浪那古岩群开始形成，由于无可靠的定年数据，该群的具体形成时代还无法确定，但有一点可以肯定，这时西昆仑构造带是作为一个独立的构造单元存在的，与塔里木陆块似无关系。

新元古代青白口纪时期，塔里木陆块继续其稳定地台型沉积，变形仍然很微弱，仍以差异性升降为主，晚期隆升，在其顶部形成区域性平行不整合面。

新元古代震旦纪时期，塔里木陆块仍然继续着其稳定地台型沉积，变形依然很微弱，但差异性升降运动相对频繁，顶底及内部出现多个平行不整合面。

大致在这一时期，西昆仑构造带南部边缘开始形成库地岛弧型蛇绿岩。由于该蛇绿岩的时代证据相互之间有较多矛盾之处，目前尚难以确定其准确时代，但另一方面说明，它有可能是一个长期多次演化的蛇绿岩带，换言之，库地蛇绿岩可能包含了不同时期的多个岩石单位，这有待于今后深入的工作。

（三）早古生代时期

这一时期区内塔里木陆块处于长期隆升剥蚀状态，无沉积建造保留。

西昆仑构造带中，库地蛇绿岩继续发展演化，而且这一时期很有可能是该蛇绿岩的主要形成时期。在图幅西南部还有岛弧型石英闪长岩等的侵入。

（四）晚古生代时期

塔里木陆块自泥盆纪晚期开始海侵，重新接受沉积，一直持续到二叠纪晚期，以稳定陆棚沉积为主，其中，中二叠统棋盘组中发育基性火山活动，代表了一次拉张裂解作用，它是否反映了塔里木陆块从其原始大陆(扬子板块?)裂离的事件，值得研究。

西昆仑构造带这一时期开始向塔里木陆块俯冲，洋壳逐渐消亡，随着俯冲作用的持续进行，至古生代末期，发生两构造单元的陆-陆碰撞，西昆仑山前逆冲推覆带后缘断裂开始形成，并发生向盆地方向的逆冲作用。但这时逆冲作用的规模应远不及中新生代时期。

(五)中新生代时期

这一时期塔里木陆块与西昆仑构造带西昆仑构造带已完全拼合在一起,受印度板块向欧亚板块俯冲作用的影响,塔里木陆块作为砥柱,使得本区地壳在横向上急剧缩短,西昆仑山脉迅速隆升,海水快速退却,西昆仑山前逆冲推覆带快速发展,发生大规模的向盆地方向的逆冲推覆活动。中生代早期,区内未见沉积,说明继续了古生代末期的构造格局,整体仍处于剥蚀状态。中生代中期,在区内首次出现陆相断陷盆地,说明区内已开始从海相环境向陆相环境转变。中生代末—新生代早期,在区内海水虽未完全退出,但已与大洋隔绝,为封闭海环境,形成了以古近系阿尔塔什组为代表的巨厚膏盐沉积,至新近纪时期,海水才从本区完全退出。新近纪晚期—第四纪早期,由于西昆仑山脉的持续急剧隆升,沿塔里木盆地周缘沉积了以阿图什组和西域组为代表的巨厚的山前冲洪积扇群,又经过隆升、剥蚀,最终形成现今的地貌地质景观。

第六章　结束语

该项目完成了任务书和设计的各项工作任务，报告章节齐全，内容较丰富。采用了区调填图新理论、新方法，取得了较好的地质调查成果，提高了区域地质研究程度。符合《1∶25万区域地质调查技术要求(暂行)》等有关技术规定及要求。

一、取得的主要成果

1. 通过对调查区系统的调查研究，确定了区内的构造格架，建立了图区的地层序列、侵入岩的时序和变质变形序次，初步查明了区内国土资源、环境概貌，提高了调查区的地质研究程度。

2. 将图区划分为3个不同级别的地层区，厘定和建立了各地层区的岩石地层系统；新发现苏库罗克组与苏玛兰组之间的不整合接触关系，对元古宙地层划分和构造演化研究具有重要意义。对第四系划分了5种成因类型，按序次建立了11个非正式岩石地层单位。

3. 对区内岩浆岩进行了较为详细的岩石学和地球化学研究，总结了区内岩浆岩的时空分布规律。在古元古代赫罗斯坦岩群解体出一套变质变形侵入体，对塔里木、西昆仑元古宙构造体制研究积累了资料。将侵入岩划分为3个岩浆旋回；对图区火山岩划分了喷发韵律、喷发类型。建立了图内构造岩浆岩带。总结了区内岩浆演化规律及其与造山过程的耦合关系。

4. 对图区内变质岩进行了原岩恢复，划分了变质相带，归纳为2个变质区、4种变质作用类型。

5. 对图区矿产及其他国土资源和生态环境进行了较系统调研，新发现了一批矿(化)点，分析了成矿条件和成矿背景，划分出4个成矿预测区，指出了进一步找矿方向。编制了生态现状图、灾害现状分布图、旅游资源分布图等系列图件。

二、存在的主要问题

1. 图区古元古代赫罗斯坦岩群研究不够；元古宙库浪那古群地层时代依据不足。

2. 昆仑山前推覆构造掩覆关系研究程度较低。

参考文献

毕华,王中刚,王元龙,等.西昆仑造山带构造岩浆演化史.中国科学D辑,1999,29(5):398～406.

陈杰,卢演寿,丁国瑜.塔里木西缘新生代造山过程的记录——磨拉石建造及生长地层和生长不整合.第四纪研究,2001,21(6):528～538.

陈杰,尹金辉,曲国胜,张克旗.塔里木盆地西南缘西域组的底界、时代、成因与变形过程的初步研究.地震地质,2000,22(增刊):104～106.

陈中强.塔里木西南缘达木斯剖面晚泥盆世 *Cyrtospirifer* 动物群的发现.古生物学报,1995,34(4):495～501.

陈中强.塔里木西南缘和什拉甫组的微地层分析——点断加积旋回理论的应用.沉积学报,1995,13(增刊):38～45.

程裕淇.中国区域地质概论.北京:地质出版社,1994.

邓万明.喀喇昆仑—西昆仑地区蛇绿岩的地质特征及其大地构造意义.岩石学报,1995,11(增刊):98～111.

邓秀芹.晚新生代以来塔里木盆地周缘碎屑沉积物与周缘山系隆起时代对比.西北地质科学,1996,17(2):85～89.

邓秀芹,岳乐平,腾志宏,等.塔里木盆地周缘库车组、西域组磁性地层学初步划分.沉积学报,1998,16(2):82～86.

丁道桂,王道轩,刘伟新,孙世群,等.西昆仑造山带与盆地.北京:地质出版社,1996.

丁跃潮.塔里木西部石炭—二叠纪地层划分对比.新疆石油学院学报,1995,7(1):1～11.

都城秋穗著.变质作用与变质带.周云生译.北京:地质出版社,1972.

方锡廉,汪玉珍.西昆仑加里东期花岗岩类浅识.新疆地质,1990,3(2):153～157.

冯天驷等.中国地质旅游资源.北京:地质出版社,1998.

高联达,詹家祯.新疆叶成奇自拉夫群 *Retispora lepidophyta* 的发现及其意义.中国区域地质,1994(第三期)(3):284.

韩芳林,崔建堂,计文化,等.西昆仑加里东期造山作用初探.陕西地质,2001,19(2):8～17.

郝诒纯,叶留生,郭宪璞,等.塔里木盆地西南地区白垩—第三系界线.北京:地质出版社,2001.

何镜宇,孟祥化,等.沉积岩和沉积相模式及建造(高等学校教学参考书).北京:地质出版社,1987.

姜耀辉,芮行健,郭坤一,贺菊瑞.西昆仑造山带花岗岩形成的构造环境.地球学报,2000,21(1):23～25.

姜耀辉,芮行健,郭坤一,贺菊瑞.西昆仑造山带花岗岩研究新进展.火山地质与矿产,2000,21(1):61～62.

金炯,董光荣,申建友.新疆塔里木盆地的现代气候状况.干旱区资源与环境,1994,8(3):12～21.

靳是琴,李鸿超等.成因矿物学概论.吉林:吉林大学出版社,1984.

林丰年,杨杰.新疆塔里木西部平原生态环境地质综合研究.吉林:吉林大学出版社,1992.

刘学峰,肖安成等.塔里木盆地西南缘构造形变特征.江汉石油学院学报,1996,18(2):19～24.

刘训.天山—西昆仑地区沉积-构造演化史.古地理学报,2001,3(3):21～30.

刘增仁等.塔里木西南缘齐姆根—桑株河地区石炭—二叠系沉积特征及沉积相.新疆地质,2003,21(3):280～285.

卢新便,何发岐,赵洪生.塔里木盆地西南缘构造带的地球物理特征、构造及其演化.石油地质,1997,36(1):43～52.

罗照华,张文会,邓晋福,等.西昆仑地区新生代火山岩中的深源包体.地学前缘,2000,7(1):1～7.

邵学钟,徐树宝,周东延,等.塔里木盆地地壳结构特征.石油勘探与开发,24(2):1～6.

沈军,汪一鹏,赵瑞斌,等.帕米尔东北缘及塔里木盆地弧形构造的扩展特征.地震地质,2001,23(3):381～389.

史基安,陈国俊,王琪,薛莲花,等.塔里木盆地西部层序地层与沉积成岩演化.北京:科学出版社,2001.

孙书勤,汪云亮,张成江.玄武岩类岩石大地构造环境的 Th、Nb、Zr 判别.地质论评,2003,49(1):40～45.

汤良杰.略论塔里木盆地主要构造运动.石油试验地质,1997,19(2):108～114.

王建平等.西藏东部特提斯地质.北京:科学出版社,2002.

王毅,张一伟,金之钧,等.塔里木盆地构造-层序分析.地质论评,1999,45(5):504～513.

王元龙,王中刚,李向东.西昆仑加里东期花岗岩带的地质特征.矿物学报,1995,15(4):457～461.

吴世敏,马瑞士,卢华夏,等.西昆仑早古生代构造演化及其对塔西南盆地的影响.南京大学学报,1996,32(4):650～657.

武致中.塔里木盆地西部及邻区构造形成机制.新疆石油地质,1996,17(2):97～105.

武致中,刘东海.塔里木盆地西南坳陷的形成演化.新疆石油地质,1996,17(3):211～220.

肖安成，胡望水等. 塔里木盆地西南坳陷的构造类型. 新疆石油地质，1995，16(2)：102～107.

肖安成，杨树峰，陈汉林，等. 西昆仑山前冲断系的结构特征. 新疆地质，2000，7(增刊)：128～135.

肖庆辉，邓晋福，马大铨，等. 花岗岩研究思维与方法. 北京：地质出版社，2002.

肖文交，侯泉林，李继亮，等. 西昆仑大地构造相解剖及其多岛增生过程. 中国科学 D 辑，2000，30(增刊)：22～28.

游振东，王方正等. 变质岩岩石学教程. 武汉：中国地质大学出版社，1991.

张传林，赵宇，董永观，等. 塔里木铁克里克构造带双峰式火山岩钐-钕同位素特征. 矿物岩石地球化学通报，2001(2)：477～479.

张传林，赵宇，郭坤一，等. 塔里木南缘元古代变质基性火山岩地球化学特征——古塔里木板块中元古代裂解的证据. 地球科学，2003，28(1)：47～53.

张希明. 塔里木盆地中新生代沉积演化特征. 新疆地质，2001，19(4)：246～250.

张振生，刘社平. 塔里木盆地下古生界碳酸盐岩层序地层学研究. 石油地球物理勘探，1995，30(2)：245～256.

赵兴友，王和根. 叶城县农业地貌类型评价. 干旱区地理，1994，17(3)：59～64.

赵秀岐，张振生，李洪文. 塔里木盆地石炭系层序地层学及岩相古地理研究. 石油地球物理勘探，1995，30(4)：533～545.

赵友枝，赵磊，何明跃，等. 西昆仑克里阳地区钾镁煌斑岩岩石学特征及其意义. 现代地质，2000，14(4)：385～391.

郑家风，穆曙光. 塔里木盆地震旦纪—奥陶纪岩相古地理. 西南石油学院学报，1994，17(4)：1～5.

朱环诚. 新疆南部莎车奇自拉夫组晚泥盆世孢子组合及孢粉相研究. 古生物学报，1999，38(1)：56～64.

朱如凯，罗平，罗忠. 塔里木盆地晚泥盆世及石炭纪岩相古地理. 古地理学报，2002，4(1)：13～24.

Pearce J A，Harris N B W，Tinde A G. 花岗质岩石构造环境的痕量元素判别图. 地质科技情报，1986，7(3)：44～61.

De La Rache，*et al*. A classification of volcanic and plutonic rocks using R_1-R_2 diagram and major-element analyses-its relationships with current nomenclature. Chem. Petro，1980(29)：183～210.

Irvine I N. A guide to the chemical classification of the common volcanic rocks，Can. J. Earth. Sci.，1971(274)：321～355.

Pearce T H，Gorman，B E and Birkett，T C. The realationship between major element chemistry and tectonic environment of basic and intermediate volcanic rocks. Earth Planet Sci. Lett.，1977(36)：121～132.

Pearce J A，Harris N B W，Tindle A G. Trace element discrimination diagrams for the tectonic interpretation of granitic rocks. J Petrology，1984，25(4)：956～983.

Peceerillo，*et al*. Geochemistry of Eocene calc-alkaline volcanic rocks from the Kastamenu area northern Turky，Contrib. Miner. Petro.，1976，58(1)：63～81.

新疆地质矿产局地质矿产研究所、新疆地质矿产局第一区调大队. 新疆古生界(新疆地层总结之二). 新疆：新疆人民出版社，1991.

中国科学院新疆综合考察队，中国科学院地理研究所，北京师范大学地理系，新疆综合考察队地貌组. 新疆地貌. 北京：科学出版社，1978.

地质矿产部区域地质矿产地质司. 火山岩地区区域地质调查方法指南. 北京：地质出版社，1987.

地质矿产部直属单位管理局. 沉积岩区 1∶5 万区域地质填图方法指南. 武汉：中国地质大学出版社，1991.

地质矿产部直属单位管理局. 花岗岩类区 1∶5 万区域地质填图方法指南. 武汉：中国地质大学出版社，1991.

中国地质调查局. DD2001-02，1∶250 000 区域地质调查技术要求(暂行)，2001.

中国地质调查局地质调查专报 G1. 青藏高原区域地质调查野外工作手册. 武汉：中国地质大学出版社，2001.

图版说明及图版

图版 I

1. 拟麦状麦䗴 *Triticites parasecalicus* Chang，×10。
野外编号：H1006-南 3。
产地：叶城县新-藏公路 89.7km。时代：晚石炭世晚期至早二叠世早期。
2. 紧卷似纺缍䗴 *Quasifusulina compacta* Lee，×10。
野外编号：H1028-1。
产地：叶城县新-藏公路 89.9km。时代：晚石炭世晚期至二叠世早期。
3. 诺克斯基氏麦䗴复褶亚种 *Triticites noinskyi plicatus* Rosovskaya，×10。
野外编号：H1028-1。产地：叶城县新-藏公路 89.9km。时代：晚石炭世晚期至二叠世早期。
4. 平常假纺缍䗴 *Pseudofusulina vulgaris* Schellwien，×10。
野外编号：H1006-1。
产地：叶城县新-藏公路 89.7km。时代：晚石炭世晚期至二叠世早期。
5. 达格玛麦䗴 *Triticites dagmarae* Rosovskaya，×10。
野外编号：H227-29-5。
产地：莎车县达木斯。层位：下二叠统塔哈奇组。
6. 可变麦䗴 *Triticites variabilis* Rosovskaya，×15。
野外编号：H227-29-1-2。
产地：莎车县达木斯。层位：上石炭统逍遥阶塔哈奇组。
7. 细弱麦䗴 *Triticites exilis* Panteleew，×10。
野外编号：H227-29-1-4。
产地：莎车县达木斯。层位：下二叠统塔哈奇组。
8. 蚂蚁纺锤䗴 *Fusulina* cf. *mayiensis* Sheng，×20。
野外编号：C227/4-1。
产地：莎车县达木斯。层位：上石炭统达拉阶阿孜干组。
9. 诺英斯基氏麦䗴褶皱亚种 *Triticites noinskyi plicatu*s Rosovskaya，×10。
野外编号：H227-29-1-4。
产地：莎车县达木斯。层位：上石炭统逍遥阶塔哈奇组。
10. 似球形假史塔夫䗴 *Pseudostaffella* cf. *sphaeroidea* Ehrenberg，×20。
野外编号：C227/4-1。
产地：莎车县达木斯。层位：上石炭统达拉阶阿孜干组。
11. 车尔䗴(新种) 科尔维克车尔䗴相似种 *Zellia* cf. *kolvica* Scherbovich，×20。
野外编号：H227-29-1-3。
产地：莎车县达木斯。层位：下二叠统紫松阶塔哈奇组。
12. 平常假希瓦格䗴 *Pseudoschwagerina vulgaris* Scherbovich，×10。
野外编号：H227-29-1-5。
产地：莎车县达木斯。层位：下二叠统塔哈奇组。
13. 澳大利亚阿卡萨叠层石(相似种)*Acaciella* cf. *australia* walter，横切面，×2。

野外编号:H136/2。时代:新元古代。
产地:叶城县阿晤。
14. 澳大利亚阿卡萨叠层石(相似种)*Acaciella* cf. *australia* walter,纵切面,×2。
野外编号:H136/2。时代:新元古代。
产地:叶城县阿晤。
15. 包克松叠层石(未定种)*Boxonia* sp.,纵面×2。
野外号:H135/1。
时代:新元古代。产地:叶城县探勒克东。

图版Ⅱ

1. 泡沫柱珊瑚(未定种) *Thysanophyllum* sp.,横切面,×3。
采集号:H1053-2。
产地:阿克陶县阿尔塔什西。层位:下石炭统和什拉甫组。
2. 棚珊瑚(未定种)*Dibunophyllum* sp.,纵切面,×2。
采集号:H225/13-1-(33)。
产地:莎车县达木斯。层位:下石炭统。
3. 新康宁克珊瑚(未定种)*Nekokninckophyllum* sp.,横切面,×2。
采集号:H225/66-1-(2)。
产地:莎车县达木斯。层位:下石炭统。
4. 广西珊瑚(未定种) *Kwongsiphyllum* sp.,横切面,×4。
采集号:H1053-2。
产地:阿克陶县阿尔塔什西。层位:下石炭统和什拉甫组。
5. 丛管珊瑚(未定种)*Siphonodendron* sp. ,横切面,×4。
采集号:H223/44-1-(15)。
产地:莎车县达木斯。层位:下石炭统。
6. 棚珊瑚(未定种)*Dibunophyllum* sp.,横切面,×2。
采集号:H225/13-1-(33)。
产地:莎车县达木斯。层位:下石炭统。
7. 新蛛网珊瑚(未定种)*Neocilisiophyllum* sp.,横切面,×3,纵切面,×3。
采集号:H223/44-1-(9)。
产地:莎车县达木斯。层位:下石炭统。

图版Ⅲ

1. 石柱珊瑚(未定种)*Lithostrotion* sp.
横切面,×8。采集号:H223/44-1-(7)。
产地:莎车县达木斯。层位:下石炭统。
2. 杯轴珊瑚(未定种)*Cyathaxonia* sp.
横切面,×5。采集号:H223/39-1-7。
产地:莎车县达木斯。层位:下石炭统。
3. 舌珊瑚(未定种)*Kionophyllum* sp.
横切面,×4。采集号:H225/66-1-(9)。
产地:莎车县达木斯。层位:下石炭统。
4. 小形毕涉贝 *Beecheria minima* Merla
腹,×2。野外编号:H1024-2
产地:叶城县棋盘河。时代:C_2—P_1。

5. 平凸双腔贝 *Ambocoelia planoconvexa*(Shumard)

背,×3。野外编号:H1044-1

产地:棋盘河。时代:C_2—P_1。

6. 印度阿克萨贝 *Acosarina indica*(Waagen)

腹,×1。野外编号:H1047-2。

产地:棋盘西河。时代:P_1。

7. 朱氏刺围脊贝 *Spinomarginifera chuchiahuai*(Grab. Et Yoh)

腹,×2。野外编号:H1047-8。

产地:棋盘西河。时代:P_1。

8. 假截切蟹形贝 *Cancrinella pseudotrucata* Ustusky

背外模,×2。野外编号:H5146/4。

产地:约其达克。时代:P_1。

9. 粗糙波斯通贝 *Buxtonia scabricula*(Martin)

背,×2。野外编号:H1027-4。

产地:叶城县棋盘河。时代:C_{1-2}。

10. 条纹裂线贝(比较种)*Schizophoria* cf. *striatula*(Schlotheim)

侧视,×1。野外编号:H223/35-1-(2)

产地:莎车县达木斯。层位:上石炭统卡拉乌依组。

11. 帝汶始围脊贝 *Eomarginifera timanica*(Tschernyschew)

背,×2。野外编号:H225/76-1-(6)。

产地:莎车县达木斯。层位:上石炭统卡拉乌依组。

12. 印度携助贝(比较种)*Costiferina* cf. *indica*(Waagen)

腹(不完整贝体),×1。野外编号:H1055-1。

产地:阿克陶县阿尔塔什西。时代:P_1。

13. 刺瘤轮皱贝 *Echinoconchus punctatus*(Matin)

腹,×1。野外编号:H223/37-2-(2)。

产地:莎车县达木斯。层位:上石炭统卡拉乌依组。

14. 斯壮卫准腕孔贝 *Brachythyrina strangwaysi*(Verneuil)

腹,×1,×2。野外编号:225/107-1-(6)。

产地:莎车县达木斯。层位:上石炭统卡拉乌依组。

15. 细网赵氏贝 *Choiella tenuireticulata*(Ustrisky)

背外模,×1。野外编号:H227/38-1-(1)。

产地:莎车县达木斯。层位:下石炭统和什拉甫组。

16. 半圆皱戟贝 *Rugosochonetes semicircularis*(Chao)

腹,×1,×2。野外编号:225/107-1-(6)

产地:莎车县达木斯。层位:上石炭统卡拉乌依组。

17. 粗糙纹褶贝 *Liraplecta aspera* Chen

后,×1。野外编号:H214/72-1-(2)。

产地:叶城县棋盘河。层位:中二叠统棋盘组。

18. 肥壮网格长身贝 *Dictyoclostus pinguis* Muir-Wood

背外模,后,×1。野外编号:H225/94-1-(13)。

产地:莎车县达木斯。层位:上石炭统卡拉乌依组。

19. 多根分喙石燕 *Choristites radicilosus* lvanov et Ivanova

腹,×1。野外编号:H225/76-1-(5)。

产地:莎车县达木斯。层位:上石炭统卡拉乌依组。

图版Ⅳ

1. 西门线纹长身贝 *Linoproductus simenensis*（Tschernyschew）
腹、侧，×1。野外编号：H225/401-1-(3)。
产地：莎车县达木斯。层位：上石炭统卡拉乌依组。
2. 甘肃甘肃贝 *Kansuella kansuensis* Chao
腹，×1。野外编号：H223/44-1-(13)。
产地：莎车县达木斯。层位：上石炭统卡拉乌依组。
3. 硬梯锥螺 *Batillaria rigida* Sow
外模标本，×3。野外编号：HD013/3。
产地：叶城县克里阳东。层位：始新统卡拉塔尔组。
4. 欣德古长身贝 *Antiquatonoa hindi* Muir-wood
腹、侧，×1。野外编号：H225/94-1-(5)。
产地：莎车县达木斯。层位：上石炭统卡拉乌依组。
5. 粗糙纹褶贝 *Liraplecta aspera* Chen
侧、腹，×1。野外编号：H214/72-1-(2)。
产地：叶城县棋盘河。层位：中二叠统棋盘组。
6. 同缚江螺 *Potamides constricta*（Deshyes）
橡胶印模标本，×5。野外编号：HD013/4。
产地：叶城县克里阳东。层位：始新统卡拉塔尔组。
7. 阿吉塔美旋螺比较种 *Euspira* cf. *achatensis*(Recluz)
顶视，×3。野外编号：HD013/18。
产地：叶城县克里阳东。层位：始新统卡拉塔尔组。
8. 可汗可汗蛎 *Kokanostrea kokanensis*（Sokolov）
左侧视，×1。野外编号：H1068-1-11。
产地：阿克陶县阿尔塔什东。层位：始新统乌拉根组。
9. 阿富汗突厥蛎 *Ostrea*（*Turkostrea*）*afghanica* Vyalov
左侧视，×1。野外编号：H5124/2。
产地：叶城县希合其北。层位：古—始新统齐姆根组。
10. 布氏索氏蛎 *Sokolowia bushii*（Grewingk）
左侧视，×1。野外编号：H1068-2-6。
产地：阿克陶县阿尔塔什东。层位：始新统乌拉根组。

图版Ⅴ

1. 布氏索氏蛎伽玛亚种 *sokolowia bushii gamma*（Vyalov）
左前视 ，×0.6。野外编号 H1068-2-1。
产地：阿克陶县阿尔塔什东。层位：始新统乌拉根组。
2. 布氏索氏蛎伽玛亚种 *sokolowia bushii gamma*（Vyalov）
左内视，×0.6。野外编号 H1068-2-5。
产地：阿克陶县阿尔塔什东。层位：始新统乌拉根组。
3. 柯尼梯珠蚶蛎 *Glycymeris* （*Glycymerita*） *corneti*(Koenen)
左内核，×1。野外编号： H202/39-1-(16)。
产地：莎车县达木斯。层位：古新统阿尔塔什组。
4. 柯尼梯珠蚶蛎 *Glycymeris* （*Glycymerita*） *corneti* （Koenen)
左壳绞齿，×1。野外编号： H202/39-1-(16)。

产地:莎车县达木斯。层位:古新统阿尔塔什组。

5. 托诺小雪蛤 *Callista* (*Chionela*) *tournoueri* Cossmann

内核右视,×1。野外编号:H2510-1-12 。

产地:莎车县达木斯。层位:古新统阿尔塔什组。

6. 脊希里伯海扇 *Chlamys* (*Hiberia*)30-*radiatu*s Sowerby

右侧视,×1。野外编号: H202/35-1-(1)。

产地:莎车县达木斯。层位:古新统阿尔塔什组。

7. 喀什费列明蛎 *Flemingostrea kaschgarica* Vyalov

左侧视,×1。野外编号:H203/48-1-(11)。

产地:莎车县达木斯。时代:始新世。

8. 东方索氏蛎 *Sokolowia orientalis*(Gekker,Osipova et Beiskaya)

左侧视,×1。野外编号:H203/48-1-14。

产地:莎车县达木斯。时代:始新世。

9. 喀什费列明蛎 *Flemingostrea kaschgarica* Vyalov

左壳内视,×1。野外编号:H203/48-1-(11)。

产地:莎车县达木斯。时代:始新世。

10. 英吉沙费列明蛎 *Felemingostrea*? *yenggisarica*(Wei)

左壳前视,均×1。野外编号:H203/48-1-(13)。

产地:莎车县达木斯。时代:始新世。

11. 可汗可汗蛎 *Kokanostrea kokanensis*(Sokolov)

左侧视,均×1。野外编号:H202/47-1-(4)。

产地:莎车县达木斯。时代:始新世。

12. 布氏索氏蛎阿尔法亚种 *Sokolowia buhsii alpha*(Vyalov)

左侧视,×1。采集号 H203/48-1-(4)。

产地:莎车县达木斯。时代:始新世。

13. 别洛瓦兹牡蛎 *Ostrea bellovacina* Lamarck

两壳前视,×0.75。野外编号:H2510-1-8。

产地:莎车县达木斯。层位:古新统阿尔塔什组。

图版Ⅵ

1.? 肯三角箱蚶 ? *Trgonarca canensis* Pojarkova

内核右壳内视,×1。野外编号:H202/39-1-(11)。

产地:莎车县达木斯。层位:古新统阿尔塔什组。

2—15. 孢粉,均放大 700 倍。野外编号:BF210/17-2。

产地:叶城县棋盘河。层位:上二叠统达里约尔组。

2. *Cordaitina duralimita* Hou et Wang,1986。

3. *Gulisporites cochlearis*(Imgr.)Imgrund,1960。

4. *Calamospora microrugosa*(Ibr.)Schopf *et al*. ,1944。

5. *Cordaitina tenurugosa* Hou et Wang,1986。

6. *Hamiapollenites margelis* (Zhang)comb. nov. Lu,2004。

7. *Protohaploxypinus bharadwajii*, Foster,1979。

8. *Protohaploxypinus limpidus* (Balme et Hennelly)Balme,1970。

9. *Protohaploxypinus* cf. *diagonalis* Balme,1970。

10. *Striatoabieites longus* (Chandrs *et al*.)Zhan,2003。

11. *Hamiapollenites medius* (Singh)Zhan,2003。

12. *Protohaploxypinus* sp. cf. Hou et Wang,1986(pl. 29,fig. 11)。
13. *Striatoabieites parviextensisaccus* (Samoilovich)Hou et Wang,1990。
14. *Hamiapollenites opimus* Zhan,2003。
15. *Protohaploxypinus goraiensis* (Potonie et Lele)Hart,1964。

图版Ⅶ

1. 海庞枝脉蕨 *Cladophlebis haiburnensis*(L. et. H.)Brongniart,×2。
   野外编号:H218/20-1-(2)。
   产地:莎车县达木斯。层位:侏罗系下—中统叶尔羌群。
2. 查米亚型枞型枝(比较种)*Elatocladus* cf. *zamioides*(Leckenby)Seward,×2。
   野外编号:H218/18-1-(4)。
   产地:莎车县达木斯。层位:侏罗系下—中统叶尔羌群。
3. A 那氏新芦木 *Neocalamites nathorsti* Erdtmam,×2,
   B 少脉条叶 *Vottifoliolum paucinerve* Wu,×2,
   C 狭叶拟刺葵(比较种)*Phoenicopsis* cf. *angustifoloa* Heer,×2。
   野外编号:H201/2-1-(3)。产地:莎车县达木斯。层位:侏罗系下—中统叶尔羌群。
4. 箭齿尼桑羽叶(比较属种)cf. *Nilssoniopteris pristis* Harris,×2。
   野外编号:H218/20-1-(16)。
   产地:莎车县达木斯。层位:侏罗系下—中统叶尔羌群。
5. A 东方蕉羽叶 *Nilssonia orientalis* Heer,×2,
   B 锥叶蕨(未定种)*Coniopteris* sp. ,×2。
   野外编号:H218/18-1-(2)。产地:莎车县达木斯;层位:侏罗系下—中统叶尔羌群。
6. 费尔干杉 (未定种)*Ferganiella* sp. 。野外编号:H218/18-1-(5)。
   产地:莎车县达木斯。层位:侏罗系下-中统叶尔羌群。

图版Ⅷ

1. 叶城县新-藏公路 104km 处 J*xbc* 大理岩褶皱。
2. 克陶县阿尔塔什西 1051 点 C—K 推覆界面。
3. 叶城县西河休河蚀变辉长岩。
4. 叶城县新-藏公路 145km 处枕状玄武岩。
5. 叶城县一些克沟枕状玄武岩岩枕边部杏仁带。
6. 叶城县西河休河中斑中粒黑云母二长花岗岩中包体形态。
7. 叶城县西河休河中斑中粒黑云母二长花岗岩中的花岗质包体形态。
8. 叶城县西河休河中斑中粒黑云母二长花岗岩中包体形态。

图版Ⅸ

1. 叶城县西河休河花岗闪长岩外貌。
2. 叶城县棋盘组砂岩中鱼骨状交错层理。
3. 苏玛兰组之上的铁质风化壳。
4. 苏库罗克组顶部的硅质风化壳。
5. 卡拉塔尔组介壳灰岩。
6. 第四系上更新统膏岩壳龟裂外貌。

图版Ⅰ

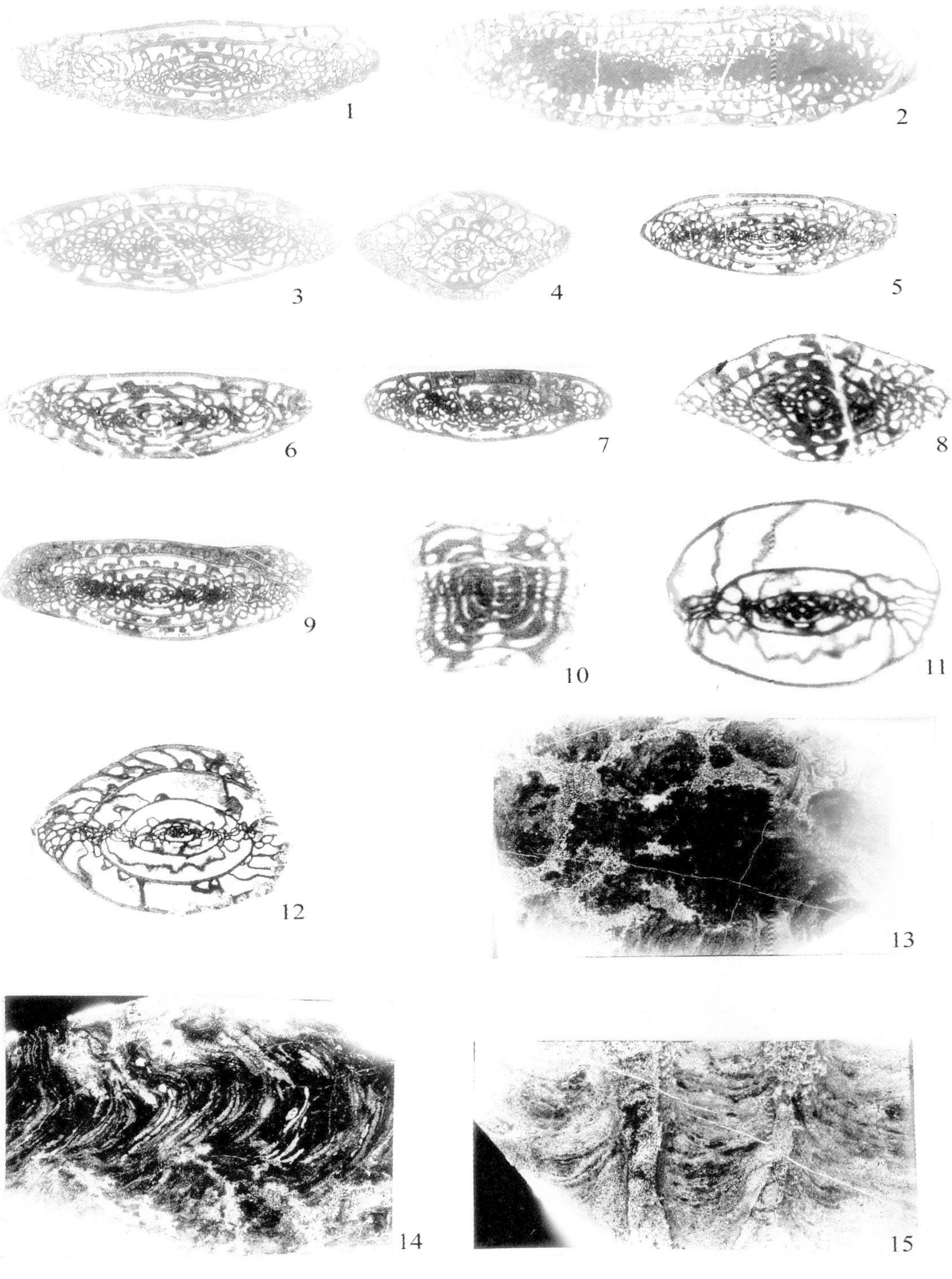

图版Ⅱ

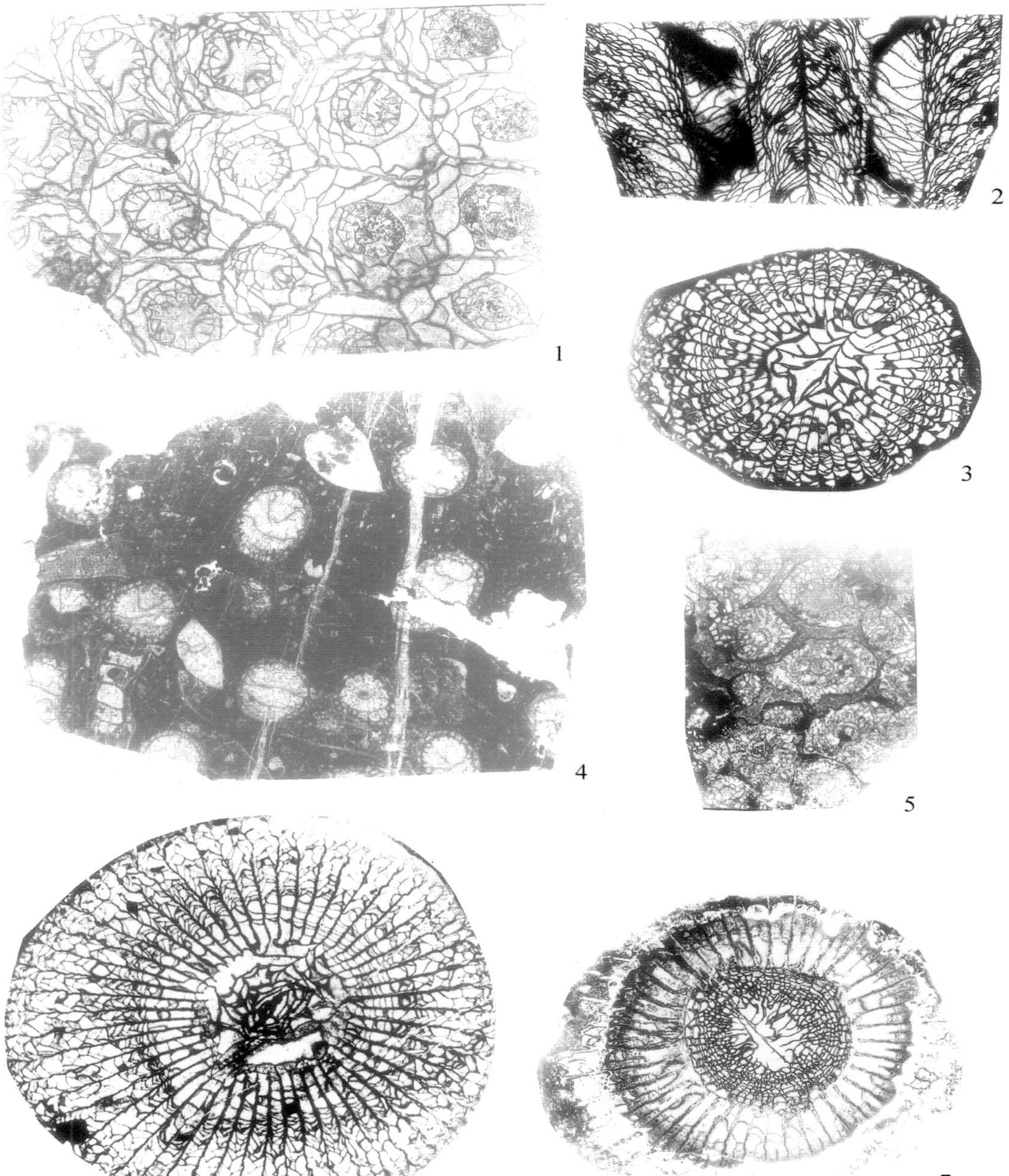

图版Ⅲ

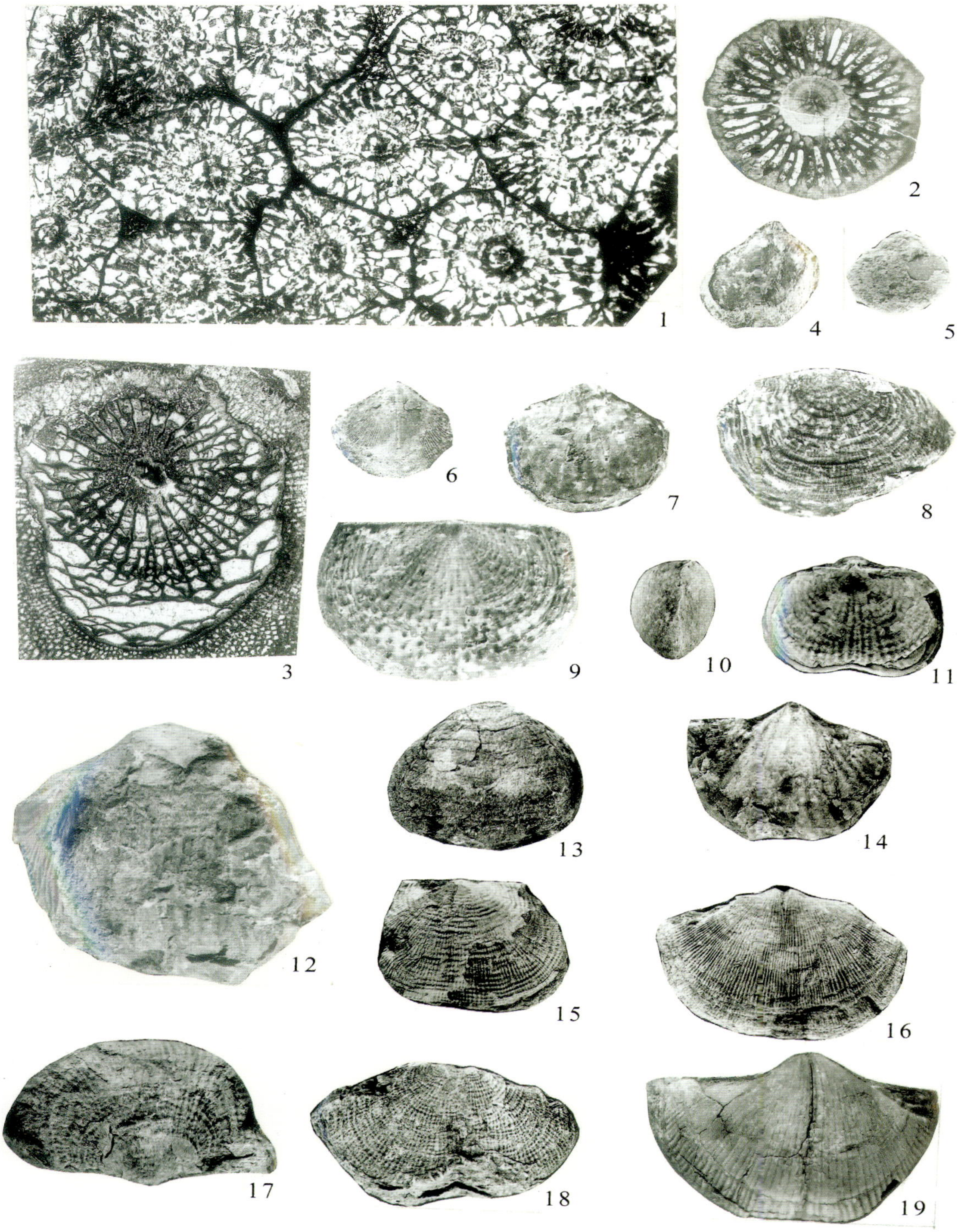

图版Ⅳ

图版Ⅴ

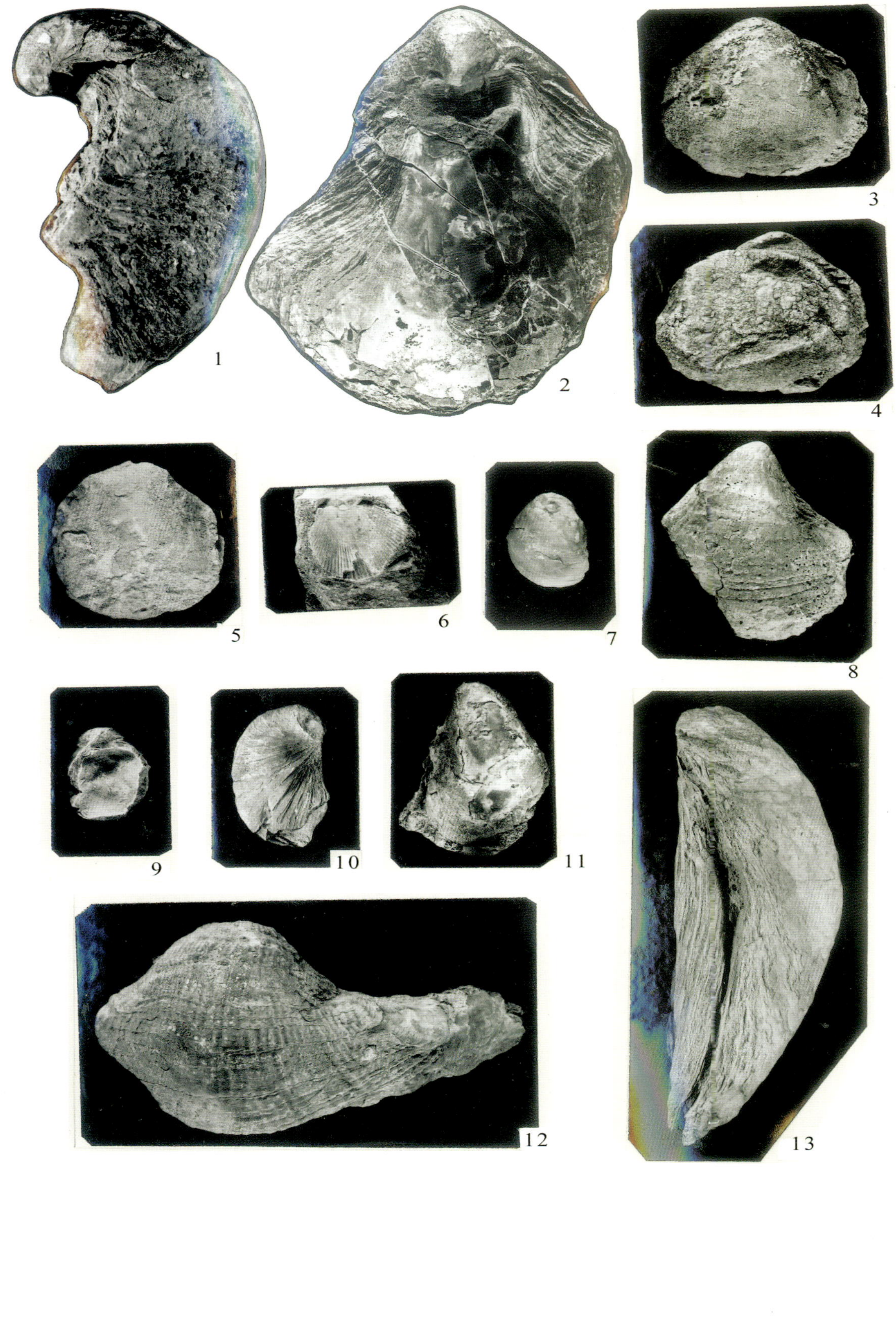

图版Ⅵ

图版Ⅶ

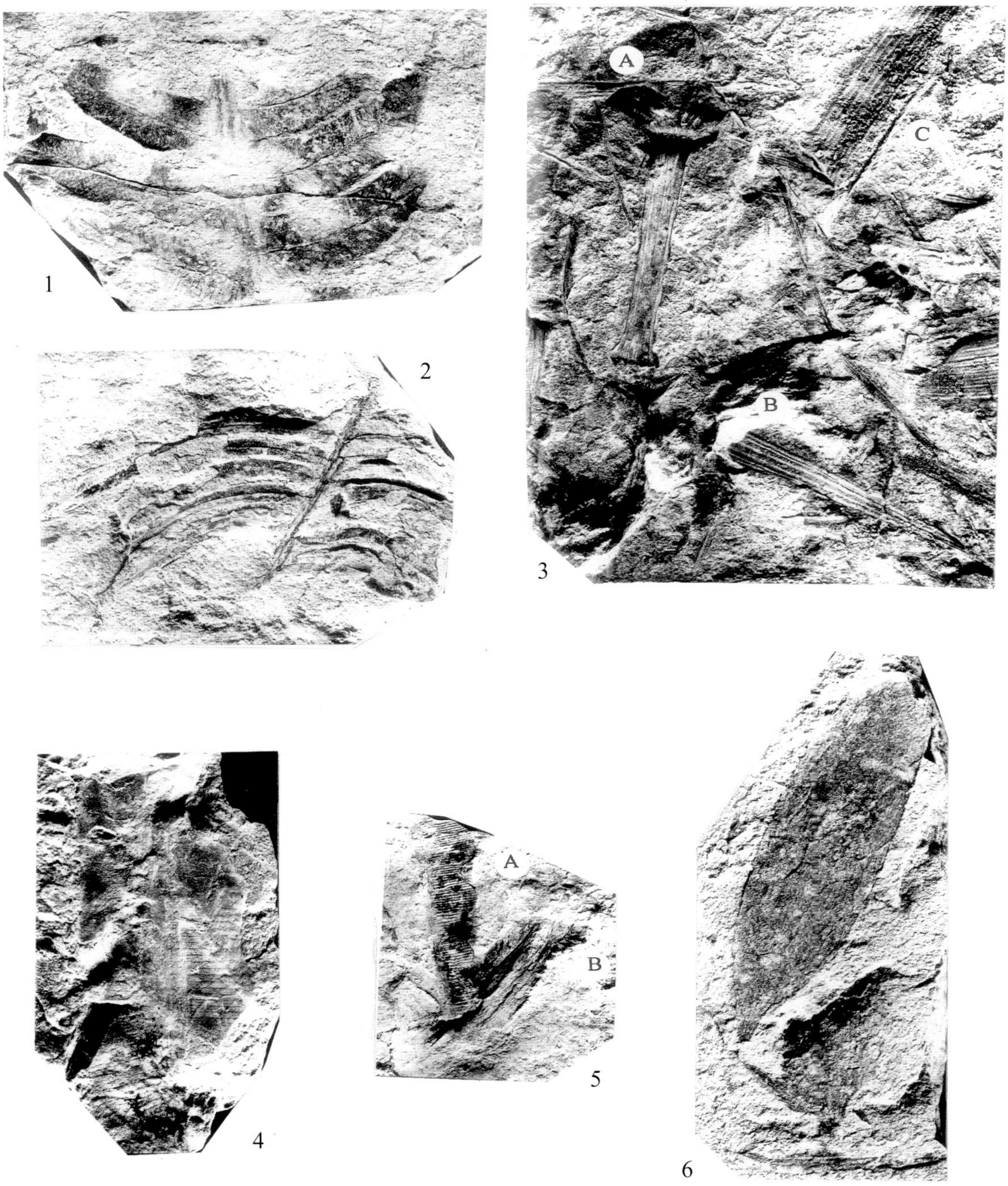

图版Ⅷ

1

2

3

4

5

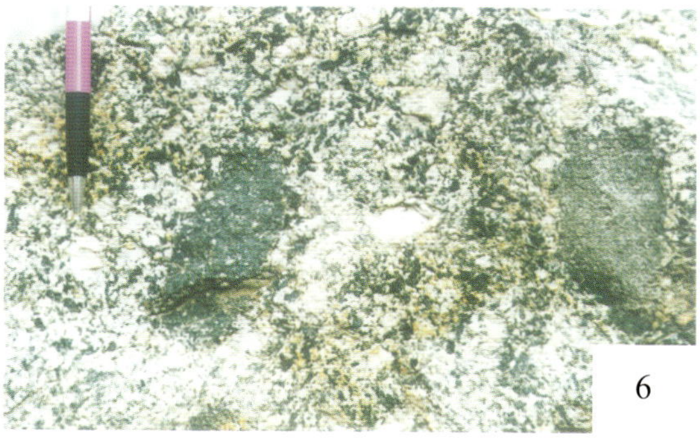
6

7

8

图版Ⅸ

1

2

3

4

5

6